堰槽量水理论与技术

Water Measurement with Flumes and Weirs

A. J. Clemmens　T. L. Wahl　M. G. Bos　J. A. Replogle　著

管光华　译

冯晓波　校

科　学　出　版　社

北　京

图字：01-2021-0942

内 容 简 介

本书主要介绍长喉槽的设计、建造及运行管理的相关知识。长喉槽是一种应用于输配水渠道系统的测流及调控设施，另外含有渐变段的宽顶堰也可以认为是长喉槽的一种，同样可采用本书中所述的方法进行分析、设计。一般而言，宽顶堰更适用于灌溉渠道测流，而长喉槽则可以用于天然河道测流，但目前对两者的应用范围并无限制。本书将提供大量的应用实例以供读者参考。

同时本书将介绍一个可应用于长喉槽设计的计算软件——WinFlume，该软件可用于渠道上任意断面、任意边界条件、任意测流要求的长喉槽设计。在完成相应的设计步骤后，软件可给出该设计方案下的长喉槽水位流量关系曲线或表格，以及各种流量下的水头损失值。WinFlume 软件可适用于各种断面形式的渠道，还可以按照使用者的需求采用国际单位制、美国国家标准常用计量单位等不同的单位制。该软件是在原先发表的旧版本基础上逐步拓展而来的。

本书可供从事灌区或流域管理，以及需要在天然河道或灌溉渠道上进行测流的读者参考。

图书在版编目（CIP）数据

堰槽量水理论与技术 /（美）A. J. 克莱门森（A. J. Clemmens）等著；管光华译. —北京：科学出版社，2021.3

书名原文：Water Measurement with Flumes and Weirs

ISBN 978-7-03-068213-0

Ⅰ. ①堰… Ⅱ. ①A… ②管… Ⅲ. ①水工建筑物 Ⅳ. ①TV6

中国版本图书馆 CIP 数据核字（2021）第 038535 号

责任编辑：吉正霞 张 湾 / 责任校对：严 娜
责任印制：彭 超 / 封面设计：图阅盛世

科学出版社 出版
北京东黄城根北街 16 号
邮政编码：100717
http://www.sciencep.com
武汉中科兴业印务有限公司印刷
科学出版社发行 各地新华书店经销
*
2021 年 3 月第 一 版 开本：787×1092 1/16
2021 年 3 月第一次印刷 印张：19 1/4
字数：491 000

定价：198.00 元

（如有印装质量问题，我社负责调换）

译 者 序

水作为一种可循环、总量有限的宝贵资源，随着社会经济的发展，供需矛盾愈发凸显。我国对水资源的利用方式也从“按需开发”转变为“以水定产”，而对于这一资源的准确度量是合理利用的重要先决条件，科学、合理、准确的量水是节约用水的重要前提和基础。水资源的输配主要有开敞输水明渠和封闭压力管道两种主要形式，封闭压力管道的流量测量因其过流断面恒定、流速分布相对固定，目前主流设备可达 0.5%的测量精度；而开敞输水明渠的水位、流速分布随流量变化而变化，其还受到衬砌糙率、局部水流条件的影响，难以达到较高精度。尤其是用水量最大的农业灌溉，由于量水点数量巨大，特别是在灌区的末级渠系，受量水点成本、使用条件的限制，要实现全面准确、可靠的测流十分困难。

量水堰槽是在输水渠道系统中特设的量水设施，其具有成本低、稳定性好、运行管理方便、可维护性高等优点，相对于我国目前发展迅猛的各类超声波、多普勒、雷达等二次测流设施而言，其稳定性高、使用成本低且无须定期率定，具有一定优势。尤其是针对我国平原地区大量缓坡渠道上的改装量水堰槽而言，宝贵的水头决定了所选设施必须要有较高的淹没度和较低的水头损失，此时长喉道量水槽尤为适用。相对于其他量水堰槽，长喉槽的淹没度可达 0.9（普通堰槽为 0.7 左右），这意味着其可以用较小的水头损失在较高的下游水位条件下实现准确测流；一般堰槽的流量关系是通过模型实验的方法得到经验公式及定型的设计尺寸，而长喉槽可以给定任意断面、尺寸进行设计计算，其理论测流精度可达 2%，野外测流实际精度可达 5%，故其为美国垦务局《量水手册》主要推荐的渠道量水设施。目前我国并没有专门介绍量水堰槽尤其是长喉槽测流原理、设计方法及施工技术的专业书籍，故笔者翻译了 *Water Measurement with Flumes and Weirs*，以飨读者。

本书较为全面、深入地介绍量水堰槽的水力学原理及设计、施工、运行等技术要求，并介绍 WinFlume 这一设计软件，它可以适用于绝大多数断面形状及量测需求。本书是美国农业部旱区研究中心测流研究团队 A. J. Clemmens、T.L Wahl、M. G. Bos 及 J. A. Replogle 长达 40 年的理论、实践探索成果，译者在访问该团队期间亦参观了在美国西部的大量应用实例。目前我国明渠量水设施建设的需求较大，希望本书能给广大专业技术人员及科研人员提供有益的参考。

本书由武汉大学水利水电学院管光华翻译，冯晓波校核，其间参与翻译、校对、排版工作的研究生还有黄一飞、刘婷、黄凯、莫振宁、刘大志等同学，科学出版社的编辑亦为本书的出版做了大量工作，在此一并感谢！限于译者水平及自身素养，译稿难以达到“信、达、雅”的准则，请广大读者批评指正！

二零二一年元月

于珞珈山

目　录

第1章　量水概况及长喉槽

1.1　量水需求现状

1999年世界人口已超过60亿并仍在以每年约2.8%的增速继续增长。到2025年，世界人口预计将达到 85 亿。这一数量庞大的人群在生产生活的各个环节都需要水的支撑：农业生产、城市供水、工业用水、发电、航运、娱乐等都离不开水。与此同时，生态环境用水的需求也逐步受到人们的重视，这将进一步压缩可用水量，并加剧用水矛盾。现在，世界上大约有10%的人口生活在干旱或半干旱的地区，这些地区的人均年用水量明显低于由世界银行提出的人均年用水量1700m^3的最低标准［图1.1（world bank，1999）］。更令人担忧的是，预计到2025年，世界上49%的人口人均年用水量将小于这个最低标准（world bank，1999）。

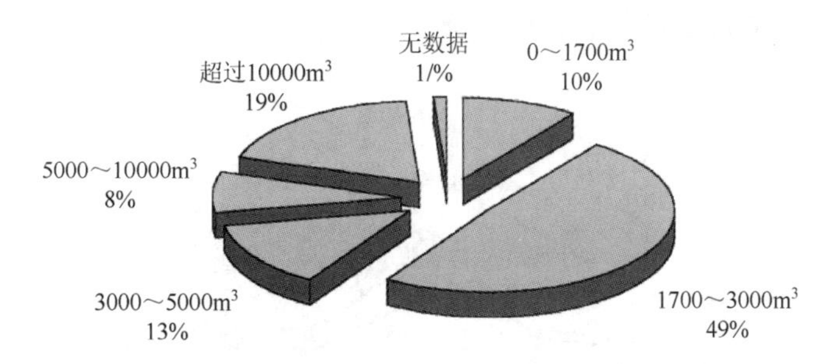

图1.1　淡水资源世界人口人均年用水量分布图

因此，水成为制约社会发展的一个重要因素，而水资源管理能力的提升可以促进有限的水资源的保护和充分利用，这一能力的提升取决于对水量的精确测量和对流域或灌区系统水量的调控能力，如渠首工程、河道分流、输配水系统和排水系统等。设计合理的量水系统能准确地统计用水量，并且能够促进供水区域内水资源综合利用效率的逐步提高，而本书介绍的量水设施能够满足上述量水需求。

1.2　明渠临界流及量水设施

在明渠量水中，常见量水设施的工作原理就是使水流形成临界流，或者通过设置合适尺寸的控制段使控制段水深等于临界水深。在临界流条件下，流量是渠道断面形状与上游水头的函数，而上游水头可通过建筑物上游的实测水位进行推算。根据临界流的特性，控制段临界流的流量不受下游水位和流态的影响，且可通过上游水头较为精确地计算。薄壁堰、宽顶堰和各种测流槽都是这种临界流量水设施的使用实例。

为了用临界流量水设施测流，必须首先确定出流速与上游水头的相关关系，其次其范围应该在设施的有效量程内，这两点要求构成了临界流量水设施的主要问题。首先，流经这些设施的临界流流态是三维的，不能简单用一维水力学理论进行分析。这些设施必须在物理模型、室内试验或复杂的三维数值模拟的条件下进行率定，而其中最常用的方法是采用室内实验率定流量系数。其次，当其在设计量程外运行时，流量系数会发生显著变化。例如，薄壁堰的下游水位超过了控制段顶部高程时，其流量系数将会显著变化（此时称为堰顶被淹没）。同样，当下游水位超过了一个特定的淹没度时，巴歇尔槽并不能维持临界流的形成条件，淹没度在很大程度上取决于量水槽的几何尺寸。当然，通过测量下游水位和引入修正系数，这些设施也可以在淹没条件下使用，但此时测流会更为复杂，精度也会相应降低。

以上介绍的设施中，有一类量水设施的流量可以用一维水力学理论方法进行分析计算，本书着重介绍这类量水设施。其不仅有较大的淹没度，且经济实用，尤其适用于对现有输配水系统的重建、加固及改建。在本书中统称这类设施为长喉槽（图 1.2），也有许多业内人士称这类设施中的一部分为宽顶堰。这种设施的特点就是它的控制段（或喉段）长度较上游水头更大，这样能够保证水流在控制段的临界流段产生与底部平行的流线。为了在控制段形成临界流，控制段在流动方向上的长度 L 必须要大于或等于上游的总水头 H_1（定义见 1.4 节）。控制段长度的具体设计细节和上限规定请参见第 6 章。

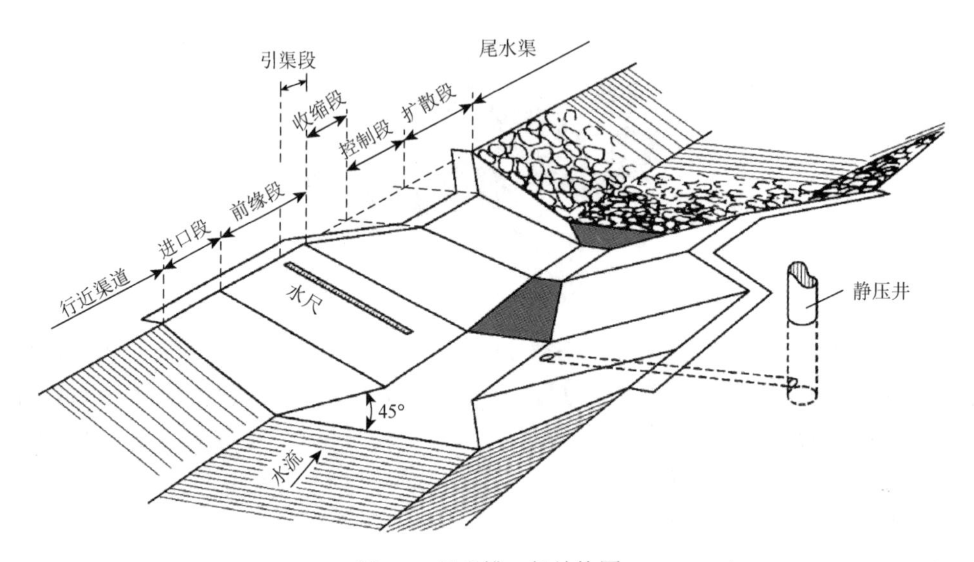

图 1.2 长喉槽一般结构图

满足上述条件的堰槽中的水力要素可以采用水力学理论较为容易地进行分析计算，其水位流量关系也可以精准计算。标准的临界流量水设施的尺寸可以利用特定的程序进行设计，也可以用水力学理论进行分析设计。其设计工作可以采用第 8 章介绍的软件 WinFlume 进行。当需评估现有建筑物的问题与其改建的可行性时，长喉槽在理论上的可计算性是一个优势。WinFlume 能够很方便地进行评估计算，可以使用竣工尺寸计算流量率定表。

在本书中，堰、槽的量水均有介绍。从水力学的观点来看，这两种结构较为相似，它们都可以用简单的水力学理论分析。在实际使用中，若控制段仅抬高底部高程，通常称为堰；如有一侧或两侧发生了收缩，通常称为槽（图 1.3）。然而，多数结构既可以叫槽又可以叫堰，在本书中统称为长喉槽。

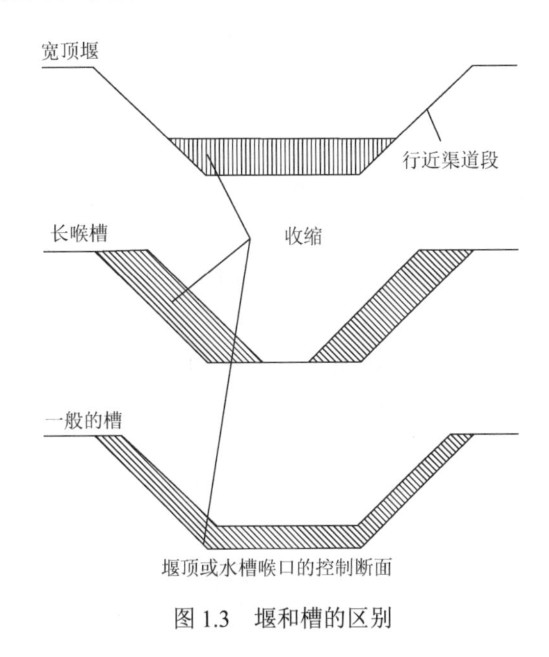

图 1.3　堰和槽的区别

1.3　长喉槽的发展历史及优点

用以计算长喉槽流量的水力学理论发展已经超过一个世纪。1849 年 Bélanger 及 1896 年 Bazin 首先对临界流进行了水槽试验和理论研究。上述研究在 Ackers 等（1978）、Inglis（1928）、Jameson（1930）、Fane（1927）、Palmer 和 Bowlus（1936）及 20 世纪初的相关学者的研究中得到了极大的发展。长喉槽的理论在 20 世纪 50 年代为大众所熟知（Wells and Gotaas，1958）；然而，其流量仍然需要一个经验性的流量系数进行率定。Ackers 和 Harrison（1963）首先对其流态的理论预测进行了研究，而 Replogle（1975）对其进行了更进一步的探索。长喉槽的水位流量理论与第 6 章涉及的校准模型是由 Replogle 研究提出的，本书仅做了较小的改动。Bos（1989）、Bos 和 Reinink（1981）开发了一个程序用来确定长喉槽的水头损失。此计算原理在稍作调整后纳入了本书介绍的 WinFlume 软件中。该软件可以协助使用者对任意形状渠道进行量水设施的设计，并且可提供长喉槽水力参数（水位流量关系及需要的水头损失）的计算结果。

由于长喉槽的水位流量关系计算及设计方案复核都须进行迭代计算，利用计算机应用程序可为长喉槽的设计、分析带来极大方便。早期的程序是基于 Fortran 语言编写的，其采用批处理的模式来分析单个设计的性能参数（Clemmens et al.，1987；Bos et al.，1984）。在 20 世纪 90 年代初，国际土地复垦与改良研究院（International Institute for Land Reclamation and Improvement，ILRI）和美国农业研究服务局（Agricultural Research Service，ARS）开始负责交互式长喉槽设计程序的开发（Clemmens et al.，1993）。程序的最初版本采用 Clipper 语言（含部分 C 语言开发的子程序），运行在 MS-DOS 环境下。早期版本包含对量水槽设计方案的几何图形显示，优化程序设计，现有水槽率定，率定表的打印输出，率定公式、水尺数据、流量水头曲线生成等功能，其版本号为 FLUME 3.0。本书所介绍的软件 WinFlume 对其进行了改进与升级，其中最显著的就是针对 Microsoft Windows 操作系统改进了用户界面，增加了输出选项，同时改进了设计模块。但是从 FLUME 3.0 到 WinFlume，其核心水力学理论并没有发生变化，而 WinFlume 完全是在 VB 4.0 语言环境下编写的。

在 1.2 节中，已经提及了一些在明渠量水中采用现代化长喉槽这一设施的优势。当然，其主要优势是水力参数的理论计算较为简单。此外，与其他常用的堰槽（如巴歇尔槽、无喉槽、H 形槽、薄壁堰）相比，它还有的优势在第一版前言中已经叙述，在此不再赘述。

由于上述各种优势，长喉槽在明渠量水工作中的应用前景十分广阔，特别是当要求量水设施对现有量水点处的水流条件和水头的影响尽量小时，长喉槽尤为适用。

1.4 长喉槽的构造

如图 1.2 所示，长喉槽一般由以下五部分组成：

（1）行近渠道。行近渠道的主要作用是确保量水槽上游水流平顺且稳定以方便水位测量。行近渠道可采用如图 1.2 所示的形式进行衬砌，也可直接利用原有渠道。

（2）收缩段。收缩段的主要作用是使行近渠道中的水流平稳加速至控制段，避免出现水流紊乱，收缩段的形式可以采用八字墙或扭面。

（3）控制段。控制段水流会达到临界水深。控制段底板必须水平且平行于水流方向，其过流断面可以为任何形状。

（4）扩散段。从控制段流出的急流经过扩散段时流速会下降，水流动能减小而势能增大，当下游水深不需要抬升时，可采用突变段衔接。

（5）尾水渠。在尾水渠中，水位是流量、下游渠道及建筑物水力参数的函数。在长喉槽设计工作中，尾水渠中水位波动范围对控制段的设计十分关键，因为为确保控制段处形成临界流，必须根据下游水位合理确定控制段的尺寸和高程。

除以上五部分外，还必须在行近渠段设置水位测点。基于这一水位测点可获取行近渠段与控制段堰顶高程之间的水头差，称为堰上水头。长喉槽的流量仅仅需要上游堰上水头便可以计算出来。

长喉槽和宽顶堰之间的主要区别仅在于历年来对术语使用的习惯，两者的水力特性并无显著差异，其临界流的形成都是依靠控制段过流断面的收缩来实现的（图 1.3）。正如 1.2 节所述，堰是通过抬高渠底高程形成的，且其控制段通常称作堰坎；槽则是通过对渠道进行侧向收缩形成的，其控制段通常称作喉段。当渠道同时存在垂向和侧向收缩时，一般称为长喉槽。本书所讨论的设施的共同特点就是其控制段足够长，能够保证在控制段形成临界流，且水流较平稳。若没有长喉槽，一维水力学理论无法精准地计算流量。

图 1.4 所示为长喉槽正常工作状态下的水面线及主要结构的常用尺寸。下标 1 和 2 分别表示行近渠道与尾水渠；下标 c 代表临界流段，总水头线的基准高程是堰或槽的底板顶

部高程，这一基准线称为堰顶参考基准线；L_a、L_b、L 分别表示行近渠段、收缩段及控制段长度；Q 表示流量；v 表示流速；p_1 表示堰坎高度；y 表示水深；h 表示堰上水头；H 表示总水头；ΔH 表示流经堰槽的水头损失；g 表示重力加速度。

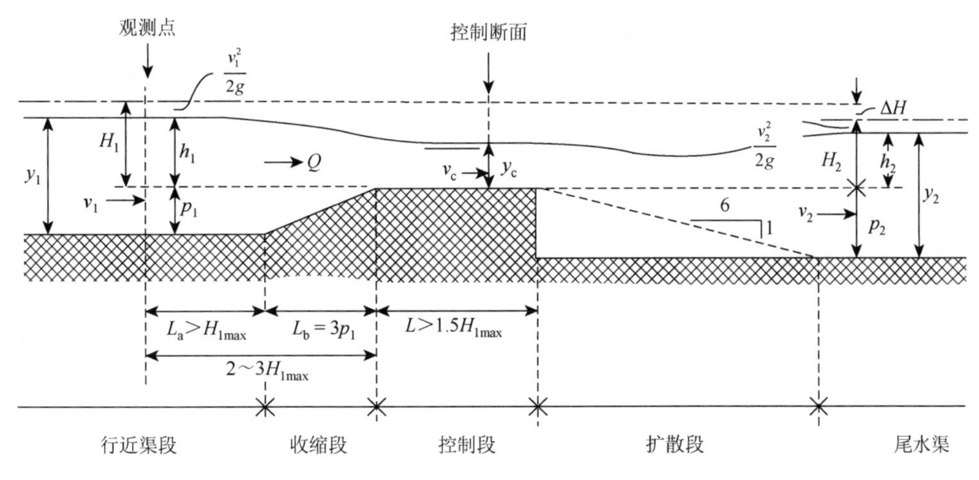

图 1.4　固定堰高长喉槽的水面线

图 1.5 所示为垂直移动式长喉槽水流的水面线。这类移动设施既有量水功能又有流量调节功能。在实际应用中，为保证行近渠道中上游水位恒定，堰顶高程可垂向调节，此时堰上水头随之变化。这类移动式的长喉槽堰前收缩段由半圆翼墙组成，而下游没有扩散段。

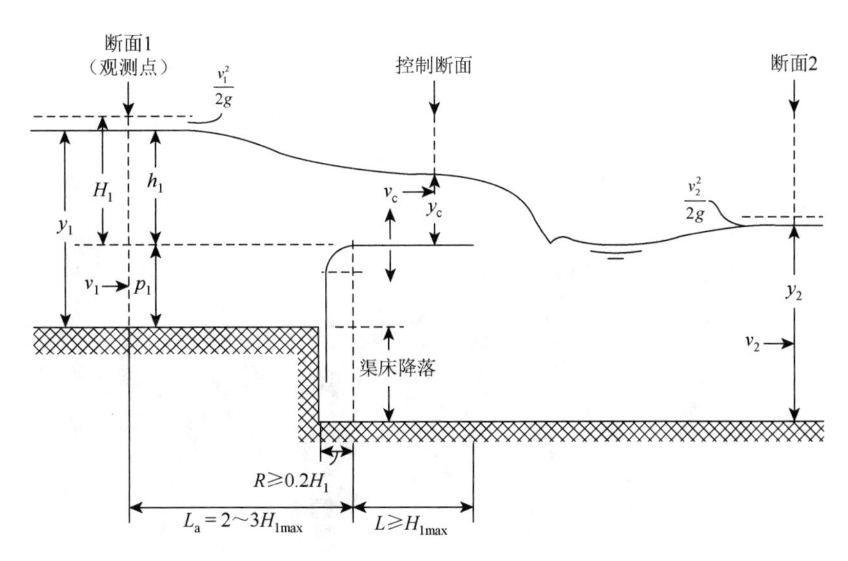

图 1.5　垂直移动式长喉槽水流的水面线

R—移动部分圆角半径

正如图 1.2 的描述，长喉槽的五个部分的结构可能有各种形状、尺寸。因而，实际结构的外观由于功能、尺寸、建筑材料的不同会有很大的差异。图 1.6 所示为实际应用中的几种长喉槽的外观形状，图 1.7～图 1.13 则为使用中的长喉槽示例。

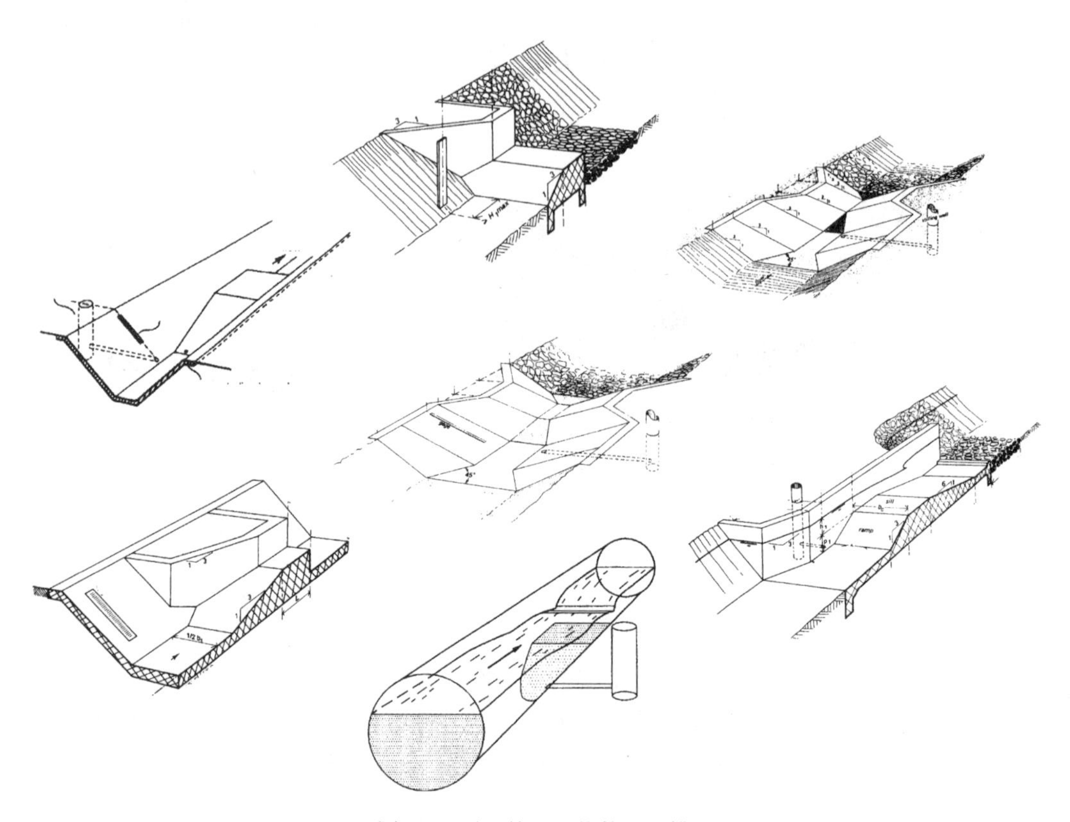

图 1.6　不同外观形状的长喉槽

图 1.7　便携式 RBC 长喉槽（丹麦格陵兰岛）

图 1.8　量水堰（美国亚利桑那州）

图 1.9　长喉槽（美国亚利桑那州）

图 1.10　矩形长喉槽（印度尼西亚）

图 1.11　抬高底部的长喉槽（美国亚利桑那州）

图 1.12　可移动式宽顶堰（荷兰）

图 1.13　宽顶闸（阿根廷）

如图 1.7 所示，为用于小型排水沟、河道、灌溉毛渠的便携式 RBC 长喉槽，这一铁皮制作的水槽的测流能力可达 9L/s，其同样可用聚氯乙烯（polyvinyl chloride，PVC）或船用胶合板制作，同时也可采用其他形状和尺寸，最大的测流能力能达到 150L/s。

如图 1.8 所示，这一堰高 0.15m 的量水堰布置在直径为 0.6m 的农用排水管尾部，其控制段可为三角形或梯形。

如图 1.9 所示，这一 15.45m 宽的长喉槽的控制段长度为 3.05m，其设计流量为 $56.6m^3/s$，临界流时水头损失仅有 0.12m。大型设施为了降低建设成本，往往采用 1∶6 的下游扩散坡度。当堰高较低（＜0.5m）时，常采用垂直的下游扩散面。

如图 1.10 所示，为在土渠中用砌石建成的矩形长喉槽，长喉槽的五个部分都包含在这个矩形衬砌段中，其控制段的收缩主要通过底部抬高来实现。

如图 1.11 所示，为抬高已有衬砌渠道底部建成的长喉槽。渠道衬砌组成了长喉槽的控制段和其他四个部分，此类量水槽通常称为 Replogle 槽。

堰顶可移动的宽顶堰（图 1.12），用于调整、测量河道中的水流，两种功能的结合使灌溉用水的控制变得较为方便。

在灌区中，可以将宽顶堰与下游分水闸结合进行精确地测流和分水（图 1.13）。

第2章　设 计 要 点

2.1　简　　介

在详细讨论各种长喉槽之前，有必要对流量测量与调节的功能及需求等相关问题进行深入讨论，这些问题将有助于用户合理选择量水槽的结构、形式。本书将区分量水设施的流量测量和流量控制调节这两个基本功能，同时考虑以下四个方面的需求：

（1）水力特性；

（2）建造和安装成本；

（3）设施操作简易性；

（4）运行维护成本。

尽管下面将讨论与流量测量和调节有关的问题，但侧重点仍为长喉槽。长喉槽的设计过程将会在第 5 章予以阐述，第 8 章将会介绍辅助用户进行设计的软件，同时讨论大部分的设计要点。

用于量水的设施与方法很多，在进行量水设施选型时，首先应考虑测量频率和持续时间的要求，其次是目标渠（河）道的类型与尺寸。常见的测量方法有以下几种：

（1）流速仪（无须测量设施进行临时测流）；

（2）可重复使用的便携式设备；

（3）临时性设施；

（4）永久性设施。

如图 1.6～图 1.11 所示，若仅出于测流的需求一般不需要可移动构件。上游堰上水头可用各种水位计测量，水位计将在第 4 章介绍。若需测量总水量，则可在堰槽加装一个可以计算流量随时间累计的设备。

当从水库取水或利用渠道分水时，测流设施在测量的基础上还应有流量调节的功能。调节堰在垂直方向上有可移动的堰顶，分水设施在水平方向上有可移动的分流墙。利用调节堰可以保证上游堰上水头恒定，从而得到恒定的流量，活动堰将在第 3 章进行详细的介绍。

2.2　自流出流的水头损失

要在测流点处的长喉槽中形成临界流需要有一定的水头，而这部分能量主要源于渠道底坡下降或者渠道上游一定距离的断面收缩产生的能量水头。底坡下降在天然河道中较为常见，也可在新设计的渠道中人为布置。但在已有渠道中进行改建，通常需要在上游通过抬高渠底形成堰或通过收缩渠道形成收缩段（水流断面面积缩小）来增加量水槽上游的水流局部水头损失，从而形成临界流。如图 2.1 所示，流经长喉槽的水头损失为 H_1–H_2，其中 H_1 表示上游堰上总水头，H_2 表示下游堰上总水头，将水头损失系数表示为（H_1–H_2）/ H_1。这一系数也可写成 1–H_2/H_1，其中 H_2/H_1 为淹没度。当淹没度较小时，下游水深 y_2 不影响 h_1 和 Q 之间的函数关系，此时称这种流态为自流出流。当淹没度较大时，水流在控制段不能形成临界流，且下游水深将影响上游堰上水头，从而影响 h_1 与 Q 间的函数关系，此时的流态称为淹没出流。区别自流出流和淹没出流的临界淹没度称为淹没度 ML（详见 6.6.2 小节）。

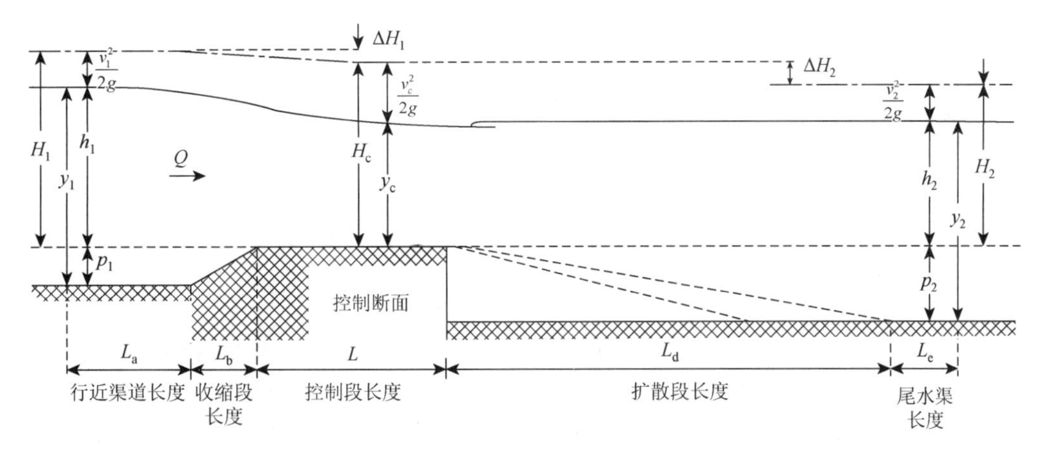

图 2.1 长喉槽细部构造图

若下游堰上总水头 H_2 小于控制段临界水深 y_c，则水头损失将会大于 H_1–y_c。此时没有必要将控制段的动能（即速度水头 $v_c^2/2g$，见 6.2 节）转化为下游扩散段的势能。即使所有的动能都消耗在控制段，水面线仍旧能够恢复至下游堰上水头 h_2。换言之，在控制段与下游渠道间不需要扩散段（图 2.2）。

图 2.2 长喉槽由于下游水位低，不需要扩散段的实例（荷兰）

如果流经量水设施的水头损失被限定在一定的范围以内，以至下游水深 h_2 高于控制段临界水深 y_c，则控制段水流的一部分动能就会转化为下游渠道中水流的势能。而其势能的转化程度主要取决于过渡段的扩散程度及控制段过水断面面积与下游水深 h_2 处过水断面面积的比值 A_c/A_2。表 2.1 描述了水流在下游扩散段突然流入一个静止的水库（$v_2 = 0$，最不利工况）时，所需的水头损失 ΔH_{max}。如果下游堰上总水头 H_2 足够小，使过槽水头损失大于或等于 ΔH_{max}，下游水流的势能将得到充分的恢复，此时就不需要下游扩散段。

表 2.1　最不利工况下（$v_2 = 0$）的必要水头损失

控制断面形状	公式 $Q = K_1h_1^u$ 中 h_1 的指数 u 的值	y_c/H_1	最小比例限制 H_2/H_1	ΔH_{max}
矩形	1.5	0.67	0.60	$0.40H_1$
典型的梯形或抛物线形	2.0	0.75	0.70	$0.30H_1$
三角形	2.5	0.80	0.76	$0.24H_1$

注：K_1 为常数系数。

当过槽水头损失没有达到必要水头损失 ΔH_{max} 时，将需要增加扩散段使额外的势能得到转化。当下游扩散段的坡度较为平缓（1∶6，铅直∶水平），并且尾水渠中流速较大（v_2 ＞1m/s）时，长喉槽的淹没度将大于 0.9（图 2.3）。第 6 章将介绍如何使用这种方法来确定渠道和量水槽在各种组合形式下的所需水头，同时第 8 章所述的软件使用的也是同样的方法，以下公式对各种形式的槽均可用：

（1）自流出流所需的水头为 $H_1–H_{2max}$；

（2）自流出流的最大下游水深 $y_{2max} = p_2 + h_{2max}$；

（3）淹没度 ML = H_{2max}/H_1。

其中，下标 max 表示保证形成临界流的下游最大水头或水深。

图 2.3　淹没度 ML = 0.9 的长喉槽

对渐变段扩散比的影响分析表明淹没度会随着扩散比的减小而上升，反之亦然。然而，当扩散比十分平缓（坡度大于1∶10）时，扩散段长度过长导致摩擦消耗了更多的能量，以至淹没度不会显著上升（甚至会有所下降）。同时，考虑到平缓坡度的扩散段比陡峭坡度的扩散段的建设成本要高，本书建议下游扩散段底坡不宜大于1∶6。

较小的扩散比如1∶1或1∶2的能量转化效率会较低，因为从控制段流出的水流流速较高，水流不能突然改变流动方向去贴合扩散段的边界，所以两侧会发生边界层分离，从而在该区域产生涡流，使动能转化为脉冲压力。因此，本书建议扩散比不可取为1∶1、1∶2或1∶3。当从控制段到下游渠道的长度不足以建造坡度为1∶6的扩散段时，建议在一定长度后截断扩散段，而不是采用较小的扩散比（图2.4）。当将扩散段截断一半时，它对淹没度的影响可以忽略不计。同时，在扩散段的截断处不应倒圆角，因为这种形式会将水流引导至渠底，导致额外水头损失的产生，并且可能发生空蚀。

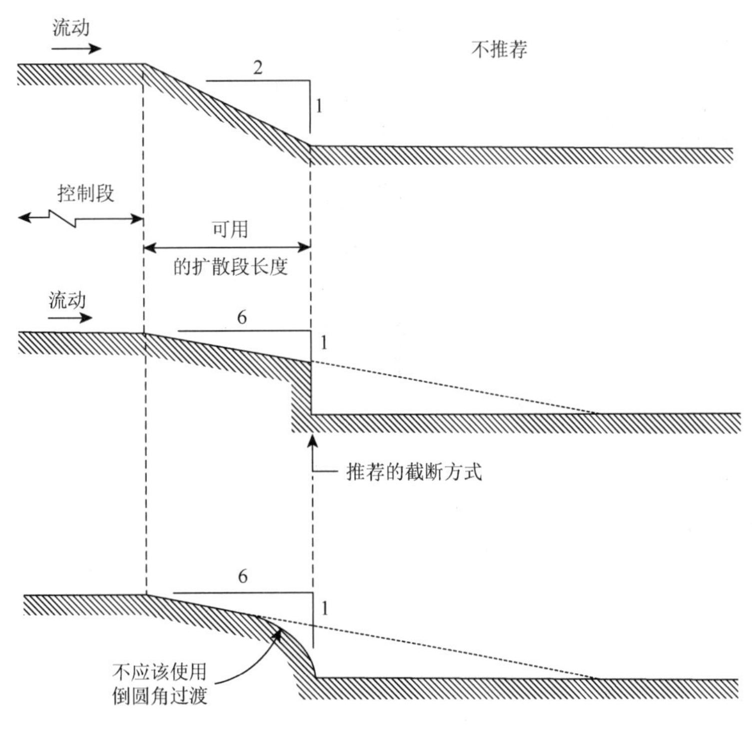

图2.4 长喉槽下游扩散段的截断

为获取精确的测流结果，量水设施的上游水流应具备准确测量的条件。当上游行近渠道中水流的弗劳德数为0.5或更小时，上游水位测量较准（详见2.11.1小节）。收缩段产生的回水满足以上水头损失要求时，这一弗劳德数的要求往往也是满足的。然而，某些情况下，可能需要提供额外的收缩以充分减小行近渠道中的弗劳德数，减缓行近渠道中的流速。

2.3　必 要 超 高

在渠道设计中，超高是为了防止由一些原因引起的水流漫顶，考虑的因素包括风浪影响、渠道糙率变化、流量的不确定性等。参见图 2.5，渠道的漫顶流量与最大设计流量之比为

$$\frac{Q_{\text{overtopping}}}{Q_{\max}}=\frac{(y_{1\max}+F_1)^u}{y_{1\max}^u} \tag{2.1}$$

式中：F_1 为量水设施上游段渠道超高；$y_{1\max}$ 为上游最高设计水深。若超高取为灌溉渠道最大设计流量时水深的 20%，则渠道边墙高度为 $d_1=y_{1\max}+F_1=1.2y_{1\max}$，则可由式（2.1）得

$$\frac{Q_{\text{overtopping}}}{Q_{\max}}=1.2^u \tag{2.2}$$

其中，指数 u 的大小取决于渠道的形状（表 2.1）。宽浅型渠道取 u 约为 1.6，窄深型渠道 u 可取为 2.4。因此，假定超高取为 20%的最大设计流量时的水深，允许的流量增加量为最大设计流量 $Q_{\max}$ 的 34%～55%。

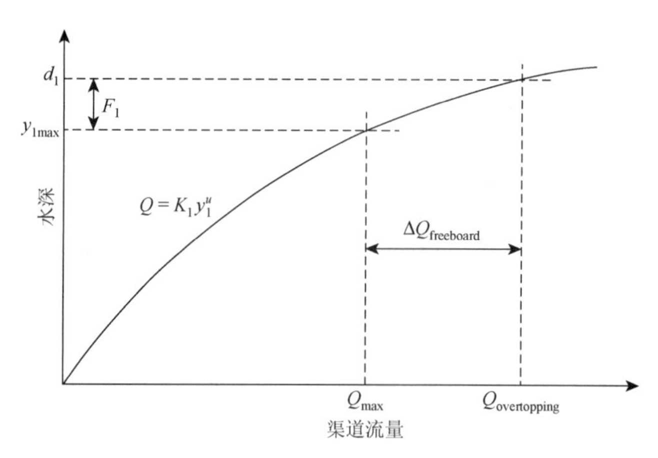

图 2.5　渠道流量和超高的关系

$\Delta Q_{\text{freeboard}}$ 为超高部分可过的流量

在排水沟的设计中，设计流量取决于排区重现期的选择，而 $Q_{\text{overtopping}}$ 与 $Q_{\max}$ 的比值是由设计人员根据渠道的功能来选取的。例如，这一比值可能被设置为 1.50（有 50%的安全裕度），同时超高 F_1 在 $y_{1\max}$ 与 u 均已知的情况下可以采用式（2.1）计算。

当在渠道中设置堰或槽等量水设施时，设施上游需要的超高会显著降低，这是因为以下几方面使渠道的水位流量关系几乎不变：

（1）当给定流量时，上游堰上水头是常数；

（2）受结构壅水的影响，渠道糙率的增加对于水位的影响较小；

（3）未来对渠道水流数据的采集将会减小流量的不确定性。

以上各因素都表明，长喉槽上游所需要的超高较小。本书建议其超高为最大堰上水头

的 20%。而在排水沟中，本书建议安全超高应该可以保证超过设计流量的部分能够安全输运至下游，这一流量可用式（2.1）计算。

2.4　测 流 范 围

明渠中的流量往往会随着时间发生变化，但是其变化范围 Q_{min} 到 Q_{max} 很大程度上取决于渠道的特点。例如，天然河道的流量的变化范围比灌溉渠道的大，本书采用以下比值来量化这一范围：

$$\gamma = Q_{max} / Q_{min} \tag{2.3}$$

对于本书所描述的堰槽，其水位流量关系均可以用以下通用公式进行计算：

$$Q = C_d k H_1^u \tag{2.4}$$

式中：C_d 为考虑上游控制段摩擦产生的流线弯曲和水头损失而引入的流量系数；K 为取决于结构尺寸和水位流量关系的比例因子；u 为幂指数，主要由控制段的形状来确定，即

$$u = 0.5 + \frac{B_c y_c}{A_c} = \frac{B_c H_c}{A_c} \tag{2.5}$$

其中：B_c 为控制段的水面宽度；y_c 为控制段的临界水深；H_c 为控制段的堰上水头；A_c 为控制段过流断面面积。因而，对于矩形控制段，$u = 1.5$；对于三角形控制段，$u = 2.5$；而对于其他所有形状的控制段，u 值都在上述两值之间变化（表 2.1、表 2.2）。

表 2.2　各种控制段形状下的 Q_{max}/Q_{min} 与 u 的值

控制段形状		u	误差范围内 Q_{max}/Q_{min} 的值	
基本形状	Q_{max} 时堰（槽）顶宽度 b_c 相对于 h_1 的大小		≤2%	≤4%
矩形	大/小	1.5	35	100
三角形	大/小	2.5	350	1970
梯形	大	1.7	55	180
	小	2.3	210	1080
抛物线形	大/小	2.0	105	440
复杂的形状	大	可变	>100	>200
	小	可变	>250	>2000

本书 6.5 节所描述的数学模型给出了一个水位流量关系的率定表格，当上游水头与控制段长度的比值在以下范围时，采用上述率定表格计算流量时的误差将会小于 2%：

$$0.07 \leqslant H_1/L \leqslant 0.7 \tag{2.6}$$

式中：L 为长喉槽控制段的长度。当上游堰上水头与控制段长度的比值超过这个范围时，流量系数将会变化约 10%（如 1985 年 Bos 的研究表明：$H_1/L = 0.07$ 时，C_d 平均为 0.917；$H_1/L = 0.7$ 时，C_d 平均为 1.002）。当 K 值固定不变时，采用式（2.4）计算 Q_{min} 与 Q_{max}，从而可以得到控制段形状已知情况下相应的测流范围：

$$\frac{Q_{\max}}{Q_{\min}}=\left(\frac{1.002}{0.917}\right)\times\left(\frac{0.700}{0.070}\right)^{u}=1.1\times10^{u} \tag{2.7}$$

由式（2.5）可以看出，幂指数 u 的值取决于控制段的形状与相对宽度。而 u 的范围也随 $Q_{\max}/Q_{\min}$ 的值在表 2.2 中给出。

在灌溉渠道中，$Q_{\max}/Q_{\min}$ 的值很少超过 35，因此几乎所有形状的控制段都是可用的。然而对于天然排水沟来说，被测流量的范围往往决定了控制段的形状。对于小型排区的排水沟而言，被测流量的范围可能会超过 $Q_{\max}/Q_{\min}=350$。然而，由于排水区域较小，流量变化范围的极值 $Q_{\min}$ 或 $Q_{\max}$ 并不显著影响排水总量。如果在非正常运行工况下，可接受误差略大于 4%，则测流范围将会显著提高至表 2.2 的最后一列所给出的范围（基于 $0.05\leqslant H_1/L\leqslant1.0$），此时这一范围可由以下公式计算：

$$\frac{Q_{\max}}{Q_{\min}}=1.1\times\left(\frac{1.0}{0.05}\right)^{u}=1.1\times20^{u} \tag{2.8}$$

2.5　尾　水　渠

本书 2.2 节中已经述及，量水设施的上游堰上水头 h_1 和流量 Q 有稳定的函数关系的重要前提是下游水位高于尾水渠 y_2 处水位。因此，在设计量水设施时，必须要在被测流量范围已知的情况下计算相应的下游尾水渠的水位。一般而言，尾水渠的水位仅需给定 $Q_{\min}$ 和 $Q_{\max}$ 即可计算，若水流在这两个流量下均为自流出流，则在两者之间的流动也应为自流出流。

关于下游渠道有两种特殊情况：第一是长喉槽下游的尾水水位仅仅受下游渠道底坡的影响，此时的水流可称为均匀流（水深沿程不发生变化），此时的水深称为正常水深。在正常水深情况下，通常采用曼宁公式来表达流量：

$$Q=\frac{C_{\mathrm{u}}}{n}AR^{2/3}{S_{\mathrm{f}}}^{1/2} \tag{2.9}$$

式中：Q 为流量；n 为糙率；A 为过流断面面积；R 为水力半径（面积除以湿周）；S_{f} 为水力坡度；C_{u} 为常数，当使用国际单位制时，取 C_{u} 为 1.0，当使用美国国家标准常用计量单位（ft 和 $\mathrm{ft^3/s}$）时，取 C_{u} 为 1.486。当渠道中水深为正常水深时，水力坡度与渠道的纵坡相等。因为渠道的糙率会随时间发生变化，所以尾水水位应该由季节性最大糙率确定。表 2.3 可以用于初步的估计。对于下游水深为正常水深且断面面积沿程不变的宽顶堰，只需考虑其最大流量时的淹没度，因为当流量下降时，下游水位一般比上游水位下降得更快。然而通常而言，堰或槽的下游均会有一些水工建筑物，此时下游水深一般不是正常水深，而是受下游建筑物挡水或泄水的影响可能会产生壅水或降水。这种情况下，尾水水位很大程度上取决于下游渠道建筑物的特性和布置。因此，从实用的角度来看，最简单的方法就是直接确定最不利工况下的下游水位。对于宽顶堰，应考虑最大和最小两种设计流量下的下游水位，因为即使流量较小，下游建筑物的壅水也可能产生一个较高的下游水位。

表 2.3 各种渠道下的糙率系数 n 值

类型	渠道类型及描述	保守估计的 n 值
混凝土衬砌	完成抛光	0.018
	完成抛光，渠底有碎石	0.020
	压力喷浆	0.025
	有藻类生长	0.030
砌体结构	浆砌石	0.030
	干砌块石	0.035
土渠	渠道顺直且规整，杂草少	0.035
	渠道蜿蜒，渠底有砂砾石，边壁比较干净	0.050
	渠道不规整，有浅滩植被	0.060
	渠道没有很好维护，杂草和灌木未经修剪	0.150

2.6 泥沙输运能力

几乎所有渠道在输水的同时也需要有泥沙输运的能力。为了能够使设施的量水和调控性能长期有效，应尽量避免泥沙淤积，故应尽量提高渠道的泥沙输运能力。

渠道需要有泥沙输运能力是为了保证水流流态与流量关系不会因为泥沙的淤积而发生显著变化。大多数的渠道中都有各种粒径的泥沙，且来源和输运机理皆不相同(图 2.6)。在描述排沙设施设计之前，本书有必要首先介绍一下基本的泥沙术语及输沙原理。

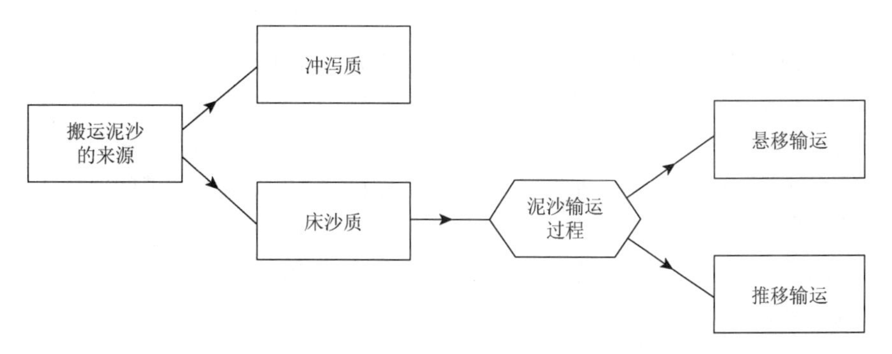

图 2.6 泥沙的来源与输运机理

2.6.1 推移输运与悬移输运

推移输运通常是指泥沙沿河床以滑移、滚动、跳跃等形式输运，常常使河床形成沙丘与沙纹等动床形式（图 2.7)。悬移输运是指泥沙颗粒在输运时，其重力与水流紊动产生的向上的力相平衡，致使颗粒在河床以上的一定高度悬浮，并以悬浮的形式输运。以上两个定义并非严格定义，实际上要明确区分两种形式往往十分困难。

图 2.7　有衬砌的灌溉渠道中的推移沙纹

2.6.2　床沙质与冲泻质

所有泥沙都可以根据其颗粒粒径的大小进行分类。床沙质是指含大量大颗粒的泥沙，其输运形式既有推移输运又有悬移输运。冲泻质主要由粒径较小的颗粒组成，这些颗粒往往悬浮于水中，并使水呈现一定的颜色。总输沙量为床沙质与冲泻质的总和。因为冲泻质颗粒粒径较小（<50mm），沉降速度较低，所以除了在水库、池塘、田间等处，其并不会引起局部的冲刷或淤积问题，因而对于量水设施应该主要考虑床沙质。

床沙质的输运可以采用各种公式估算，大多数公式中输沙能力 T 的含义皆为渠道单位宽度上的输沙体积，而输沙能力 T 是无量纲流动参数 Y 的函数（Meyer-Peter and Müller，1948）。Y 可用以下公式计算：

$$Y=\frac{\mu y S_{\mathrm{f}}}{\rho_{\mathrm{r}} D_{\mathrm{a}}} \tag{2.10}$$

式中：μ 为沙纹系数，主要取决于河床的形式（当河床较粗糙时取为 0.5，较平整时取为 1.0，为了方便，本书通常取为 1.0）；y 为水深，m；S_{f} 为水力坡度；ρ_{r} 为相对密度（$\rho_{\mathrm{r}}=(\rho_{\mathrm{s}}-\rho)/\rho$），$\rho_{\mathrm{s}}$ 为沙粒密度，ρ 为水的密度；D_{a} 为特征颗粒直径，m，如平均颗粒直径。

如果无量纲流动参数 Y 超过 0.047，河床中的颗粒将会开始滑移、滚动或跳跃，表现为河床变为沙丘或沙纹状。这就是推移输运，可用1948年Meyer-Peter和Müller提出的公式计算：

$$X = A_{\mathrm{fa}}(Y - 0.047)^{1.5} \tag{2.11}$$

式中：A_{fa}常取平均值为8的参数；X为输运系数（无量纲），算法为

$$X = \frac{T}{\sqrt{\rho_{\mathrm{r}} g D_{\mathrm{a}}^3}} \tag{2.12}$$

其中：g为重力加速度（9.81m/s^2）；T为渠道单位宽度上的输沙体积（m^3/s每米宽度）。对于给定的渠道而言，其μ、ρ_{r}和D_{a}的值均为已知，因此无量纲流动参数和渠道单位宽度的输沙体积只随水深与水力坡度的变化而变化。

2.6.3 避免泥沙淤积

在渠道中，避免堰槽上游渠段产生泥沙淤积的最好方法就是避免无量纲流动参数Y的减小，因而要保证水深y与水力坡度S_{f}的乘积为常数。为了达到这一效果，量水设施设计时应该注意使其上游壅水最小。相对于行近渠段底部，这意味着控制段的水位流量关系（Q与h_1）曲线与上游行近渠段的水头流量（Q与y_1）曲线的范围一致（图2.8）。对于推移输运的水流，这两条曲线几乎重合［式（2.10）中Y>0.047］。

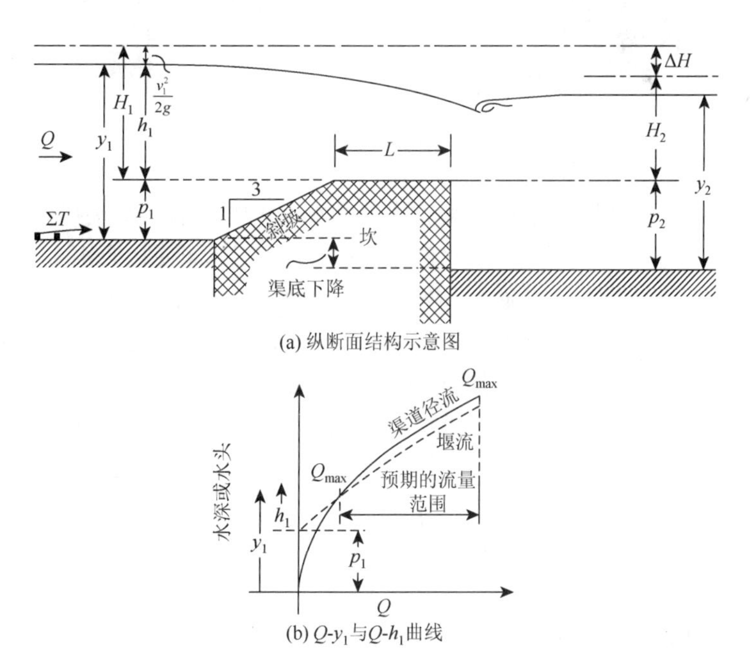

图2.8 排沙建筑物的纵断面结构示意图及Q-y_1与Q-h_1曲线

为了获得Q-y_1与Q-h_1两条曲线的合理匹配，当渠道存在侧收缩（$p_1=0$）时，控制段的u值（水头流量关系$Q=K, H_1{}^u$的幂指数）应与上游渠道的u值相等。然而，若存在底收缩，则控制段的u值应小于上游渠道的u值。大多数梯形渠道的u值都在2.3（窄深渠

道）和 1.7（宽浅渠道）间变化，使用表 2.2 能够选择较适合的控制段形状。

为了使这两条曲线尽量重合，应保证量水设施不受壅水影响，因此需要有较陡的渠底坡降以满足建筑物所需的水头损失，从而可以保证非淹没出流。因而，在天然河道中，量水设施应设置于河道底坡有自然跌落处。在新建渠道系统设计量水设施时，本书建议在渠系的设计中应该考虑量水设施的水头损失，分配一定的渠底下降。当在现有渠道系统中设计量水设施时，几乎不可能完全满足不壅水的需求，除非量水设施能够设置在渠道中现有底坡跌落处。

实验室研究表明，长喉槽和宽顶堰可以通过上游渠道输运的所有淤积物（Bos and Wijbenga，1997；Bos，1985）。图 2.9 所示为一个修建于 1970 年，至今未产生淤积的平底长喉槽。

图 2.9　平底长喉槽的泥沙输运

如果渠底没有足够的降落来提供水流通过量水设施时所需的水头损失，那么设施的水位流量曲线将总是高于上游渠道中的水位流量曲线。此时，即使按照水头损失最小的原则设计量水设施，其上游渠道中的泥沙仍然会淤积。为了避免在水位测站发生泥沙淤积，行近渠道尺寸应比上游渠道小。因此，本书推荐对行近渠道断面进行收缩，使最大流量下水位测站处的弗劳德数等于 0.5，同时要保证在较小流量时，其弗劳德数也较高。采用这种方法，能够使泥沙通过行近渠道及控制段，从而保证量水设施可以准确测流。但是正如上面所述，泥沙的淤积仍会发生在行近渠道的上游渠道，需要定期进行清淤。

2.7　漂浮物与悬浮物的输运

明渠需要通过各种各样的漂浮物或悬浮物，尤其是那些穿过森林或人口密集地区的渠道需要通过的杂物更多。若漂浮物在通过测站或量水设施时产生了淤积，将会堵塞行近渠道及控制段，从而影响量水设施的测流能力，并可能导致上游渠道发生漫顶。

为了避免漂浮物的淤塞，在渠道中的水尺及其记录装置等设施不能对水流流态产生影响。只要漂浮物的尺寸不超过控制段尺寸，本书所介绍的堰和槽就有足够合理的流线体型以避免其淤塞。

当渠道中并排设计有两个以上的堰时，其中墩至少应有0.3m宽，且其迎水面应该采用圆形墩形。锐缘墩形及较小的控制段宽度都较易于引起漂浮物的淤塞。

2.8 准确度与精密度

对于任何测量设施来说，其准确度与精密度都是很重要的指标。准确度是指设施测量时流量的测量值与真实值的一致程度，用来表征系统误差；精密度是指多次重复测定同一量时各测定值之间彼此符合的程度，用来表征随机误差。图 2.10 能够说明这些概念。当分析一个测流设施的问题时，用户必须考虑到一套完整的量水系统，完整的量水系统是由使水流发生临界流的量水设施和用于观测与记录堰上水头的设施组成的。因此，水位测量的准确度与精密度直接影响着整套量水系统的准确度和精密度。

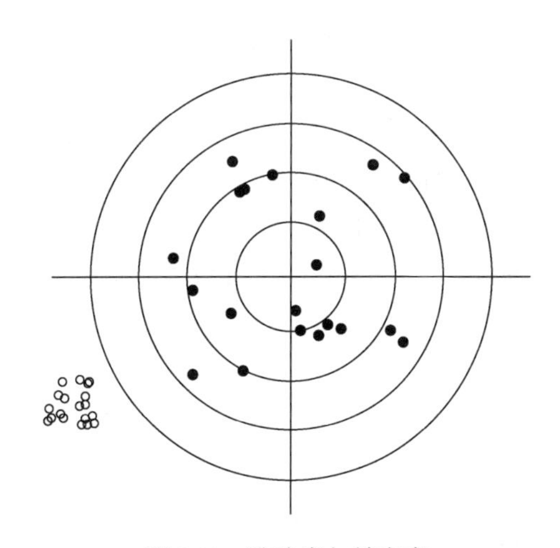

图 2.10 准确度与精密度

实心点代表较高的准确度与较低的精密度；空心点代表较低的准确度与较高的精密度

在一般的测量中，误差的来源主要有系统误差和随机误差，其中系统误差是在对同一被测量进行多次测量过程中，出现的某种保持恒定或按确定的规律变化的误差；随机误差是指随着测定次数的增加，误差的平均值逐渐趋向于零的误差。因此，即使所有的系统误差都被消除了，单次流量测量值的准确度仍会受到精密度（随机误差）的限制。因此，即使是采用两个完全一样且具备精确的水位传感器的量水设施进行测流，其实际测得的堰上水头和流量一般是不相同的。本书所介绍的堰和槽中，当采用第 6 章所给模型或第 8 章所描述软件使用的率定表，且 H_1/L 的值在 0.07～0.70 时，上述两次流量测量误差应在±2%范围内。但在这个范围之外，其精度将会下降（详见 6.5.3 小节）。并且对于一个特定量水设施的率定表，如果采用 6.4 节给出的水位流量公式计算，其误差 X_c 会略大（约为 5%）。除了率定表误差 X_c，另外一个流量测量误差的重要来源就是上游堰上水头 h_1 的不确定性。2.8.9 小节将讨论如何在数学上合并这些不同来源的误差，在此之前，先讨论几个在实践中经常遇到的误差来源。

2.8.1　系统误差

系统误差存在于每一次测量中，并且当误差产生的原因已知时，其结果往往可以预测。系统误差可以由很多种原因引起，如量水槽的设施条件较差，水尺未能正确安装，水位传感器率定不当，相对于堰顶的水位传感器设置不当等。例如，当用于测量 h_1 的水尺安装较低时，所有的 h_1 的测量值都将比实际值高，从而使得流量的测量值偏大。直到水尺零点被重新率定并且水尺被重置之前，这样的误差一直都会出现。如果系统误差来源为已知，其可以被消除或被计算。

2.8.2　随机误差

当两位记录员去读取水尺或记录表上的水头 h_1 的值时，常会有不同的结果，而第三位记录员可能又会读出另外一个值。这些观测值有的偏高有的偏低，且它们通常随机地分布在真实值 h_1 的周围。随机误差影响了实际测流时的准确度，但当重复测量多次取平均值时，其对测量准确度的影响就可以忽略（其影响以 $N^{1/2}$ 的速率在减小，其中 N 为测量的次数）。有的随机误差的来源是已知的，但是有的是未知的。当然，一部分随机误差同样能够大幅减小。例如，通过安装较精确的水位传感器，几乎可以完全消除随机误差。

图 2.11　树枝阻塞堰顶的情况

荷兰 Delft 水力学实验室供图

2.8.3　疏忽误差

疏忽误差就是在测量过程中引入了严重错误数据的误差。它的产生、大小和分布都是不可预测的，并且会使流量测量的数据无效。疏忽误差的典型来源主要有人为错误，自动水头记录仪的失灵，或是水流被阻塞，如较大的树枝或漂浮物淤塞控制段等（图 2.11）。疏忽误差有时可通过对渠道系统中不同时间或不同地点的测量值进行对比来发现。

2.8.4　归零误差

除了前面提到的实际水尺安装时潜在的误差，量水设施的基础及水头读数装置的不稳定性都有可能偶然地引入归零误差。如果量水设施以下的土壤、静压井或水尺受地面冰冻或者土壤水分变化的影响，零点的位置可能会改变。为了限制这些变化所带来的影响，本书推荐一年至少需要对装置校核两次。例如，在严重的冰冻之后、在雨季后和在灌溉季节到来之前等时期都应该进行校核。另外，水流表面的冰盖也可能会影响到归零。对于水尺归零的详细过程见4.9节。

2.8.5　藻类的生长

长喉槽量水系统误差的一个主要来源是控制段底部和侧面的藻类生长。量水槽中藻类有两方面的影响：①槽底藻类植被有一定的厚度，使堰上水头产生一定的抬升，从而引起水头的测量误差；②槽侧面的藻类植物会使控制段断面面积减小。为了限制由藻类生长（或其他污渍）引起的误差，控制段应该定期清理，或者在量水设施表面涂抹船用抗污剂以减少藻类的生长。

2.8.6　水尺读数误差

水尺读数误差主要受到水尺与观测者的距离、读数的角度、水流的波动程度，以及水尺刻度单位的影响。水尺表面的污渍不仅会掩盖水尺读数，而且可能引入较大的读数误差，因而水尺应该设置在观测者易于清理处。表2.4给出了刻度为厘米（cm）时的水尺的系统误差与随机误差。同时，从表2.4中可以看出，当水流波动较大时，其读数会变得很不准确。对于大多数观测者来说，这种被水流波动影响的系统误差归结为常规错误，需要精确地求其波动的平均值。因此，为了能在水流波动时获得较为精确的读数，本书推荐使用静压井。静压井中的静水水位测量精度较高：

（1）使用水位测针的精度能够达到0.0001m；

（2）使用测深尺的精度能够达到0.001m；

（3）使用水尺的精度能够达到0.003m。

表2.4　刻度为厘米（cm）时的水尺的系统误差与随机误差

水尺安装	系统误差	随机误差
在静水中	0	0.003m
在水面平稳的渠道中	0.005m	0.005m
在水面紊乱的渠道中	超过一个最小刻度（>0.01m）	超过一个最小刻度（>0.01m）

如果使用水位记录仪来测量静压井水位，所记录水位的误差主要取决于浮标的直径、装置调零的准确度、记录仪的内摩擦力及其机械设备的间隙等。通常这些误差的大小与浮标直径的平方呈反比（见4.4.5小节），而数字记录仪与穿孔纸袋记录仪的误差能达到其最小单位的一半。另外，当记录员读取纸质记录图表的数据时，其读数误差的大小很大程度上取决于图表的缩小比例尺。如果记录仪的安装与后期的维护较好，其系统误差与随机误差可能是0.003m。如果记录仪的维护较差，其误差常常会大于0.01m。如果使用压力传感器来测量水位，其随着时间会一直有偏移（会影响调零误差）与增益（响应斜率）的变化，因此压力传感器应该要定期（通常是一年一次）进行率定。

2.8.7　静压井的水位滞后误差

静压井通过一段小口径的连通管与渠道连通，因为连通管能够削弱渠道传递到静压井的波动能量，从而使静压井中的水位波动较渠道水面更平缓。但是这样的滤波效果也有副作用：当渠道中的水位上升或下降时，静压井中的水位会有一定的时间滞后。另外，当有衬砌的渠道通过透水性较大的土壤时，采用有渗漏的静压井测量其水位，也可能有系统滞后误差产生。因为需要有连续流动的水通过连接管进入静压井来提供井壁泄漏水量。由于水流通过连通管需要一定的水头损失，静压井中的水头总是低于外侧渠道中的水头。使用者可以通过消除静压井渗漏量和增大连通管的尺寸来减小静压井的滞后误差。

2.8.8　施工偏差

为了证明本书给出的率定表及用数学模型与软件计算出的率定表是合理的，量水设施的施工尺寸必须要足够接近设计尺寸。因为其尺寸的变化将会使利用率定表计算的测量值和实际值之间产生较大的误差。由工程竣工尺寸改变产生的流量误差百分比见表 2.5。其中最重要的误差是由控制段的断面面积变化引起的。鉴于率定表可以根据表 2.5 给出的百分比进行修正，因而其误差总和不会超过 5%。当偏差较大时，本书推荐利用 6.5 节给出的模型或第 8 章的软件来重新生成一个新的率定表。然而如果施工导致堰坎或控制段的顶部不平，或是向流动方向倾斜，将会使量水设施的流量与淹没度受到影响。因此，当其坡度大于 2°时，把坡度整平会比修正率定表更有效。

表 2.5　由于工程竣工尺寸改变产生的流量误差百分比

尺寸改变 1%	流量误差/%	备注
上游斜坡长度	0.01	斜坡的坡度可为 1∶2.5～1∶4.5
底坎高度 p_1	0.03	影响行近流速
控制段长度 L	0.1	取决于 H_1/L 的值
堰（槽）顶宽度 b_c	最大可达 1	取决于控制段断面面积的百分比的变化
控制段断面面积	1	线性相关
底坎的横向坡度	0.1	对过流面积影响不大
底坎的纵向坡度	最大可达 3	是最难纠正的因素
控制段坡比	0.5	取决于过流面积的变化

2.8.9　误差合成

前面已经讨论过，流量测量的精度主要受两种来源的误差的限制：

X_c = 由附录 3 或第 8 章讨论的软件所给出的率定表引起的误差；

X_{h_1} = 上游堰上水头的测量误差。

上面 X_{h_1} 的值是影响 h_1 的所有误差的组合，可由下面的公式计算：

$$X_{h_1} = 100\%\frac{\delta_{h_1}}{h_1} = 100\%\sqrt{\frac{\delta_{ha}^2 + \delta_{hb}^2 + \cdots + \delta_{hn}^2}{h_1}} \tag{2.13}$$

式中：$\delta_{ha},\delta_{hb},\cdots,\delta_{hn}$ 为影响水头测量的各种误差。而流量测量值误差 X_Q 的大小可以由以下公式计算：

$$X_Q = \sqrt{X_c^2 + (uX_{h_1})^2} \tag{2.14}$$

式中：u 为水头流量公式的幂指数。当使用第 8 章或第 5 章给出的程序设计量水设施时，用户需要提供以下信息：

（1）流量测量的范围，即最小设计流量 Q_{min} 和最大设计流量 Q_{max}；

（2）单次最大和最小设计流量测量时所允许的误差百分比（$X_{Q_{max}}$ 和 $X_{Q_{min}}$）；

（3）最终选择的水头测量设施的随机读数误差 δ_{h_1R}，表 2.6 给出了一些常用的值。

根据设计者选择的控制段形状和其相关的 u 值，可以计算出上游最小水头 h_{1min} 和上游最大水头 h_{1max}，同时可以保证得出设计者需要的 Q_{min} 和 Q_{max} 的精度。重要的是要认识到，影响 X_c 和 X_{h_1} 的误差大部分是随机分配的。因此，如果利用很多次（N＞15）的流量测量值来计算一段时间（一天或一周等）内通过量水设施的流量，这些随机误差就相互抵消了（它的影响与 $1/N^{0.5}$ 呈正比），基本可以忽略不计。因此，流量测量的误差主要就归结于系统误差，而在系统误差中，归零误差是最常见的（详见 4.9 节）。

表 2.6 测量水位时常见误差的大小

量水设施	如果主要检测装置位于下面类型的渠道中，测量 h_1 时的随机读数误差 δ_{h_1R}		备注
	明渠	静压井	
针形水位计	不适用	0.1mm	常用作研究
尺子	不适用	1mm	适合研究和现场使用
水尺	4mm	4mm	Fr_1＜0.1
	7mm	5mm	$Fr_1 = 0.2$
	＞15mm	7mm	$Fr_1 = 0.5$
压力式水位计	最大可达 20mm	不需要	非常适合临时安装（误差是 h_{1max} 的 2%）
起泡式水位计	10mm	不需要	不需要静压井但是可以在静压井使用
浮子式水位计	不适用	5mm	需要静压井
流量计	—	—	可能存在一些额外的随机误差和系统误差

注：Fr_1 为上游弗劳德数。

2.9　量水设施的灵敏度

2.8 节已述及，流量测量时其中一项误差是由上游堰上水头测量的精确度引起的，上游堰上水头 h_1 测量的不准确所引起的流量误差是量水设施灵敏度 S 的函数。对于自流出流而言，其灵敏度可由以下公式计算：

$$S=\frac{\Delta Q}{Q}=u\frac{\Delta h_1}{h_1} \tag{2.15}$$

式中：Δh_1 为上游堰上水头 h_1 的实际值与测量值之间的差。

式（2.15）中，引起误差 Δh_1 的原因可能是对水位变化的忽视、水尺或记录纸上的读数误差、测站位置的偏移、水尺或记录仪的调零误差、记录仪的内摩擦力等。图 2.12 说明，灵敏度 S 是 $\Delta h_1/h_1$ 与 u 的函数，后者表示控制段的形状。当渠底较狭窄如为梯形或三角形时，其灵敏度将会较大，然而影响误差较显著的是 h_1 的测量精度。由于 Δh_1 的值通常相对固定，当 h_1 较小时，大多数量水设施的灵敏度会较大。

对于量水设施而言，当灵敏度较大时，既有缺点又有优点。当量水设施的灵敏度较大时，上游堰上水头发生较小的变化就能使通过量水设施的流量发生较大的变化，但是若水头测量不准确也会相应导致较大的流量误差。相反，当量水设施的灵敏度较小（一个给定的 h_1 的变化引起 Q 的变化较小）时，其相同流量变化时 h_1 的变化较大，从而使 h_1 的测量变得容易，因而小流量变化的测量也相对变得容易。

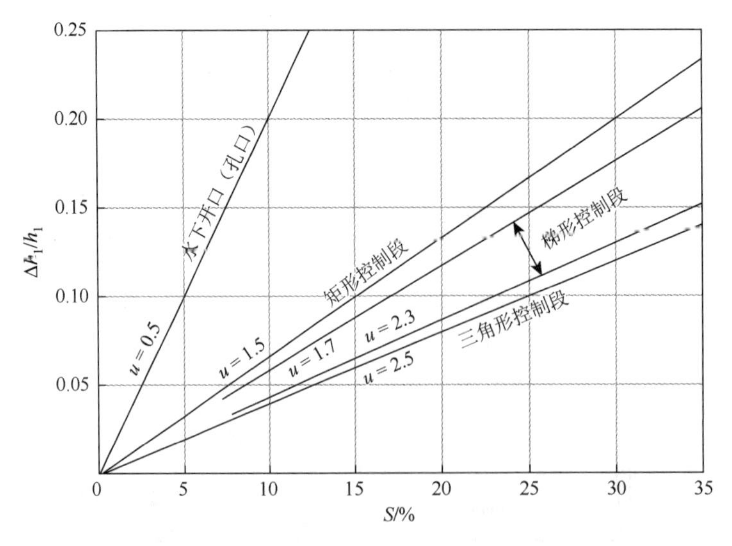

图 2.12　临界流设施的灵敏度是水头变段形状的函数

2.10　量水设施的灵活度

量水及调控设施通常修建于渠道的分水处，当水流流经分水口时，水流分配给渠道系统中每个支渠的流量是相应支渠量水设施灵敏度的函数。假设在一条干渠上有 ΔQ 的流量变化，则其流量就增加到 $Q+\Delta Q$，同时水位也会发生相应的上升（图 2.13）。这将导致干渠上的每个分支的流量都增大 ΔQ_s 和 ΔQ_o，其中下标 s 和 o 分别表示下游干渠与支渠上的量水设施。为了定量描述 ΔQ 在 ΔQ_s 和 ΔQ_o 中所占比重，引入灵活度 F。灵活度 F 是总流量变化引起的排水渠中流量变化与供水渠中流量变化的比，计算公式如下：

$$F=\left(\frac{\Delta Q_o}{Q_o}\right)\Bigg/\left(\frac{\Delta Q_s}{Q_s}\right) \tag{2.16}$$

式中：Q_s 与 Q_o 为干、支渠道中的初始流量。

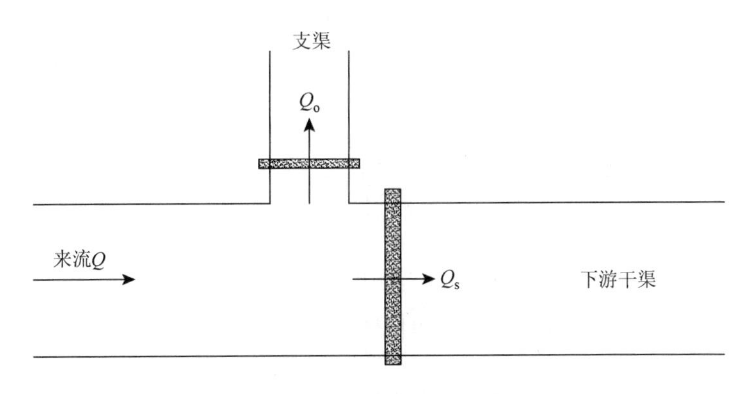

图 2.13　灌溉渠道分水示意图

参考式（2.15）可得，灵活度为量水设施的灵敏度的比：

$$F=\frac{S_o}{S_s}=\frac{u_o h_{1,s}}{u_s h_{1,o}} \tag{2.17}$$

式中：S_o 为排水渠灵敏度；S_s 为供水渠灵敏度；u_o 为排水渠水头流量公式的幂指数；u_s 为供水渠的水头流量公式的幂指数；$h_{1,o}$ 为排水渠上游堰上水头；$h_{1,s}$ 为供水渠上游堰上水头。

通常，大多数的根据渠道分支流量观测值计算得到的灵活度 F 可以分为小于 1.0、等于 1.0 和大于 1.0 三种。

2.10.1　灵活度为 1.0 时

当 $F=1.0$ 时，流量增加将会按初始流量 Q_s 与 Q_o 的比例进行分配。虽然这似乎只是一个简单的问题，但是当在一条单一的供水渠上有多个支渠时，将可能产生意料之外的结果。图 2.14（a）举例说明了这种情况，当灌区管理员想要输运 100L/s 的流量到下游支渠时，采用关闭支渠 1 打开支渠 3 但是不调整支渠 2 方案时，流量就会出现这样的情况。这是因为当关闭支渠 1 时，下游的流量会增大，从而使支渠流量 $Q_{o,2}$ 与下游干渠流量 $Q_{s,2}$ 都按关闭前的流量比例相应地增加了，于是支渠 2 中额外流入了 11L/s 的流量，支渠 3 中流入了预期的 100L/s 的流量后，供水渠中无意间就减少了 11L/s 的流量。如果关闭支渠 3 而打开支渠 1 用以取走原来支渠 3 的流量［图 2.14（b）］，又将会有相反的情况发生。因为支渠 2 的流量发生变化，使支渠 2 的流量减小而下游干渠中的流量相应增大。

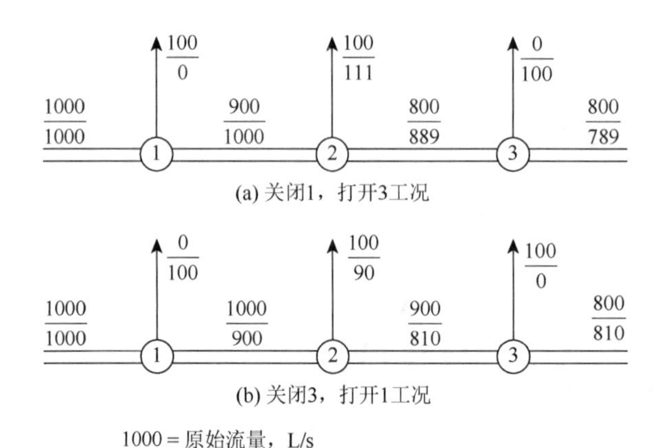

图 2.14　当 $F=1.0$ 时排水渠 2 上的分流变化

如果一段渠道分支对于来流流量和水头均有灵活度 1.0，则其供水渠与排水渠上的量水设施一定会有同样形状的控制段，同时其堰坎高度也一定相同。

2.10.2　灵活度小于 1.0 时

当灵活度 $F<1.0$ 时，流量的分配使得 ΔQ_o 相对于 Q_o 以较小比例分流，而 ΔQ_s 相对于 Q_s 以较大的比例分流。图 2.15 举例说明了当 $F=0.1$ 时，大部分的 ΔQ 都会留在下游干渠中。当支渠中所需堰上水头比供水渠大，甚至当支渠仅仅是由 u 为 0.5 的水底开孔构成时（图 2.16），其灵活度将会非常低，孔口细节参见 Bos（1989）。从图 2.15 的例子可以看出，即使对支渠 2 不做任何调整，其流量的变化也非常微小，可以忽略，因而可以进行精确的流量测量。由上述分析可见，选择灵活度较低的支渠量水设施对灌溉系统的管理有很大的好处。在下游支渠灵活度较低的情况下，如果图 2.15（a）中因关闭支渠 1 而增加的流量由于设备故障、操作不当等没有从支渠 3 引走，则供水渠中增加的流量将会相对于其初始流量以较大的比例流向下游。为了避免渠道漫顶，这部分超额的流量必须要在适合的地点排出（图 2.16）。如果支渠 2 的灵活度较大，超额的流量将会有一部分转移到支渠 2 中，从而可以减小下游干渠中退水设施的尺寸。

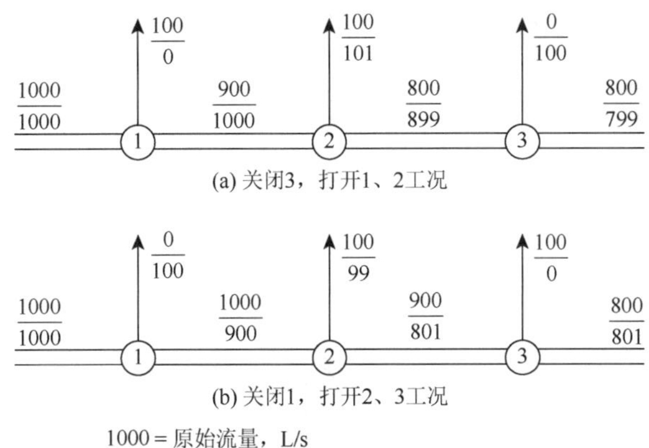

图 2.15 当 $F=0.1$ 时排水渠 2 上的分流变化

如图 2.16 所示，灵活度较低的渠道分水，供水渠流量由宽顶堰溢出，排水渠流量用水泵抽到侧向管道中。

图 2.16 侧堰（南非）

2.10.3 灵活度大于 1.0 时

图 2.17 描述了支渠灵活度较大的渠道系统的例子。当支渠中由于灵活度偏大而发生较大的流量变化时，将会造成供水渠中流量的大幅缺失或过剩。显然，灵活度大的灌溉渠道分支并不便于均衡各用户的供水量，故为了达到均衡用户供水量的目的不推荐使用灵活度较大的支渠分水口。然而，在供水渠事故工况下，为了防止漫顶，支渠灵活度 $F>1.0$ 则十分有效。其泄水处将会宣泄大部分的多余流量并排出到地面排水沟。同样，当流量发生短缺时，短缺严重的用户将会从灵活度大的支渠取水。

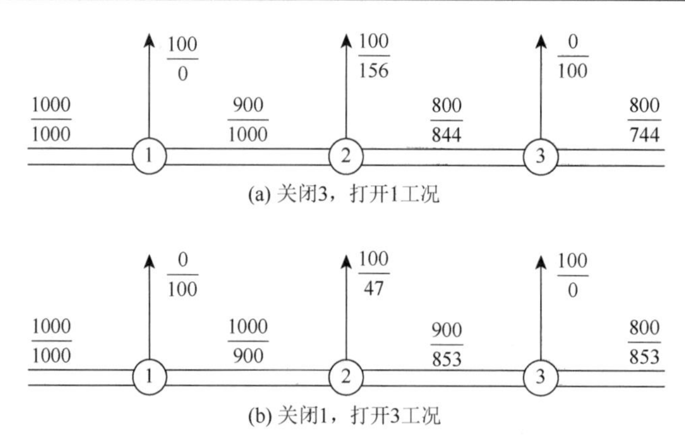

1000 = 原始流量，L/s
900 = 流经打开或关闭的排水渠1、3后的流量

图 2.17　当 $F = 10.0$ 时排水渠 2 上的分流变化

如果支渠中量水设施是在低水头下运行的堰，或当供水渠中配备的是孔口出流的闸门或有压涵洞时，其灵活度将会大于 1.0。在渠道漫顶会造成较严重损失的情况下，本书建议在漫顶渠段上游使用这种侧堰。

2.11　测点位置选取

所有流量测量或调节设施所选择的位置都应该满足以下原则：水流接近量水设施时应该是均匀流，上游堰上水头 h_1 可精确测量，为了使自由出流有足够的水头损失用以消耗，还需要有确定的水位流量关系。本书已在 2.2 节讨论了所需水头损失。本节将总结确保在上游渠道中获得流态较好的行近流和稳定的水面所需的水头损失，另外将讨论与量水设施选址和量水设施上下游情况相关的几个重要问题。

2.11.1　渠道上游所需行近渠段长度

为了获得适当的均匀行近流条件，能够精确测量稳定水位，量水设施上游的渠道应满足下列条件，以下条件均在最大设计流量工况下计算：

（1）在测站或测站上游 $30H_{1\max}$ 距离的渠段中的弗劳德数不宜超过 0.5。在可能的条件下，将弗劳德数限制在 0.2 以下，将会使测量更为精确。但是当渠道的输沙量较大时，其弗劳德数也应该保持较高。弗劳德数可用以下公式计算：

$$Fr_1 = \frac{v_1}{\sqrt{\dfrac{gA_1}{B_c}}} \tag{2.18}$$

式中：v_1 为平均流速；g 为重力加速度；A_1 为垂直于流动方向的断面面积；B_c 为水面宽度。

（2）上游渠道应该顺直，横断面尺寸沿程不变，且测站上游至少应有 $30H_{1max}$ 长的距离。

（3）在测站上游 $30H_{1max}$ 距离的渠段中不能有剧烈紊动的流态（即下泄式闸门、跌坎、水跃）。

（4）如果有一段弯曲段非常接近量水设施（距离小于 $30H_{1max}$），则量水设施两侧的水位高程将会不同。当上游的顺直渠道长度至少为 $6H_{1max}$ 时，仍可进行合理、精确的测量，但是可能会增加 3%的误差。此时水位应该在弯道内部测量。

为了使水头的测量准确，在测站上游 H_{1max} 距离内的边墙内壁不应该有偏移和突变，应该要尽量平滑（图 2.18 和图 2.19）。内壁的移位可能会引起流动的分离，从而影响上游堰上水头 h_1 的测量。

图 2.18　由预制混凝土空心建造的量水槽上游侧

图 2.19　由预制混凝土空心建造的量水槽下游侧

然而，实际的量水设施很难满足上述所有要求。当上游水位不稳定或行近流是明显的非均匀流时，常常需要使用消能隔板或消波器来改善这种情况，详见图 2.20 和图 2.21。使用消能隔板时，其与测站的距离应该在 $10H_{1max}$ 以上。

图 2.20　消能隔板的上游流态（美国亚利桑那州）

图 2.21　采用固定分隔板分配流量（阿根廷）

上述对上游渠道所需长度的总结与现有的设计指南中所推荐的略有不同。对于渠道的有效断面（矩形渠道的断面深度是宽度的一半），$30H_{1max}$ 的上游渠道长度与设计指南推荐的 10 倍平均渠道宽度的长度基本相等。而对于那些与有效断面假定有明显偏差的渠道，基于 H_{1max} 所得到的上游渠道长度比基于平均渠道宽度所得到的上游渠道长度更为合适。

2.11.2　其他选址要点

渠道测量设施的选址应考虑以下与影响渠道性能相关的因素，同时还应兼顾其对渠道和附近设施的影响。

（1）渠道需要有稳定的底部高程，在某些渠段中，淤积会发生在旱季或流量较小的时期。这些淤积物将会在雨季再次冲刷渠道。这些淤积物改变了渠道中的行近流速，甚至可能直接掩埋量水设施，其冲刷可能会破坏量水设施的地基。

（2）影响量水设施下游水位的所有因素都必须要确定。下游可能仅仅受到下游渠道水流沿程阻力的影响，也可能受到下游渠道其他因素的影响，如闸门动作、水库的运行等。其水位很大程度上影响着收缩段尺寸（堰坎的高度与宽度），而收缩段的主要作用是获得自流出流。

（3）根据渠道水位确定的堰坎高度与量水设施的水位流量关系是相联系的，应该研究上游可能发生的洪水，因为洪水可能会引发淤积或影响上游量水设施的运行。

（4）必须要采取合理、经济的方式防止量水设施周围及底部发生渗漏，这种渗漏由上、下游水位差引起。另外，必须确保有稳定的基础，使其不发生显著的地基沉降。

（5）在 2.6.3 小节中已经讨论过，为了防止量水设施上游发生淤积，其 Q-h_1 曲线应该与现存渠道的 Q-y_1 曲线相匹配。

2.12　测量设施的选取

虽然没有本节的知识同样可以选择出一个合适的流量测量设施或调控设施，但是工程师在选择最合适的量水设施时可能需要一些帮助，本节旨在提供一些基本的引导。在量水设施的选取过程中有以下几个不同的阶段：

（1）描述测量位置及列出所有要求。设计人员需要列出量水设施所在位置的水力特性，并且描述量水设施运行的环境。这个阶段可采用表 2.7。

（2）阅读第 2、3 章并估算各种类型量水设施的测流范围。这个阶段设计人员应该决定量水设施的类型（便携式、临时性、永久性、可移动式堰顶等）。

（3）阅读第 5 章的量水堰槽设计。对于常见的渠道尺寸，可能选择一个标准的槽型。否则，就使用 WinFlume 软件（第 8 章）设计一个量水设施。

表 2.7　测量地点的信息记录表格

测点名称：＿＿＿＿＿＿＿＿＿＿＿＿＿＿＿		日期：＿＿＿＿＿＿
水力需求：		
测流范围 Q	此时渠道中水深 y_2	测量中允许的流量测量值误差 X_Q
Q_{min} =　　　m^3/s	y_{2min} =　　　m	$X_{Q_{min}}$ =　　　%
Q_{max} =　　　m^3/s	y_{2max} =　　　m	$X_{Q_{max}}$ =　　　%

续表

水力描述：

渠道底		$b_1 =$	m
渠道边坡		$z =$	m
渠道深度		$d =$	m
最大允许值水深		$y_{1\max} =$	m
曼宁公式中 n 值		$n =$	
水力坡度		$S_f =$	
可利用的渠道下降现场的水面		$\Delta h =$	m
渠道下降现场的渠道底部		$\Delta p =$	m
结构的功能			
只测量			□
调节和测量流速			□
结构服务的时间			
日	□	季	□
月	□	永久	□
环境的描述			
灌溉系统		排水系统	
主要的	□	从灌溉区域	□
侧向的	□	人工排水	□
田间沟道	□	自然排水	□
在田野中	□		
未来的描述（附上照片）			

渠道断面示意图：

混凝土衬砌：□

土渠：□

超过 $100b_1$ 长渠道的底部水面线

总布置图：

回答这个问题：“所选量水设施是否合适？”这里设计人员需要去比较所选量水设施的性能，比较时需要用到本章2.3～2.11节的内容，并参见第5章“量水堰槽设计”。

第3章　堰槽种类及施工方法

对于现有任意渠道，用户可以选择各种测流方法和设施对流量进行测量。本章的内容可以帮助读者去选择那些易于修建、经济且精度适宜的测流设施。本章的主要目的是引导读者去选择那些应用范围较广的量水设施，其内容主要涉及量水设施施工及其安装方法。虽然设施的设计和率定也与本章内容相关，但该内容将在后续章节单独讨论。例如，一个量水设施测量的精度往往会影响量水设施的选择，同时也决定着这个量水设施使用的简易程度。

3.1　简　　介

正如1.4节所述，长喉槽和宽顶堰一般由如下五部分组成。

（1）行近渠道（从测站到渐变段之间的距离）：其长度应足以使该段水位不受其下游控制段临界流水位降落的影响。行近渠道可以是土渠，也可以衬砌，渠道横断面可以采用任意形状，其衬砌材料和横断面形状可以与下游水渠段不同。

（2）收缩段：该段的主要作用是使行近渠道的缓流在流向喉槽的过程中流速逐渐增加。渐变段可采用八字墙或扭面形式。在布置渐变段时最重要的是要使水流平顺进入控制段，避免水流受边墙的影响在控制段上游形成局部壅水。

（3）控制段：其水流流态为临界流。控制段在顺水流方向上的水平长度L需满足：

$$0.07 \leqslant H_1/L \leqslant 0.7 \tag{3.1}$$

式中：H_1为行近渠道的能量水头（相对于控制段槽底的水头）。在垂直于水流方向，只要可以用数学关系表述，任何断面形状都可采用。第8章的设计软件提供了14种断面形式以供选择。

（4）扩散段：水流在离开控制段进入扩散段时，流态为急流，流速在该过程中逐渐减小，动能逐渐减小（第7章），势能逐渐增加。若不需要增加势能抬高下游水位，则大多数情况下可在控制段尾端设置跌坎，否则就需要设置一个1∶6的斜坡进行过渡衔接。为满足扩散段长度的限制，可以在适当的地方截断斜坡（见2.2节，图2.4）。

（5）尾水渠：尾水渠可以是土渠，也可以衬砌。该渠段可以有任意不同的断面形式与尺寸，可与行近渠道不同。尾水渠水位变幅对量水设施的设计是至关重要的。其决定着控制段的高程和尺寸，而合适的高程和尺寸能够保证在测流范围内，长喉槽控制段内的水流始终维持在临界流（见2.5节及5.3.2小节）。

参考第2章的设计要点，设计者可以相对自由地选择长喉槽的形状和建造材料。对于同一渠道，不同的设计者可能会选择不同形式的量水槽。若这些不同形式的量水槽都能满足设计标准，则均为可行方案。本章给出了一些常用量水设施的例子，长喉槽的设计方法和水力学原理可参见第5章和第6章。

尽管在缺水地区进行测流看似顺理成章，但在实际工作中许多人会反对进行渠道量水和改变渠道运行调度方法。其部分原因是进行水资源利用改造后，用户获取的总水量将有所减少，另外还有部分心理作用。尤其是在低流速的土渠中，为了加速水流使之达到临界流，所需要的断面底部收缩程度往往较大。为此而建造的横跨在渠道底部的“墙”则会使缺乏水力学常识的用户产生担忧，误以为此时渠道的过流能力将有所降低。因此，在反对对渠道进行收缩来建设量水堰槽的人中，大部分是反对对渠道进行底收缩。

在提高水资源管理水平的同时还需要兼顾美化环境的需求，此时长喉槽可以采用特殊设计使整个量水设施与环境融为一体。图 3.1 展示了一个棕绿色的采用船用胶合板制成的量水槽。将量水槽隐藏在公路涵洞中对于景区的水资源管理者而言也是不错的选择。

图 3.1　使用船用胶合板制成的“隐形”量水槽（荷兰）

有些用水户怀疑宽顶堰和长喉槽测流的准确性，为此认为在其建成后需要用流速仪测流来“率定”量水槽。结果表明，若上下游渠道稳定且量水槽施工标准，则用高精度流速仪对比测流的相对误差（包括随机误差和系统误差），发现误差一般只有±5%，有时误差会超过±8%。在量水槽的率定中，流速仪测流一般存在远大于±2%的系统误差。因此，只有采用流速仪进行多次测量（多于 15 次）才能使流量的估算达到量水槽率定所需的基本精度。第 8 章的软件提供了一种方法来比较量水槽率定后的计算值和 h_1-Q 关系测量值的偏差。如果偏差明显，则应对流速仪测流和量水槽测流同时分析误差的来源［见 2.8 节和 Wahlin 等（1997）］。

在用水户对量水堰槽不熟悉的区域推广使用量水槽时，推荐使用便携式量水槽或临时量水槽来演示上游壅水引起的水面抬升和下游流量改变的效果。可供选择的几类量水槽如下：

（1）便携式 RBC 量水槽，适合流量在 50L/s（约 1.77ft^3/s）左右使用（3.3.3 小节）；

（2）便携式 A 型控制段可调量水槽，适合流量在 180L/s（约 6.4ft^3/s）左右使用（3.3.3 小节）；

（3）大型 A 型控制段可调量水槽，适合流量在 2.5m^3/s（约 88ft^3/s）左右使用（3.3.3 小节和 3.5.1 小节）；

（4）混凝土衬砌渠道上建设的木质量水槽，适合流量在 3.0m^3/s（约 106ft^3/s）左右使用（3.2.3 小节）。

在灌溉渠道系统中往往有两个或更多的支渠。为了测量分水前后的流量，可选择两组不同的宽顶堰：

（1）活动堰，这种设施的堰顶可以根据干渠或支渠的水位进行抬高降低，使得通过分水口的流量能够测量和调整。活动堰也可布置在持续供水的干、支渠上。除上述两种功能外，活动堰还可用于校验上游水深。活动堰堰顶必须要在结构上能够承受通过它的水流的重量，故其过流能力还要受到堰顶承载力因素的限制。例如，通过宽为 4.0m、高为 1.0m 的堰的流量不宜超过 6.0m^3/s。为提高过堰流量，在同一处可以使用多个并列的量水堰。

为了提高水量在关键量水设施处配置的准确性，量水设施可以使用液压或电动装置进行调节。如果这些装置能够根据水头测量装置的反馈进行自动调节（见 4.4 节），则堰上水头和过堰流量可保持恒定。

（2）隔板堰，此类分水设施本质上是由矩形控制段构成的宽顶堰和一个堰下游的分隔板组成的。分隔板按照渠段分水的需求可为固定式或可移动式。

在一个量水设施上将测量和调节功能进行合并的优点有：①需要的水头减小；②合并功能的量水设施通常较具有相同功能的两个独立设施（控制设施及量测设施）更为经济；③单一量水设施的操作更节省时间。由于优点③，水闸管理员或灌区运行人员可使灌区配水更为精确、高效。

3.2　小型衬砌渠道量水设施

在过去，使用堰槽量水价格较高，精度不可靠，且难于应用于一些实际情况。其中主要的问题包括堰槽量水需要改造渠道以适应各类设施的限制要求（如巴歇尔槽），同时当采用薄壁堰时会产生较大的水面下降。除这些问题外，还有无法控制安装误差，无法便捷、准确地读取可靠的水位数据等问题。使用长喉槽和本书提到的类似宽顶堰后，这些问题显著减少（图 3.2）。

图 3.2　运行在设计流量下的宽顶堰（美国亚利桑那州）

在混凝土衬砌的灌溉渠道中修建小型宽顶堰相对而言较为简单。现有的渠道衬砌可兼作量水槽的如下几个部分来使用：①行近渠道；②部分收缩段、控制段及扩散段；③尾水渠。如果没有势能增加的需求，则在扩散段设置跌坎即可满足要求，此时量水槽只有两个部分需要新建，即长度为 L 的控制段和一个长度等于堰坎高度三倍（$3p_1$）（图 3.3）的扩散段。

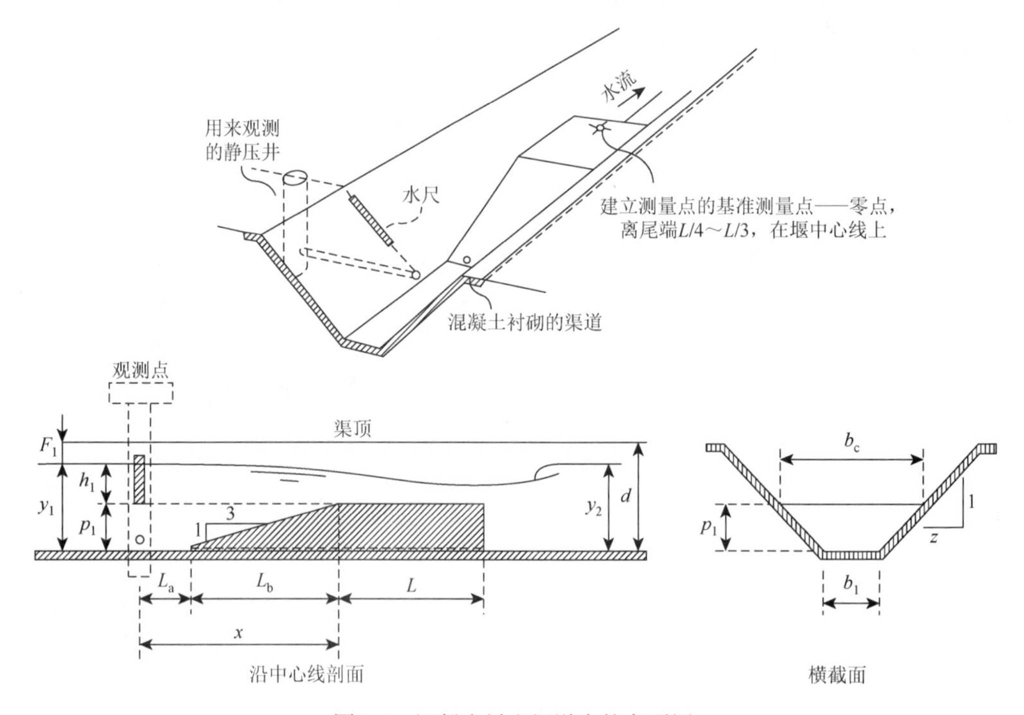

图 3.3　混凝土衬砌渠道内的宽顶堰

如图 3.3 所示，渠道断面可以仅有侧向收缩，也可以只有垂向收缩，或可两者兼有。鉴于大多数衬砌渠道是最大设计流量与最小设计流量之比（Q_{max}/Q_{min}）小于 5 的灌溉渠道，宽顶堰（仅有垂向收缩）能够满足这一流量变幅，同时其建造也更为经济、简便，故推荐在此类渠道中使用宽顶堰。宽顶堰设计流程、标准尺寸（堰顶宽度 b_c）、率定表将在 5.5.1 小节讨论。完建的堰顶宽度 b_c 应与率定表中的值吻合，同时也需满足设计测量精度的要求，因为 b_c 中 1%的误差就会产生 1%的流量测量误差（表 2.5）。尽管堰坎高度对于堰的选择而言至关重要（因为其决定了水面的抬升、淹没度和超高关系），但其垂向上的准确度并不是决定堰上水位流量关系的关键。例如，p_1 的变化在±10%之内都不会显著影响水位流量关系，类似的情况下控制段长度 L 也可在±10%的范围内变化而不会显著影响水位流量关系。斜坡长度的取值 $3p_1$ 也是近似值，其目的是使水流平顺地进入堰顶。因此，斜坡可以建成直的或略带弯曲的形状，但实际建造时从施工难易度考虑一般尽量选择直的。以上这些尺寸的裕度并不意味着其施工质量可以降低，相反其应能使建造在保证质量的前提下更为快捷和简便。使用者可以通过测量让量水设施获得更加精准的率定表，或可使用第 8 章的软件获取。

3.2.1 现浇量水槽

1. 梯形断面渠道

在量水设施的选址和详细设计完成后，随后即进行量水设施的现场建造。若渠道内有施工缝，则量水设施需选在合适位置以使水位测点位于施工缝上游 0.5m 处。若施工困难，则可将测点设在施工缝略靠上游处，同时将堰坎设在下游 $L_a + L_b$ 处，详见率定表（附表 3.1）和图 1.4。尽量不要将施工缝设在堰坎处，但设在斜坡处是可以接受的。若施工缝设在堰坎和测站之间，则应注意保证垂向上无显著位移发生，否则测站的基准零点（堰顶高程）将不可靠。

建议的施工顺序如下：

（1）在车间内根据控制段断面形状生产两种形式镀锌角钢，通过角钢的边缘（非平面一侧）来确定控制段形状。这些角钢将被用来进行混凝土的抹平和抹灰工作。对于同时具有侧向和垂向收缩的长喉槽而言，这些角钢的形状尺寸可实现对底部和侧面形状的控制。对于只有垂向收缩的堰来说，角钢的顶部边缘宽度为 b_c，两侧边缘和渠道保持一致。

（2）通过焊接或采用螺栓将两个角钢连为一体，使两角钢顶部边缘之间的距离为 L（控制段的长度）。也可以用其他方法来固定构件，如采用钢筋网固定侧面挡墙。

（3）为了确定收缩段的形状和尺寸，可在渠段内用直径为 4mm 的钢筋捆扎成间距为 100mm 的钢筋网。采用这种加固方式时需要的最小混凝土厚度为 25mm。

（4）混凝土浇筑前在堰底预留一个长度充足的排水管，使得堰前水流能够顺利过堰（见 3.7 节）。

（5）在堰底部的任意位置安装排水管，埋设位置不一定要在中心线上。

（6）堰坎和斜坡所需的混凝土衬砌的最大厚度为 0.1m，其余部分可采用压实土料填筑。如果下游没有斜坡，则压实土应比堰顶更长。

（7）安装角钢和钢筋网（图 3.4）。两者都需要进行固定，以确保在浇筑混凝土时不会发生位移（图 3.5），斜坡段可以手工抹平（图 3.6）。这些构件需要用水平仪来保证顶部边缘在渠道横向为水平，同时保证其能相互协调。

（8）混凝土浇筑。采用的混凝土应可抵抗水中化学物质的侵蚀同时抗风化。堰顶和斜坡可以同时浇筑。将利用金属框架支撑的顶部作为混凝土抹平和抹灰的边界，使得建造的堰坎位于同一水准面上。金属框架将永久保留在混凝土中。因此，对于小型堰来说，堰坎和斜坡可以同时建造，其都可以进行混凝土抹面处理。斜坡不需要逐渐减小为零厚度，可在斜坡厚度只有 0.05m 时设置跌坎。

（9）对于只有侧向收缩的量水槽，控制段和过渡段的边缘不能在同一天进行槽底坎和斜坡的浇筑（除非采用特殊的形式建造）。在斜坡的混凝土手工抹平之前，斜坡底部和槽底坎的混凝土需要静置足够长的时间（约 24h，具体时间取决于当地的情况）。

（10）最后安装测站墙，如 4.9 节所述。

图 3.4　由角钢固定边缘、钢丝加固斜坡的量水槽

图 3.5　堰顶第一块混凝土浇筑完成的状态

图 3.6　手工抹平的斜坡

尽管在修建这些量水设施时已采用坚硬的混凝土衬砌，但在需要时仅需施加少许压力即可将其破除。

当衬砌渠道内的流速较低时，简单的宽顶堰就不再适用，因为过堰水深太浅以至于不能准确地测流。此时可以在梯形渠道中修建矩形控制断面的量水堰槽，如图 3.7 所示（也可见图 1.10）。此类量水堰槽可以先浇筑堰坎和斜坡。控制段的侧墙可采用砖石或其他合适的材料建造。渐变段的侧墙并不需要严格铅直，可向渠道边壁倾斜。

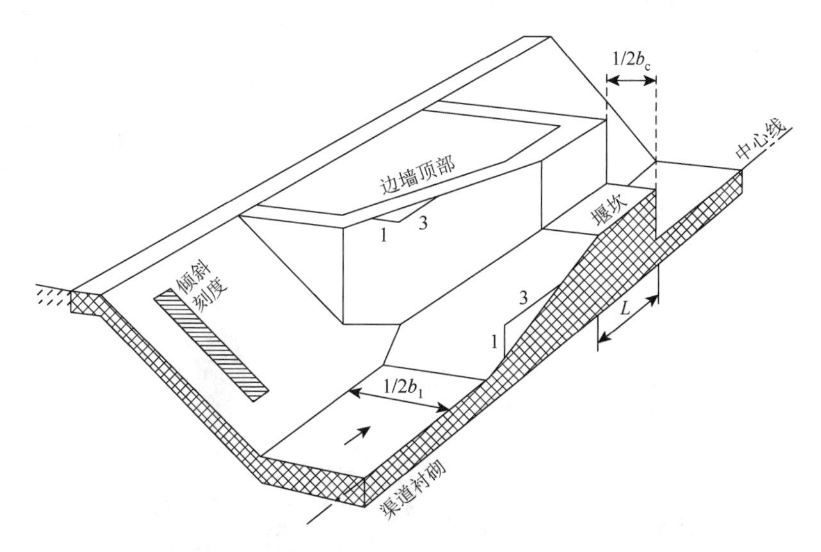

图 3.7　在梯形衬砌渠道中采用矩形控制断面的量水设施

2. 矩形渠道和涵洞

在矩形渠道中修建量水堰槽与在梯形渠道内的施工过程类似。由于堰顶无斜墙支撑，故堰顶必须锚固于侧墙或采用杆件固定于渠底。同时，斜坡段与梯形渠道不同，不会因为水流而被迫沿着边墙下降，因此矩形渠道的量水槽受下游的限制斜坡和堰顶截断的设计更少见。鉴于以上原因，本书建议堰槽必须与渠底及侧墙紧密锚接。除此之外，施工顺序和梯形渠道相同。

在一些情况下，也需要对量水槽进行侧向收缩。对于梯形渠道而言，本书建议先建造堰坎，随后缩窄堰顶宽度；而对于矩形渠道而言，通过混凝土块或砖墙来缩窄过水断面更为容易，缩窄之后根据需要加上堰顶。

对于衬砌渠道，涵洞是建造量水槽的理想地点，因为涵洞的基础已经建造完毕。若堰槽布置在涵洞出口附近，则需附加冲刷保护措施（见第 7 章）。

3. 其他渠道形式

衬砌渠道有多种横断面形式，包括半圆形、U 形、圆形（如涵洞）、抛物线形、三角形等。当有斜边墙时，施工的工序与梯形渠道一致。若边墙竖直，则可以参考矩形渠道中建设量水堰槽的要点。施工控制最主要的目的就是确保控制段处横断面统一平顺，且堰顶水平。

3.2.2 预制量水槽

原则上，所有在 3.2.1 小节述及的现浇混凝土量水堰槽都可以通过预制的混凝土梁、板建造。现场运输及安装设施的起吊运送能力将限制预制构件的尺寸，一般可以在量水堰槽上需要分割处切分为几块进行预制及拼装。例如，图 3.8 所示为一个分成两部分的预制量水槽：控制段和斜坡。每一个部分的重量约为 45kg（约 99lb），这一重量可由 1～2 人通过人工搬运修建，而避免采用起重机或其他机械设备。两个部分都使用镀锌钢板建造（图 3.9）。建造者需要认真地计算和设计斜率，使结构外形尺寸匹配目标渠道的形状。这类预制件的主要优势在于可批量生产。为了节约混凝土，同时保证重量可控，可采用插入式拼接结构，此时结构边缘为 100mm 厚，但是堰顶中央部分和斜坡的厚度只有 35mm。以上设计中混凝土结构均采用了钢丝网和钢筋加固。

图 3.8　安装于混凝土衬砌渠道中的小型预制量水槽

图 3.9　用于混凝土衬砌渠道中的小型预制镀锌钢板量水槽

美国亚利桑那州拉巴斯县的灌区内采用了一类大尺寸的预制混凝土量水槽。该量水槽控制段宽 1.22m，长 0.76m，厚 60mm。为保证构件在其长边方向的刚度，在长边上设置了 150mm 高的梁，这种尺寸的预制件则需要采用机械设备来吊运。预制时在上游顶部横梁处预留凹槽，使得控制段和斜坡段能够连接的同时还能够支撑斜坡段。斜坡段被浇筑成 60mm 厚的无横梁平板，其边缘能够与控制段的边缘和渠道边墙相吻合。斜坡底部的收缩不应延伸至渠底以致底部形成锥形，否则 1∶3 的斜率会使锥尖部位较窄且结构脆弱。此时的做法应是当斜坡底部束窄到一定合适的宽度时将斜坡段截断。部分截断斜坡对量水槽并无显著影响。应采用水泥砂浆抹缝以确保建筑物不漏水，同时也可将控制段和斜坡固定在相应的位置上（图 3.10）。

图 3.10　预制混凝土构件的边缘被抹上水泥砂浆

此处采用排水孔取代 3.2.1 小节和 3.7 节所述的排水管，排水孔浇筑在斜坡段底部边缘。在预制构件中浇筑吊环螺栓，并在其安装完毕之后切除。每个构件的重量大约为 145kg（约 320lb）。一般无须太多考虑关于构件在水压力作用下的强度问题，需要时这些构件皆可拆除、更换，但值得注意的是其移动较难。图 3.11 所示为一些堆叠的量水槽预制构件。

图 3.11　预制量水槽控制段

3.2.3　临时量水槽

临时设施的建造往往不在现场完成，其可安装至需要测流处并短期使用，使用完毕后可拆卸运输到另一处使用或直接丢弃。这些设施的重量比预制混凝土构件轻，但其运输也可能存在困难。临时量水设施目前已应用于 0.1～6m^3/s（近似等于 3.5～212ft^3/s）的渠道中。量水槽的表面大多采用船用胶合板或金属薄片制作，将角钢或木材作为其面板的支撑件。此类设施的运行寿命通常仅为一个灌季，一般采用渠侧水尺测量水位。临时设施偶尔也采用便携式水位计执行单次灌溉供水和测流任务（见 3.2.4 小节）。如果某种量水槽在给定渠道上运行良好，则相应的临时和便携式设施也通常有效。在缺乏足够的田间数据资料时，用户可以通过测试多个临时设施以寻找其中较为适合的一种，这一方法也可取代常规的设计流程。如果某个临时设施可有效运行，可以采用相同尺寸建设永久性的量水建筑物。

在衬砌渠道中最简单的量水方法就是使用船用胶合板和建筑木材建造临时量水堰槽（图 3.12）。本书推荐使用船用胶合板是因为其可经受长时间的浸泡而不发生膨胀。为了使船用胶合板更耐用，本书推荐在船用胶合板上喷涂密封层和海洋防污漆。对于明渠测流，品质较差的船用胶合板也能胜任。控制段的面层应在两侧边缘设置斜面，与渠道的边坡相吻合。收缩段的面层也需要设置斜面来和渠道边墙吻合。受斜坡斜率的影响，其边缘斜面角度略比边墙的角度小。收缩段末端应与堰顶有一定的夹角，以使其与堰顶间不出现缝隙，同时也使斜坡高程不超过堰顶。斜坡段可以截断一部分，甚至可以不与渠底接触。此处 10～20mm 的缝隙可采用沙土填塞。

图 3.12　使用船舶用胶合板建造的临时量水堰槽

当收缩段使用较重的船用胶合板（15～20mm 厚）制作，且其宽度小于 1.5m 时，通常不需要在斜坡底部设置支撑结构（特别是当斜坡的挠度没到临界值时）。但控制段通常需要框架结构支撑，因为挠度会对控制段的率定产生影响。可用一块 40mm×140mm 的模板来支撑控制段。木板的跨度为堰顶从一侧边墙到另一侧边墙的宽度。控制段需要在与斜坡段相接的上游端和下游端（无论是否有斜坡）设置支撑结构。上游边缘的支撑结构可以同时支撑堰顶和斜坡。设计者需在堰顶上游边缘设置轻微的斜角来支撑斜坡段。对于短期运行的量水槽而言，斜坡段不需要与控制段和支撑结构稳固连接。而对于长期使用的量水槽，斜坡段需要通过螺栓或其他方式和木质支撑结构紧密相连。

支撑结构也可采用角钢来替代木材。轻质角钢（即使其外观并不坚固而像织带）使用较为方便，且足够稳固。船用胶合板和轻质角钢的组合方式目前已应用于最大宽度为 3m，最大流量为 $6m^3/s$ 的渠道中。

许多量水设施是采用薄钢板和角钢制作的。图 3.13 所示为一个正在建设中的控制段宽度为 1.53m 的量水槽。临时薄钢板量水槽的控制段应确保水平。薄钢板在支撑角钢的边角处折弯，以确保控制段和渠道边墙足够安全稳定。当控制段水平且具有一定承载力后，再将上游斜坡段连接到控制段上。控制段是由两块固定于堰顶薄板下方的支撑角钢制成的。当控制段长度 L 超过 0.5m 时，需要设置三个以上的支撑角钢。

图 3.13　采用临时薄钢板制作的控制段

上述尺寸的量水槽采用的支撑角钢应由大号钢板（16#，即约 1.6mm 厚的薄钢板）制成。角钢的每个直角边都应不小于 80mm，同时其长度应该与控制段宽度相等。每个角钢在竖直向的直角边都需要弯曲以适应渠道两侧的边坡斜率 z，同时它将被作为连接结构将控制段固定在渠道侧坡上。随后斜坡将被截断以适应控制段的宽度，同时加入连接结构来将其固定于控制段边缘。连接结构以 1∶3 的角度弯曲，使得堰顶和斜坡能够平顺连接而不产生堆叠。预制混凝土槽、当地材料、可用器械、劳动量和量水槽的类型都将会不同程度地控制着量水槽的连接方式（使用螺栓连接或现场焊接），同时也决定着其防锈处理方式（涂油漆或镀膜）。图 3.13 所示的水槽使用了三个镀锌的 50mm×76mm×3mm 的角钢。控制段采用 16#镀锌薄钢板（约 1.6mm 厚）。同时，两个斜坡段采用镀锌钢板制成的构件进行加强。因为斜坡边缘坐落在渠道边坡上且采用控制段横梁固定，所以无须过多补充支撑构件。在实践中，一般所有的构件都不会在水压力的作用下产生位移，因此渠道的连接构件只需防止渠道无水时受风荷载破坏，以及维修人员或动物活动造成移动。设计者需要进行简单的结构分析来估算控制段在工作期间的挠度。图 3.14 所示为采用起重机进行大型临时金属量水槽斜坡段吊装的现场图。

图 3.14　宽为 3m 的量水槽的上游斜坡段的吊装现场（美国亚利桑那州）

这些临时的量水槽对于那些仅在少数灌溉季节需要量水的渠道尤其适用，因为渠道在灌溉期间不能停止供水来建造永久性建筑物。临时量水建筑物只需要几分钟的时间就可建成，同时可在渠道未达设计流量的大多数情况下安装完成。这种安装方式仍有一定风险，因为安装时构件需承担巨大的水压力。当构件开始挡水流时，其有可能会在水中突然下沉，对安装人员的人身安全造成威胁。构件入水后将难以徒手搬动（除非是很小的构件）。因此，本书建议在有条件的情况下，安装时应暂时停水。然而，如果渠道不能完全断水，本书推荐遵循以下顺序进行建造：在设计地点和高程将控制段固定于渠道两侧，条件允许时对控制段四角加以锚固。这个步骤一般来说并不危险，因为控制段一般不阻水，有时候甚至在水面以上。在动水中安装斜坡段是困难而危险的。如果控制段位于水面以上，斜坡段就能在水面以上与控制段衔接，如通过将金属板螺栓插入钻好的孔内来连接。对于斜坡段的水下部分，水压力会让斜坡段下沉至指定位置。如果控制段在水面以下，在水下安装斜坡段则较为困难、危险，除非构件尺寸较小。为了完成这项工作，斜坡段必须“漂浮”至控制段的上游边缘。斜坡段应保持一定的高度以避免因阻挡水流而产生巨大的水压力。当斜坡段与控制段的边缘相接触时，将斜坡上游边缘稍稍下降，水压力就会将它沉入指定位置。

> 揭示：斜坡段构件入水后，其会快速下沉至指定位置且会产生巨大力量，尤其要注意手脚不要被压伤。

用钢和木材建成的临时建筑物不仅仅适用于梯形渠道，也适用于其他断面形状的渠道。图 3.15 所示为在圆形渠道中使用的可临时组装的临时量水槽。其控制段用矩形金属薄钢板建成，而斜坡段则采用切成一半的椭圆形来与圆形渠底衔接，其上游水头采用测针测量。图 3.16 所示为量水槽的详细设计尺寸，同时还包含了椭圆斜坡段的布置形式。

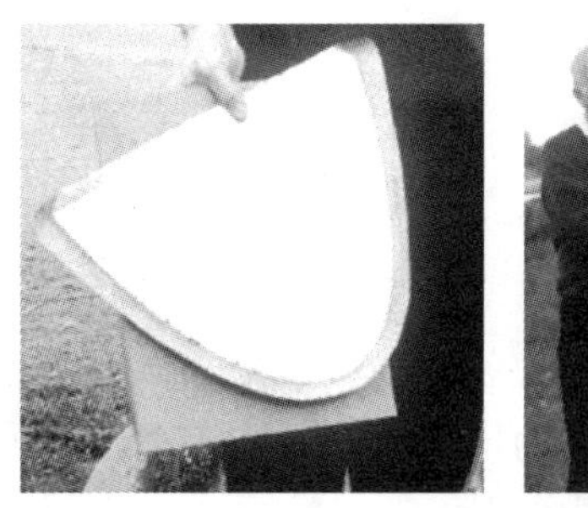

图 3.15　用于圆形渠道测流的临时量水槽（摩洛哥）

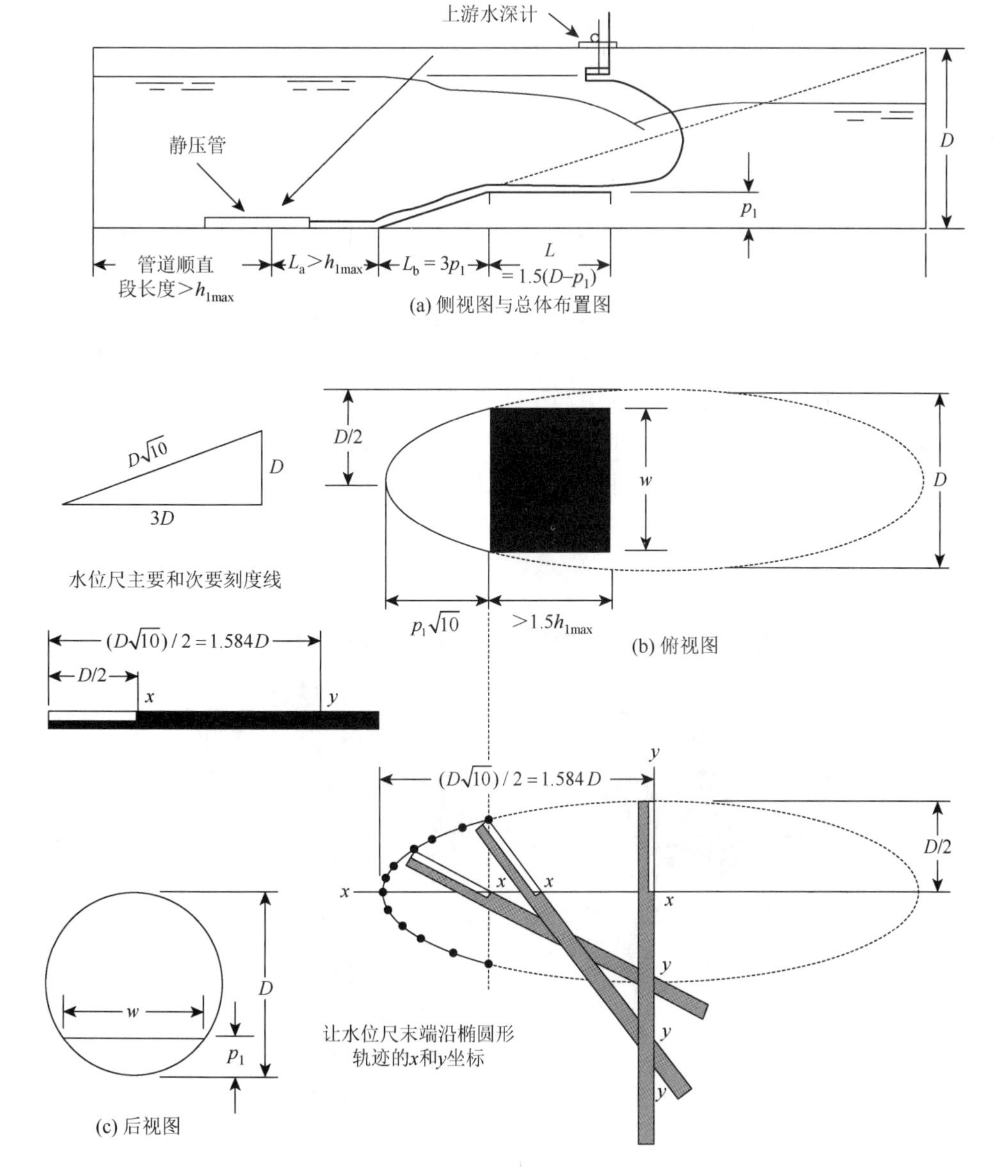

图 3.16　圆形渠道中临时量水槽设计方案

h_{1max} 为上游最大水头；D 为圆管直径；w 为控制段宽度

3.2.4 便携式量水槽

1. 梯形渠道的便携式设施

与 3.2.3 小节描述的临时量水槽类似，在混凝土衬砌渠道中使用的便携式量水槽只需由控制段和一段收缩段（斜坡）构成。渠道为量水槽提供了精确测流所需的所有其他结构。在设计便携式量水槽时，主要考虑以下两个因素；

（1）必须在设施上安装水位测量装置，以使其能直接测定上游堰上水头 h_1 而无须每次安装完成后进行单独测量。

（2）设备可由一个人搬运及安装。

图 3.17 所示为一种可同时满足能进行上游水位测量和便携这两个要求的量水槽（“龟槽”）。图 3.17 中所示的设备是为小型渠道设计的，其底宽为 0.3m，坡度为 1∶1，衬砌高度为 0.61m。一般而言，此类小型渠道的流量为 0.03～0.35m^3/s。为了适应这一测流范围而设计了便携式量水槽，要求量水槽最大能通过 0.35m^3/s 的流量的同时水深不超过 0.61m 的渠道衬砌高度，且需预留数厘米的水面超高。本设计中的 0.3m 高的控制段即可满足这些条件。控制段高度确定后，量水槽的其他尺寸约束就由 H_1/L 的值来确定（见 2.4 节和 6.5.3 小节），同时受其施工方法的影响。为了减小设施的尺寸，这种特殊的水槽采用比传统永久量水槽更陡的收缩段坡比（1∶2）；此类设施的精度在便携式量水槽中已经足够。若渠道的尺寸或形状与上述渠道不同，或者所需测流的流量范围比上述小，长喉槽的尺寸和形状可根据实际情况进行调整。这种便携式堰的率定表已在附表 3.2 中堰 C_m 给出。如果选定的堰坎高度 p_1、控制段长度 L 和横断面形状在率定表中没有给定，就需自行制作一张率定表，具体方法见 6.5 节或第 8 章。

图 3.17　适用于混凝土衬砌渠道的便携式量水槽

图 3.18 所示为使用铝制的角钢、管道和薄板制成的便携式量水槽的示意图。

图 3.19 给出了详细的设计图纸。所有角钢和管道通过焊接相连，同时薄板由铆钉固定。

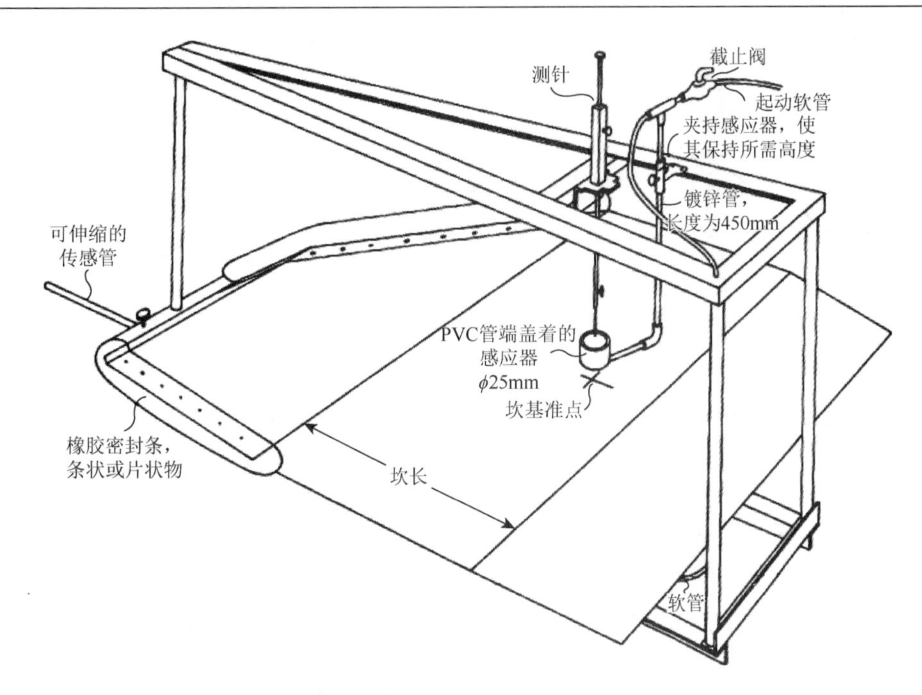

图 3.18　混凝土衬砌渠道中便携式量水槽的等轴测视图

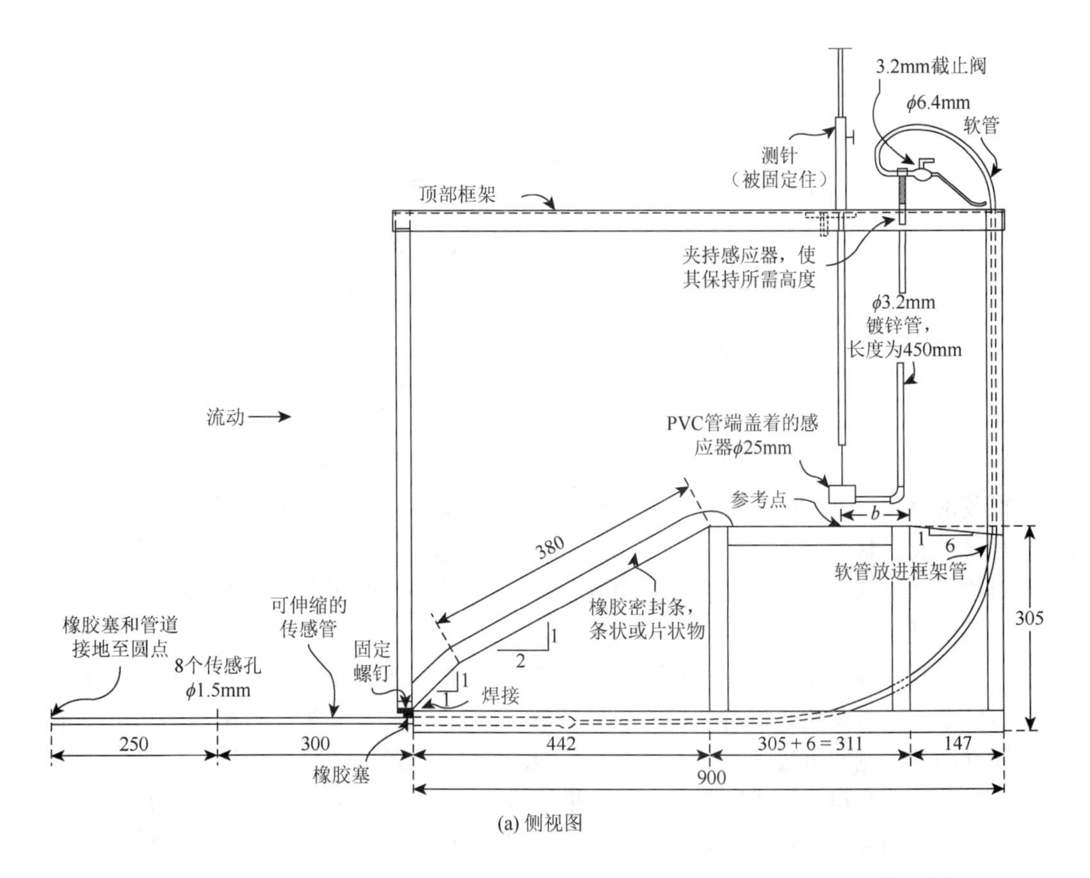

(a) 侧视图

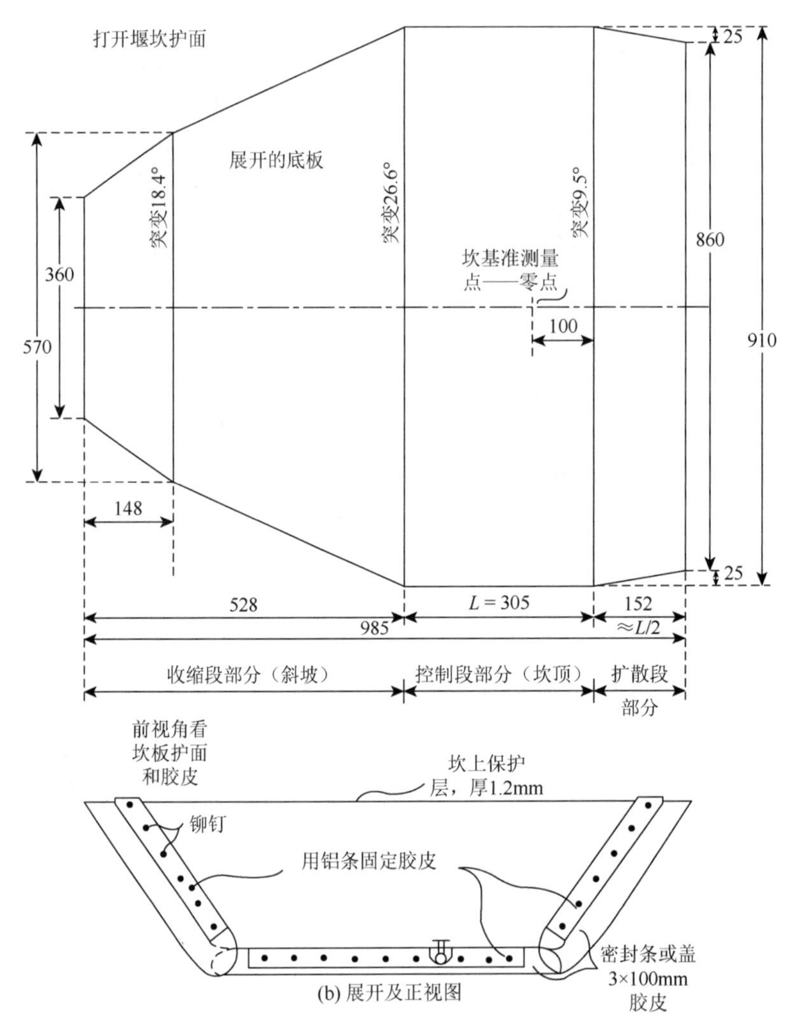

图 3.19　便携式量水槽的设计图（图中未注明单位为 mm）

图（a）中 b 为测针与通气管间的距离

焊点的重量约为 10kg（22lb）。设施与衬砌接触处的防水设施采用 3.2mm 厚、0.1m 宽的橡胶密封条。橡胶密封条通过铝条或铆钉固定于斜坡的两侧和框架低处的边角上。在建造时将橡胶密封条稍微拉伸以使得其向上弯曲，有助于提高防水效果。运行后水压力会对渠道边墙和底部产生良好的密封效果。拉伸不足时橡胶密封条可能会在水压力作用下外翻，从而降低止水效果。

此时将测点和静压井移至零基准点的上方，可降低便携式量水槽对各个方向上水准测量的敏感性，同时避免了相对高程的换算（图 3.20）。因此，无须进行精确的水准测量，只需通过肉眼观测即可进行大概的调整，见 4.10 节。上游水位可以通过柔性连接管将测杯与传感器连接测得。传感器可固定于便携式设备上（图 3.21 中所示为可折叠式），或者也可以是独立的（见 4.9 节和 4.10 节）。对于如图 3.22 所示的含翼墙的设施，可采用侧壁水尺代替传感器。

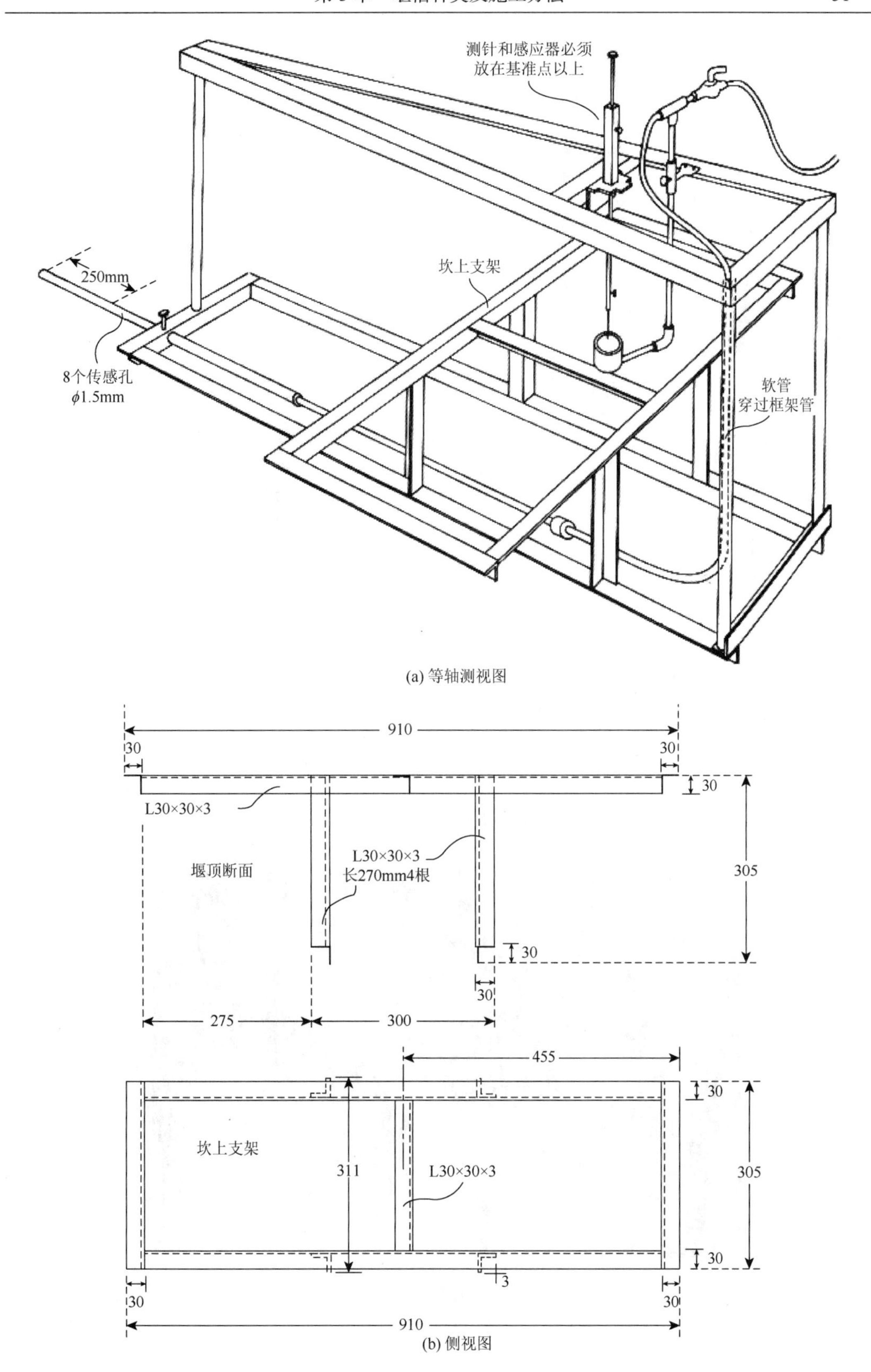
测针和感应器必须
放在基准点以上
250mm
坎上支架
8个传感孔
ϕ1.5mm
软管
穿过框架管
910
30
30
30
L30×30×3
L30×30×3
长270mm4根
堰顶断面
305
30
30
275
300
455
30
坎上支架
311
L30×30×3
305
30
3
30
30
910

(a) 等轴测视图

(b) 侧视图

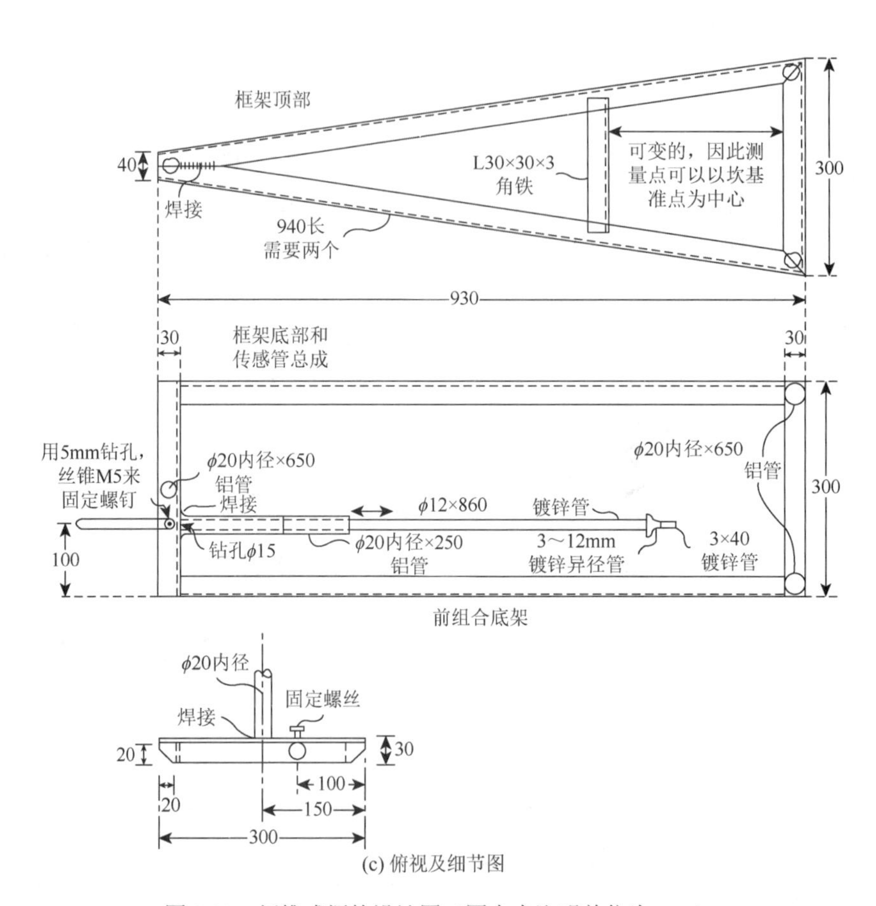

(c) 俯视及细节图

图 3.20　便携式堰的设计图（图中未注明单位为 mm）

图 3.21　便携式量水槽上的测杯和测针

图 3.22　带有翼墙的便携式量水槽

3.2.3 小节介绍的临时量水槽也常常用作便携式建筑物，此时往往需要增加便携式水位测量设施。

2. 其他断面形状渠道的便携式设施

图 3.22 所示为一个临时量水槽，其由船用胶合板建成，控制段为矩形。两个未固定的翼墙可以起到挡水的作用，水流在混凝土衬砌或土渠内的“箱堰”中流过。本书推荐使用圆形的或有斜边的上游翼墙边缘，因为这样的形式可以在减少流动分离的同时增加该设施的应用范围。这种量水槽的尺寸要求与 3.3.1 小节所述矩形喉道量水槽的要求一样，其尺寸和形状可任意选取。各种流态下的率定表见附表 3.3 和附表 3.4。测量上游堰上水头的方法将在 4.9 节和 4.10 节讨论。

用于其他断面形式的临时量水槽（3.2.3 小节）也可作为便携式设备使用，正如 3.2.4 小节所述，这些设备对于小型渠道而言很方便。

3.3　小型土渠中的量水槽

天然河道、土质灌溉渠道和排水沟道的横断面形式多种多样。总体来说，其形式比 3.2 节所述的混凝土衬砌渠道更为宽浅。对于一个给定尺寸的灌溉渠道，土渠的过流能力更小，因为渠道内的允许流速更小。由于这些非衬砌渠道断面形式及相应的测流方法多种多样，故设计者可在丰富的测流设施中进行选择以获取较为精确的测流结果。

本节将描述一系列适用于土渠的宽顶堰和长喉槽。宽顶堰采用矩形控制段，其宽度可以有不同的选择（图 3.23）。量水槽也可以采用矩形控制段，该形式尤其适用于排水沟道和天然河道。这类量水堰槽的设计流程、标准尺寸和率定表将在 5.5 节讨论。当然土渠中也可以使用如 3.2.1 小节中所述的现浇量水槽。其他适用于各种断面形式（如复杂的梯形断面）的大型渠道量水设施将在 3.4 节中讨论。

图 3.23　土渠中应用的矩形控制段测流槽

土质（非衬砌）渠道的量水堰槽主要由以下几个基本部分构成：行近渠道进口、行近渠道、收缩段、控制段、扩散段、尾水渠（消力池）和抛石护坡段。如图 3.24 所示，土渠中的测流设施的造价较混凝土衬砌渠道中更高，因为对于后者而言，行近渠道和控制段的侧壁可利用现有渠道，而且下游无须设置消力池及防冲设施。本书提供的土渠标准尺寸堰槽的率定表和水头损失系数都是针对包含图 3.24 所示的所有部分的完整量水堰槽而言的。

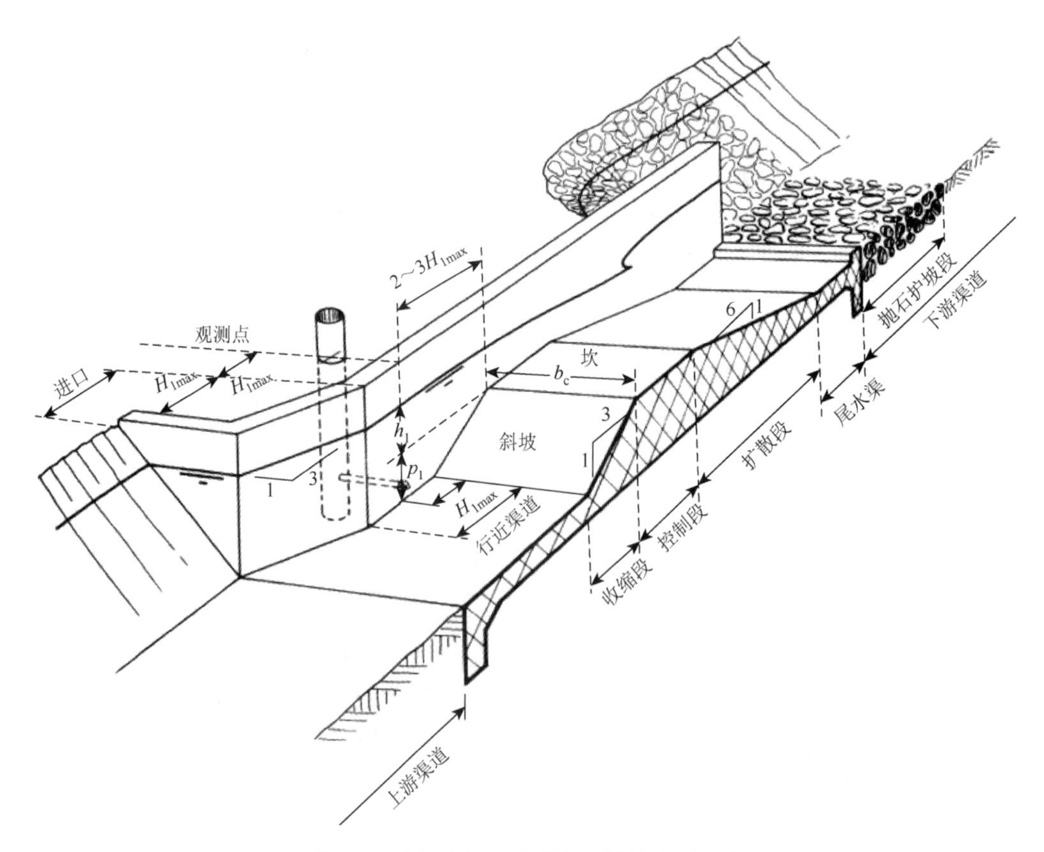

图 3.24　土渠中矩形喉道长喉槽的布置形式

设置行近渠道(图 3.24)的目的是在水头测站处形成相对简单的过流断面和流速分布。当上游堰上水头未在指定的行近渠道中而是在宽浅的土渠中测量时，标准率定表则应进行相应的调整（见 6.4.5 小节）。图 3.24 所示完整的测流建筑在合适条件下可删去下游扩散段或矩形尾水渠。若量水设施内有足够的水面降落以使得下游壅水不显著影响控制段水面线，则扩散段可以取消（详见 5.5.2 小节）。若收缩段直接将土渠与控制段相连，同时不需要扩散段和消力池，则可采用如图 3.25 所示的简化形式，此类建筑一般用于排水或灌溉渠道中。

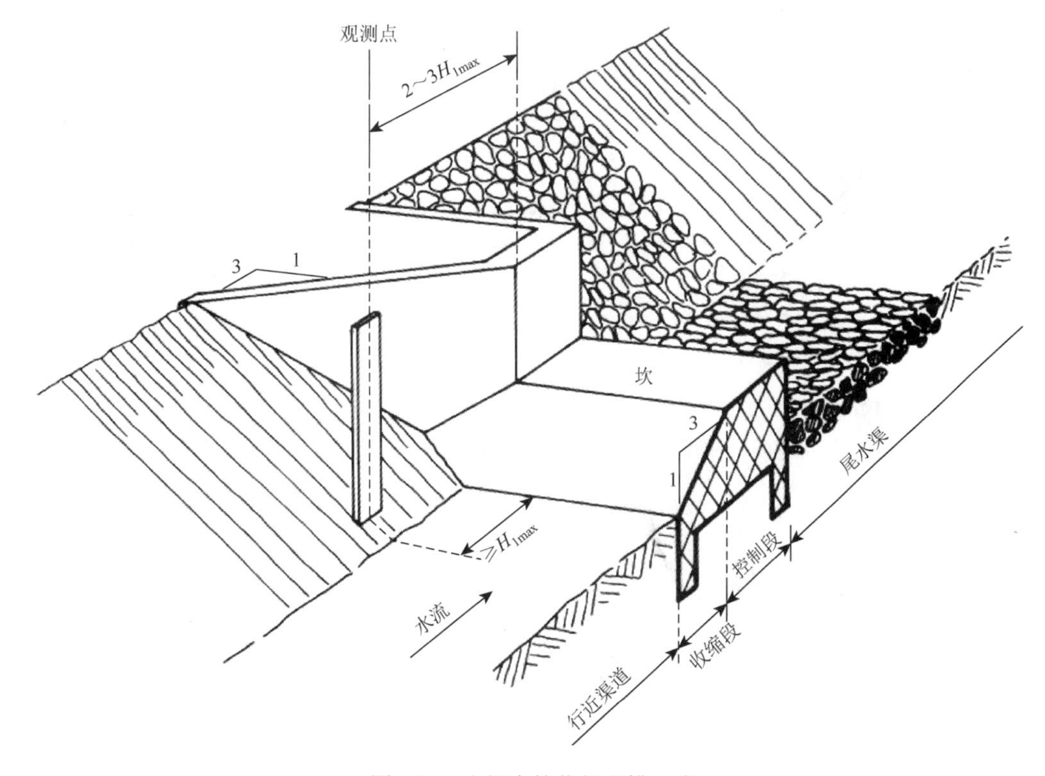

图 3.25　土渠中简化长喉槽形式

量水槽的下游渐变段并不是必须设置的，其取舍主要由站点允许的水头降落决定。在任何情况下都需要防止控制段下游的冲刷和基础破坏（图 3.26）。可以将上游结构（收缩段、堆石护坡）的横断面延长至下游段。下游冲刷的防治详见第 7 章。

3.3.1　现浇量水槽

在土渠中采用现浇混凝土修建水槽时需要压实填土。当渠段流量小于 3m^3/s（约 106ft^3/s）时，填土的体积和重量不会引起严重的地基沉降变形。填筑材料应选择非膨胀土料且应充分压实。一般来说，宜选择砂性土料，容易满足混凝土结构及挡土墙渗流稳定的要求。

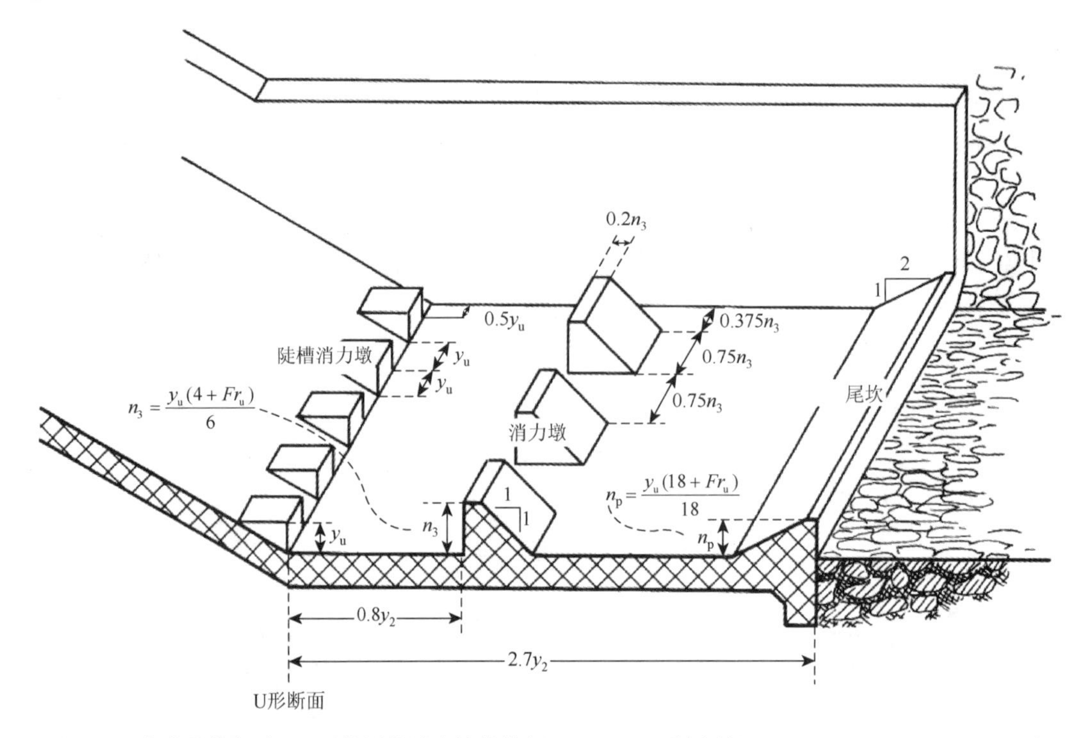

图 3.26　弗劳德数超过 4.5 后使用的消力池的特征（USBR III 型水池）（Bradley and Peterka，1957）

y_2 为下游水深；n_p 为消力池坎高；n_3 为消力墩高度；Fr_u 为能量耗散设施 U 形部分的弗劳德数；y_u 为陡槽消力墩宽度

1. 矩形喉道量水槽

在建造如图 3.24 和图 3.25 所示的堰槽时，设计者一般都会选择当地材料来建造。例如：翼墙和边墙采用砖石结构建成，其中控制段用灰浆勾缝（图 3.23），整个建筑物可以用钢筋混凝土建成（图 3.27）；或者采用木质板桩结构建设框架，框架之中钢或铝质的控制段通过螺栓固定于密封材料上（图 3.28）。后者适用于地基承载力较低的位置。

图 3.27　全部由钢筋混凝土建造的矩形喉道量水槽（阿根廷）

图 3.28　木质板桩上的金属宽顶堰（荷兰）

当使用砖石（块状或石头）和砂浆建造（图 2.18 和图 2.19）时，必须要注意建筑物不应因绕渗而沉降，此时可设置截渗墙以加强防渗效果。截渗墙必须伸入渠底土体一定深度，同时两侧也应向两岸土体延伸一定距离以防止绕渗。截渗墙的长度取决于建筑物的尺寸、土体的渗透性和建筑物上下游水头差。对于小型灌溉渠道而言，截渗墙伸入渠底和两岸 0.3m（约 1ft）即可。

如量水槽采用混凝土建造，则底部截渗墙、行近渠道渠底和尾水渠的渠底可以同时进行浇筑。如果将混凝土块作为垂直侧墙，本书则建议用钢筋将渠底和边墙连接。如果渠底用砖块或石头建造，本书建议将砖块或石头浇进部分混凝土中，以使渠底和边墙之间无缝隙，而后即可开始建造侧墙和截渗墙。与此同时，控制段和收缩段可粗略地用混凝土块、砖石建造（图 2.18）。在这些结构全部建成后，再在整个混凝土块、砖石的表面涂抹砂浆，在这些部位水流会填充缝隙，进而提供相对平滑的表面（尤其是在控制段）。特别要注意在水流边界中不能有石块突起，且整个控制段的横断面应保持一致。

施工时一般需要使用水平仪来保证控制段在各个方向上水平（没有明显的突起或下凹）。在建筑物下游，需要布置块石或卵石来抗冲刷，以防止对水槽下游渠段的冲刷（图 3.23）。

建筑物完工后，则可在行近渠道上设置水位测点。测点应建设在坚实可靠的基础上，同时其基础高程应布置在合适的位置，具体测量方法见 4.9 节。完工后应对控制段宽度重新进行测量，并用完建后的尺寸重新进行水位流量关系的率定。

2. 梯形喉道量水槽

3.2.1 小节已介绍过将渠道衬砌作为设施的一部分而仅需建造控制段的量水槽。此类量水槽的要求与 3.3.1 小节中已述及的矩形喉道量水槽一致，对于这些要求的违背可能会导致所设计的水槽失效。此类修建方式的范例可参考科文（Kirwin）渠道上的中型量水槽（图 3.29）。利用第 8 章的软件可以设计这类量水槽。其最大过流能力为 5.46m^3/s（约 193ft^3/s），此时应采用钢筋混凝土修建。建筑顺序如下：

（1）根据平面布置和控制段相对高程的地形数据，水槽首先建造的部分应该是静压井及其连通管，同时在上游渠段的尾端应建截渗墙。两个截渗墙至少应有 0.6m（约 2ft）深（图 3.30），回填土必须压实。

（2）设置排水管，夯实水槽地基以支撑水槽的控制段和收缩段结构。回填土料应具有非收缩、非膨胀的性质，推荐采用砂石混合料。

（3）安装固定控制段边缘的框架。对于大型的建筑而言，可以在收缩段、槽的两边和渠道底部的交叉处使用金属框架（图 3.31）。

（4）安装焊接钢筋网，钢筋直径为 4mm（0.157in），中心距为 300mm。钢筋需距离混凝土表面 50mm（约 2in），以形成混凝土保护层。截渗墙、收缩段和控制段的最小混凝土厚度为 150mm（约 6in）；渠底和边坡的厚度可取 80mm（约 3in）。

（5）检查控制段顺水流方向上是否水平，高程是否准确。

（6）开始浇筑混凝土。为了防止在混凝土冷却收缩时产生裂缝，在大型量水槽施工中需设置施工缝。正常的浇筑顺序为控制段、上游和下游渠底、收缩段及边坡。

（7）按照 7.3 节的设计规定进行下游抛石护坡（图 3.32）。

（8）按照 4.9 节的零点调节过程安装边墙水尺（图 3.33）。

图 3.29　科文渠道中建造的混凝土材质的量水槽［设计流量为 5.46m^3/s（约 193ft^3/s）］（美国堪萨斯州）

图 3.30　对静压井和截渗墙四周土体进行碾压

图 3.31　堰坎和下坡的边缘含有角钢且角钢将留在混凝土中

图 3.32　量水槽下游设置抛石护坡

图 3.33　安装边墙水尺

水头流量参数关系表附表 3.1 和附表 3.2 被计算出来用于给定尺寸的梯形渠道（和尾水渠）。如果实际行近土渠的尺寸与表中给定尺寸相差较大，则关系表就必须采用 6.4.5 小节的方法进行修正。类似情况下，如果尾水渠的尺寸与表格给定值差异较大，则应重新计算水头损失值，可运用第 8 章的软件来计算水头流量关系和量水设施需要的水头损失。

3. 三角形喉道量水槽

为了监测灌溉系统中的回流及弃水或者测量天然河道中的流量，用户需要一种测流范围宽广的设施。如 2.4 节所述，控制段为三角形的量水槽符合上述要求，因为这种设施精确测流范围宽广（350∶1）。图 3.34 所示为一个在支渠使用的此类水槽实例，该图同时显示非淹没流水面下降较低，仅有 $0.1H_1$。

图 3.34　灌溉支渠中的三角形喉道量水槽

图 3.34 所示量水槽在其 1.20m（约 4ft）长的控制段有 1∶3 的边坡。行近渠道长度为 1.8m（约 5.9ft），边坡斜率为 1∶3，底宽为 0.6m（约 2ft）。这种量水槽的测流范围是 0.006～2.34m^3/s（近似等于 0.2～82.64ft^3/s）。这个量水槽已安装了静压井和记录系统。图 3.35 所示为此类量水槽的典型布置。其施工方法和第 2 部分中梯形喉道量水槽类似。图 3.35 所示的量水槽的喉道边墙坡比为 1∶3，不同情况下设计者可以自由地选择不同的坡比。

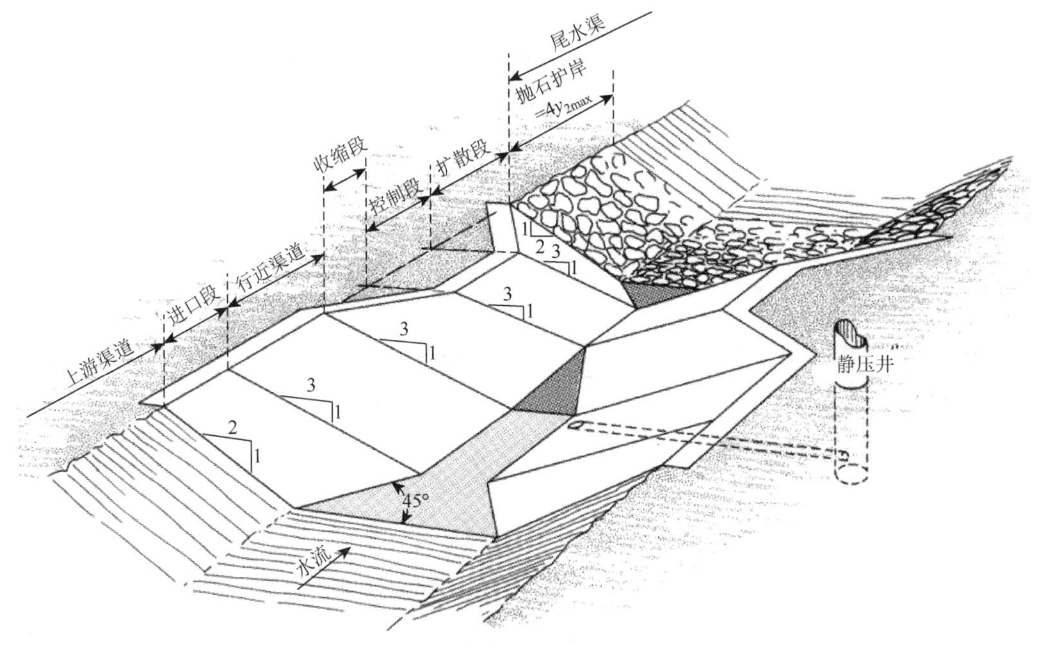

图 3.35　三角形喉道量水槽的示意和布局图

y_{2max}—下游最大水深

3.3.2　预制量水槽

土渠中的预制设施在建造时必须满足不产生绕渗的要求。可以采用多种方法来设置合适的截渗墙。对于使用金属薄板制造的量水槽而言，控制段和收缩段可以连为整体（包括渠底和侧墙）。行近渠道、扩散段和尾水渠是有选择余地的。可将木板桩打入渠底以形成截渗墙。截渗墙应与量水槽的形状大致相符，其应与控制段相连。控制段与截渗墙间需设置止水材料以防止渗漏。在设施的下游需要布置块石或卵石以防止下游冲刷破坏。若水位测点布置在非衬砌的渠段上，则应尤其注意测站在安装至合适的高程后是否会产生沉降。避免产生沉降的主要做法是使用坚硬的杆件（木材、钢筋等）将其加固。测站还应避免漂浮物的堵塞且布置在易于清理处（图 3.36）。

图 3.37 所示为另一种在非衬砌渠道中使用的预制量水槽。此处渠道中含有一段混凝土圆管，量水槽的控制段即布置在该圆管中。混凝土管主要包含行近渠道、尾水渠、控制段边缘和渐变段。截渗墙建在开挖的沟槽中，如图 3.38 所示。圆管在截渗墙的混凝土未完全凝固前吊装。此时应注意控制段在水流方向上应水平，为了确保这一点，安装时需要旋转圆管以矫正位置。

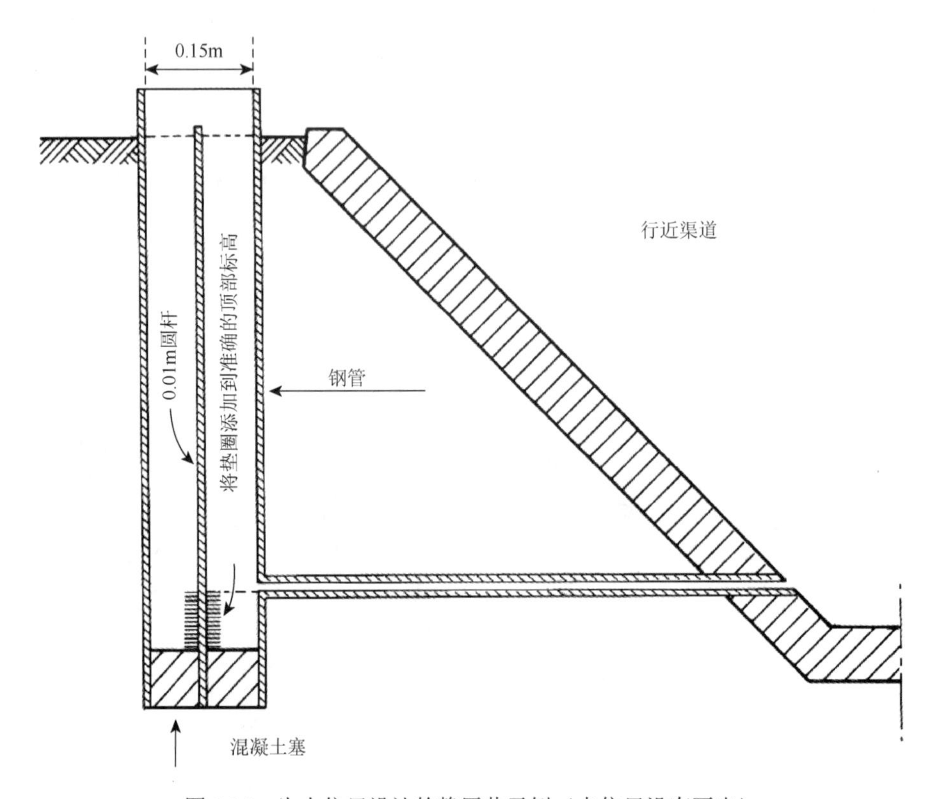

图 3.36　为水位尺设计的静压井示例（水位尺没有画出）

图 3.37　混凝土管道中的预制量水槽（美国加利福尼亚州）

水位测点可以安装在圆管的边壁上，但这种布置方式会使测量值难以读取，除非在圆管上开口。因此，通常会在圆管段外侧设置静压井（图 3.38）。圆管和静压井都需要开口以便连接。此时还应注意防止静压井的沉降。截渗墙、静压井和圆管段的周围都应回填，以确保所有构件都不发生位移。在设施的下游，同样需要考虑采用块石或卵石来护坡防冲。

此类量水槽若预制成更小的尺寸可作为便携式量水设施使用（图 3.39）。

图 3.38　在截渗墙混凝土完全凝固前安装预制量水槽

图 3.39　圆管内的一个小型便携式量水槽（摩洛哥）

3.3.3　便携式及临时量水槽

1. 梯形控制段

五种便携式 RBC 量水槽（Clemmens et al.，1984a）可用于灌水沟和小型土渠中（图 3.40）。这类量水槽的尺寸皆成比例，其堰顶宽度 b_c 为 50～200mm。量水槽的其他尺寸都与 b_c 成比例，各个定型量水槽的测流范围有所重叠。b_c 的取值及相应的控制段长度和测流范围见表 3.1。

图 3.40　便携式 RBC 量水槽非常适用于测流工作（美国亚利桑那州）

表 3.1　五种便携式 RBC 量水槽的性能

堰顶宽度 b_c（精确尺寸）		控制段长度 L		大致的测流范围		需要的水头损失
mm	in	mm	in	L/s	ft^3/s	mm
50	1.97	75	2.95	0.3～1.5	0.011～0.053	10
75	2.95	112.5	4.43	0.07～4.3	0.002～0.15	15
100	3.94	150	5.91	0.16～8.7	0.006～0.31	20
150	5.91	225	8.86	0.40～24.0	0.014～0.85	30
200	7.87	300	11.81	0.94～49.0	0.033～1.7	40

为了使建造更为方便，便于生产，量水槽的外形应较为简洁。因此，其多由薄板材料制成。通常采用 1mm 厚的镀锌钢板，其设计图纸见图 3.41，其中所有尺寸都与堰顶宽度 b_c 有关。

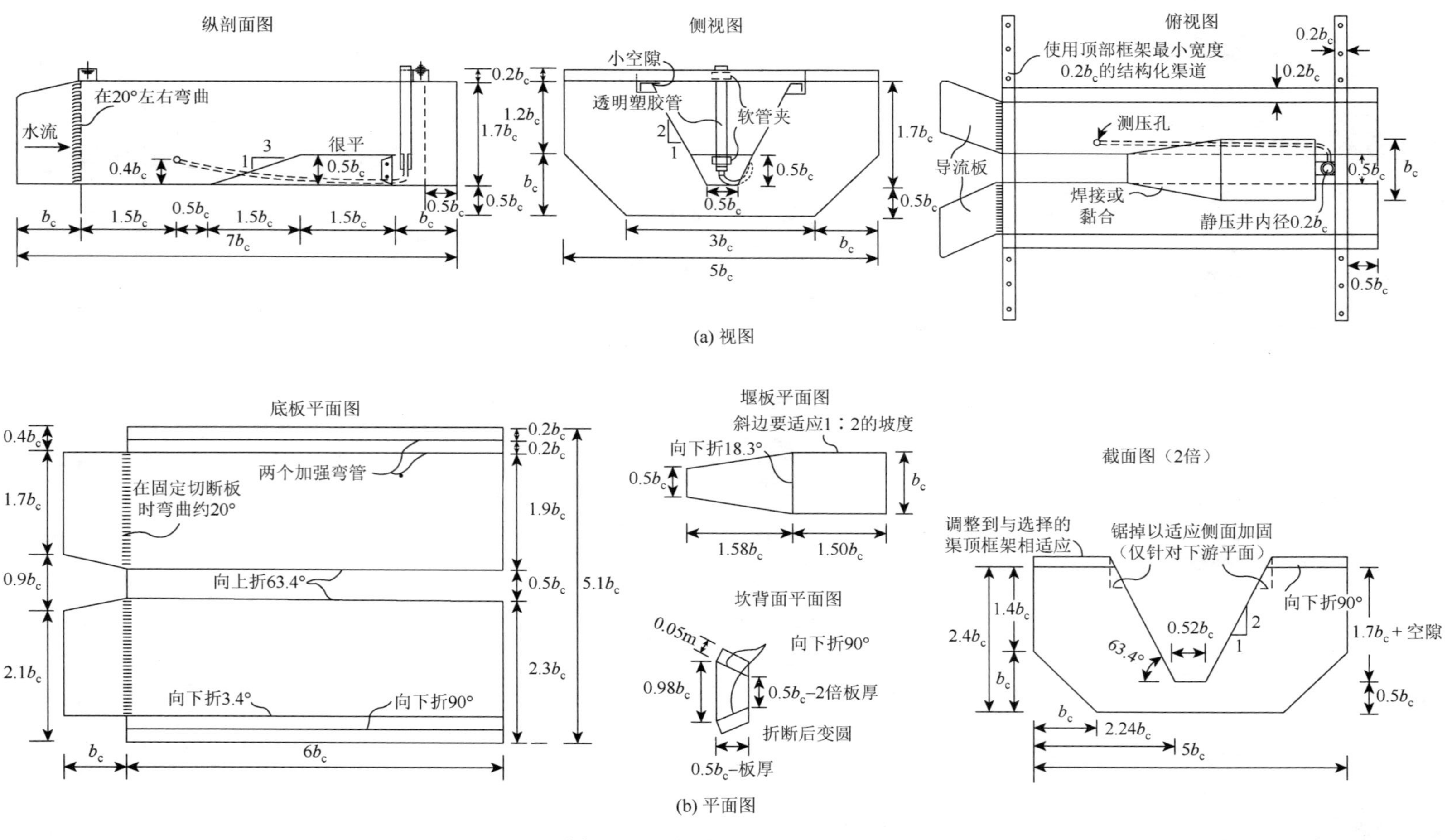

图 3.41　便携式 RBC 量水槽设计图

上游堰上水头 h_1 通过静压井测量。静压井应安装在控制段附近，以减小由其沉降导致的偏差。量水槽控制段垂直水流方向的水准测量可以通过保持上游截渗墙边缘与水面线平行来简化达到。顺水流方向的水准测量可采用木工水准仪。如果便携式 RBC 量水槽是季节性安装的或者作为半永久的测流装置，本书建议在量水槽侧面设置静压井（图 3.42），否则无人看守的水位测点易受水面漂浮物堆积的影响。这种设计建议在两组最小（$b_c = 50$mm 及 75mm）的量水槽上使用，因为这种量水槽可采用更大直径的静压井管。若采用外置的静压井（安装在两侧的），则其应布置于量水槽上游斜坡坡脚以上 $1.5b_c$ 距离处。

图 3.42 标准的控制段底宽为 100mm 的便携式 RBC 量水槽

便携式 RBC 量水槽合理的组装顺序如下：

（1）将截水板固定于底板上。简易做法为采用四个直角金属条将其铆固，然后用硅密封胶将接缝处封闭。

（2）调整控制段的背面使其与槽身吻合，同时将铆钉打入指定位置。在固定铆钉之前进行钻孔来使管夹紧固。

（3）使用硅凝胶将控制段粘贴至指定位置。注意控制段的边缘应留斜边，控制段宽度应等于 b_c。

（4）在渠道顶部的框架上打入铆钉或拴紧螺栓来使截水板的边缘合拢。

（5）在连通管中嵌入有孔的橡皮塞，同时将这个橡皮塞黏合在静压井的管道中。

（6）安装静压井管。调整管道位置以使得橡皮塞的顶部和控制段的顶部高程一致，同时系紧管夹。

（7）将连通管另一侧黏合或焊接到穿过量水堰的侧墙上的孔中。

（8）将直角弯曲的连通管焊接进测压孔中。管道的尾端应和侧墙薄板的表面齐平。测压孔必须与量水槽的侧墙垂直，目的是避免水头测量中的系统误差。

（9）将上述两种静压井管道通过透明塑料管道连接。管道沿渠底坡降方向铺设，连接至静压井井底。管道不应向上陡弯，以防止空气通过时影响水头读数的准确性。

商用 RBC 量水槽可用不锈钢和玻璃纤维建造（图 3.43）。在 RBC 量水槽内使用油尺法来测量水位（见 4.3 节、4.6 节和 4.10 节）的实例参见图 3.44。

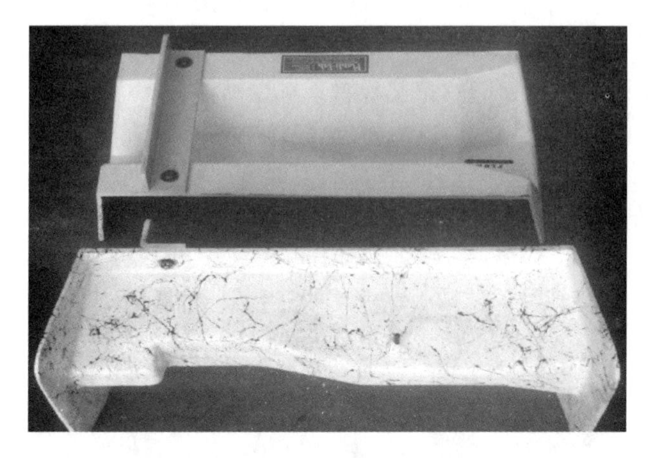

图 3.43　由玻璃纤维制造的商用 RBC 量水槽

图 3.44　采用油尺法读取 RBC 量水槽上游水位

2. 矩形控制段

在过流面积相同的情况下，矩形断面底宽较梯形的大，故采用矩形控制段的便携式量水槽有更大的测流能力。如 3.3.1 小节所述，矩形喉道量水槽可以采用玻璃纤维、木材或金属薄板制作成便携式量水设施（图 3.45 为木质矩形喉道量水槽，图 3.46 为便携式矩形喉道金属薄板堰）。目前市面上可购买的玻璃纤维便携式量水槽可供选择的形式包括图 3.47 的例子。其上游端的挡水体可采用帆布、塑料或其他合适材料制作，将其与量水槽连接，确保量水槽和挡水体间没有水流渗透而过。也可以通过埋设截水板的措施防止绕渗，埋设深度取决于地基土体参数，一般取 0.1m（约 4in）即可。此类设施可平置于土基上，有时采用插入土体的锚杆加以固定，锚杆应穿过和量水槽牢固焊接的套管（图 3.48）。通过螺栓将套管和锚杆紧固，以确保量水槽侧壁铅直。

图 3.45　用木材建造的矩形喉道量水槽

图 3.46　便携式矩形喉道金属薄板堰

图 3.47　玻璃纤维矩形喉道量水槽产品

图 3.48　玻璃纤维矩形喉道量水槽沿着垂直方向移动并固定在指定位置

这类量水槽在无水的干燥渠道上安装较为容易，但对于控制段的高程设置却较难。其也可以在动水渠道中安装，但由于水的荷载作用，在水中调整槽的高程将会很困难。A 型控制段可调量水槽可以解决这一高程设置的问题（图 3.49），其由两个位置可相对调整的矩形金属盒子构成（图 3.50）。布置在渠道中时，外侧金属盒将固定于基础上，另外一个金属盒——控制段可灵活调整高度以确保不出现淹没流，同时使其水头损失在规定的范围内。这类可调节的量水槽可以解决在土渠中使用便携式量水槽时存在的大部分问题。

图 3.49　A 型控制段可调量水槽产品

小型的、便携式的 A 型控制段可调量水槽的设计过流能力 60L/s（约 2ft^3/s）、120L/s（约 4ft^3/s）、180L/s（约 6ft^3/s）对应的堰顶宽度 b_c 分别为 0.305m（约 1ft）、0.610m（约 2ft）、0.915m（约 3ft）。控制段可以使用标准尺寸的薄钢板制造。在安装水尺的内壁上，框架的每一边都打有螺孔，其与外箱体上的螺孔对齐。内侧螺孔应分为多组，以确保每组与外侧螺孔匹配，同时确保控制段水平并可承担控制段水荷载。螺孔分级的方式降低了控制段高程的调节能力，但提高了设施的强度和稳定性。收缩段在控制段上游边缘设置铰链和密封措施。在收缩段和矩形渠道段间应使用更多的密封止水材料。除此之外的其他所有连接都在金属与金属之间，其密封性较好。如上所述，控制段只需要一个铰链。收缩段可在需要时抬高，以冲刷量水槽内的泥沙，达到快速清理的效果。

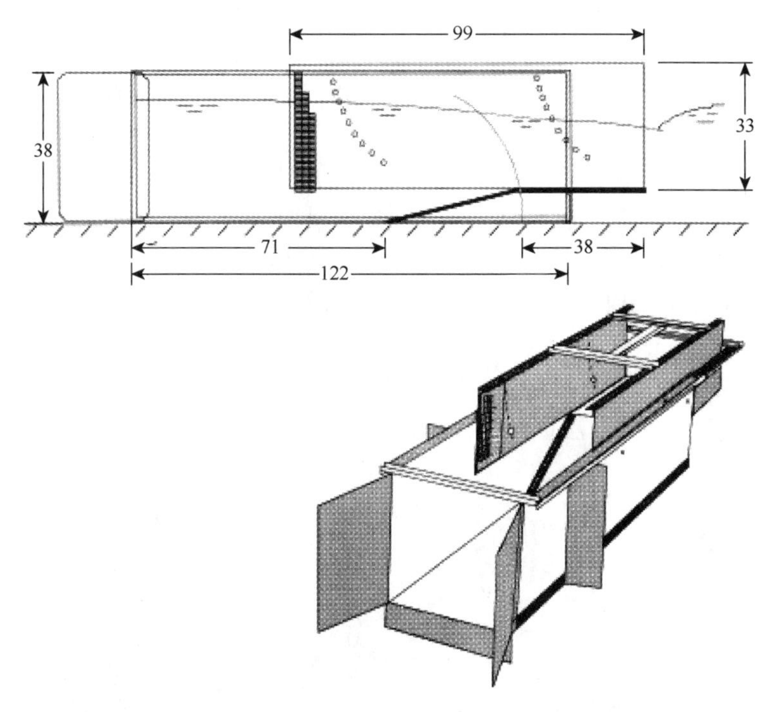

图 3.50　测流能力为 170L/s 的 A 型控制段可调量水槽整体布置（图中尺寸单位为 mm）

对于大型、非便携式的 A 型控制段可调量水槽（图 3.51）而言，控制段的抬升可通过齿轮和曲柄装置实现。收缩段在两端都应采用铰链连接，使得收缩段和控制段成为铰链平行四边形的一部分，以达到堰顶保持水平、收缩段坡度可调的效果。此类设施将在 3.5.1 小节中详述。

图 3.51　大型、非便携式的 A 型控制段可调量水槽

3.4 大型渠道量水设施

第 6 章将要描述的水力学理论适用于任何尺寸的渠道，因此量水槽可以应用于天然河流中和所有尺寸的灌排沟渠中（图 3.52）。当然，在干支渠中修建大型量水槽时应该尤其注意结构和基础方面的问题。例如，在渠道衬砌表面施加过于集中的荷载会导致基础渗漏、沉降及衬砌开裂破坏等问题。对于非衬砌渠道而言，为了建造大型控制段而回填的土料（通常超过 1m 高）也常常为集中荷载。在已建成并运行的非衬砌渠道中，底部土体容易失稳。解决方案之一是首先采用排水材料进行基础土体的置换。其次是采用碾压土料建造两侧都有斜坡段的喉道，其施工类似于低土石坝的修建。此时减少回填土沉降比降低其渗透系数更重要，这时砂质填充材料更为适用。再次是碾压土体，修建控制段，在时间允许的情况下，应将土体静置一定的时间以使土料沉降稳定，某些情况下需专门做地基加固处理设计。最后采用 100～150mm（近似等于 4～6in）的混凝土进行表面衬砌，所有坡度皆为缓坡，此时可采用更为经济的滑模施工法。完工后在预估部分沉降及不均匀沉降量后，采用第 8 章的计算模型或第 6 章的方法重新进行计算率定。

图 3.52　天然河道中梯形量水槽

3.4.1 梯形控制段

该类量水槽的实例之一为在美国亚利桑那州菲尼克斯市附近的索尔特河工程的干渠上建设的长喉槽，如图 3.53 所示；图 3.54 所示为在美国亚利桑那州菲尼克斯市附近的盐水河工程的灌区干渠上建设长喉槽的情况。渠道最大流量为 $57m^3/s$（约 $2013ft^3/s$），但是渠道中通常的流量为 $25～50m^3/s$（近似等于 $883～1766ft^3/s$）。控制段和收缩段的尺寸采用第 8 章的软件计算得到。控制段为 16.45m（约 54ft）宽，1.20m（约 3.9ft）高，3.65m（约 12ft）长。混凝土衬砌渠道边坡和控制段的比值为 1∶1.2。渠底宽度为 13.10m（约 43ft）。引水斜坡段斜率为 1∶3，出口段斜坡斜率为 1∶6。该长喉槽的设计图纸见图 3.55。

图3.53　建设中的大型长喉槽（美国亚利桑那州）

图3.54　建成通水的大型长喉槽［美国亚利桑那州，流量大约为34m³/s（约1201ft³/s）］

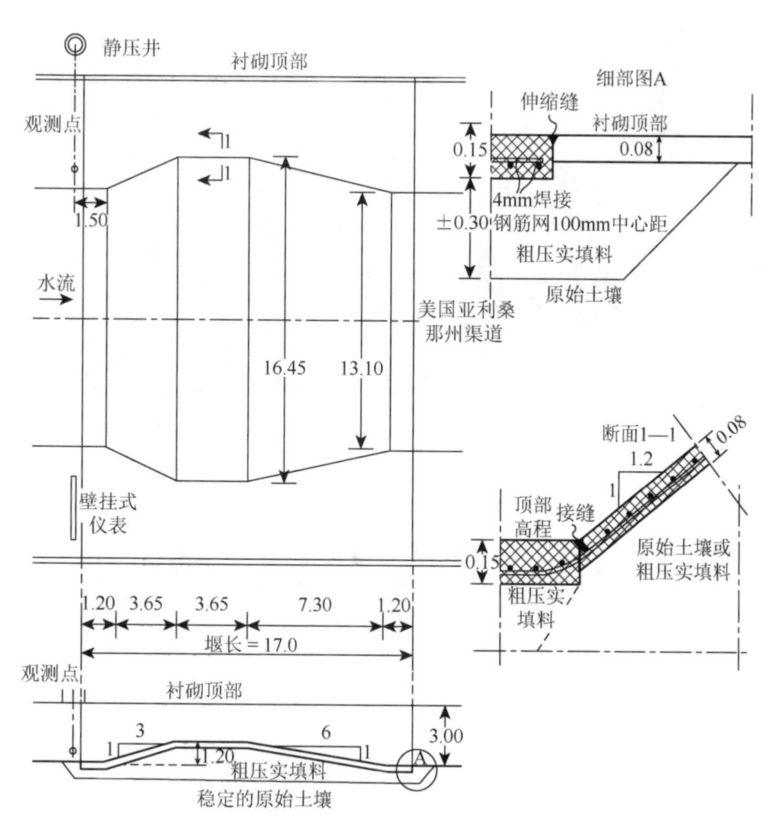

图3.55　大型长喉槽设计图（图中未注明单位为m）

3.4.2　三角形控制段

三角形控制段能够精确测流的范围较大，故其可应用于大型渠道和天然河道，如图3.56～图3.58所示的几个例子。

图 3.56　天然排水沟中的三角形量水槽（美国亚利桑那州）

图 3.57　浇筑中的三角形控制段、下游趾墙及扩散段

图 3.58　三角形控制段的交替浇筑［该长喉槽过流能力为 $23m^3/s$（约 $812ft^3/s$），美国俄亥俄州］

建造此类量水槽最简单的方法如下：①挖除不稳定的土体；②回填压实土料；③安装静压井和连通管，随后将连通管周围的填充物压实；④开挖上下游截水沟至少 0.6m（约 2ft）深；⑤安装直径为 4mm 的焊接钢筋网，其间距可取为 100～150mm（近似等于 4～6in）；⑥安置框架来标识面板边缘；⑦用混凝土浇筑趾墙、进口和扩散段、收缩段（图 3.57）；⑧待已浇筑混凝土硬化后，拆除框架，同时浇筑行近渠道和控制段（图 3.58）；⑨铺设下游堆石护坡；⑩完成静压井进口管的建造，随后安装水位计。图 3.35 中三角形喉道量水槽的边墙斜率为 1∶3，实际设计中该值可以依照需要灵活选取。

3.4.3　复杂形状的控制段

需要的测流范围较大时，一般采用三角形长喉槽。但在小流量的情况下，其精度较低，一部分原因是在低水位时实际的三角形控制段难以维持完美的几何形状，另一部分原因是其对水头测量误差的高度敏感性（水位流量关系中指数 u 较大，见表 2.2 和 2.9 节）。此时，为了提高精度，可以建造复杂的断面形式，这类复杂断面主要是通过加宽三角形尖角部分形成梯形，如图 3.59 所示。此时，量水槽断面为两种形状的组合——一个梯形槽用于小流量的测量，另一个三角形槽用于大流量测量。这样的设施既可在一个季节里测量大流量的灌溉用水，又可在一年其余的时间里测量小流量的市政用水（图 3.60）。

图 3.59　罗斯福灌区中的复式断面量水槽（美国亚利桑那州）

图 3.60　克罗克渠道上的复式梯形量水槽（美国科罗拉多州）

建造此类长喉槽的方法和 3.4 节介绍的建造大型三角形量水槽的方法类似。需要特别注意喉道形状的选择，同时在梯形喉道和三角形收缩段之间应设置有过渡段。

3.5　活　动　堰

有的活动堰已使用超过 80 年证明了其在灌区中的价值。由于作物不同生长期需水量的变化及轮灌的要求，需要利用分水口对流量进行调节（Romijn，1932；Butcher，1921/1922）。典型的分水建筑物的整体布局见图 3.61，其外形尺寸与最大上游堰上水头 H_{1max} 成比例。

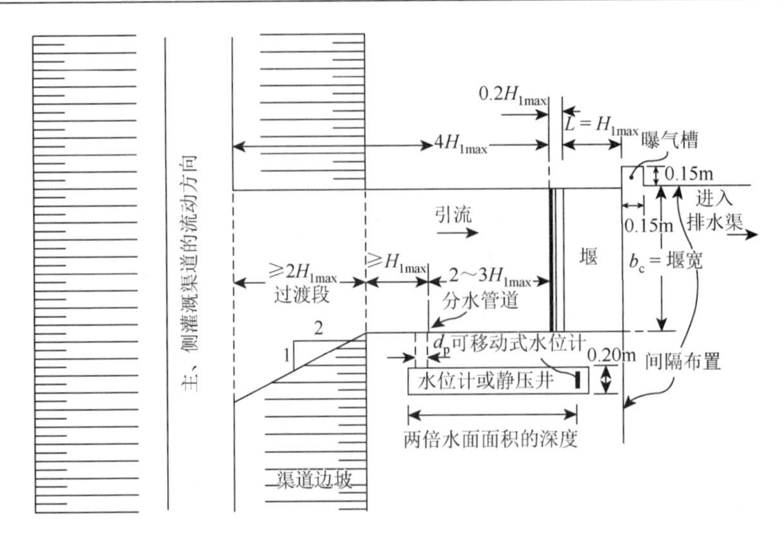

图 3.61　分水建筑物的整体布局

d_p为分水管道直径

3.5.1　活动堰类型

根据量水堰行近渠道水深和堰顶所需最大水头，有以下三种基本类型的活动堰可供选择：

（1）底闸型——堰顶通过密封材料安置在可移动底闸或固定墙后。

（2）底坎型——堰顶通过密封材料安置在垂直背墙后（以渠底跌坎的形式）。

（3）旋转型——控制段和收缩段是平行四边形的一部分，可在平行墙之间移动。

1. 底闸型

这种活动堰由两种相互连接的闸门和一个安装在钢架导槽中的活动堰顶构成（图 3.62）。

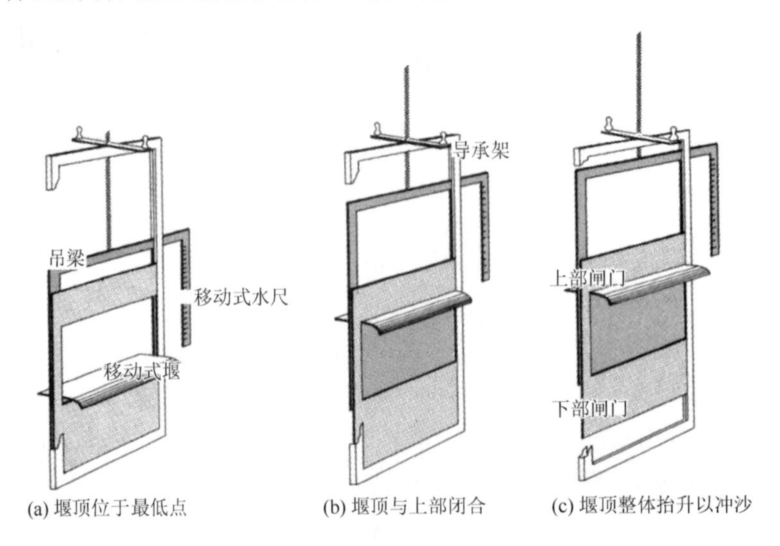

(a) 堰顶位于最低点　(b) 堰顶与上部闭合　(c) 堰顶整体抬升以冲沙

图 3.62　底闸型活动堰

活动堰通过两个钢条与水平的升降杆相连，其在垂直方向上的行程为 H_{1max}，在需要的时候可停在中间任何高程上。底闸在运行条件下固定在指定的位置，充当活动堰堰底。上部闸门和下部闸门通过两个钢条连接，这两个钢条密闭固定于框架上。底部闸门充当活动堰的挡水装置。

如上所述，上部闸门（也包括下部闸门）在正常流量情况下固定在指定位置。然而，为了排泄淤积在量水槽上游的泥沙，可将两个闸门都解锁后，通过堰顶整体抬升进行冲沙。在冲沙完成之后，闸门再复位以降低堰顶高程。为了正确使用该设施，抬升后闸门的最大过水流量必须比堰顶最低位置时的过水流量低。为了达到这个目标，应严格限制上部闸门的行程，以使底部闸门的抬升高度不超过行近渠道底 $0.5H_{1max}$。

此类活动堰一般布置于较短的行近渠道的侧墙上，侧墙与槽面齐平。上游水位测点布置于行近渠道（距堰表面上游 2～$3H_{1max}$ 处）中。行近渠道的尺寸要求应与图 3.61 中的要求相符。如果量水堰的中心线和上游渠道的中心线平行或重合，或者是直接从水库或塘堰取水，则应在进口段左右两侧都设置 1∶2 外倾的边坡。

如果一处并联使用多个活动堰，则应在其中间设置隔墩，以使水流在通过各个堰时相对独立，每个堰能独立地测量水头 h_1（图 3.63）。隔墩的平行段从距离上游水头测站 H_{1max} 开始，延伸至堰顶的下游边缘。隔墩必须采用流线型的前端（如半圆形）。为了避免在短距离内出现较大的流速差，隔墩的厚度应不小于 $0.65H_{1max}$［最小厚度为 0.3m（约 1ft）］。

图 3.63　几种控制段可移动的量水堰

2. 底坎型

对于底坎型活动堰，堰顶在侧背墙后的渠底跌坎上密封止水。如图 3.64 所示，堰可以通过手动装置抬升或下降。其能够抬升到足够高度来挡住设计水位下的上游渠道水流。堰在抬升时，渗漏可以忽略。在正常运行的情况下，堰顶在行近渠道渠底之上的高度应不低于 $p_1 = 1/3H_{1max}$。在最高位置上，底部的密封材料要确保不会分离（图 3.64）。

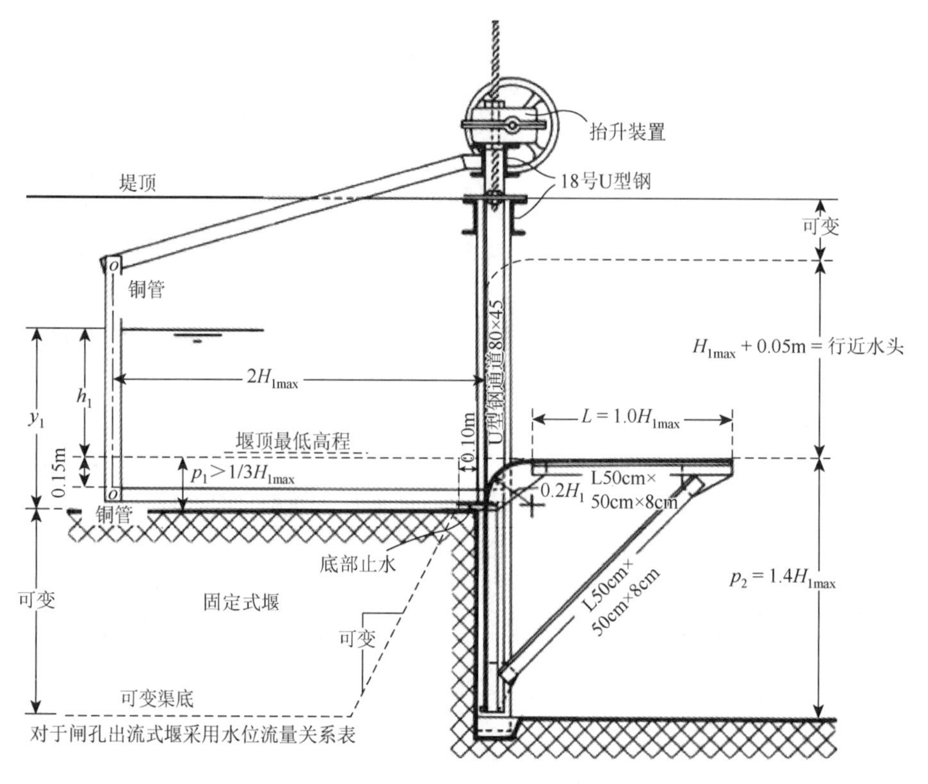

图 3.64　底坎型活动堰的纵剖面图

在宽浅行近渠道上，流速会较大，泥沙不会在量水设施前堆积。但是若采用图 3.64 的形式，泥沙通常会累积。此时需要经常清理上游淤积。第 1 部分讨论的底闸型活动堰的行近渠道和隔墩同样适用于底坎型活动堰。

3. *旋转型*

旋转型活动堰主要由矩形框架及其包含的堰顶和控制段边墙组成。为了便于安装水位测站，控制段的边墙向控制段上游延伸 $2H_{1max}$。箱型框架在矩形渠段内可上下移动，移动的方式取决于结构的尺寸。便携式的旋转型活动堰已在 3.3.3 小节中进行了讨论。目前在美国西部已实际运行的大尺寸永久型活动堰如图 3.51 所示，其是由溢流闸改建而成的。此类堰在收缩段底部和顶部都有铰链。可调节的箱型框架是铰链平行四边形的一部分，在这个平行四边形中，堰顶在各个方向上水平，同时上游收缩段坡比（水平∶竖直）在 0～1∶1 变化，以使得平行四边形与渠道内现有的水深相适应。收缩段在沿两侧及铰链处与底部采用止水材料密封，后者采用圆形过渡段以避免陡坡可能产生流动分离。箱型框架在矩形渠段内移动，升降设备的电缆布置于箱型框架和矩形渠段之间。

3.5.2　埋件安装

对顶部宽度为 0.3～1.50m（近似等于 1～5ft）的堰的埋件安装相对简单，闸门及其相关的启闭设施沿金属密闭的门槽移动。水平底部的止水采用橡胶材料。

图3.62所示的活动堰的底闸门槽埋件安装和止水材料设置见图3.65。如图3.65所示，门槽应与行近渠道的边墙齐平。同时，8mm×50mm的启闭机带应完全放入10mm宽的门槽中。因此，堰的宽度和行近渠道的宽度需相等。控制段在混凝土或砖石边墙之间移动，缝隙为5mm（约0.2in），这一尺寸的缝隙对测流精度并无显著影响。

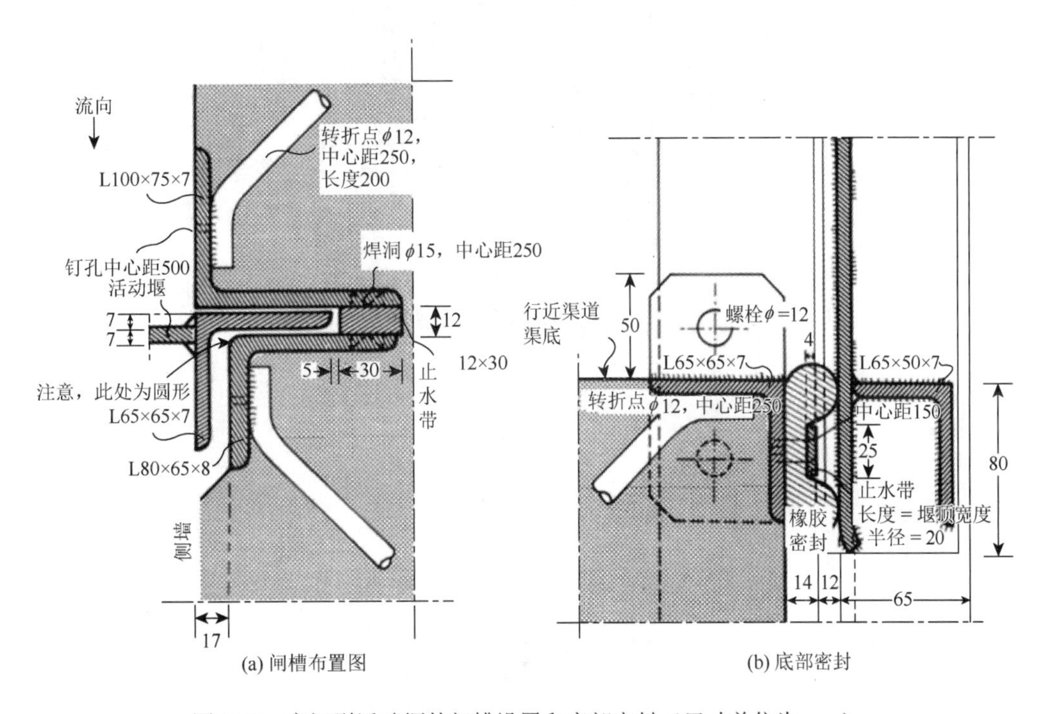

图3.65　底闸型活动堰的门槽设置和底部密封（尺寸单位为mm）

正如3.5.1小节所述，顶部和底部闸门的移动应严格受限，以减少弃水或计划外过流。为了实现这一目的，需将一根8mm×60mm的钢条焊接到顶部闸门顶角上。此钢条与相应的门槽吻合，同时在框架顶角以下0.2m（约8in）处截止（底部闸门是封闭的）。在钢条正上方的框架设置一个10mm×40mm开孔的锁止塞，如果锁止塞被移除，底闸就能打开0.2m（约8in），这使得通过闸门的流量小于过堰的流量，以避免设备的误操作。

对于有底闸的堰，通常设置一个垂直的堰闸，使将近一半的控制段在闸门平面的上游处，此举减小了门槽附近闸门的弯矩。然而，对于一个在底部跌坎之后移动的堰，通常在上游末端圆形堰鼻处设置垂直堰闸，以使闸门门槽边缘所需的刚度有所增加。为提高刚度，可以在闸门上焊接一段角钢，这段角钢也在门槽中移动，见图3.64。角钢也有提升或降低堰的作用。图3.66展示了底闸型活动堰的门槽安置、底部末端和止水设置。底部闸门的下缘设成圆角十分重要，其可使闸门出于维修需要提升到行近渠道底上方之后较易再次下降至门槽。

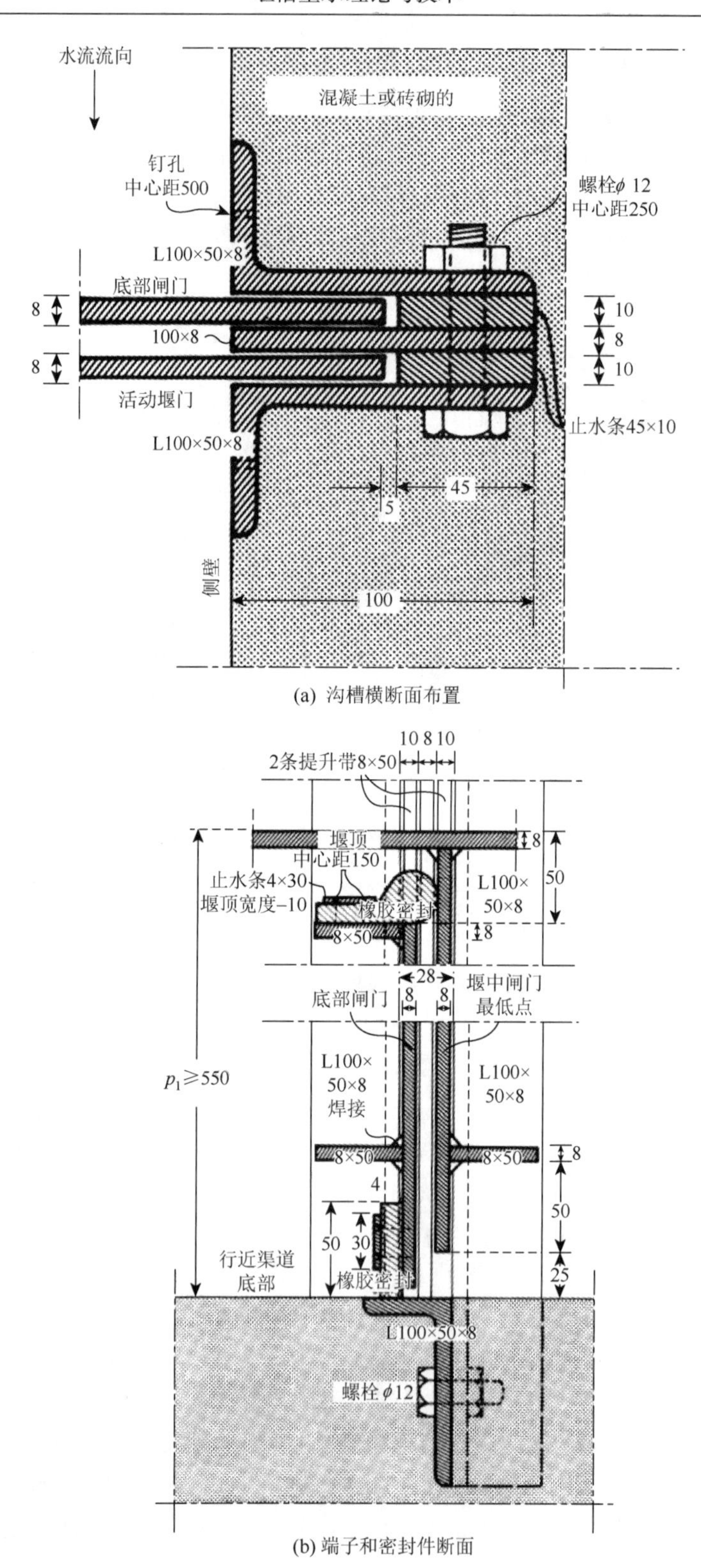

图 3.66　底闸型活动堰的门槽安置、底部末端和止水设置（尺寸单位为 mm）

若活动堰的设计宽度超过 1.50m（约 5ft），门槽中的构件应加粗以支撑更大的水力压力和移动堰所需的力。图 3.67 所示为一个合理的门槽设置实例。堰宽为 1.5～4.0m 的活动堰底部止水设置参见图 3.65 和图 3.66。

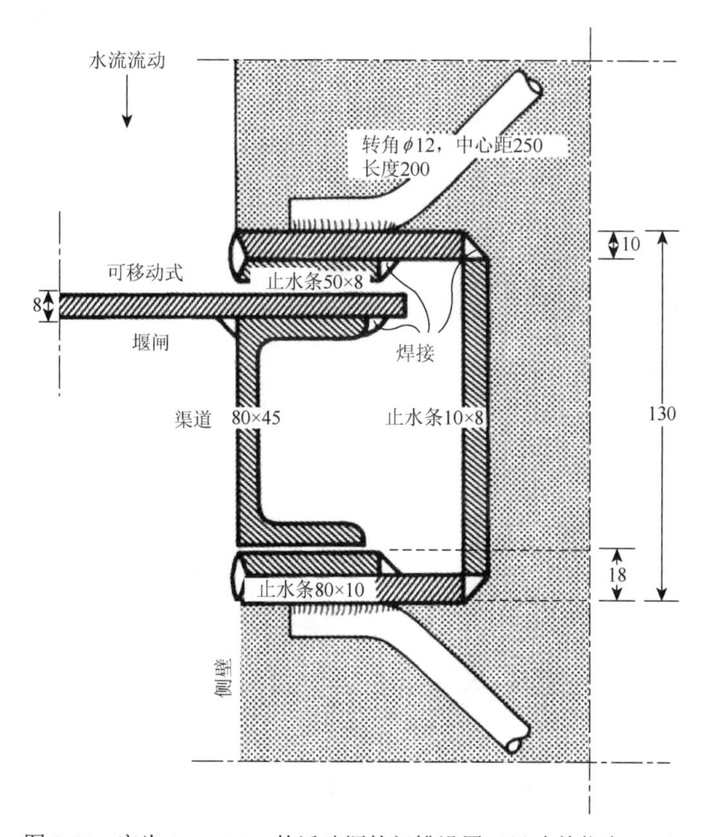

图 3.67　宽为 1.5～4.0m 的活动堰的门槽设置（尺寸单位为 mm）

虽然 3.3.3 小节给出了 1.50m（约 5ft）宽活动堰的细部尺寸，本书仍建议若需修改图纸应咨询相关领域的机械工程师。

3.5.3　启闭装备

1. *启闭力*

活动堰的启闭装备种类多种多样，有简单的齿轮或链条式装置，也有精密的电子远程操控设备。启闭装备选型取决于闸门的尺寸、最大水头、渠道类型（农业或工程）、闸门启闭速度要求和操作方法。

目前符合应用要求的此类商用设备有多种。本节主要介绍适用于堰宽小于 1.50m（约 5ft）的设备。

为了能够操作任意的活动堰，启闭装备必须克服几种阻力，包括堰和闸门的自重、吊车梁和杆的重量、闸门水压力引起的摩擦阻力与堰顶上方的水重。移动堰所需的抬升力可用以下公式计算：

$$F = fTb_{\mathrm{c}} + W + \rho g h_1 b_{\mathrm{c}} L \tag{3.2}$$

式中：F为所需抬升力，N；f为摩擦系数；b_{c}为堰顶宽度，m；W为活动堰（和闸门）的重量加上吊绳、梁、杆的重量；g为重力加速度（$9.81\mathrm{m/s^2}$）；ρ为水的密度，$\mathrm{kg/m^3}$；h_1为上游堰上水头，m；T为图3.68中三角形或梯形阴影部分区域所代表的水压力，$\mathrm{kg/s^2}$。

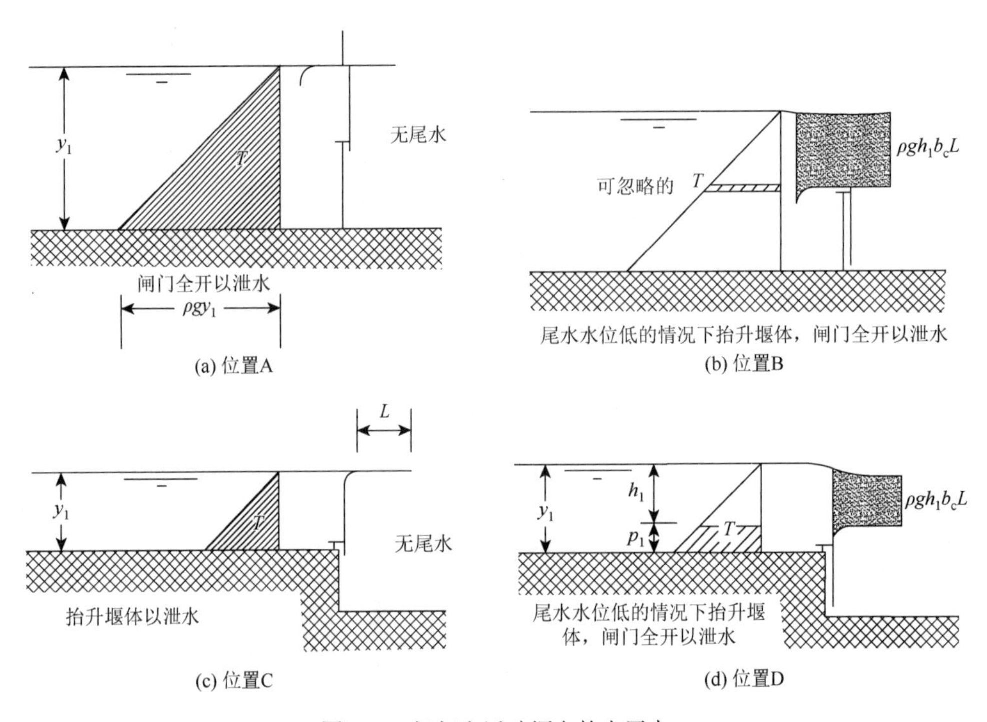

图3.68 闸门和活动堰上的水压力

图3.68所示为四种极限闸门和活动堰上的水压力。图3.68（a）所示的位置会使F最大（在有底部闸门的堰中），因为此时$T=0.5\rho g y_1^2$，同时也因为所有的堰和闸门都需要提升来冲沙。在图3.68（d）中，力F在底闸型的堰中最大，因为（对于$p_1 = 0.33H_{1\max}$）阴影面积值$T=0.4\rho g y_1^2$，也因为式（3.2）中所有项都取到最大值。在式（3.2）中可能用到两种摩擦系数。第一种是针对闸门未抬起时的（静）摩擦系数。这时摩擦系数的近似值为0.6。当闸门向上抬升了一小段距离之后，之前较大的摩擦系数初始值将下降至0.3。这一摩擦系数的取值为近似值，其具体值与闸门移动的时间、闸门是否被淤积的泥沙部分覆盖及接触面是否润滑有关。

2. 启闭装备的种类

在确定了力F之后，下一步就是选择启闭装备和与其相关连杆的类型。当启闭力较小时，可采用齿轮或千斤顶启闭。此类装备除经济外，优点就是其便于在多数机械车间加工制作。

1）齿轮启闭

齿轮启闭装备是Fullerform（1977）为了精确控制小型闸门发明的一种廉价设备。其外形如图3.69所示，采用厚钢建造的启闭装备对于宽小于0.3m（约1ft）的堰而言较为可靠。如果摇把长度为齿轮半径的六倍，假设一只手的推力为120N（约27lbf），则此启闭装备能产生大约700N（约157lbf）的拉力。

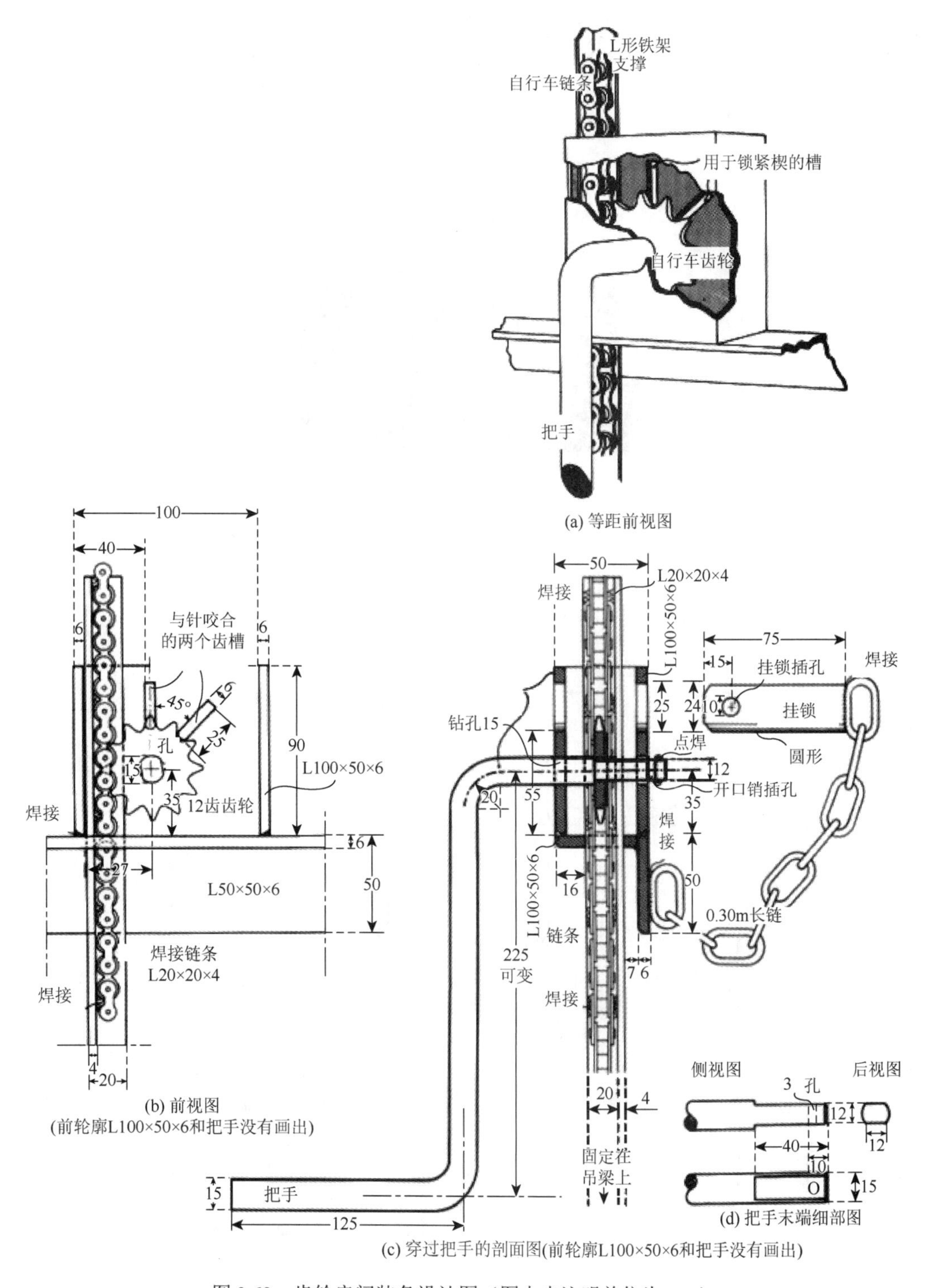

(a) 等距前视图

(b) 前视图
(前轮廓L100×50×6和把手没有画出)

(c) 穿过把手的剖面图(前轮廓L100×50×6和把手没有画出)

(d) 把手末端细部图

图3.69　齿轮启闭装备设计图（图中未注明单位为mm）

2）千斤顶

如果千斤顶（图 3.70）按照图 3.71 的尺寸建造，则其也可以较为可靠地用于精确控制小型堰。一般而言，千斤顶把手长度是铰接点到提升杆之间距离的 6～7 倍。因为杠杆作用，若作用于把手的力为 120N（约 27lbf），则抬升力大约为 750N（约 169lbf）。操作此类装置时完全可以用两只手加上操作者上身的重量来提升推力，此时抬升力能够加大至 $F = 3000$N（约 674lbf）。

图 3.70　千斤顶

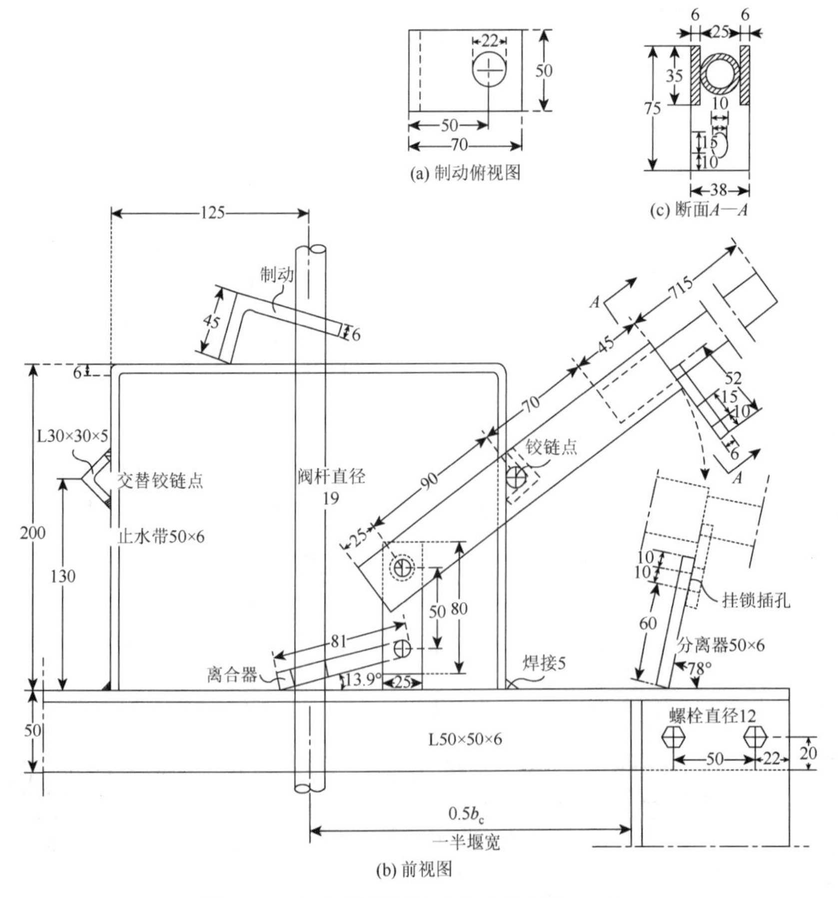

图 3.71　千斤顶设计图（尺寸单位为 mm）

3）手轮启闭

对于那些升降运行有规律且抬升力需要大于 750N（约 169lbf）的堰，本书建议使用手轮启闭装置。在实际应用中，当控制段长度 $L = 0.50\text{m}$，堰顶宽度大于最小堰顶宽度 $b_c = 0.30\text{m}$ 时，应安装手轮。

许多商用手轮产品都使用铸铁或铜质抬升螺母。因为铜螺母有更好的抗腐蚀性、耐用性和更高的效率，所以本书推荐使用铜螺母。在选择合适的手轮和螺杆前，应向厂家咨询更详细的信息。图 3.72 中包含的数据可用于初步设计。

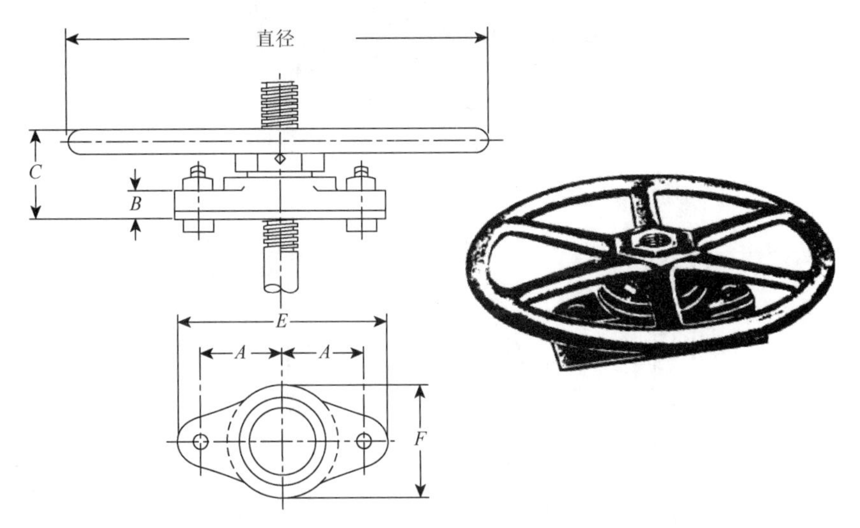

手轮直径/mm	杆径/mm	转动手轮来移动门的距离/mm	120N牵引轮的提升力/N	尺寸/mm					
				A	B	C	E	F	螺栓直径
250	22	2.5	4300	70	16	80	180	95	12
	29	2.5	3400						
360	22	2.5	5800	70	16	80	180	95	12
	29	2.5	4800						
450	29	2.5	5800	90	29	100	230	120	16
	38	2.0	4300						
610	29	2.5	7250	90	29	100	230	120	16
	38	2.0	5800						
760	29	2.5	8700	90	29	100	230	120	16
	38	2.0	7250						

图 3.72　手轮尺寸（改编自 1977 年 Armco 钢铁公司资料）

为防止控制段和隔板的位置产生变化，需在手轮上焊接一定长度的链条进行固定。如果在操作中移除堰或板的手轮，则此链条必须在提升螺母处的轮座缠绕一周，防止其他工具擅自调整该设施。

堰顶宽度小于等于 $b_c = 1.50\text{m}$（约 5ft）的堰可以通过框架顶梁正上方的单螺杆来移动（图 3.73）。图 3.74 给出了一个顶梁安装的例子。顶部边角采用螺栓固定，使堰可在维护的时候拆除。

图 3.73　手轮

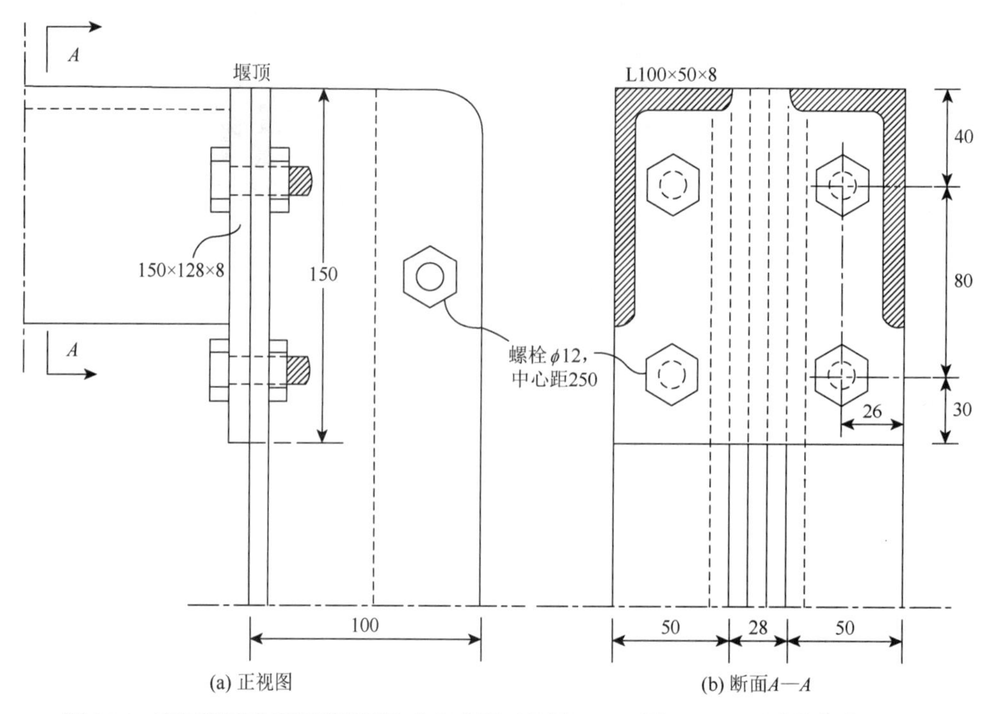

图 3.74　底闸型活动堰堰顶框架边角细节图（见图 3.65、图 3.66）（尺寸单位为 mm）

3.5.4　模型施工图

正如第 1 章所述，设施的底部和边墙可由砖石、混凝土或它们的混合修建而成。如图 3.63 所示，采用天然块石建造也可以获取良好的效果。选择建造材料的时候需要考虑材料的可用量和工人的施工技术，这两者都会影响设施的造价。设施的水力学需求对建造材料并无限制。

活动堰能够在干渠或支渠较好地调节、测流。图 3.75 所示的例子使用了钢筋混凝土，因为其是最常用的建筑材料。这些设施等同于标准尺寸（$L = 0.50$m）的有底部跌坎的堰。若行近渠道底部降低，则可在混凝土建筑物中安装一个有底闸的堰。

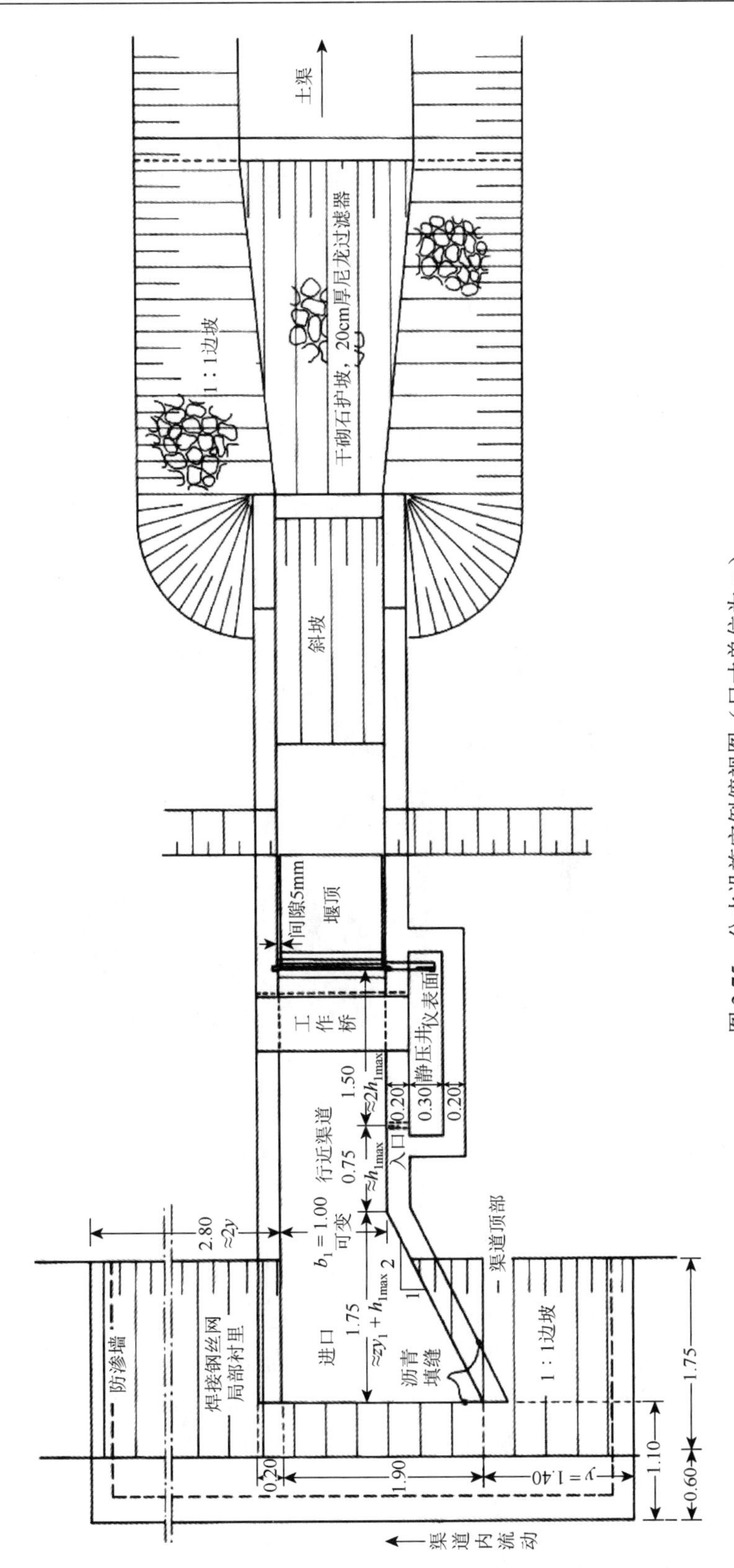

图 3.75　分水设施实例俯视图（尺寸单位为 m）

z 为边坡斜率；y 为真实水深；b_1 为上游渠道底宽

3.6 分 水 设 施

世界上许多古老的灌溉渠道的运营类似于股份制公司，其运行时某个体用户有权要求对渠道系统供水按比例分配，这一比例就是各用户持有的股权（水权）。在这样的运行模式下，用户常常认为在用户间进行相应比例的水量分配比精确量水更重要，这就导致了许多分水设施和分流器的使用（Neyrpic，1955；Cone，1917；Cipoletti，1886）。此时的关注点主要集中于分水设施能否在精确测流的同时正确分水。

一个分流设施包含矩形控制段的宽顶堰和隔板（图 3.75）。隔板上游边缘较薄（厚度小于 10mm）。如果计划的分流是恒定的，隔板可以是固定的钢板，否则隔板做成可移动式。

在灌溉系统的上游段，需要配水的灌域面积一般较为固定，因此分水设施一般也是固定的。根据渠段的数量，可以使用一个或多个隔板（图 3.76）。隔板从控制段的下游边缘一直延伸至下游 $H_{1\max}$ 处。隔板将溢流水舌分割开来而又不影响水舌的形状。

图 3.76　灌溉渠道中固定板分水装置（阿根廷）

在灌溉系统的中部和下游段，支渠处的分水装置需要调整来适应下游用水需求的变化。拥有可移动部分的分水装置是唯一能够通过仅仅调整一个“闸门”来实现该目的的设施。隔板分流比例按式（3.3）调整：

$$\frac{b_{c,0}}{b_c}=\text{目标分流比} \tag{3.3}$$

式中：$b_{c,0}$ 为隔板尖段到控制段的距离（宽度）；b_c 为堰的宽度（图 3.77）。隔板可以固定在此时的位置直至分水目标改变。如果流入支渠排水口的流量需为 Q_0，同时来流量改变为 Q，则 $b_{c,0}$ 需要按式（3.4）调整：

$$b_{c,0}=b_c\frac{Q_0}{Q} \tag{3.4}$$

对于给定的水头，来流量 Q 可以通过率定表查询，或者可以通过水位流量关系式计算（见第 8 章）。如果隔板可自动移动，则可以设置一个当地电子控制器来控制 $b_{c,0}$ 的值，使取水口的入流恒定。

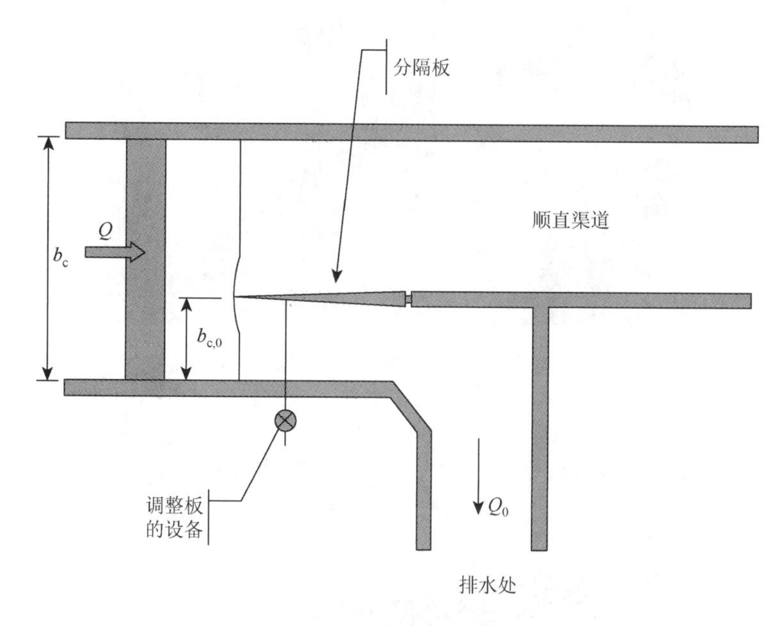

图 3.77　分水设施整体布置

隔板做成 V 形，应使所有边缘封闭，然后铰接到分割墙上。隔板和分割墙之间的渐变段应设置成流线型，以避免设施中水流的震荡。隔板在控制段后的一个狭窄（大约 1cm 宽）空间内移动，移动通过缆绳和滑轮控制（图 3.78 和图 3.79）。在板底和铰链附近无须做密封，因为通过隔板的水较少，其可忽略。对于小型设施，可以用连杆与手摇柄来代替缆绳和滑轮控制系统（图 3.80）。隔板的长度由其所需的行程来确定。堰中心线上板的坡比常常小于 1∶6。

图 3.78　设置于宽顶堰下游的采用缆绳调整的可移动分水门（阿根廷）

图 3.79　设施在 $65\text{m}^3/\text{s}$ 情况下的分流（阿根廷）

图 3.80　可通过手摇曲柄调整的移动分水门（阿根廷）

分水装置不可用于截断支渠入流。出于事故应急关闭的需要，应在分水装置的下游设置事故检修闸。在正常运行情况下，这个闸门必须完全提升至水面之上。事故检修闸不能参与渠道的调控，因为它会使堰部分淹没，导致测流失效。

若隔板和堰顶水流方向一致，且下游渠道水位、分流水位两者相等，则移动隔板的唯一阻力就是铰链处的摩擦阻力。为了使隔板达到最大行程（$1/6L_{\text{board}}$），需要施加的最大拉力的计算公式为

$$F_{\text{T}} = \frac{1}{6} L_{\text{board}} \Delta H H_{\text{c}} \rho g \tag{3.5}$$

式中：L_{board} 为分隔板的长度；ΔH 为上下游水头差；H_{c} 为控制段水深。

此拉力比堰垂直移动所需要的力小。

3.7　堰中排水管

因为堰缩窄了渠道断面，所以即使在没有流量时上游仍有少量水蓄积。因此，应在堰

底部修建排水管，以便冬季排水和夏季防蚊，尤其是当渠道间歇式使用时（在三级渠系或大型农场系统中的情况）。根据经验，本书建议排水管直径近似取 $D_p = L_p/50$，L_p 为排水管的长度。对于典型的小型或中型堰而言，管道直径一般为 25～75mm（近似等于 1～3in）。通过排水管的流量为（Δh 为过堰水头损失）

$$Q = \frac{\pi}{4} D_p^2 \sqrt{\frac{2g\Delta h}{\zeta}} \tag{3.6}$$

对于小管径管来说，沿程水头损失要远大于进出口局部水头损失，因此系数 ζ 近似等于

$$\zeta = 1.9 + fL_p / D_p \tag{3.7}$$

式中：f 为摩擦系数，对于小直径的平滑管道可取 $f = 0.020$（Bos，1989）。因此，对于 $L_p/D_p = 50$，系数 $\zeta = 2.9$。式（3.6）中流量可通过图 3.81 中 D_p 和 Δh 的值查询。例如，图 3.80 所示水流通过管径 25mm（约 1in）的排水管（适合典型的小型灌溉堰）时，当 $\Delta h = 0.6$m 时，流量为 1.0L/s（约 0.035ft^3/s）。这一流量对最大设计流量为 Q_{max} 的堰而言可以忽略。若排水管直径大于 $L_p/50$，且堰长时间运行于小流量工况，则排水管应部分堵塞。封堵排水管可采用许多物品，如阀门、砖石、塑料泡沫或布料。当渠道需要加大流量时，可以迅速地从管道中通过木棒或木杆移除封堵材料。本书不建议将排水管道完全封堵。在渐变段上游淤积的泥沙会淤塞排水管段，因此需定期清理。

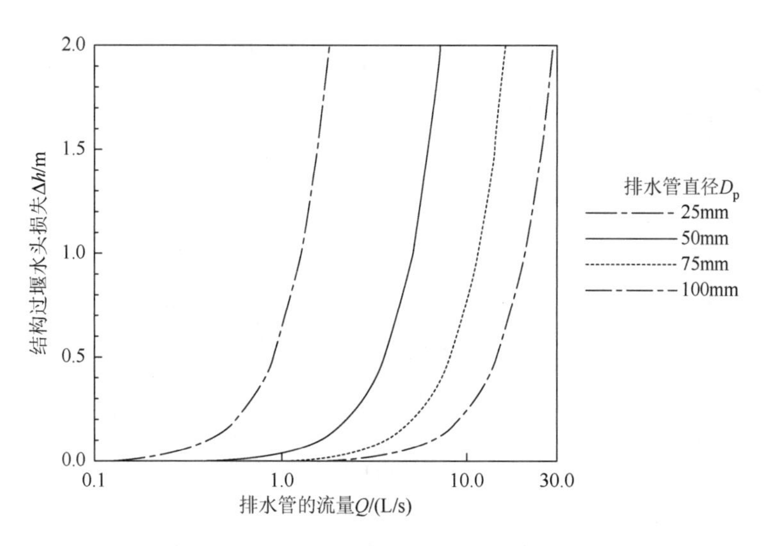

图 3.81　$L_p/D_p = 50$ 情况下通过排水管的流量

第4章　水 位 测 量

4.1　简　　介

在2.8节中介绍了影响流速测量精度的因素，并讨论了上游堰上水位精确测量的重要性。的确，水位测量如此重要以至于流量测量装置的成功与否几乎全部依赖于所用的水位传感器或者记录装置的有效性。长喉槽利用堰上水位计算流量意味着测量的水位是相对于量水设施的控制段底板顶面得出的。例如，水流通过堰顶时形成临界水深的位置，可近似认定位于量水槽控制段距下游边界 1/3L 处（图4.1）。在顺水流方向，控制段底板顶面必须完全水平。如果控制段底板顶面有轻微起伏，建议采用控制段临界水深处的水位而非控制段长度上的平均值作为堰上水位。在垂直水流方向，堰上水位则取临界水深处宽度方向上的平均值。

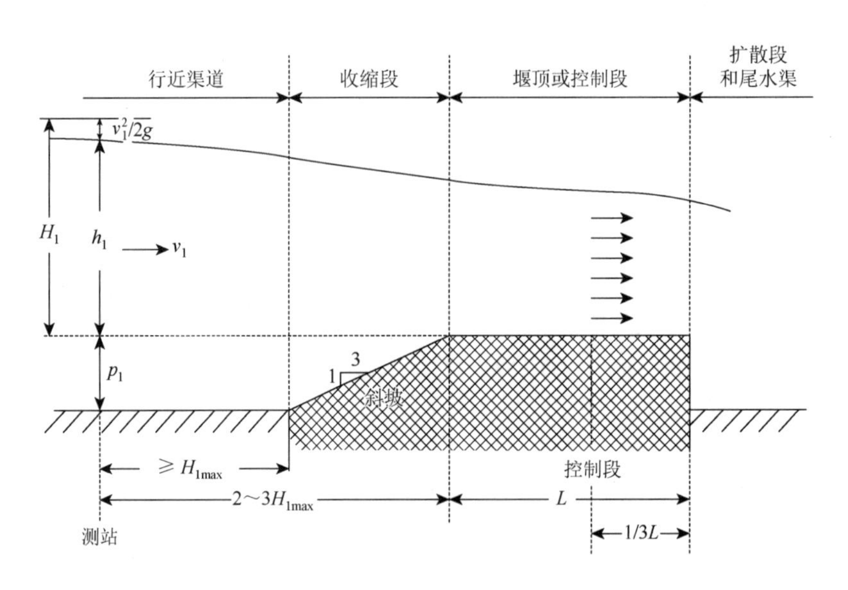

图4.1　测站及控制段位置和基本术语示意图

水位或者水头测站应该在量水建筑物上游足够远处，从而避开水面降落区；但是测站又不能太远，这样才可以忽略测站和建筑物之间的沿程水头损失。这就意味着测站将布置在距控制段前边缘2～3倍的上游最大行近水头（H_{1max}）处或距收缩段始端1倍的上游最大行近水头（H_{1max}）处——两者取最大值（图4.1）。

如果只需要临时测流，测站处的水位可以用行近渠道上的垂直或倾斜水尺测量。如果需要连续测流或者需要利用电子设备将流量传输到远处管理，则需要安装水位变换器或自记水位计。尽管水位测量装置类型多样，但它们都要安装在行近渠道的一侧，从而将装置对量水建筑物的干扰降至最低。

4.2　水位测量装置选择

合理选择水位测量装置决定了测量建筑物的成功及测量的精度。选择影响水位测量装置的三个最重要的因素是：

（1）测流频率；

（2）水位测量处的量水建筑物的形式；

（3）水位测量的误差。

对于前两个因素，本章4.3节将给出详细信息。而对于第三个因素，h_1的偶然误差由式（2.14）决定，即

$$X_{h_1}=\sqrt{\frac{X_Q^2-X_c^2}{u^2}} \tag{4.1}$$

如果建筑物已经用6.5节的数值模型（该模型应用于第8章所介绍的软件）进行校准，则当$0.07<H_1/L<0.7$时，$X_c=1.9\%$。指数u由控制段的形状决定（可由表2.2查得u值）。误差X_Q是流量测量时相对于Q_{min}和Q_{max}的特殊值。计算出来的X_{h_1}决定了水位测量误差δ_{h_1}：

$$\delta_{h_1}=\frac{h_1\times X_{h_1}}{100\%} \tag{4.2}$$

用不同设备测量堰上水位时产生的误差δ_{h_1}列于表4.1中。因为在最小流量下测得的h_{1min}很小，误差$X_{Q_{min}}$或许会太小，以至于不能从表4.1中找到一个满足精度的水位测量装置。在此情况下，设计者有两个选择：

（1）最小流量下水流测量允许更大的误差。

（2）重新设计结构，缩窄控制段底部宽度以得到较大的h_{1min}值。

表4.1　读取堰上水位时的水位测量误差

设备	水位监测设备处于不同条件下的读数误差		
	明渠	静压井	评价
测针	不适用	0.1mm	常用作研究
测尺	不适用	1mm	适合研究和现场使用
水尺	4mm	4mm	$Fr_1<0.1$
	7mm	5mm	$Fr_1=0.2$
	＞15mm	7mm	$Fr_1=0.5$
压感水位计	最大可达20mm	不需要	非常适合临时安装（误差是h_{1max}的2%）
气泡水位计	10mm	不需要	不需要静压井但是可以在静压井使用
浮子水位计	不适用	5mm	需要静压井
其他流量计	—	—	可能存在一些额外的随机误差和系统误差

4.3 水 位 计

当不需要连续测流或者在水流波动平缓的明渠中测量，定期读取标准物理仪器上的数据已经能够满足所需。根据渠道的类型和要求的读取水位值的精度（参考 4.2 节），会用到水位测针、测尺或者人工读数水位尺。

4.3.1 测针

测针是最精确的水位测量装置（误差范围为±0.1mm），它仅适用于科学研究。测针通常与静压井结合起来运用。测针包括一个尖尖的带有刻度的杆，这个测杆垂直于水面并在既定的测量范围内进行升降，装置通常还包括一个游标尺，用以提高测量精度。当测杆底部针尖刚刚接触水面时，通过游标尺读取测点的水位值。

4.3.2 测尺

测尺插入静压井中直至尺底部到达堰顶，从而与量水建筑物的堰上水位相匹配。与测尺联合使用的静压井直径应该足够大，这样测尺插入水中时不至于引起水位升高。即使如此，测尺也要慢慢插入水中直至参考点。测尺可以提供非常精确的水位测量结果（误差范围为±0.001mm）。大部分便携式 RBC 量水槽使用硬木质测尺，这些测尺上直接标出对应水位的流量（图 3.44）。

4.3.3 水尺

水尺放置在便于观测者读数的渠道岸边，这样便于观测者清理水尺表面的刻度。对于土质渠道，水尺可以垂直安装在渠道中的一个支撑结构上。支撑结构不应干扰量水槽或量水堰的过流，也不应碰到漂浮物。

对于混凝土衬砌渠道，水尺可以直接安装在渠道侧壁。在侧壁倾斜的渠道，水尺显示的长度要比垂直水深长。常用坡度下单位垂直长度的斜坡长度可参见图 4.2（也可参见 8.9.7 小节）。

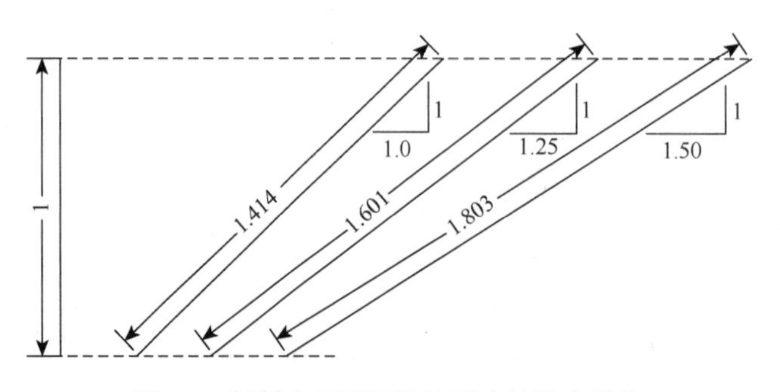

图 4.2 倾斜水尺不同设计形式的放大系数

在灌溉工程中，常常在水位刻度上利用 L/s、m^3/s、ft^3/s 或者其他流量单位进行标记，而不用水头单位，这样可直接读出流量，比较方便。水尺一旦安装和校正完毕，就消除了利用错误。可直接读取流量的水尺也可用在活动堰上（参见 4.8 节）。

利用第 8 章的软件，可以计算出量水建筑物的流量和水位的关系（表中每一行对应一个流量值）。该软件也可以为一个可直接读取流量的水尺提供刻度数据。相对而言，灌区管理员的率定表可以用两种方式印制，一种依据标有距离的垂直水尺，而另一种依据安装在岸坡上的倾斜水尺。软件中的渠壁水尺模块可为安装在行近渠道侧壁上的渠壁水尺提供计算数据。图 4.3 给出了一个直接读取数据的倾斜水尺的例子。对这种水尺，标记不宜超过 3cm 或 4cm，从而使标记间的插值具有合理的精度。例如，流量在 2.20～2.40cm^3/s 时，水尺上显示标高有 2.5cm 的差别（沿着斜坡渠道壁面有 4.5cm）。在刻度间直观插值相对简单。观测者凭经验可以很容易地读取流量，并保证与真实值的差距在±4%以内。

(a) 水尺刻度　　(b) 局部水面线

图 4.3　安装在渠道右岸的倾斜水尺（这一水尺以流量为单位）

大部分永久式水尺由上釉的钢化板材、铸铝或者聚酯制成。烤制的上釉钢质水尺拥有线性比例，市场上均有售，这些水尺可以持续使用很长时间。以流量单位为刻度的水尺可以大批量定制，但价格相当昂贵。抗紫外线的喷雾瓷漆也可用来制作钢板上的刻度，但不如烧制的瓷釉耐久，可是价格却相当低廉。直接标注流量的水尺也可用铝棒冲压而成，采用铁锤、凿子或者金属冲压模具，这种水尺要求定期清理，因此必须安装在容易接近的地方。

4.4　自动水位记录仪和水位传感器

自动水位记录仪可以长时间记录水位变化。水位传感器将水位转化成物理运动和/或电信号，记录器（或者数据记录器）可以将其转化而成的信息记录在纸上、磁带上或者电子表格中。自动水位记录仪相比普通的水尺具有以下几大优势：

（1）在每日流量都有波动的渠道内，连续记录为日平均流量和总流量提供了最精确的测量方法；

（2）水位过程线都是按时间记录的，这样可为渠道系统对上游流量变化的反应时间提供数据；

（3）可进行全天候远距离观测，适合观测者不在现场或者观测设备安置在人员不容易接近的地方的情况。

许多气象仪器厂商生产各种各样在市场上销售的传感器和记录仪。在一些情况下传感系统和记录系统被整合成一个系统，而在另一些情况下传感系统和记录系统是分离的。由于传感器在结构和设备上存在较大差别，选择传感器类型宜因地制宜。

4.4.1　淹没式压感水位计

淹没式压感水位计将某一深度处的静水压力转换成可记录的电信号。淹没式压感水位计种类较多，其工作原理、压敏材料各不相同。淹没式压感水位计可以悬浮在静压井或者安装在保护管道内，管道设有连通孔使水进入。淹没式压感水位计固定在适当位置，但应置于最低水位之下。为了输出水压（参考了周围大气压），淹没式压感水位计一般会通过集成电缆上的通风管与大气连通，电缆输出淹没式压感水位计的电信号。通气管的自由端应该直达仪器外壳，并且应该使用干燥剂以避免水蒸气进入通气管，因为水蒸气会腐蚀通气管并带来输出误差。可用有弹性的气囊代替干燥剂，气囊的伸缩率不会改变压力（也就是说，气囊的内外压力必须相同）。

淹没式压感水位计的优点是安装相对简单，因为不需要静压井，并且淹没式压感水位计测量精度可以达到最大测量范围的±（0.1%～1.0%）；精度和成本通常成正比。而缺点包括需要干燥剂来保持通气管与大气相通；需保护淹没式压感水位计不被冰冻或者冬天将其转移并停止服务。淹没式压感水位计重要的校准问题是避免零压力下输出值，因为这会在最小流量情况下造成相对大的百分误差。淹没式压感水位计的探孔容易堵塞也是一个问题。

4.4.2　压力球式水位计

这一仪器包括一个弹性球，放置在冲孔金属容器内，该容器可起保护作用。容器由气管与机械压力计、记录仪或者电子输出的压力传感器相连而成。冲孔金属容器和弹性球固定在需要被测水位的最低水位以下。水位的任何变化都会改变系统内的压力，弹性球不需要静压井，而弹性球和记录仪之间的距离要达到50m（约164ft）。因此，系统的安装相对简便，成本低，且记录仪可以安置在适当位置。

压力球式水位计的主要缺点是水位记录误差通常会达到最大测量范围（量程）的±2%。例如，如果最大测量范围是1.0m，对于所有水位，测量误差就达到±0.02m。结果就是在最小流量下的流量测量相当不准确。并且系统渗漏可能导致仪器运转故障。

尽管有这些缺点，压力球式水位计也非常适合于那些临时设备和那些精度不需要太高的站点。为了保证此种装置有足够精度，需要对人工水尺读数和水位记录进行定期校正。

4.4.3　气泡水位计

这种仪器包括一根管子，管子的开口端通常固定在最低测量水位以下 0.05m 处。这个管子与供给空气的压缩空气气缸或者小型压缩机相连，并与压力表或压力传感器加记录器相连接。气流缓慢流过管子开口端，为克服管子末端上的水压力，压力经过测量被记录下来。这种测量和记录压力的办法与压力球式传感器相似，或者会涉及最近的电子设备。气泡水位计的优缺点与已述的压力传感器系统有几分相似。由于传感器没有淹没于水下，冰冻天气就不需要移除传感器且传感器的腐蚀和堵塞问题较轻。已证实，相对于水下压力传感器，非浸没传感器提高了气泡水位计的可靠性。

气泡水位计（图 4.4）可以获得相对长的传送距离，曾使用过 300m 的安装距离。对于长距离测管，为了经济和测量的精确度，最好采用内径为 3mm 的管子。一根管子以每秒 3～5 个气泡的速度将空气泡从源头传输至气泡出口。第二根管子作为支线与气泡出口在使用范围内连接，2～5m 为最好。第二根管子在预期距离内感知气泡压力。因为稳定之后感知管内基本无流量，就不存在很大的摩擦损失。在源管上，哪怕每秒 3～5 个气泡，在几百米之内就会导致显著的压力下降，因而源管不能作为长距离的感知管。只有遇到大的垂直距离时，感知管内的热量梯度和压力变化才可能变得显著。

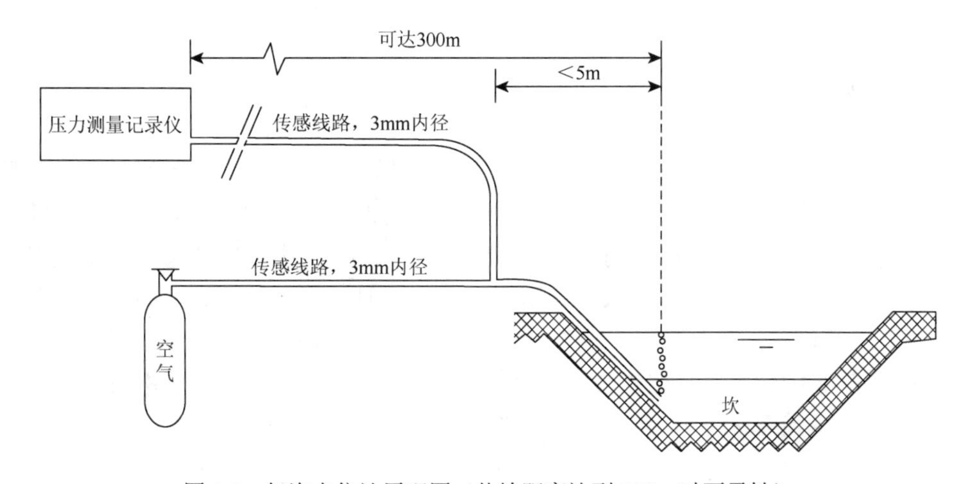

图 4.4　气泡水位计原理图（传输距离达到 300m 时不灵敏）

传输距离主要受被检测水流发生变化所需的反应时间的限制。增加感知管长度会使得计量器更加迟钝，因为必须输送大量的气体以取得新的稳定压力读数。对于内径为 3mm，长为 300m 的感知管，通常几秒钟之内达到稳定，这取决于压力传感器的感知需求量。例如，一个大孔压力计比一个小的压力计需要更多的量，但是压力计会相对敏感。

近年来，独立的气泡水位计已经发展起来，它整合了小型压缩机、可选择的压力罐、传感器，并与低功率的电子设备联合，这些电子设备利用太阳能就很容易实现连续运转（图 4.5）。起泡器的另一个变种是双管式气泡水位计，气泡在两个管子内交替传输，并在固定置于水中的一个垂直管处结束。同样的传感器一个用于感受大气压力和每个管中的压力，一个可以补偿传感器校准发生的变化，因而可以得到更精确的测量结果。市售气泡水位计的精确度近些年已有提高，现在可达到±0.003m（约±0.001ft）。

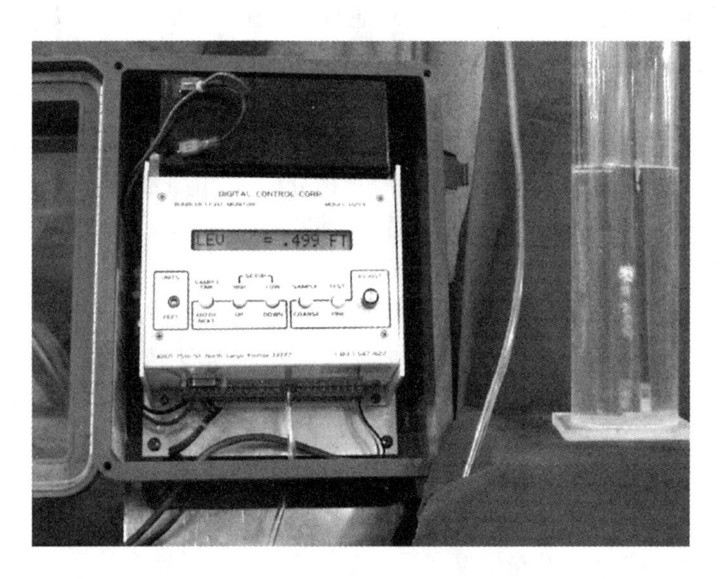

图 4.5　一个独立气泡水位计（美国佛罗里达州拉尔格数字控制公司友情提供）

4.4.4　超声波水位计

超声波水位计安装在水面以上，通过测量由传感器发出的超声波到达水面经过反射又返回传感器的传播时间来确定自由水面的位置。因为声音在空气中的传播速度随着温度的变化而变化，为了达到有效的精确度，传感器必须在工作温度范围内使用或者进行温度补偿。有无静压井，超声波水位计均可以安装。但最好有静压井，因为静压井减少了水面波动，而这些波动会降低测量精度。设计静压井时需要考虑传感器的安装细节，因为超声波信号由传感器以锥状辐射传播出去，由于信号也可由静压井墙壁反射回来（尤其是在墙壁粗糙情况下），传感器测量的距离有可能不是到水面的距离。相反地，针对某些传感器，将其直接安装在一个内径较小、内壁光滑延伸至水中的管子里会具有良好的效果。这是因为超声波信号在管壁上的入射角较平，使超声波信号没有被管壁反射回传感器。

超声波水位计的优点是安装相对简单，并且仪器本身不接触水面的特点使得它成为污染水域或侵蚀性水域测量站点的明智选择。缺点是其只具有中等精确度，即使进行温度补偿，它也会受到传感器和水面之间大气中温度梯度的影响。在许多应用中存在极端的温度梯度，特别是那些处于太阳直射情况下的静压井顶端或者仪器外壳，其温度可以达到60℃或者更高。超声波水位计需要定期维护，从而保证传感器和水面间的传输道路通畅，已经证实传感器下的蜘蛛网会导致错误的测量值。

4.4.5　浮子水位计

因较低的成本、良好的精确度（$\delta_{h_1}=\pm0.005\text{m}$）和广泛的实用性，浮子水位计曾经是最常用的水位测量仪器之一。这一仪器包括一个具有足够大直径的浮子，浮子与穿过浮子转轮的卷尺或缆绳连接，然后再与平衡锤相连。浮子随着水位的升降而升降，它的运动带动浮子转轮旋转，从而将水位记录下来。为了正常运行，浮子必须设置在死水区。因此，所有的现场安装都需要一个静压井（参见4.6节）。

应该注意，安装时要保证浮子上升时，它的平衡锤没有嵌入浮子上部，而是保持在其上方或者超过浮子。若要求高精确度，就不能允许平衡锤超出工作范围而浸没在水中，因为这样会改变浮子淹没度，从而影响水位记录。系统误差可通过以下方式避免：

（1）将平衡锤安置在一个独立防水并且无水的管子中。

（2）在浮子转轮轮轴上安装两个不同尺寸的滚筒。直径较大的滚筒用来盘卷浮子线缆，而直径较小的滚筒用于盘卷平衡锤线缆，这样使平衡锤相对于浮子的移动较少。滚筒需要一个螺旋槽来盘卷好几圈线缆，否则线缆盘卷会产生误差。

（3）延伸静压井管到达一个高度，即低水位时不触及浮子转轮，最大水位时不触及水面。

大多数早期依靠浮子转轮上缆绳的摩擦转动。为了增加水头测量的精确度，推荐配备通过浮子转轮的校准浮子卷尺。浮子和平衡锤与校准浮子卷尺末端应该用环形连接器相连。如果不需要卷尺刻度指示器，就应该与保护层或者器械箱相连。校准浮子卷尺和卷尺刻度指示器是为了使观测者可以方便地核实记录水位和浮子井中的真实水位，以及独立放置的人工水尺显示的水位。同样地，校准浮子卷尺和卷尺刻度指示器对记录仪器、浮子系统、进水管或者插槽是否运转正常提供了核实证据。

1. 探测浮子转轮旋转传感器

有两类主要的传感器可测量浮子转轮的旋转。精确的电位计针对转轮的旋转和水面的运动提供成比例的模拟输出。这些电位计限制为10个循环。每当转轮旋转经过特定的间隔，附加的编码器就提供脉冲电信号输出。转轮的尺寸和脉冲间的旋转增量决定了测量精度。水位测量的随机误差将达到这个量的±1.5倍。附加编码器的缺点是它们的输出仅描述了水面的相对运动。如果数据记录器失去功效，在没有电源的情况下转轮的运动将不被记录，从而直到修复电源也不会得到精确的水位。最近的一项改进是具有绝对位置的编码器，这一编码器可以提供标示有轮轴绝对位置的数据输出，这对应着旋转编码器的机械极限。

2. 浮子定型

如果静压井中的水位保持不动，记录仪的浮子转轮也不会动，处于浮子和转轮之间的卷尺上的拉力和转轮与平衡锤之间卷尺的拉力平衡（图4.6）。只有在浮子转轮转动时，水位变化才会被记录下来。然而这时转轮只有在克服了一定的初始阻力时才会转动。这个阻力来自记录仪和轮轴的摩擦力，可以表示成作用于浮子轮轴杆上的一种抵抗力矩。因为平衡锤对浮子卷尺产生了一个恒定的拉力，只有满足下述条件才能克服抵抗力矩，即浮子和转轮间的卷尺上的拉力要改变一个小量ΔF，并且ΔF满足

$$\Delta Fr > T_f \tag{4.3}$$

式中：ΔF为浮子和转轮间卷尺上拉力的变化值；r为浮子转轮的半径；T_f为浮子轮轴摩擦力产生的抵抗力矩。例如，当井内水位连续上升时，拉力会有一个变化量ΔF，这个变化量ΔF只有在浮子水下部分所受的浮力增加时才会产生，这会导致浮子上升落后于水位上升δ_{h_1}的距离，因而浮子水下部分体积的增加由式（4.4）决定：

$$\Delta V = \frac{1}{4}\pi d_f^2 \delta_{h_1} \tag{4.4}$$

式中：d_f为浮子直径。根据阿基米德原理，向上的浮力会随着排水体积的增加而增加，浮力等于排水体积的重力。因此

$$\Delta F = \frac{1}{4}\pi d_f^2 \delta_{h_1} \rho g \tag{4.5}$$

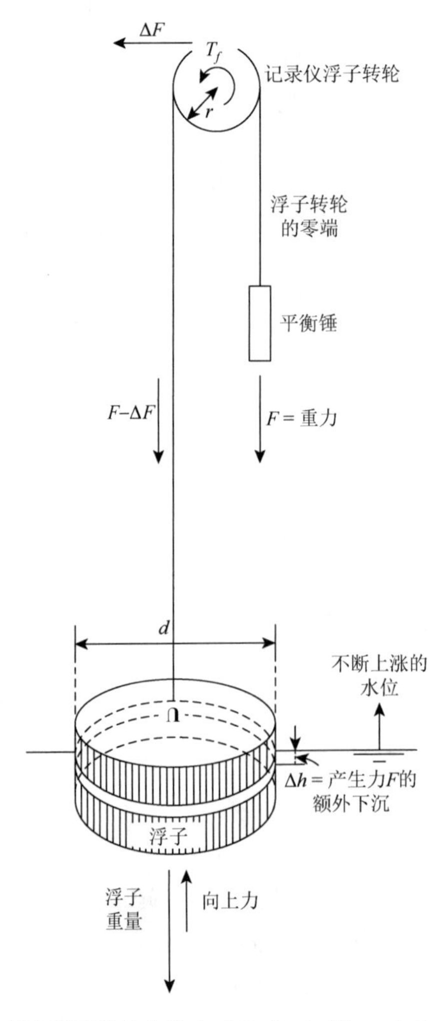

图 4.6　作用在浮子转轮上的力（Kraijenhoff van de Leur，1972）

将式（4.5）代入式（4.3）发现，记录仪和轮轴上的摩擦力引起的水位测量系统误差

$$\delta_{h_1 s} > 4T_f / (\pi d^2 \rho g r) \tag{4.6}$$

浮子的滞后运动导致了系统误差，记录下来的水位上升值通常太小，而记录的水位下降值则过大。

将 T_f 作为记录仪的固定性质，只有通过扩大浮子直径 d 或者浮子转轮半径 r 才能减小系统误差。例如，对于一次不常见的记录仪维护，$T_f = 0.002\text{N·m}$，其中 $\rho = 1000\text{kg/m}^3$，$g = 9.81\text{m/s}^2$，$r = 0.05\text{m}$，然后一个直径为 0.03m 的浮子将使浮子滞后

$$\delta_{h_1 s} > 4\times0.002/(\pi\times0.03^2\times1000\times9.81\times0.05) = 0.0058(\text{m}) = 5.8(\text{mm}) \tag{4.7}$$

用一个较大的浮子直径，$d = 0.30\text{m}$，浮子系统的延迟增加到 $\delta_{h_1 s} = 0.06\text{mm}$。这清楚地表明量水槽和量水堰中不能使用小直径的浮子，其主要用于测量缓慢变化的地下水位。

摩擦力的影响随着记录仪的种类、寿命、维护情况等的不同而存在相当大的差异。制造商通常为每一类记录器推荐一个浮子最小直径。然而，需要考虑浮子滞后对小水头造成的相对误差增大的问题。对于槽和堰不建议采用直径小于 0.15m（约 6in）的浮子。

当水位变化时，平衡锤的下沉与浮子转轮一侧的浮子卷尺或线缆数量和重量的增加（因而另一侧重量减小）也导致了卷尺所受力的变化。这个力的变化ΔF产生了一个水位测量误差$\delta_{h_1 s}$，这一误差从某一参考水平ΔL开始随着水位的变化而变化。如果浮子卷尺具有每单位长度 w 的重度，并且假设平衡锤不会被水淹没，滑轮每侧卷尺重量变化导致的读数误差通过平衡变化的重量计算为 $2w\Delta L$，也可以利用浮子下沉导致的浮子上的浮力变化所产生的位移变化［式（4.5）］来计算，从而得

$$\delta_{h_1 s} = \frac{8w\Delta L}{\rho g \pi d^2} \tag{4.8}$$

式（4.8）表明可以通过增加浮子直径或者利用较轻的浮子卷尺来减小系统误差。

读者应该注意到，上述现象产生了除 2.8.7 小节中描述的静压井延迟误差之外的系统误差。

4.4.6　水位传感器的校准

定期校准水位传感器是保证量水槽和量水堰测流成功的冗长乏味的必备工作之一。在第一次安装之前，传感器可以事先在办公室或者实验室环境下校准，但是一旦安装，快速的现场校准要远好于将传感器搬迁至实验室进行的再次校准。对水下水位传感器如压力传感器和起泡器的校准过程已经被证明是精确简单的，促进了传感器的现场频繁再校准。这一程序只是校准传感器，并不能保证传感器相对于结构堰上水位的安置合理。相对于堰上水位传感器的归零程序将在 4.9 节中给出。

校准水下水位传感器的过程如下：

（1）通过一个固定点悬浮安装传感器，如将水下压力传感器的缆绳固定在传感器管子顶部的盖帽上。

（2）当传感器处于其永久测量位置时，读取传感器的输出。

（3）在传感器管子顶部和固定着传感器缆绳的盖帽之间插入一个精确的垫片，使传感器上升一个已知的垂直高度。读取传感器此时的输出，再利用早先的读数计算水位和传感器输出之间的斜率关系，将之称作传感器增益（图 4.7）。

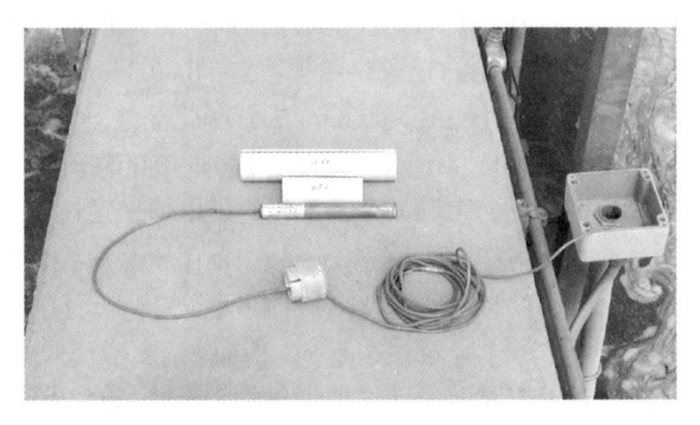

图 4.7　一套用于校准水下压力传感器的精确垫片

（4）将传感器提升出水面，读取输出值，确定传感器零压力下的输出。

一种替代方法是在压力传感器安装的地方使用一个齿条，齿条可移动并有两个固定的、已知间距的位置。一个位置是运行水位，另一个位置用于确定传感器增益。为了校准传感器，齿条的每个位置和传感器不在水中时都要读取数据。

4.5　流量统计和记录

通常，流速测量的一个主要目的是获得某一特定时期通过渠道的水量信息。从记录水位图上计算这一总流量是一项冗长乏味的工作，通常会被拖延。为了简化这一工作，可以使用市场上销售的流量累加器。所有现代化的流量累加器都是电子的，它们包括以下三个部分：①4.4 节描述的一种记录仪；②一个微处理器，用于纠正记录水位，从而得到上游堰上水位，并由特定量水建筑物的 Q 和 h_1 方程计算流量；③将微处理器计算的特定时间间隔内通过的计算流量乘以从上一个测量时间点开始的时间得到一个水量增量，用一个累加器将这一增量累加到总水量中。

利用数据记录器存储测量水头是累加的另一种选择。存储测量水头相比于累加的一大优点是可以检查全部记录，淘汰错误数据。数据记录器存储的数据通常被下载到个人计算机用于分析。及时将数据传输至中心站点正在逐渐替代传统数据记录，因为这样不需要记录器的大存储量，也不需要操作员定期查看站点，可及时为操作员提供现场问题信息。

获得水量信息的需求与灌溉工程的核算和计费相关，同时这些信息对项目管理者也很有用。例如，当他们试图输送一特定水量水体时，如果集中数据库技术可以保存计费和核算的历史记录，计算机化遥控系统可以为项目管理者提供流量和累积水量的实时信息（图 4.8）。

图 4.8　向工程总部输送实时水流信息的遥测技术设备（美国亚利桑那州）

4.6　静　压　井

使用静压井有两个目的：①当渠道中的水面遭受波浪作用时，帮助精确记录测量点的压力或水位；②覆盖浮子式自动水位记录仪的浮子。即使安装了静压井，次要的人工水位尺也应该安装在渠道中，因为人工水位尺可以对比井外水位和井内水位（图 4.9）。这将帮助用户鉴别连接渠道与静压井的连接管是否发生堵塞。

图 4.9　宽顶堰上的记录仪和人工水位尺（由荷兰瓦赫宁恩农业大学提供）

静压井的横断面尺寸主要依赖于井中水头测量方法。以下详细介绍测量水头的三种基本方法：①测深尺；②人工水位尺的静压井；③浮子静压井。

1. 测深尺

如果静压井和测深尺联合使用，选择 0.15m（约 0.5ft）的最小直径是明智的。测深尺将静止在一个参考点，参考点的高程与井内提供的精确堰上水位相一致。测深尺可以提供十分精确的水头信息（误差在±0.001m）。图 4.10 是静压井的一个例子。测深尺可以是塑料或者铝管的一部分，简略了插图中的条棒。使用测深尺时，需注意避免静压井出现突然排水，因为这将引起水位的暂时上升而得不到正确的读数。为了避免这一错误，测深尺的直径应该小于静压井内径的三分之一，并且应该缓慢插入测水头的测深尺。

2. 人工水位尺的静压井

如果静压井与人工水位尺联合使用（图 4.10），井的长度从人工水位尺的前面测量，不应该小于井内最小水深的两倍。这为人工水位尺观测水位提供了一个满意的角度。井的宽度不应小于 0.20m，以便有足够的空间将人工水位尺用螺丝固定在井壁。

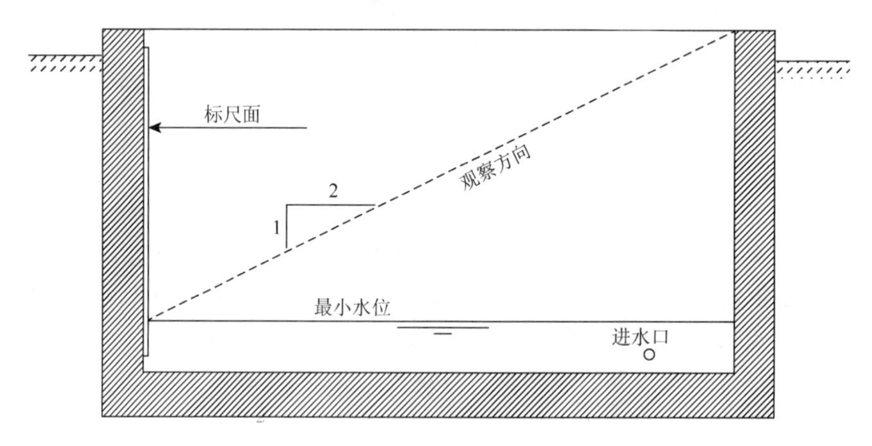

图 4.10　含有水位尺的静压井

3. 浮子静压井

如果静压井必须适应浮子式自动水位记录仪，它就应该有精确的尺寸和深度，从而保证浮子周围都有空隙。如果静压井是金属质、PVC 或者混凝土管，为了避免毛细效应，井的直径至少比浮子直径大 0.06m（约 0.2ft）。如果静压井是矩形的，并由砌砖、混凝土、木材或者类似材料筑成，浮子与井壁的距离就不应该小于 0.08m（约 0.26ft）。井底也应该低于最低进水口一定深度，如 0.15m（约 0.5ft），避免浮子触到井底或者淤积的泥沙，因为后者可能粘住浮子使零点读数发生变化。淤积的泥沙应该定期清理出井外。

4.6.1　建造

一般而言，应设置检修门以方便对安装的记录仪进行检修、清除淤积的泥沙，而不必从井顶部进入，否则通常需要移走记录仪。如果静压井设置在渠道堤岸背部，检修门应放置在堤岸之上；如果静压井安装在渠道内，检修门应该放置在略高于最低水位处。另外，检修门应能允许浮子卷尺长度的调整，使其变得合适而不必移动记录仪。为了避免腐蚀问题，检修门的铰链应该采用防锈金属如不锈钢、黄铜或青铜。更简单的解决办法是对焊接于井壁上的短螺栓使用蝶形螺帽。图 4.11 是一个拥有上下检修门的钢制静压井的例子。

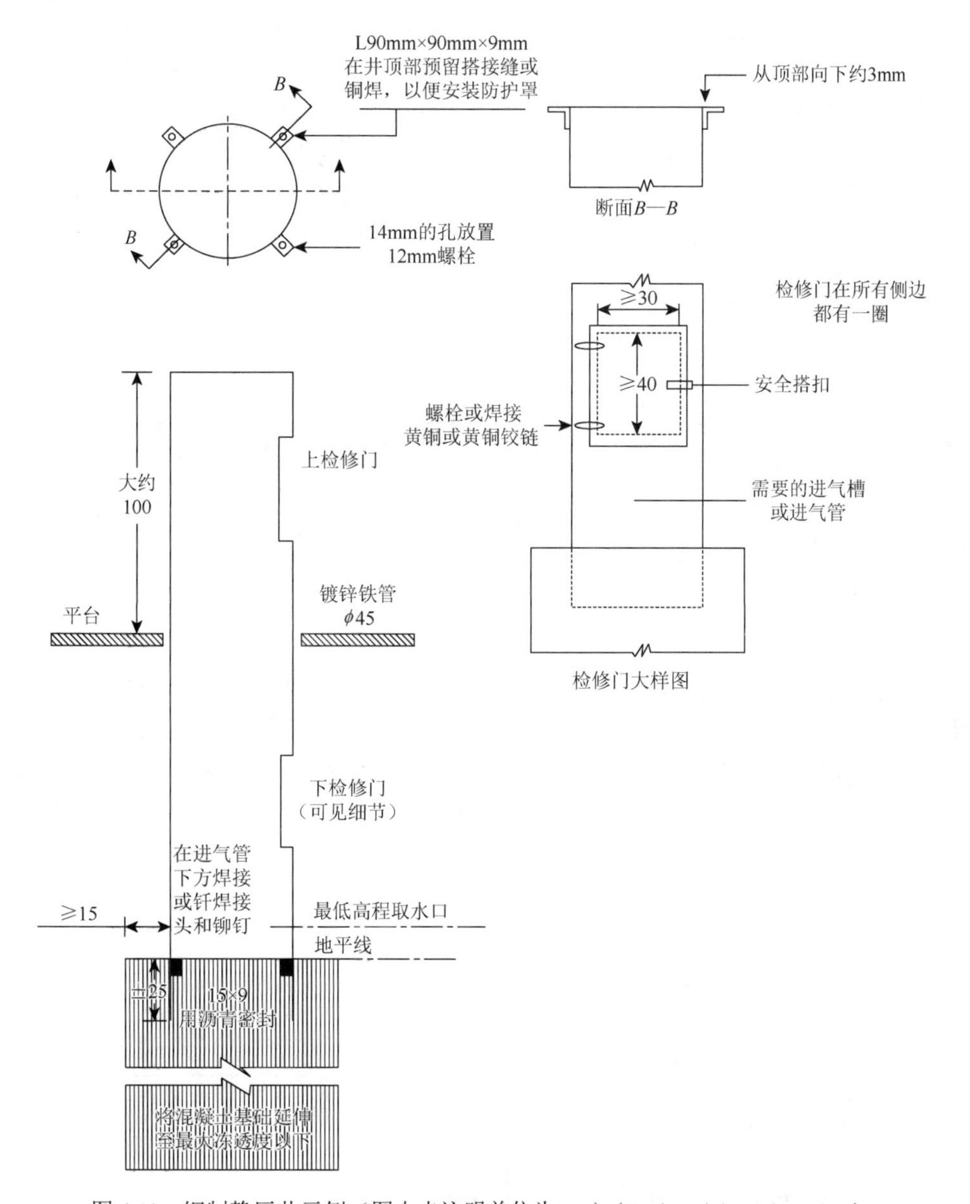

图 4.11 钢制静压井示例（图中未注明单位为 cm）（Brakensiek et al.，1979）

建筑物和静压井的基础标高应该低于最大冻深，并低于渠道或溪流的最低河床高程一定的富裕深度，以保证结构的稳定性，并防止河床的下切对量水结构的影响。为了防止静压井和进水口成为地下水的渗流通道，并有利于记录仪的零点设置，静压井应该不透水。钢制静压井的底部与基础混凝土交接的地方应用沥青密封。因为静压井最主要的目的是消除或减小明渠中波浪的影响，连通管的横断面面积应该小。另外，在最大水位变幅下的连通管水头损失应该限制在 0.005m（约 0.2in）。这一水头损失会导致系统误差，通常记录值随着水位的上升而变低，随着水位的下降而变高（仍参见 2.8.7 小节）。作为连通管数量和尺寸的一般性指导，它们的横断面总面积大约是静压井内部水平横断面面积的 1%。

连通管道或沟槽的进口应低于最低水位至少 0.05m（约 2in），以便测量水位，连通管进口应与渠道边坡齐平且与渠道互相垂直。如果管子没有与渠道流向垂直放置，就可能存在水头测量的系统误差。这个误差的大小可以达到 $v^2/2g$，其中 v 是沿着渠道边界的流速。误差的符号（＋或–）在图 4.12 中给出。连通管或沟槽周围大于连通管直径或沟槽宽度 10 倍的区域应该小心地用混凝土或同等材料填筑。尽管最低要求是设置一个沟槽或管道，现场安装时通常建议至少安装 2 个在不同高度处的连通管，从而在一个连通管堵塞时避免损失有价值的数据。

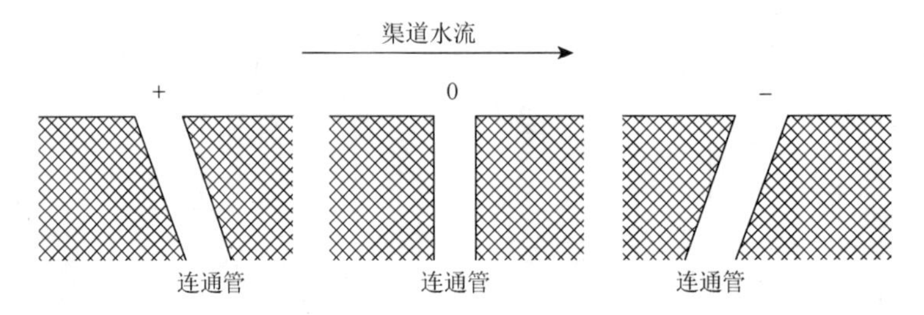

图 4.12　不垂直连通管导致的水头测量系统误差的符号

大部分静压井的连通管要求定期清理，尤其是携沙渠道。永久的设施可以配备冲水箱，如图 4.13 所示。这些冲水箱通常配备有手动泵或水桶和一个突然排水阀，将水冲过连通管从而排除泥沙。对于堵死的管子和临时的、半永久式的建筑物，通常采用清污杆或蛇形棒进行清洗。

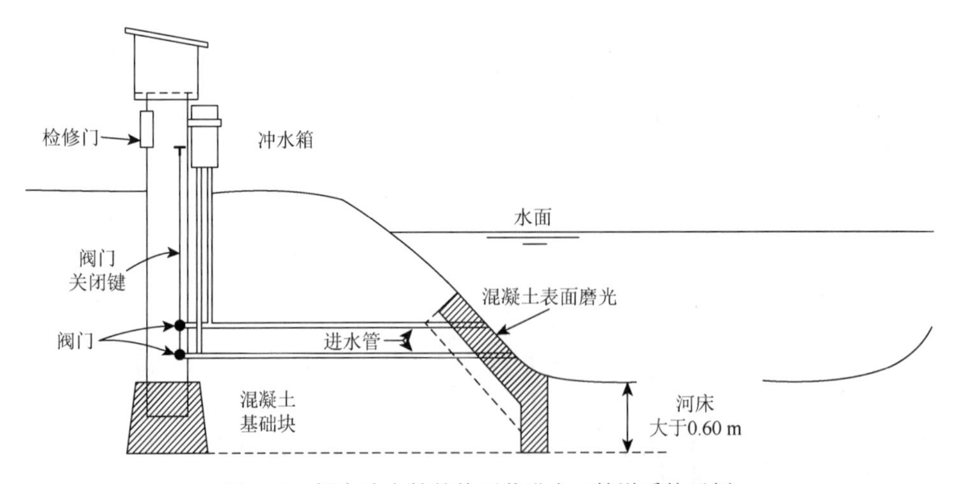

图 4.13　拥有冲水箱的静压井进水口管道系统示例

水位测量点处渠道底板上大空洞的建设可以延迟进水口的堵塞（图 4.14）。它的尺寸近似于 $0.1m^3$（约 $3.5ft^3$）。静压井管道从洞内进入，搭配一个管道弯管防止泥沙直接落入管中。这个空洞必须在静压井堵塞前充满泥沙，并尽量用钢板覆盖引水渠底部。考虑到钢板横槽内可能的推移质增长堆积会影响平行槽内的压力监测，在6mm厚的格栅金属板内钻一排3mm的孔是可取的做法。尽管要求格栅和空洞需要定期清理，实验室表明无压力监测异常现象，现场运用表明无沉淀堵塞问题。

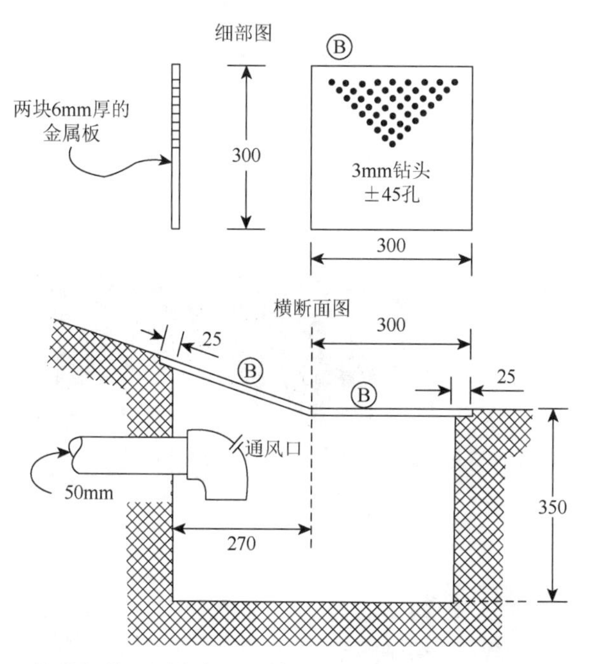

图4.14 管腔细节（图中未注明单位为mm）（Replogle et al.，1978）

4.6.2 防冻保护

在冬季，必须保护静压井免受井中滞水的冻害影响。依据现场和气候，可以采用以下一种或者多种方法。对于设置在岸中的静压井，静压井内地下水位以下部分可以放置一层保温层。然而在冬天时要注意确保浮子和平衡锤在水位测量范围内仍然能够自由移动。如果用电子发热器或灯簇加热静压井，或者将汽油加热器悬挂在水面之上，保温层就会减少热量损失。将灯光或者热能集中在水面上的反射器可以提高热量利用效率。

浮子周围涂上一层低凝固点的油，如燃油，可以作为保护措施。油层的厚度要求等于预期最大冰层厚度加上一点水位浮动。为了防止泄露和错误记录，浮子必须是不透水的。由于油的密度小于水，明渠中浮子内的油将会漂于水面之上。由于记录仪必须给出真正的水位，如果静压井相对浮子来说比较大，建议将浮子安装在内管道，并将油放入管中以避免泄露至明渠中的危险。内管道底部应该是开放的，以便水自由出入。

4.7 百叶箱

记录仪的防护罩的类型很广，大到可以容许观测者进入、用于大型河流永久测站上的防护罩（图4.15），小到只能够覆盖记录仪且与仪器封盖同方向铰接提升的防护罩。后者的主要缺点是在恶劣天气时不能帮助记录者，并且防护罩不能为图表和其他物资的存储提供足够的空间。对典型的水槽和堰，百叶箱应满足以下标准：

（1）百叶箱的门应该铰接在顶部以便打开时为观测者提供庇护。

（2）应该将一端有凹口的铁条绑于门的任一边，并在门洞的每个侧边全部打上空气钉，这样使得打开的门处于适当的位置，甚至可以抵抗狂风。

（3）为了避免公物破坏，所有铰链和安全扣都应该固定下来，这样可以保证在门锁上时它们不被移走。

（4）地板应该结实可靠，采用弯曲变形小的硬木材。

（5）百叶箱地板应该固定在井壁上，如将它的四角通过焊接在浮井上部的小三角铁用螺栓连接起来。

图 4.15　拥有大型百叶箱的三角形长喉槽（美国佛罗里达州）

满足了这些标准的百叶箱如图 4.16 所示。另一种静压井[①]和百叶箱的设计如图 4.17 所示。为了减少水汽冷凝，可以在金属百叶箱内部和记录仪外壳上黏结或喷洒一层 3mm（约 0.01ft）厚的橡胶皮，并在橡胶皮上刷一层保护膜或防潮层。硅胶可以用作干燥剂，但是应该定期移除硅胶中的水分，方法是将其放在大约 150℃（302°F）的火炉上烘烤。

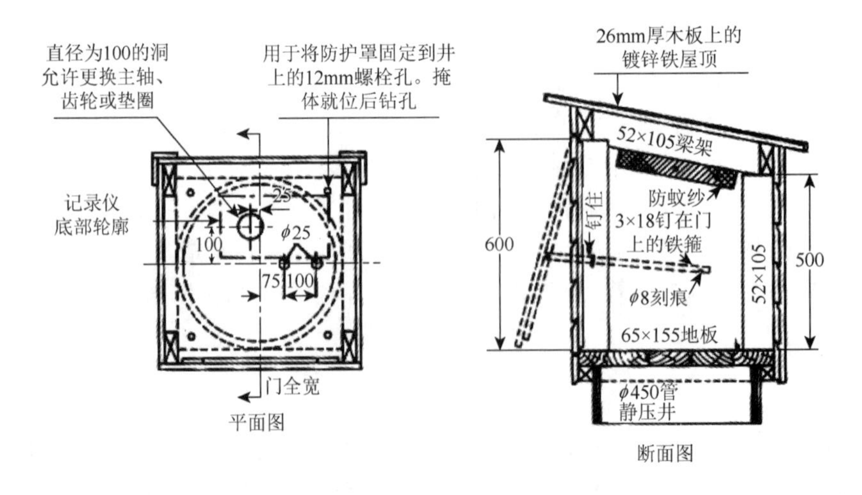

① 译者注：原文引用该图，静压井在立柱的底部，与渠道联通。

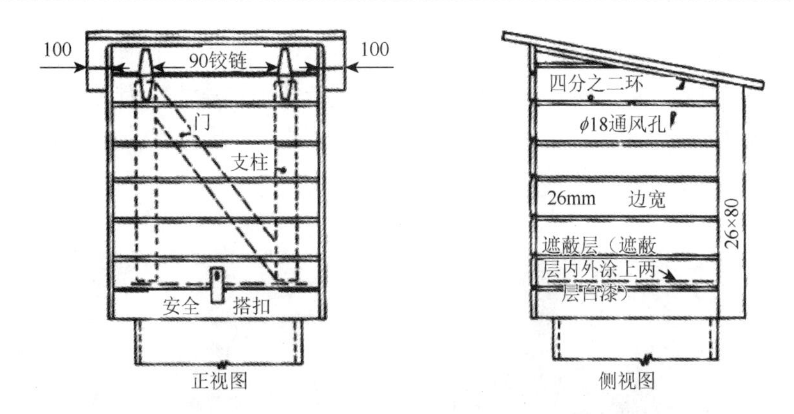

图 4.16 百叶箱安装示例（图中未注明单位为 mm）（Brakensiek et al.，1979）

图 4.17 安装在备用百叶箱中的自动记录仪

4.8 活动堰的水头测量

为了控制堰上流量，会用到可以上下移动的活动堰。因此，水头测站处壁挂式的人工水位计不能提供活动堰上游堰上水头的值 h_1，除非知道各个堰顶高程，才可以从水位尺读数中通过减法得到这个值。市售水头差记录仪可以自动完成这一减法运算。然而通常情况下，不需要每个建筑物都装有记录仪。可以用下面的方法直接读出堰上水位、h_1 或者水流流量，强烈建议以此替代水头差记录仪。直接读取水位尺读数有助于堰的操作。

4.8.1 水位计和标尺

图 4.18 显示了一个流量记录系统，它在使用上十分稳定并难以改变。这个系统包括

两个标尺和一个人工水位尺。第一个标尺以长度为单位，成为堰上框架的固定引导。第二个标尺以流量为单位，利用钢支座固定在堰的起重带条和吊梁上。因此，第一个标尺位置固定而第二个标尺随着堰顶上下移动。长度标尺上的编号方式与安装在堰前引水渠的人工水位尺相同。

图 4.18　可移动宽顶堰的流量记录系统

流量标尺和长度标尺通过如下方式固定彼此的位置：如果量水堰恰好放在引水渠水位面，长度标尺相对于流量标尺零点的读数与上游人工水位尺读数相同。如果堰顶放低，堰上水流利用与人工水位尺读数一致的点进行测读。

测定堰上流量的过程如下：

（1）读取并记录引水渠段水位尺读数。

（2）确定长度标尺上的对应点。

（3）读取流量标尺上相对于长度标尺的流量。

4.8.2　自动记录仪

图 4.19 显示了驱动式自动记录仪的原理。这个系统是这样设计的：降低浮子或者提升吊梁（与堰顶相连），悬挂的轮盘 c 将会被拉下一半的距离。这样轮盘 a 圆周上的一点也会相对于记录仪转轮移动同样的一半距离。根据转轮间一半运动的调整（如利用不同直径的滑轮），静压井水位和堰上水位的水头差 h_1 可以被直接记录下来。记录仪的零点调整可以通过调整转环或固定螺丝来实现，它们将堰固定在延长的吊梁上。

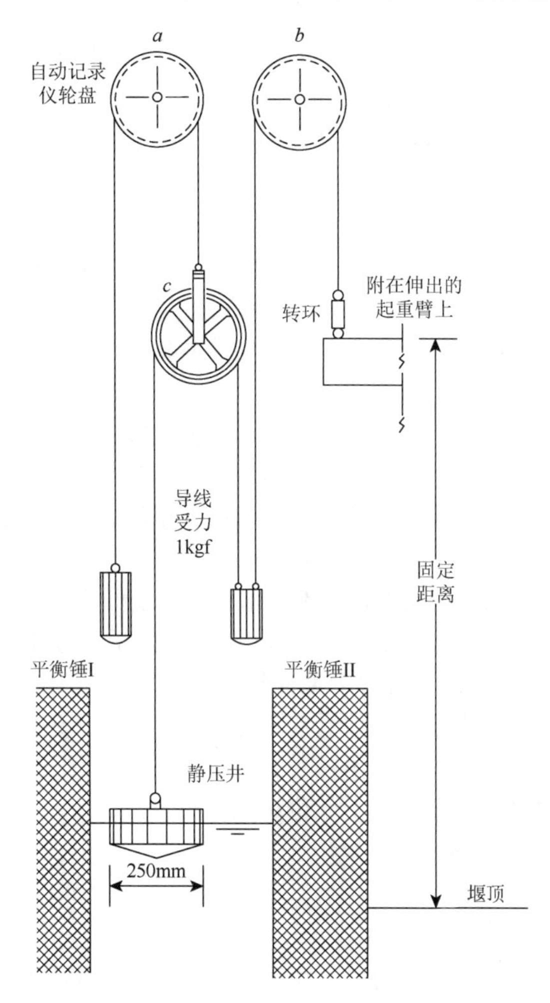

图 4.19 驱动式自动记录仪的原理图

1kgf = 9.8N

4.9 水尺定位与零点设置

上游堰上水头 h_1 的精确测定是保证流量测量精确的最重要因素。必须知道测点相对于堰顶或者长喉槽控制段底板顶部高程的观测水位，这个水位可以用水位尺或者记录仪来测量（图 4.1）。影响堰顶高程确定方法精度的因素包括建筑物所在位置的渠道尺寸、率定过程中的渠道流速和可利用的设备。

有好几种设置水位记录仪零点的方法，其中有三个方法特别适用，包括在渠道无水、上游蓄水超过长喉槽堰顶或者水流流过渠道时安置记录仪。对于所有的方法，决定上游水深的参考点应该位于沿着长喉槽中心线距离下游端控制段长度 1/3 处（图 4.1），这将有助于校正长喉槽控制段处水位测量的错误。如果长喉槽控制段顶面绝对水平，长喉槽控制段顶部的任意点都可用。长喉槽控制段顶部的水平度应该在零点设置过程中进行校核。

下面的零点设置方法均假定控制段堰顶高程在设置过程中可以测定。但对于尺寸较大的构筑物来说，宜在这些构筑物堰顶控制断面处增加一个稳固的基准点（嵌入混凝土中的青铜帽），这个基准点相对于参照基准点的高程已知。在无水渠道中可直接利用基准点进行测量。参考无水渠道设置方法，静压井上的管道可以被暂时堵塞。

1. 利用水池安装记录仪

对于安装过程中不排水的小型渠道，可以用一个小水池来设置记录仪。静压井中的记录仪零点水位设置过程如下。

（1）在静压井管子上游设置一个临时土坝或者不漏水的节制闸，控制段下游再设置一个坝或闸门。

（2）将前面坝或闸形成的水池内的水位抬高，至少比堰顶高出 0.05m，但最好是渠道内最常见的水位（或设计水位）。

（3）将水位记录仪放在百叶箱内的底板上或者百叶箱上，并在适当位置安装记录仪等相关设备以便记录。

（4）观察记录仪大约 5min，确保设置不漏水。如果这期间水位下降，找出漏洞并修复。

（5）在水池内基准参考位置处放置测深尺或者水位尺，并读出堰顶或坎上的水头，精确到±1mm（约±0.003ft）。为了校对，重复此步骤。

（6）用下面的方法调整浮子卷尺或卷尺指标指针：堰上水位从指针背面读出（注意，有些记录仪不需要这个设置）。

（7）调整记录仪，使其显示与堰上水位相同的读数。

（8）在不同水位下重复该过程。

2. 无水渠道内设置记录仪

当设置两个临时土坝不太现实时，所用到的设备如图 4.20 所示，过程如下。

（1）将水位记录仪放置于百叶箱底板，并安装所有附加设备以便记录。

（2）在堰或槽中心线上的控制段面采用一个临时稳固的支撑，安装针式水位计（位于堰顶以上）。用橡胶塞堵住静压井管道，在橡胶塞内设置一小段导管，用一个透明软管将导管和小漏斗状或杯子状东西连接。

（3）利用针式水位计，读取控制段堰顶或者水槽底部点的水位值，精确到±1mm（约±0.003ft）或者更高。

（4）将针式水位计抬高至堰顶足够放置漏斗的位置。漏斗的支撑可以放在结构上或附着于针式水位计支撑上（图 4.20）。

（5）向静压井中加水，使水位升高至漏斗边缘以下 0.01m（约 0.03ft）。检查一下，确保透明软管内部没有空气泡、塞子，或者导管处没有漏水。

（6）放低针式水位计并读取漏斗内水面的水位，立即读出记录仪上的水位值。重复此步骤以便校对。

（7）计算针式水位计的不同读数，以确定堰上水头。

（8）设置记录仪，从两次不同针式水位计读数的差值读取堰上水头。

（9）在不同水位下校核（1）～（4）步，减少估算误差或系统误差。

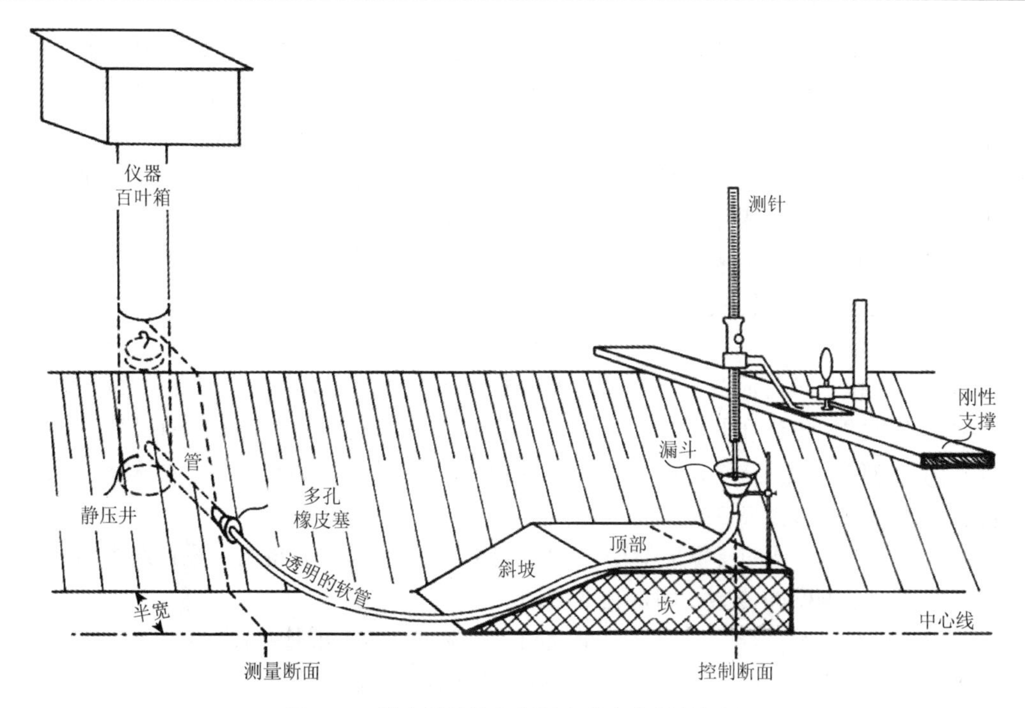

图 4.20 无水渠道量水堰零点率定装置剖视图

3. 动水中设置记录仪

这个方法与针式水位计设置方法只是略有不同，并且可以与其他方法一样快速可靠。所需设备见图 4.21，包括：①一根长的可以到达渠水深处的传感软管，有一个把手可以将其放置于水中并可来回移动它；②一个代替静压井的杯子；③连接传感软管和杯子的真空管；④跨越渠道的支撑梁，用于安装杯子和针式水位计。这个方法适合于很多便携式或临时结构，尤其是那些没有侧墙收缩行近段的结构。

图 4.21 动水渠道和临时量水堰内率定记录仪所需装置图

软管直径可以用任意实用的大小。过去一直在使用 12mm（约 0.5in）和 19mm（约 0.75in）的标准管及相关部分。传感管上游末端可以用橡皮塞堵上，橡皮塞头部削圆头，或用点焊将其焊接并在焊接处形成一个圆头。传感孔的位置也并非绝对（有代表性的是距离管子圆头端 15～20 个直径），因为管子可以位于渠道底部或者水面以下任何位置，与主流平行并固定，以便传感孔靠近结构上游一定的距离。传感杯（图 3.21）可以用管子的一部分或者较大塑料管子的末端做成。针式水位计可以在市场上买到。高端机械工厂可以制造这种数量较少的精密针式水位计。

操作程序如下：

（1）将水位记录仪放置在百叶箱底板上或百叶箱上，并安装就位所有相关仪器。

（2）将针式水位计和漏斗或者平底的杯子系在刚性支撑上，这个支撑可以跨越水流。在打孔的传感管子上系一个透明的软管。孔眼距离传感管子的圆头和关闭端大约 0.3m（这类传感管的细节可参见图 3.19）。

（3）将针式水位计的支撑横穿渠道，将传感管放入水流中，将圆头径直地指向水流的方向，并将管子侧壁的传感孔固定在观测站。

（4）利用针式水位计，读取相对于控制段中堰顶或者长喉槽控制段底板的顶部位置，精确到±1mm（约±0.003ft）或者更高。不要依赖针式水位计支撑，其挠曲变形会改变针式水位计读数。

（5）提升针式水位计到足够高，使漏斗或杯子可以放置在点测量计之下（注意，读数期间千万不要移动针式水位计）。

（6）降低杯子使其在水位以下，清理透明管子内的所有空气并将管子与杯子连接。提升杯子以便杯子底部没入水下几个厘米，并保证杯子在动水水位之上。

（7）降低针式水位计测针并读取杯中的水位值。重复此步骤以便校核。大约会花掉几分钟时间，杯子内的水位才会稳定。计算水位计读数间的差（水位减去堰顶高程）来确定记录仪上应该设定的上游堰上水头。

（8）率定记录仪上读取的水头。实用起见，可以通过改变流量后重复操作来校核率定。

4. 人工水位尺的安装布置

对于无衬砌的渠道，立式支座最适合人工水位尺。一个符合要求的永久支撑可以采用截面尺寸为 180mm（约 0.6ft）的槽钢来制造，槽钢嵌入混凝土块 0.50m（约 1.64ft）并伸至最大需求高度。混凝土块应该远远超过最大冻深并应至少低于天然河流的最低河床高程 0.60m（约 2ft）。混凝土块顶部应该低于最低测量水头 0.10m（约 0.33ft）。一块耐久的木质支撑，尺寸大约为 0.02m×0.15m（约 1in×6in），与混凝土块上的槽钢用螺栓连接，而上釉的测量尺用不锈钢螺钉钉在此支撑上。

对于衬砌渠道，人工水位尺可以安装在渠道侧壁上。在灌溉渠道侧壁上安装人工水位尺与放置垂直水位尺或记录仪会稍有不同。通常渠道边坡总是有偏差，因为整个渠道在建设过程中多少有点倾斜或侧壁移动。如果发生了这一状况，还要安装一个标有刻度的、以流量单位直接读数的水尺，由于渠道真实边坡和计量器建设过程中假定的边坡存在差异，就会产生系统误差。为了消除或降低这种系统误差，水尺应该相对于堰顶安装，以便在最常见的流量范围内有最大的精度。然后，最大误差就会出现在不常用的水尺读数处。

计量器可以安装在渠道侧墙，采用金属丝或膨胀管或者其他合适的混凝土螺栓铆接系统。混凝土钻孔内的木塞一般不耐用，应避免使用。计量器内的长槽孔可以调整计量器，使之到达最终合适的高程，或者用它使现场钻探与锚栓的位置高度匹配，锚栓位置通常都会与设定的位置稍有偏移。通常在固定之后需校核计量器确保其不打滑。另一个计量基准点（如零点）也应该进行率定。这将给出安装计量器时的任何算术误差，并将指出边坡误差是小还是大。对于灌溉渠道内的量水槽，超过 1cm 的零点读数误差将会引起关注并需要仔细校对。如果边坡年代久远，就需要分别测量并新建一个计量器。

计量器的正确定位和安装步骤如图 4.22 所示。

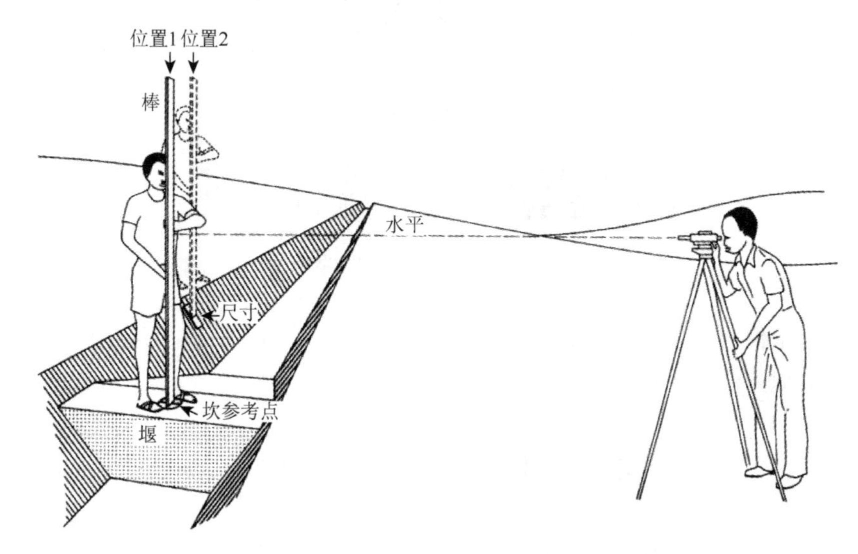

图 4.22 在衬砌渠道边坡上安装计量器的步骤示意图

（1）利用图 4.1 确定计量器的位置，并在渠道边坡上标记此位置。

（2）利用水准仪测量是否水平，在基准堰顶上后视参照基准点（图 4.22 内的位置 1），从而获取堰顶高程。所有测量读数精确到±1mm（约±0.0033ft）或者更高精度。

（3）找出要测量的最常见流量 Q，并从正常速率表中读出相关的 h_1 值。

（4）在位置 1 从后视获得的数据中减去 h_1 值所得到的读数将是测杆位于 h_1 或流量为 Q 值时应该从测杆上读出的值。

（5）将计量器放在边坡上大致正确的位置（图 4.22 中的位置 2）。在最常见流量的标志处放置测杆。上下移动测杆使其达到适当的位置，这个位置是上面计算出的测杆读数（图 4.23）。

（6）在渠道侧壁上标出计量器槽孔、顶部和底部的位置。钻孔、锚栓、计量器将暂时固定在渠道侧壁。

（7）在最常见的流量下校核计量器上的测杆读数并调整计量器到正确位置（也就是重复前面的步骤），最后固定好。

图 4.23　在倾斜计量器上安装测杆

垂直人工水位尺的安装步骤和上面的程序相同。如果测量装置无法使用，其他用于零点记录仪的类似方法都可以采用。

4.10　便携式结构的操作

在动水中安装便携式或临时结构，产生的水头损失将引起装置上游显著的回水影响。上游回水影响的范围主要由结构产生的水头损失和渠道的水力梯度决定。正如大拇指理论所述，这个距离大约等于通过水槽的水头损失除以渠道底坡，即$\Delta h/S_b$。在无梯度的渠道内，针对临界水流使用小水头损失的结构是重要的，有以下原因：

（1）上游水位太高会影响通过上游控制建筑物的水流。

（2）渠道堤岸的渗流会增加，因而减少了测量点的流量，因为它抬高了上游水深，尤其是在土质渠道情况下。

（3）回水影响导致了结构安装和稳定流恢复的延迟。将回水影响降至最低，使延迟最小化。

正如 1.3 节所述，长喉槽内自由出流所需的水头损失与其他结构相比是最小的。附录 3 中的流速表给出了几种不同结构的水头损失的最小限度。

图 4.24 显示在水流中安装便携式量水堰，当原水面线和回水曲线间的楔形体积被填满时，站点下游流量将减小。尤其是在小流量无坡度渠道中，几个水头读数应该用来确认水流是否稳定。在水流恢复稳定期间，需进行检查以确保水流没有从结构下面穿过或渗入四周。如果土渠存在渗漏，应该在结构周围培黏土或者重新安装截水墙，从而使渗漏最小

化。对于衬砌渠道，重置结构（如果必要的话首先移除），或者在结构和渠道衬砌间增加土工膜。

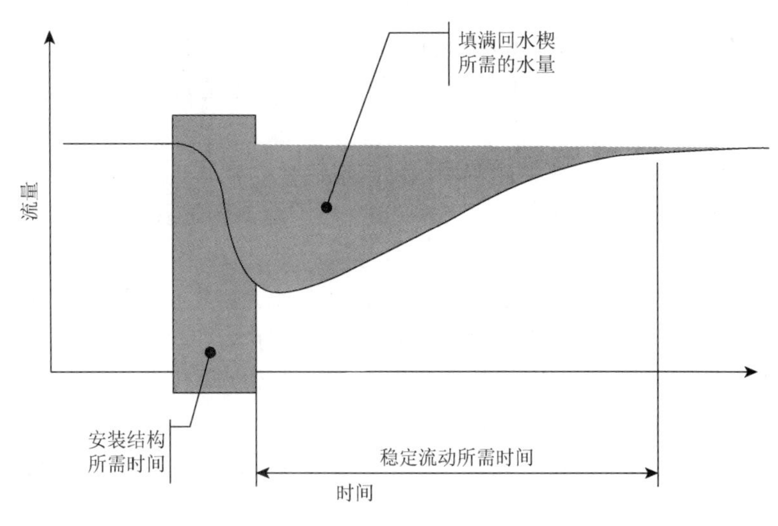

图 4.24 安装便携式量水堰时测点下游流量变化图

对于便携式和临时结构有两种水头测量方法：带可移动静压井的测深尺和静压井附属结构物（图 3.22 和图 3.44）；或者一个宽松的针式水位计和水头传感管（图 3.15 和图 4.21）。

4.10.1 附加静压井

小量程便携式量水槽，如 3.3.3 小节描述的便携式 RBC 量水槽，在可移动的静压井内测量水头 h_1 是可行的。静压井安装在离控制段很近的地方，这样可以使得轻微不水平对井内水头的影响最小化。水槽的横向坡度通过保持仪器上游边缘与上游水面水平来完成。对于循环便携式水槽，横向水准更加困难，因为没有一个笔直的顶部边缘与上游水位进行比较，因此可移动静压井的居中放置显得更加重要。纵向坡度的水准测量可以用木工水平尺来完成。经验丰富的使用者可以迅速判断合适的水准，并不需要木工水平尺。如果便携式水槽用于季节性或者半永久式水流测量，建议在水槽测点处使用静压井进行代替（图 3.42），从而避免忽略漂浮物聚集处的管子。静压井内使用的测深尺或针式水位计已在 4.3 节和 4.6 节进行了讨论。

4.10.2 自由水位传感管

对于较大量程的水槽，把固定观测站、上游行近渠道、收缩段和控制段结合在一个装置内，将会产生一个长的刚度强的结构。为了使结构更加简单便携，将水位传感装置与结构分开，或者制成可伸缩的如图 3.17～图 3.20 所示的量水槽。临时结构可以在测流期间保持在渠道内，而水位传感装置依然便携。装置包括一个水位传感管、静压井杯子和针式水位计，如 4.9 节渠道部分水流中记录仪的零点设定。静压井杯子的位置可以移动，可位于控制段上方，使得测量对于临时堰的水准测量不敏感。通过测量技术可以减少对水平调整的需要。因此，仔细的水准测量不是必需的，只要粗略调整以便眼睛观测。

通过下面的步骤，通常可在 10min 之内做出精确的流量测量：

（1）利用图 4.1 确定观测站的位置并标出这一部分在渠道边坡上的位置。在渠道内此处放置传感管。

（2）在可以跨越水流的刚性支撑上连接针式水位计和平底杯子。将透明软管系于钻孔传感管上。钻孔距传感管圆端或鼻端大约 0.3m（有关这类传感管的更多细节请参见 4.9.1 小节和图 3.19）。

（3）横穿渠道放置一个刚性支撑，附于针式水位计上。将传感管放于流动的水流中，鼻端与流动方向相同，并定位测站传感管侧壁上的传感孔。

（4）利用针式水位计，读取以控制段堰顶或长喉槽控制段底板顶面为基准的读数，精确到±1mm（约±0.003ft）或者更高。

（5）抬高针式水位计到达足够高，以便杯子可以放置在点测量计下面（注意，读数时千万不要移动点测量计）。

（6）放低杯子使之低于水位。将透明软管内的空气全部赶净（图 3.17）并系在杯子上。抬高杯子使其底部浸没水中几厘米，顶部高于水流水位。

（7）降低针式水位计并读出杯内水位。重复此步骤以校核。让杯中的水位恢复稳定大约会花去几分钟时间。计算出针式水位计读数间的差异来确定上游堰上水头并从流速表里读出流速。

正如提到的，这种自由水位传感管可以用来精确测量流速（$X_Q=\pm 3\%$），是因为其精确度在很大程度上受到水位计测出的上游堰上水头误差的影响（参见 2.8 节）。

第5章　量水堰槽设计

5.1　简　　介

本节介绍与量水堰槽设计相关的内容，包括量水堰槽的设计标准、设计条件、设计目标。对于一些常见的设计情况，本节给出了设计准则，并结合实例给出了设计步骤。

在合理的前提下，本节所介绍的方法可用于设计任意断面形状和尺寸的渠道上的量水建筑物或流量控制建筑物。建筑物上游渠道与下游尾水渠道的断面不需要相同。大部分的天然或人工渠道断面都可以用以下几种形状或其组合表示：

（1）简单梯形断面；

（2）矩形断面；

（3）V形断面；

（4）圆形断面；

（5）U形断面；

（6）抛物线形或者组合梯形断面。

渠道的尺寸应该从相应的设计图纸或者现场测量获得，在堰槽的控制段需要采用特定的断面形式以形成收缩的水流条件并便于施工。一些可供采用的断面形式见图5.1。

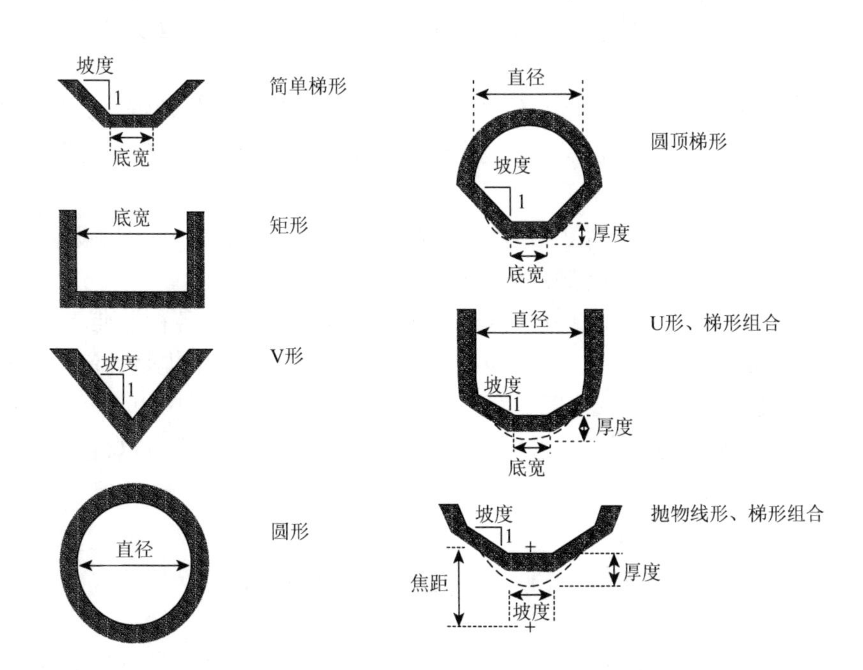

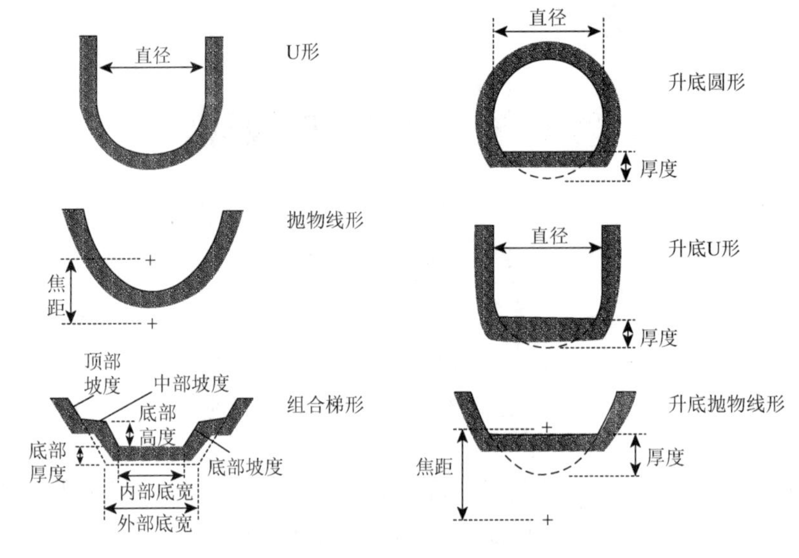

图 5.1　上游渠道、尾水渠和控制段可供选择的断面形状

5.2　设计标准

长喉槽与宽顶堰的设计应基于以下标准：

（1）堰槽内的流态必须是临界流，这样堰上水头与流量的关系唯一，不受尾水水位的影响。这一临界流态在量水堰槽中也称为非淹没流（也就是说，这种条件下的堰槽结构是非淹没的）。为了获得这种稳定的临界流态，需要对喉道断面进行认真的设计，包括足够的底坎高度及合理的控制段长度与宽度。

（2）堰槽形成的上游水位壅高应尽可能小，并不得造成上游渠道漫顶等破坏或者影响上游渠道的运行。

（3）设计的堰槽应该保证上游水位易于稳定，以便于读取水位数据，从而可以保证获得可靠的水位流量关系。这就要求上游渠道的弗劳德数足够小，并确保在上游渠道中不发生立波或者波动水面。

（4）堰槽的设计还应满足精度要求，因此要选择合适的上游水头测量设施，以保证在目标测流范围内的测流精度都能满足设计要求。

本节所介绍的设计方法旨在保证所设计的量水堰槽符合以上各种标准。

堰槽设计的第一步就是确定其工作条件，而工作条件确定的前提是确定当前渠道的工作条件。此处假设设计者已经依照第 2 章中所述的标准选定了渠道中用于修建量水堰槽的位置。如果发现所选的位置不符合水力学要求，需要重新选定位置。因此，堰槽的设计将会是一个反复修改的交互过程。

5.3　目标渠道要素的定义

本书鼓励在新建渠道上修建量水堰槽，同时作者也意识到大部分的量水堰槽是通过在已有渠道上进行改造修建而成的，下面介绍的设计过程将同时适用于以上两种情形。本节采用的“目标渠道”这一词同时适用于新建渠道与已有渠道。当渠道的断面、高程、位置等数据确定以后，从量水堰槽的设计角度出发，其就是已经建成的“目标渠道”了。

5.3.1　测流范围

在第 2.4 节中已经讨论过，设计者必须首先考虑测流范围的问题，这意味着主要流量测量范围均要求保持一定的测流精度。有时会发生小于测流下限的小流量情况，则不需要精确测流，如渠道在冬季无输水要求的情况。有些渠道在洪水来临时也无须精确测流，该工况不会影响堰槽的设计，仅仅需要考虑过洪能力要求。因此，只要其具有足够的过洪能力，一个量水堰槽可以被超过其测流范围的洪水所淹没。此处需要指出的是，当一个量水堰槽处于淹没状态时，由于在堰槽中并未发生临界流，第 6 章所述的计算方法及第 8 章软件的计算结果将不再准确。在淹没状态下，同一流量对应的上游水深将比计算值大。测流范围对量水堰槽的设计影响较大，因为在测流范围内的所有因素都需要在设计中进行考虑，如下游的淹没度、测流精度、弗劳德数、净高及堰槽的尺寸。

5.3.2　确定目标渠道的水位流量关系

渠道中任意一点的水位都受渠道的糙率、断面形状、流速及下游回水条件的影响。在不受回水影响的情况下，一定流量下的渠道沿程水深不变，这一水深通常称为明渠均匀流水深。在这种均匀流条件下，流量和水深的关系满足曼宁公式：

$$Q=\frac{C_{\mathrm{u}}}{n}AR^{2/3}S_{\mathrm{f}}^{1/2} \tag{5.1}$$

式中：C_{u} 为单位系数（当采用 $\mathrm{m^3/s}$ 为流量单位，m 为距离单位时，为 1；当采用 $\mathrm{ft^3/s}$ 为流量单位，ft 为距离单位时，为 1.486）；A 为断面面积；R 为水力半径（面积除以湿周）；S_{f} 为水力坡度（在均匀流条件下等于渠道底坡）；n 为糙率系数。常见渠道衬砌材料的糙率系数见表 5.1。如果水头流量关系满足式（5.1），则可以用这一方程计算目标堰槽下游的水流条件，为堰槽设计提供辅助数据。

[*]表 5.1　各种渠道下的糙率系数 *n* 值

类型	渠道类型及描述	保守估计的 *n* 值
混凝土衬砌	完成抛光	0.018
	完成抛光，渠底有碎石	0.020
	压力喷浆	0.025
	有藻类生长	0.030

* 第 2 章已介绍过，为便于本章学习，表再次放在章节中。

续表

类型	渠道类型及描述	保守估计的 n 值
砌体结构	浆砌石	0.030
	干砌块石	0.035
土渠	渠道顺直且规整，杂草少	0.035
	渠道蜿蜒，渠底有砂砾石，边壁比较干净	0.050
	渠道不规整，有浅滩植被	0.060
	渠道没有很好维护，杂草和灌木未经修剪	0.150

当渠道条件适用于曼宁公式时，渠道中水位流量关系较为简单，并且零流量对应的水位也为零。但当渠道断面形状不规则时，式（5.1）难以应用；或者如果该处受回水的影响，式（5.1）也将不适用，因为此时水流流态已经不再是均匀流。以上两种情况下的水位流量关系也可以比较容易地通过现场率定参数的方法由以下的指数方程表示：

$$Q = K_1 y_2^u \tag{5.2}$$

式中：y_2 为堰槽下游水位；K_1 为常数系数，其数值取决于渠道的尺寸；u 为指数，取决于渠道的断面形状，对均匀流时的宽浅渠道，u 值为 1.6，而对于窄深渠道，u 值可能高达 2.4。K_1 和 u 的值可以由两个已知的水位流量值通过曲线拟合得到。水位流量值可以通过现场测量或者数值分析得到，如回水水面线计算（详情请参考水力学书籍或者非均匀流计算软件说明）。

当目标断面受下游回水影响较大时，式（5.2）也将不适用。例如，当回水是由下游的堰引起时，水位流量曲线将不再通过坐标轴原点，此时应对式（5.2）进行修正，实践证明式（5.3）可用于此种情况下的堰槽设计：

$$Q = K_1 (y_2 - K_2)^u \tag{5.3}$$

式中：K_2 为考虑零流量情况下水位非零引入的参数。

对于堰槽设计而言，本书关注的是拟建堰槽建设点下游渠道在最大及最小流量下的水位。在大多数情况下，如果流态在这两种极端条件（最大、最小流量）下都是自流出流，中间任意流量对应的也是自流出流。然而，实际操作中不容易测量到两种极端条件下的尾水位，取而代之的是测量中间某个流量下的尾水位。可以采用不同的方法由实测或估算的水位流量数据来推断某一流量对应的尾水深度（图 5.2）。根据已知数据内容的不同，可以有以下几种方法。

（1）曼宁公式法：采用曼宁公式计算水位和流量关系，此时已知渠道糙率和阻力坡度（通常为渠道纵坡）。

（2）一组实测数据曼宁公式拟合法：通过一组测量得到的水位流量数据采用曼宁公式推断渠道水位流量关系，此时假设糙率和阻力坡度未知且均为常数。

（3）两组数据指数函数拟合法：采用指数函数 $Q = K_1 y_2^u$，并通过两组实测数据通过曲线拟合得到 K_1 和 u 的值，从而确定水位流量关系。

（4）三组数据指数函数拟合法：采用指数函数 $Q=K_1(y_2-K_2)^u$，并通过三组实测数据通过曲线拟合得到 K_1、K_2 和 u，从而确定水位流量关系。

（5）表格法：通过流量 Q 与尾水水深 y_2 测定的表格进行插值及推算。

最后一种方法可以在其他方法无法建模的情况下推断尾水条件。

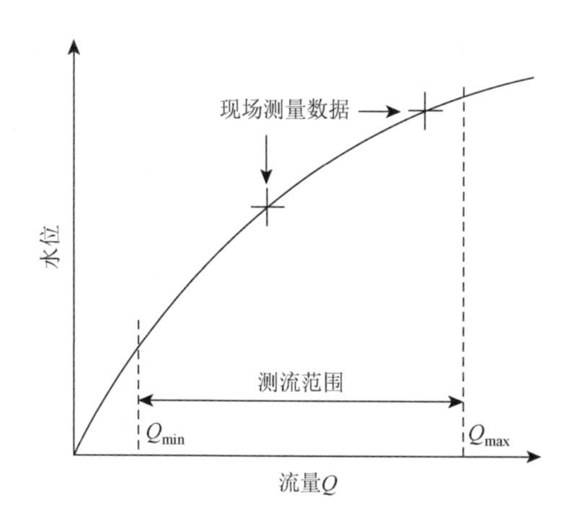

图 5.2　利用水位流量测量数据进行曲线拟合的方法示意图

1. 曼宁公式法

当渠道中水流为均匀流时，最大、最小流量对应的尾水水深可以通过将连续性方程和曼宁公式［式（5.1）］联立求解得到。均匀流条件下，渠道阻力坡度与渠道纵坡相等。为了满足下游渠道均匀流的要求，渠道必须有一定的长度并保持横断面、纵坡和糙率不变，此时渠道中堰槽建设点的水位仅仅受下游渠道的沿程阻力所控制（也就是说，没有回水的影响）。

由给定流量 Q 推求尾水水深 y_2 是一个迭代过程，因为 y_2 也包含在 $AR^{2/3}$ 中。如果堰槽是在新建渠道上进行设计，目标渠道的形状、尺寸及底坡数据应当从设计图纸中获取。然而，糙率 n 的取值则需考虑最差的运行维护条件及季节情况，因此选取的糙率值一般会比渠道的设计糙率大。表 5.1 所给出的糙率值可用于设计初期时的估算。

2. 一组实测数据曼宁公式拟合法

当渠道糙率和阻力坡度未知时，仍可以利用一组实测水位流量数据对曼宁公式进行拟合，假设糙率 n 为常数以得到渠道中的水位流量关系。式（5.1）可以变化为

$$\frac{C_u S_f^{1/2}}{n}=\frac{Q}{AR^{2/3}} \tag{5.4}$$

式中：$C_u S_f^{1/2}$ 为常数。式（5.4）可以通过以下形式应用于其他流量工况：

$$\frac{Q_1}{(AR^{2/3})_1}=\frac{Q_2}{(AR^{2/3})_2} \tag{5.5}$$

当有一组水位流量数据已知［式（5.5）左边已知］时，式（5.5）可以对任意水位求解流量 Q。而参数 S_f 与 n 的值并不需要各自求解。

3. 两组数据指数函数拟合法

无论下游渠道是否为均匀流水深，两组数据指数函数拟合法均适用。此时需要指出的是这一方程（$Q=K_1y_2^u$）隐含了一个条件：零流量对应的尾水位为零。这一方法的基本步骤是首先测量或估算渠道中两种流量下对应的水位，然后代入式（5.2）进行求解。两组数据代入式（5.2）得到两个方程及两组未知数（K_1 和 u）。两组数据可以通过现场测量的方法、回水水面线的数值计算的方法或者在渠道的设计报告中查找数值的方法得到。而式（5.2）将用来计算在最小流量 Q_{min} 和最大流量 Q_{max} 下的尾水水位。为了得到在 Q_{min} 和 Q_{max} 下准确的水位估算值，两组流量数据的选取应当在实际条件允许的情况下尽量接近 Q_{min} 和 Q_{max}。

4. 三组数据指数函数拟合法

这一方法类似于两组数据指数函数拟合法，区别在于其并不需要“零流量对应的尾水水位为零”这一条件。其通常适用于下游水位受堰或者溢流式闸门控制的情况，此时零流量下尾水水位非零。这种方法需要三组水位流量数据，且其中一组必须是零流量下的尾水水位。这些数据用来确定式（5.3）中的三个参数：K_1、u 和 K_2。同样地，为了得到在 Q_{min} 和 Q_{max} 下准确的水位估算值，其中的两组水位流量数据的选取应当在实际条件允许的情况下尽量接近 Q_{min} 和 Q_{max}。如果采用的是现场测量数据，测量时段应该选择在一年中下游渠道糙率最大的季节。

5. 表格法

最后一种确定尾水水位的方法是表格法。WinFlume 软件可以接受 20 组实测水位流量数据。在最大流量和最小流量范围内，某一流量对应的水位采用线性插值的方法得到，在测流范围之外的数据则需要通过推算法得到。这一方法在以上各种方法都不适用时才予以采用。

例 5.1　已知一渠道底宽为 $b=0.30$m，边坡坡度为 1∶1，渠道深为 0.55m，底坡 $S_b=0.00050$m/m，渠道糙率 $n=0.015$，测流范围为 $Q_{min}=0.05\text{m}^3/\text{s}$ 和 $Q_{max}=0.15\text{m}^3/\text{s}$。假设渠道水流为均匀流（目标点以下无回水，$S_f=S_b$），其水深为多少？

解　此处可以用式（5.1）来计算均匀流水深，得到 Q_{min} 对应的水深 $y_2=0.240$m，Q_{max} 对应的水深 $y_2=0.412$m。需要指出此处需要进行试算，因为水深对于水位流量关系为一隐式方程，无法直接求解。第 8 章中介绍的 WinFlume 软件可以自动进行此类求解。利用曼宁公式求解可以得到如表 5.2 所示的结果。

表 5.2　曼宁公式计算表

流量 Q/(m^3/s)	水深 y_2/m	过流面积 A/m^2	水力半径 R/m
0.05	0.240	0.130	0.132
0.07	0.284	0.166	0.150
0.10	0.339	0.217	0.172
0.12	0.371	0.249	0.184
0.15	0.412	0.293	0.200

采用一组 Q 和 y_2 值进行推算。

现在假设仅能通过观测得到一组水位流量数据：$Q = 0.10\text{m}^3/\text{s}$ 时，$y_2 = 0.339\text{m}$。此时，如果计算式（5.4）左右两边的值，可以得

$$\frac{Q}{AR^{2/3}} = 1.490$$

对应

$$\frac{C_{\text{u}}S_{\text{f}}^{1/2}}{n} = 1.491$$

两式的差异在于舍入误差。将最小及最大流量代入以上两式，可以得到对应的水深分别为 0.239m 和 0.412m。

利用两组 Q 和 y_2 值采用两组数据指数函数拟合法进行推算。

现假设已知的两组水位流量数据为 $Q = 0.07\text{m}^3/\text{s}$ 时 $y_2 = 0.284\text{m}$，$Q = 0.12\text{m}^3/\text{s}$ 时 $y_2 = 0.371\text{m}$，将数据代入式（5.2）得

$$0.07 = K_1(0.284)^u$$

$$0.12 = K_1(0.371)^u$$

将两组方程联立求解，得到 $u = 2.017$，$K_1 = 0.887$。此时可以将最小及最大流量 $Q_{\min}$ 和 $Q_{\max}$ 代入方程，得到对应的水深分别为 0.240m 和 0.414m（注意，此处与第一种方法的结果的差异为计算过程中的舍入误差）。如果目标点受到下游回水的影响，采用这两种方法推求最大、最小流量对应的水深则会引入一定的误差，因为第一种方法假设渠道为均匀流，而第二种方法仅是水位流量关系观测值的近似。

5.3.3　现有渠道的弗劳德数

上游渠道的弗劳德数 Fr_1（惯性力和重力比值的平方根）在堰槽设计中具有重要的作用［式（2.18)］。在长喉槽的控制段，水流为临界流，其弗劳德数为 1。在控制段上游流速较低处，弗劳德数小于 1。虽然对任意弗劳德数的明渠水流进行堰槽设计在理论上都是可行的，但是明渠水流的弗劳德数较大时将会带来较大的问题。设计者甚至在标准的渠道设计中都要尽量避免弗劳德数在 0.85～1.15，以防止出现不稳定流态。在弗劳德数大于 0.5 时，由渠道过渡段引起的驻波将影响上游水位，从而带来较大误差。因此，保守起见，本书建议上游渠道的弗劳德数应不超过 0.45（虽然计算程序允许上游渠道弗劳德数达到 0.5）。

上游渠道的低弗劳德数可以在两个方面减小势流测量误差。第一，由于消除了过度震荡和驻波的影响，上游水头的测量更加精确。在进行水位测量误差估计时，一个小于等于0.2 的弗劳德数将会大大改进水头测量的不确定性。第二，在低弗劳德数的情况下，水槽对建造中的异常状况不甚敏感。出于这些考虑，弗劳德数的值取低于 0.3 是合适的。但是当泥沙的沉积是一个潜在的问题时，上游渠道就需要较大的弗劳德数来使泥沙通过量水槽。在这样的情况下，处理量水槽的思路就是在无视弗劳德数的情况下使上游流速的减少量最小。

对于给定的流量，上游水深的增加会导致弗劳德数的减少。上游渠道弗劳德数的限制会有效地影响（在一定流量下的）最小上游水深（无视槽的尺寸或形状）。如果某个水深是可行的（不会漫顶）并且留有足够的超高，量水槽就可以在不违反弗劳德数限定的情况下进行设计。否则，就不能在无视横断面或者淹没的情况下对特定渠道特定流量进行量水槽设计，此时唯一的对策就是扩大渠道的宽度和深度。

5.3.4　现有渠道超高

在最大化控制段收缩量以防止下游尾水淹没和最小化控制段收缩量以提供足够的超高（防止上游渠道漫顶）之间有一种内在的平衡，这也是整个设计过程的基础。可以用好几种方法来定义所需的超高（水深比例、水头比例、固定数值），设计者甚至可以选择在最大流量下违反超高需求进行设计。总体来说，超高已将渠道水头流量关系中的不确定性考虑了进去，同时允许可能的波浪震荡。水头流量关系的不确定性来源于沿程的流动阻力随时间的变化、泥沙的沉积和临时挡水建筑物的影响。风和扰动会使水面产生波浪，这会引起渠道的漫顶并可能导致渠堤破坏（即使正常水深是在渠道内）。正如 2.3 节讨论的那样，为了估计极端情况下的风险，必须对可能造成渠堤漫顶的流量给予特别关注。

美国农业部自然资源保护局（前美国农业部水土保持局）（SCS，1977）建议渠道超高最少是最大水深的 20%。渠道的正常水深有一定的变幅，这种变幅会在渠道糙率改变时发生。然而，当在渠道中已经建好一个量水槽时，给定流量的上游水深的不确定性会减少，因为槽的水头流量关系是明确的。因此，对于小型衬砌梯形灌溉渠道，本书建议超高至少为 $h_{1\max}$ 的 20%，也就是 $F_1 \geqslant 0.2h_{1\max}$。这会使水流在漫顶之前有大概 40%的流量裕度（不包括波浪作用）。如果将波浪作用和操作不当引起的巨大浪涌考虑进去，超高的设计也会随之修改。然而这种情况会导致测流不精确，因此要避免这种情况。

在某些情况下，设计者希望超高是一个固定值，如 0.1m（约 4in）。这样超高在槽的设计中不需要根据上游水头的改变而改变，设置一个固定的超高值允许设计者通过 $Q_{\max}$ 设计上游水深。应该认识到安全超高是根据上游水位设计的，且水流的能量水头要更高。用户设计的量水槽常常有足够的安全超高，但是能量水头有可能比渠道顶部要高。在这种情况下，水面的扰动有可能会造成漫顶，因为水深可以上升至能量水头的高度。大型渠道由漫顶所造成的后果往往很严重，所以会对安全超高进行工程论证。

在确定安全超高时只考虑了 $Q_{\max}$，而避免槽的淹没则需要同时考虑 $Q_{\min}$ 和 $Q_{\max}$。有时为了避免量水槽在小流量情况下发生淹没，就会和 $Q_{\max}$ 下满足超高的设计要求相矛盾。

在多数情况下，大流量时必须满足上游渠道安全超高的要求，同时要求量水槽在小流量下必须淹没出流。这大大地减小了量水槽的流量范围以确保渠道的安全。

5.4　量水槽设计目标和问题

正如 5.3 节讨论的那样，在设计量水槽的过程中主要是在设计足够多的控制段收缩量来避免槽被淹没和设计不太多的收缩量以满足上游渠道超高需求之间进行权衡。在水流较满的渠道中，不太可能做到在渠道中设置量水槽而在大流量时不漫顶（或者不形成淹没）。在这样的情况下，需要重新选择一个测流点位置，或者将上游渠道两岸抬高。此时常常可以选择一系列的收缩量以满足这两个条件。在这一系列收缩范围内，其他设计标准和目标可以发挥选择作用。

5.4.1　收缩段变化的方法

量水槽设计的关键问题之一就是设计合理的收缩段使控制段内的水流为临界流。对于现有的梯形衬砌灌溉渠道来说，最经济的方法就是在现有衬砌渠道中建造底部抬高的宽顶堰。然而，如果该控制段横断面不能满足一个或多个设计要求，必须选择其他断面收缩形式。其他可供选择的方式有：建造一个只有斜边墙侧收缩的收缩段（减小底部宽度）、建造边墙垂直的收缩段（使控制段为矩形）、底部和两侧同时收缩，或者根据不同流量建造多种具有复杂断面形式的控制段。

量水槽设计流程的第一步是假定初始的控制段断面形状。默认的控制段断面形状与上游渠道相同。随后设计者就要考虑如何修改控制段断面形状以满足设计要求。下面是几种改变控制段断面形状的方法，见图 5.3：

（1）抬升或降低堰坎高度；

（2）抬升或降低整个收缩段；

（3）抬升或降低内部断面（仅适用于复杂断面形状）；

（4）边侧收缩。

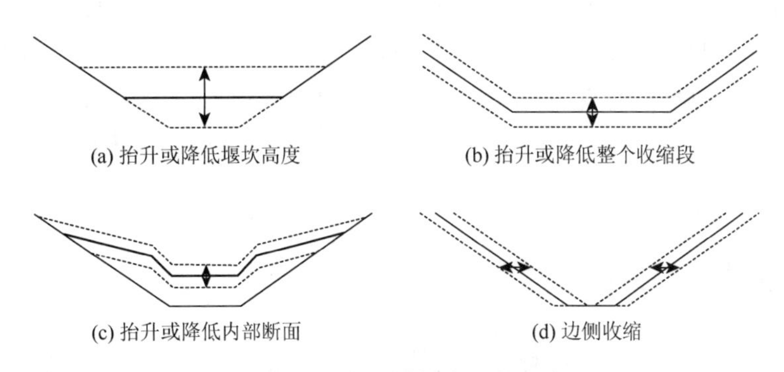

(a) 抬升或降低堰坎高度
(b) 抬升或降低整个收缩段
(c) 抬升或降低内部断面
(d) 边侧收缩

图 5.3　改变堰槽收缩量的方法

如果这些改变控制段断面形状的方法仍然不能达到理想的设计效果，设计者可以将数种方法结合起来。例如，可以将底部和两侧同时收缩，或者可以改变其他控制段断面尺寸（如边坡斜率）。在满足功能要求条件下还应满足可施工的要求。用户往往想要建造的结构都是简单、花费较低且满足设计要求的结构。因此，总的策略就是从最简单的断面形状开始，随后再逐步修改以满足设计要求。

1. 抬升或降低堰坎高度

在这样的选择下，控制段的底部垂直向上收缩，其他的部位相对于上游渠道保持原位不变。这是在衬砌渠道设计宽顶堰的一种方法。在一些情况下，断面形状实际上是以这种方式变化的。例如，一个 U 形的堰坎可以变成矩形的（底部收缩至 U 形的弧形段），或者圆梯形、圆形或抛物线形堰坎。尽管最新的量水槽设计软件可以抬升或降低堰坎高度，但是设计者在设计时还是从较低的堰坎开始，随后根据需要逐步抬升。

2. 抬升或降低整个渐变段

某些情况下，在现有渠道内部建造控制段以达到需要的收缩断面是很有必要的。一个典型的例子就是在管道中建造的小型梯形控制段（Palmer-Bowlus 槽）。在这样的收缩模式下，内部的梯形槽（上下移动的部分）保持固定，尺寸数据没有变化。设计时在外部形状保持固定（与上游渠道相同）的条件下仅对内部梯形槽进行上下移动。这种方法对在现有渠道中设计一个复杂的量水槽是很有用的（这里现有渠道成为外部形状），用户可以在圆形、U 形或者抛物线形的渠道中设计梯形控制段。这种方法能够在不干扰现有渠道断面的条件下进行有效的设计（注意到 WinFlume 程序不会将内部堰坎的高度降到 0 以下）。有时可以在现有的梯形渠道中安置一个小型的梯形控制段，这样的结构的测流范围广泛（小型梯形控制段形状提供良好的测流精度）。

3. 边侧收缩

对于梯形量水槽来说（与宽顶堰相反），两侧边坡角度固定，设计是基于改变控制段底部宽度进行的。在这样的模式下，控制段在垂直方向上不需要移动，只需要调节宽度来进行收缩。某些断面形状没有底部宽度，这时可以合理改变其他尺寸而不是仅仅改变控制段的宽度。例如，可以改变 U 形和圆形断面的直径，或者抛物线形断面的中心长度。对于建在其他断面形状渠道中的梯形控制段，外部断面形状建议和上游渠道相符（因此它常常是不可调整的），同时内部的梯形控制段底部宽度可变。对于矩形控制段来说，唯一需要改变的参数就是底宽。对于 3.5 节所描述的堰顶可垂直移动的堰来说，边侧收缩是唯一合理的设计方法。

5.4.2　水头损失设计目标

对于多数渠道来说，它们都有足够的能力做到在最大流量 Q_{max} 下量水槽产生足够的水面降落。在这样的情况下，断面收缩方式的设计选择将会更宽泛（如堰坎高度、底宽等）。

假设其他设计标准不会限制设计（如在最大流量时弗劳德数的限制），就会有两种极端情况：一种情况是在最大收缩量下超高最小但是水头损失更多；另一种情况就是在最小收缩量下水头损失最小，超高更多（图 5.4）。设计者可以在这些极端情况之间通过权衡各种设计目标和收缩量来调整设计，以达到最佳的整体性能。

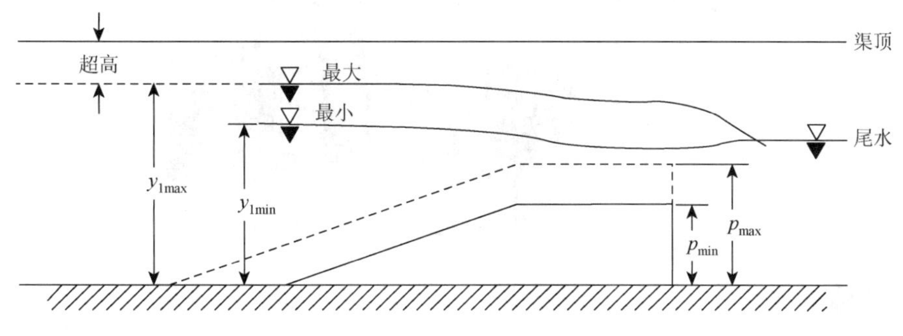

图 5.4　权衡选择收缩量

y_{1max} 为上游最大水深；y_{1min} 为上游最小水深；p_{max} 为最大堰高；p_{min} 为最小堰高

最小收缩量下的设计效果较好，因为在这种情况下，槽相对于现有渠道来说只引起了少量的变化，同时还能提供精确的测流。与此同时，它提供了最安全的超高以防止漫顶。如果渠道中的泥沙沉积是一个需要考虑的问题，小收缩量将是一个更好的选择（关于挟沙渠道更多的设计选择详见 2.6.3 小节）。然而，设计最小收缩量意味着设计工况下量水槽处于淹没流的临界点上（除非是控制了上游渠道弗劳德数的设计）。因此，这样的设计需要对尾水渠的水流状态有清晰的了解。然而设计者对尾水渠的状态了解不多，因此这样的设计存在很大的风险。如果尾水渠的实际流动比计算的数值稍高，就会导致非自流出流，使测流不精准。此外，在弗劳德数较大的渠道中，最小的收缩量会受到上游渠道弗劳德数的限制，因此最小收缩量的设计常常会使槽内的弗劳德数达到建议范围的最高点。此时将收缩量适当调高将会取得更好的结果。

当渠道内水流状态具有高度不确定性且已对最大流量下的流态有充分的了解并可以控制时（正如许多灌溉渠道那样），最大收缩量的设计将十分有用。因为槽的水头流量关系能够精准地获得，足够的安全超高能在 Q_{max} 下确定，所以这种设计相对安全，不需要对下游水深流量关系有太多的了解。如果对于某个收缩量来说弗劳德数仍然太高，那么这就不是一个适合设置测流槽的位置，除非上游水面可以抬升（如抬高上游边墙高度）。

通常设计者在以上两种极端情况之间选择合适的收缩量。本书通常选择能使槽的尺寸为整数的收缩量，如果条件允许也可以采用小数，只要使用小数不会导致建造复杂或者精度难以控制，具体数据的选择需要根据上述因素综合考虑。需要注意的是，建造后增加收缩量要比建造后再减少收缩要简单得多（特别是当堰的控制段用混凝土建造时）。

在底部有自然降落的渠道处设计量水槽是一种较好的方法（图 5.5）。在这样的渠道处，渠道水面有降落，槽中的水头损失可能和渠道中的水面降落相互抵消。在这种情况下，结构上游和下游的水深将会和原有的状态接近，能被用来维持流速不变，如此一来便可最小化渠道中的水位壅高，同时也能使泥沙通过量水槽（图 2.8）。

图 5.5　现存渠道上的跌坎能够轻易转换成一个量测点

5.4.3　精确度考虑

长喉槽和宽顶堰的测流精度与其水头流量关系的精度和上游水头读数的精度有关。在建议的 H_1/L 值范围内，水头流量关系不会改变也不可能被设计者改变。

那些设计者能够控制的且能影响精度的因素有：

（1）上游水位测量的方法，这会影响到水头测量的精度；

（2）给定流量下的上游堰顶水头，这会影响水头测量的误差；

（3）u 的值（水头流量关系里典型的变量），这会影响水头读取误差对计算流量的敏感性。

第一个因素在设计者的直接控制之下，而另外两个因素通过选择控制段形状和尺寸来间接产生影响。如果需要更高的精度，可以选择更加精确的水头测量方法或者合理选择槽的形状，使得堰顶水头更大且指数 u 更小，通常采用更窄的控制段，因为这时堰顶水头会随之变高。用于田间量水时，设计目标通常是在 Q_{max} 下要有 5%的精度，在 Q_{min} 下要有 10%的精度，在某些情况下需要更高的精度。受尺寸的影响，在小型堰槽中难以达到高的精度。对于大型槽来说，水头已经足够大到任何水头测量设备都能达到很好的精度，因为精度可以通过选择一个更精确的水头测量设备来提高，所以相对于淹没、超高和弗劳德数来说精度只是一个次要的标准，和其他任何结构设计的变化是独立的。

对于大多数渠道形状来说，顶部宽度在水深加大时会更大。因此，为了提升精度就要降低堰顶高度，同时减小控制段底部宽度。这样做可以使上游水深在降低的同时，使堰顶水头加大，这会增加流量测量的精度，这在 Q_{min} 的情况下特别有效（通常在 Q_{min} 的情况下难以达到理想的精度）。

5.5　适用于常见渠道的标准槽型

5.5.1　梯形喉道结构

在全球输水和灌溉工程中梯形衬砌渠道得到了广泛的应用。在这些渠道上修建测流用宽顶堰有着巨大的优势，因此标准堰的设计得到了极大的发展，以使其更方便地应用在渠道中，图 5.6 展示了这些堰通用的形状。标准堰的尺寸选定之后就用第 6 章的方法进行计算，使得堰能够以便捷的米制和英制单位尺寸安装在选择的光滑渠道中。在选择标准尺寸渠道和其过流能力过程中，所建议的考虑因素由国际灌排委员会（International Commission on Irrigation and Drainag，ICID）1979 年提供，建设实践由美国垦务局提供，小型渠道的设计标准由美国农业部自然资源保护局（前美国农业部水土保持局）提供。

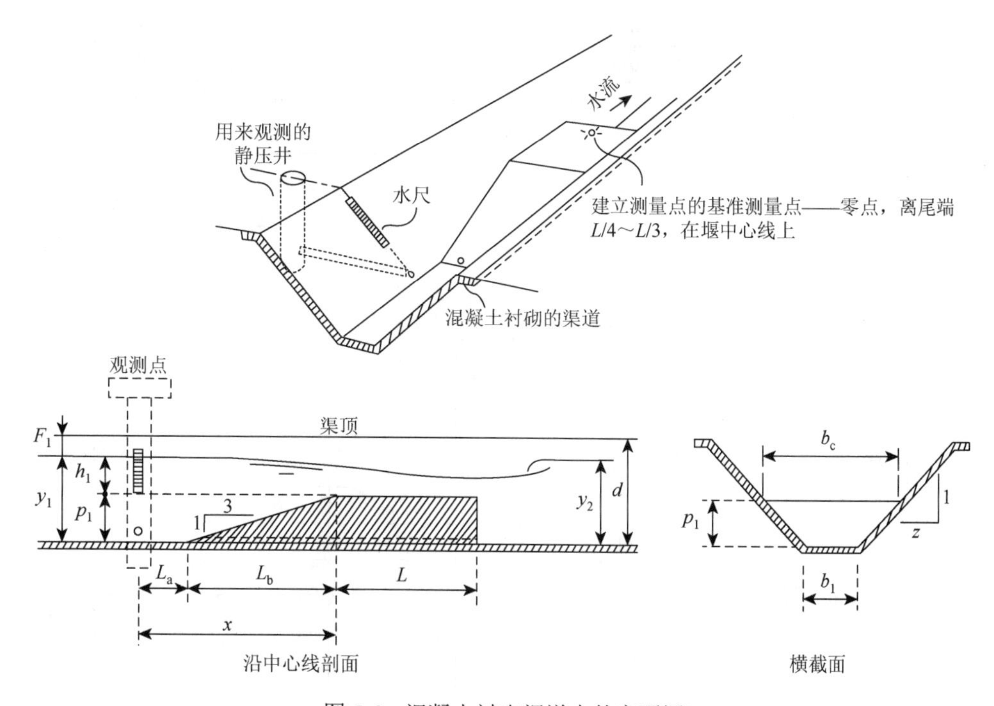

图 5.6　混凝土衬砌渠道中的宽顶堰

现有的工程实际中，倾向于在小型整体的混凝土衬砌渠道中（底宽小于 0.8m，同时深度小于 1m）使用 1∶1 的边坡。更深更宽的渠道倾向于使用 1∶1.5（竖∶横）的边坡。当宽度和深度都大于 3m 时，倾向于使用 1∶2 的边坡，特别是在渠道存在急速退水的情况下（在这种情况下常常会导致渠道边墙内外水压力不平衡，进而导致边墙的破坏）。

大多数三级灌溉渠道或者在大型农场中使用的衬砌渠道都是小型的，底宽为 0.3～0.6m，边坡坡度多为 1∶1，同时流量小于 $1m^3/s$（约 $35ft^3/s$）。更大型的渠道有时使用 1∶1.25 的边坡。本书尝试着适应米制单位（通常在米制尺寸中使用），同时逐步取代英制单位。在表 5.3 中，宽顶堰的计算以 0.25m 的底宽增量给出，在这之中有 0.3m（约 1ft）和 0.6m（约 2ft）两种特殊插值。提供如此之多的计算尺寸就是为了在改进老旧渠道系统的同时也不会违背 ICID（1979）建议采用的标准渠道。渠道尺寸和其过流能力的近似关系见图 5.7。

表 5.3　堰槽尺寸选择和米制单位下衬砌渠道的率定表[a]

渠道形状		最大渠道深度[b] d/m	渠道运行的最小流量[c] $Q_{min}/(m^3/s)$	最大过流能力 $Q_{max}/(m^3/s)$	选择的堰（见附表 3.1）	堰形状		最小水头损失 ΔH/m
边坡斜率 z_1	底宽 b_1/m					堰宽 b_c/m	坎高 p_1/m	
1.0	0.25	0.70	0.08	0.14[d]	A_m	0.50	0.125	0.015
			0.09	0.24[d]	B_m	0.60	0.175	0.018
			0.10	0.38[d]	C_m	0.70	0.225	0.022
			0.11	0.43[d]	D_{m1}	0.80	0.275	0.026
			0.12	0.37	E_{m1}	0.90	0.325	0.030
			0.13	0.32	F_{m1}	1.00	0.375	0.033
1.0	0.30	0.75	0.09	0.21[d]	B_m	0.60	0.150	0.017
			0.10	0.34[d]	C_m	0.70	0.200	0.021
			0.11	0.52	D_{m2}	0.80	0.250	0.025
			0.12	0.52	E_{m1}	0.90	0.300	0.029
			0.13	0.44	F_{m1}	1.00	0.350	0.033
			0.16	0.31	G_{m1}	1.20	0.450	0.039
1.0	0.50	0.80	0.11	0.33[d]	D_{m2}	0.80	0.150	0.019
			0.12	0.52[d]	E_{m2} 或 E_{m1}	0.90	0.200	0.024
			0.12	0.68[d]	F_{m1} 或 F_{m2}	1.00	0.250	0.029
			0.16	0.64	G_{m1}	1.20	0.350	0.037
			0.18	0.46	H_m	1.40	0.450	0.043
			0.20	0.29	I_m	1.60	0.550	0.048
1.0	0.60	0.90	0.12	0.39[d]	E_{m2}	0.90	0.150	0.021
			0.13	0.62[d]	F_{m2}	1.00	0.200	0.025
			0.16	1.09	G_{m1}	1.20	0.300	0.035
			0.18	0.86	H_m	1.40	0.400	0.043
			0.20	0.64	I_m	1.60	0.500	0.050
			0.22	0.43	J_m	1.80	0.600	0.049
1.0	0.75	1.00	0.16	0.91[d]	G_{m2}	1.20	0.225	0.030
			0.18	1.51	H_m	1.40	0.325	0.038
			0.20	1.22	I_m	1.60	0.425	0.047
			0.22	0.94	J_m	1.80	0.525	0.053
1.5	0.60	1.20	0.20	1.30[d]	K_m	1.50	0.300	0.031
			0.24	2.10[d]	L_m	1.75	0.383	0.038
			0.27	2.50	M_m	2.00	0.467	0.044
			0.29	2.20	N_m	2.25	0.550	0.050
			0.32	1.80	P_m	2.50	0.633	0.056
			0.35	1.40	Q_m	2.75	0.717	0.059
1.5	0.75	1.40	0.24	1.80[d]	L_m	1.75	0.333	0.036
			0.27	2.80[d]	M_m	2.00	0.417	0.042
			0.29	3.90[d]	N_m	2.25	0.500	0.049
			0.32	3.50	P_m	2.50	0.583	0.055
			0.35	3.10	Q_m	2.75	0.667	0.062
			0.38	2.60	R_m	3.00	0.750	0.066

续表

渠道形状		最大渠道深度 [b]d/m	渠道运行的最小流量 [c] Q_{min}/(m^3/s)	最大过流能力 Q_{max}/(m^3/s)	选择的堰（见附表 3.1）	堰形状		最小水头损失 ΔH/m
边坡斜率 z_1	底宽 b_1/m					堰宽 b_c/m	坎高 p_1/m	
1.5	1.00	1.60	0.29	3.40[d]	N_m	2.25	0.417	0.046
			0.32	4.70	P_m	2.50	0.500	0.052
			0.35	5.70	Q_m	2.75	0.583	0.059
			0.38	5.10	R_m	3.00	0.667	0.065
			0.43	3.90	S_m	3.50	0.883	0.081
1.5	1.25	1.70	0.32	4.10[d]	P_m	2.50	0.417	0.048
			0.35	5.60[d]	Q_m	2.75	0.500	0.055
			0.38	7.20	R_m	3.00	0.583	0.061
			0.43	5.90	S_m	3.50	0.750	0.074
			0.49	4.50	T_m	4.00	0.917	0.084
			0.55	3.30	U_m	4.50	1.083	0.089
1.5	1.50	1.80	0.35	4.80[d]	Q_m	2.75	0.417	0.051
			0.38	6.50	R_m	3.00	0.500	0.058
			0.43	8.10	S_m	3.50	0.667	0.071
			0.49	6.60	T_m	4.00	0.833	0.083
			0.55	5.10	U_m	4.50	1.000	0.092

注：a. $L_a \geqslant H_{1max}$，$L_b = 3p_1$，$x = L_a + L_b > 3H_{1max}$，$L > 1.5H_{1max}$，但是在附表 3.1 所给范围内 $d > 1.2h_{1max} + p_1$，$\Delta H > 0.1H_1$。

b. 最大推荐渠道深度。

c. 被灵敏度限制。

d. 被弗劳德数限制，否则被渠道浓度限制。

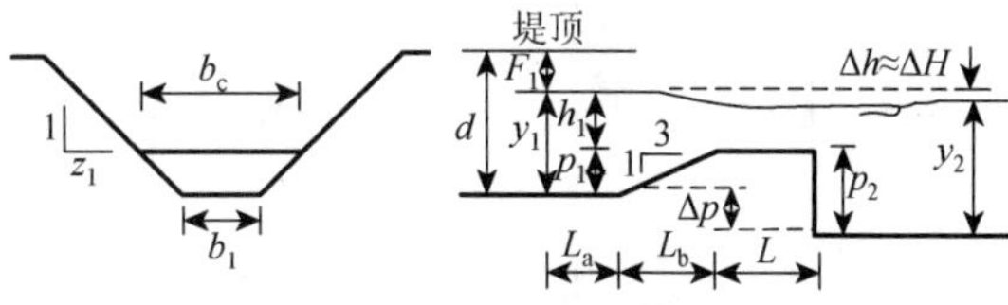

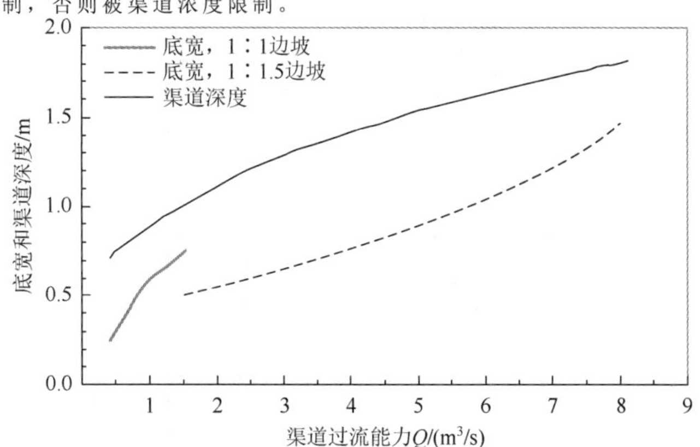

图 5.7　混凝土衬砌梯形灌溉渠道的深度和底宽与其过流能力之间的关系

如果 Fr_1 小于 0.45，渠道中的过流能力将小于图中的 Q 值

表 5.4 以英制单位提供了相似的渠道尺寸，同时还对 1∶1.25 的边坡提供了米制单位。表 5.3 中没有的渠道尺寸，则需要进行计算。当然，这两种单位制可以在需要的情况下进行转化。

表 5.4　堰槽尺寸选择和英制单位下衬砌渠道的率定表[a]

渠道形状		最大渠道深度[b] d/ft	渠道运行的最小流量[c] Q_{min}/(ft^3/s)	最大过流能力 Q_{max}/(ft^3/s)	选择的堰（见附表 3.2）	堰形状		最小水头损失 ΔH/ft
边坡 z_1	底宽 b_1/ft					堰宽 b_c/ft	坎高 p_1/ft	
1.0	1.0	2.5	1.9	8[d]	A_m	2.0	0.50	0.06
			4.2	16[d]	B_m	2.5	0.75	0.08
			4.8	19	C_m	3.0	1.00	0.10
			5.6	15	D_m	3.5	1.25	0.12
			6.2	11	E_m	4.0	1.50	0.13
1.0	2.0	3.0	5.6	27[d]	D_m	3.5	0.75	0.10
			6.2	40	E_m	4.0	1.00	0.12
			6.8	33	F_m	4.5	1.25	0.14
			7.4	27	G_m	5.0	1.50	0.15
			8.2	22	H_m	5.5	1.75	0.16
1.25	1.0	3.0	5.0	19[d]	I_m	3	0.80	0.08
			6.4	35	J_m	4	1.20	0.11
			7.6	26	K_m	5	1.60	0.14
1.25	2.0	4.0	6.4	31[d]	J_m	4	0.80	0.10
			7.6	64[d]	K_m	5	1.20	0.13
			8.9	78	L_m	6	1.60	0.16
			10.1	62	M_m	7	2.00	0.18
			11.4	46	N_m	8	2.40	0.20
1.5	2.0	4.0	8.0	49[d]	P_m	5	1.00	0.11
			9.0	82[d]	Q_m	6	1.33	0.13
			11.0	86	R_m	7	1.67	0.16
			12.0	72	S_m	8	2.00	0.18
			13.0	60	T_m	9	2.33	0.20
1.5	3.0	5.0	9.0	66[d]	Q_m	6	1.00	0.12
			11.0	108[d]	R_m	7	1.33	0.14
			12.0	140[d]	S_m	8	1.67	0.17
			13.0	160	T_m	9	2.00	0.20
			14.0	140	U_m	10	2.33	0.22
			17.0	95	V_m	12	3.00	0.25
1.5	4.0	5.5	12.0	135[d]	S_m	8	1.33	0.15
			13.0	200[d]	T_m	9	1.67	0.18
			14.0	235	U_m	10	2.00	0.21
			17.0	175	V_m	12	2.67	0.26
			19.0	125	W_m	14	3.33	0.28

续表

渠道形状		最大渠道深度 [b]d/ft	渠道运行的最小流量 [c] Q_{min}/(ft^3/s)	最大过流能力 Q_{max}/(ft^3/s)	选择的堰（见附表 3.2）	堰形状		最小水头损失 ΔH/ft
边坡 z_1	底宽 b_1/ft					堰宽 b_c/ft	坎高 p_1/ft	
1.5	5.0	6.0	14.0	235[d]	U_m	10	1.67	0.20
			17.0	285	V_m	12	2.33	0.25
			19.0	220	W_m	14	3.00	0.29
			22.0	160	X_m	16	3.67	0.32

注：a. $L_a \geqslant H_{1max}$，$L_b = 3p_1$，$x = L_a + L_b > 3H_{1max}$，$L > 1.5H_{1max}$，但是在附表 3.2 所给范围内 $d > 1.2h_{1max} + p_1$，$\Delta H > 0.1H_1$。

b. 最大推荐渠道深度。

c. 被灵敏度限制。

d. 被弗劳德数限制，否则被渠道浓度限制。

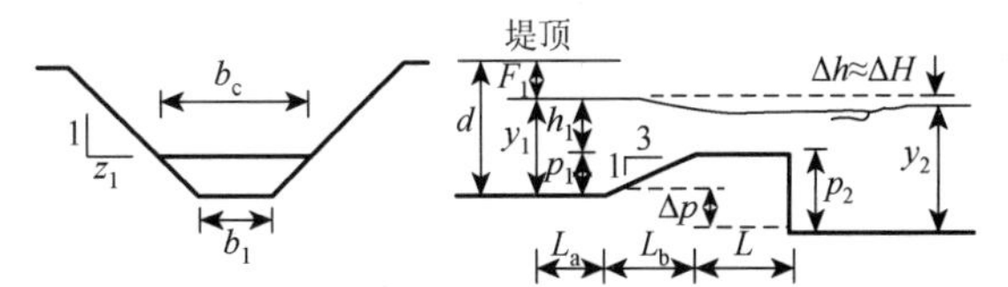

对于两种单位来说，在计算表中渠道底宽尺寸要避免超过 1.5m 或者 5ft，因为超过了这个尺寸就需要进行特别设计。如果超过这个尺寸，用户最好应用第 6 章的方法和第 8 章的软件进行设计。

表 5.3 和表 5.4 的前两列展示了用于堰计算的不同边坡斜率和底宽的组合。第三列给出了在不同边坡斜率和底宽组合下的最大渠道深度。对于不同尺寸的渠道，设计者可以使用多种标准堰。对于每个渠道量水堰组合都有其过流能力限制。这些限制源于以下三点。

（1）上游渠道的弗劳德数 Fr_1 被限制在 0.45 以确保水面的稳定性：

$$Fr_1 = \frac{v_1}{\sqrt{g\dfrac{A_1}{B_1}}} \tag{5.6}$$

（2）堰上游渠道超高 F_1 需要超过上游堰上水头 h_1 的 20%。因此，对于渠道深度来说，限制就变为了

$$d \geqslant 1.2h_1 + p_1 \tag{5.7}$$

（3）堰在最大流量下的敏感性要达到以下程度：上游堰上水头 h_1 变化 0.01m 引起的流量变化小于 10%［式（2.15）］。

虽然表 5.3 和表 5.4 主要用于选择标准堰，但是它们也能用来选择渠道尺寸。渠道中的弗劳德数被自动限制在 0.45，且在给定流量下选择最小渠道尺寸将会产生一个合理有效的断面。例如，如果渠道设计过流能力为 1.0m^3/s，能够包含测流结构的最小渠道尺寸是 $b_1 = 0.6$m，$z_1 = 1.0$，同时 $d = 0.90$m。设计者同样能够使用更大的渠道尺寸，但是需要检查渠道的水力坡降线以保证设计是合理的。

图 5.8 展示了表 5.3 和表 5.4 是如何根据渠道尺寸和流量来选择堰的大小的。对于渠道尺寸为 $b_1 = 0.30$m，$d = 0.75$m，$z_1 = 1.0$ 的渠道来说，有 6 种尺寸的堰可供选择（B_m、C_m、D_{m1}、E_{m1}、F_{m1}、G_{m1}）。对于流量 $Q = 0.36$m^3/s，只有 D_{m1}、E_{m1}、F_{m1} 能够使用，因为它们的过流能力都在 0.36m^3/s 之上。在这三种堰中进一步的选择需要根据水力设计给出，

这在 5.6.2 小节中将要讨论。如果该量水点所需测量的最大设计流量要比表 5.3 和表 5.4 中所示的最小流量还要小，则测流结构的敏感性将会不足，此时需要考虑使用 5.5.2 小节所讨论的具有矩形控制段的量水槽。

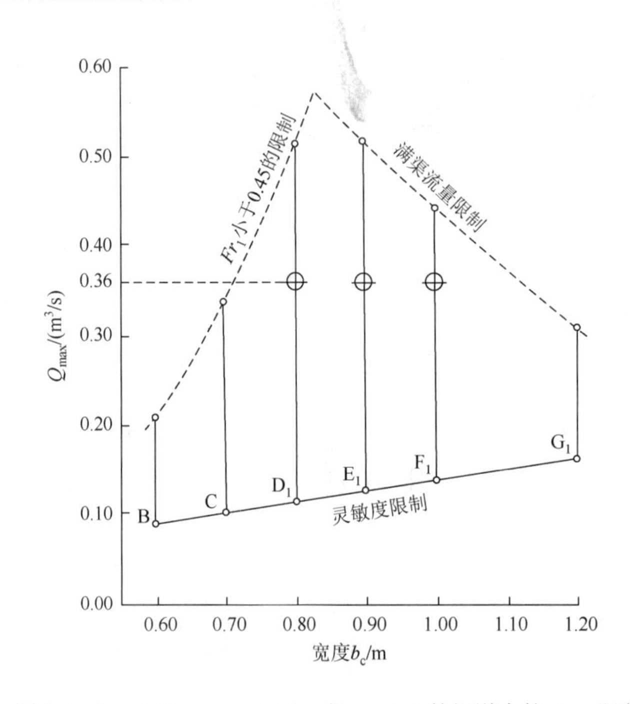

图 5.8　$b_1 = 0.30$m，$d = 0.75$m 和 $z_1 = 1.0$ 的渠道中的 Q_{max} 限制

每一个标准堰都可以使用不同的底宽。这是因为上游过流面积的改变只会引起上游渠道流速和能量水头的微小变化。设计者将过流面积引起的流量误差限制在 1%左右。这对于任何一个上游渠道来说是一个系统误差，这个误差值随着流量的变化而变化。如果一个堰能够在数种底宽的渠道中使用，则它也能在其中任意宽度下使用。例如，在表 5.3 中，堰 G_{m1} 能够在底宽为 0.30m、0.50m 和 0.60m 的渠道中使用，则这些宽度的中间值如 $b_1 = 0.40$m 也能够使用。然而，设计者需要考虑堰顶高度、水头损失和设计流量限制等因素。

附表 3.1 和附表 3.2 给出了不同标准堰的率定表，同时使用以下标准进行计算：

（1）根据不同的渠道尺寸，每个堰都有其固定的堰宽 b_c 和堰坎高度 p_1。

（2）斜坡段长度可以设为 2.5～4.5 倍的堰高。建议使用 1∶3 的斜坡段。

（3）水位测点可以设置在斜坡段起始点上游至少 H_{1max} 处。此外，它应该设置在距控制段进口 2～3 倍 H_{1max} 处。

（4）控制段长度应是所预期的最大堰顶水头 h_{1max} 的 1.5 倍，但是同时应该遵循附表 3.1 和附表 3.2 中的限制。

（5）渠道深度必须大于 $p_1 + h_{1max} + F_1$，其中 F_1 为要求的超高（正如 5.6.2 小节将要讨论的）。

附表 3.1 和附表 3.2 包含着对表 5.3 或表 5.4 中特定渠道量水堰组合的校正。在这些率定表中，流量作为自变量放在第一列，上游堰上水头 h_1 作为因变量放在第二列。这种排法相对于常规的堰槽表来说正好是相反的。这种方法可以简单地通过渠道中的流量计算出水位量测点边墙的标记值。具体计算方法是，将上游堰上水头 h_1 对应的流量乘以边坡斜率。图 4.2 列出了这些相乘后的值（见 4.3 节）。

表 5.3 和表 5.4 最后一列列出的是最小水头损失 ΔH（这是量水堰必然会产生的一个水头损失，见图 5.9）。下游水深的抬升可以减少这样的水头损失，但是这意味着量水堰将会超过它的淹没度，造成测流不精确。对于不同量水堰所需要的水头损失可以通过 6.6 节描述的方法进行评估，同时为了设计需要，设计者可以把不同尺寸的堰所需的水头损失列出，使得计算出的淹没度不超过 0.90。因此，设计的水头损失应为 $0.1H_1$ 或者是所列出的 ΔH，后者往往更大。对于这些计算，都是在渠道连续、横断面保持不变的假定下进行的（如 $p_1=p_2$，$b_1=b_2$，$z_1=z_2$），同时还假定忽略扩散段［突变扩散，边坡比（水平/竖直）$m=0$］。至于其他情况，详见 6.6 节。从原理上来说，淹没度与量水堰的总能量水头的降落有关（包括速度水头），但是当 $p_1 \approx p_2$ 时，速度水头部分通常与上下游尺寸同阶，因此用 Δh 取代 ΔH 能达到满意的效果。

图 5.9　为了达到满意的运行效果宽顶堰的水头损失需尽量小

5.5.2　矩形喉道结构

对于多数渠道来说，建造一个具有矩形断面的堰槽要相对简便（见 3.3 节的例子）。大多数此类建筑都会有底部的收缩，另外一些则是底部和两侧同时收缩。对于给定的上游水头来说，一个拥有收缩渐变段的矩形控制段中的流量和通过等宽梯形堰槽的流量近似相等，它们之间最主要的区别就是边墙上的摩擦系数。矩形控制段中的流动近似为一维流动，因此率定表可以由单宽流量 q 给出，即对应于水头 h_1 的单位堰宽每秒内通过的水量。这使得矩形宽顶堰的尺寸几乎不受限制，因为对于每个堰宽 b_c 来说，流量可以由率定表中的单宽流量乘以 b_c 精确得出，即

$$Q=b_c q \tag{5.8}$$

附表 3.3 和附表 3.4 给出了矩形堰的一系列率定表。用户可选择其中某几列堰宽来使由边墙造成的误差小于 1%，也可在多个堰高上给出率定值以辅助设计。这些率定表中的流量将受到限制以使上游渠道中的弗劳德数低于 0.45，也能够给堰高之间的插值提供可靠的结果。

如果上游区域大于率定表中的范围（更高的堰高或者更宽的上游渠道），必须根据 6.4.5 小节中的方法对上游流速系数 C_v 进行调整（这个方法同时适用于衬砌和非衬砌渠道）。为了简化这个过程，C_v 值为 1.0 时通过堰的流量被列在表的最右一列，在这里，流量一列 $p_1=\infty$，因为 $C_v=1.0$ 时行近流速为 0，这里可以把堰看作很深的水库或湖的出口，在这种情况下，对于给定的水头，通过堰的流量为最少。需要注意的是，在非常低的水头下，堰的（拥有矩形上游渠道）流量与 $p_1=\infty$时的流量接近，因为此时的上游流速很小。

率定表附表 3.3 和附表 3.4 中控制段长度 L 在每一组的第一行给出。当结构的最大设计流量比率定表中的最大流量小得多时，上述控制段长度需要加长。在提供足够长的控制段以避免流线曲率的影响和最小化结构尺寸之间，控制段长度 $L=1.5H_{1\max}$ 是较为合理的。控制段长度减小到这个值可以避免使 L 的值减小到原来的 2/3，这样的长度缩减使通过堰的流量增加约 1%，渐变段的长度 L_b 应为 p_1 的三倍。水位测量点和控制段起始点之间的距离 L_a+L_b 应为 2～3 倍 $H_{1\max}$，同时水位测量点和渐变段起始点之间的距离 L_a 应大于 $H_{1\max}$（图 5.10）。

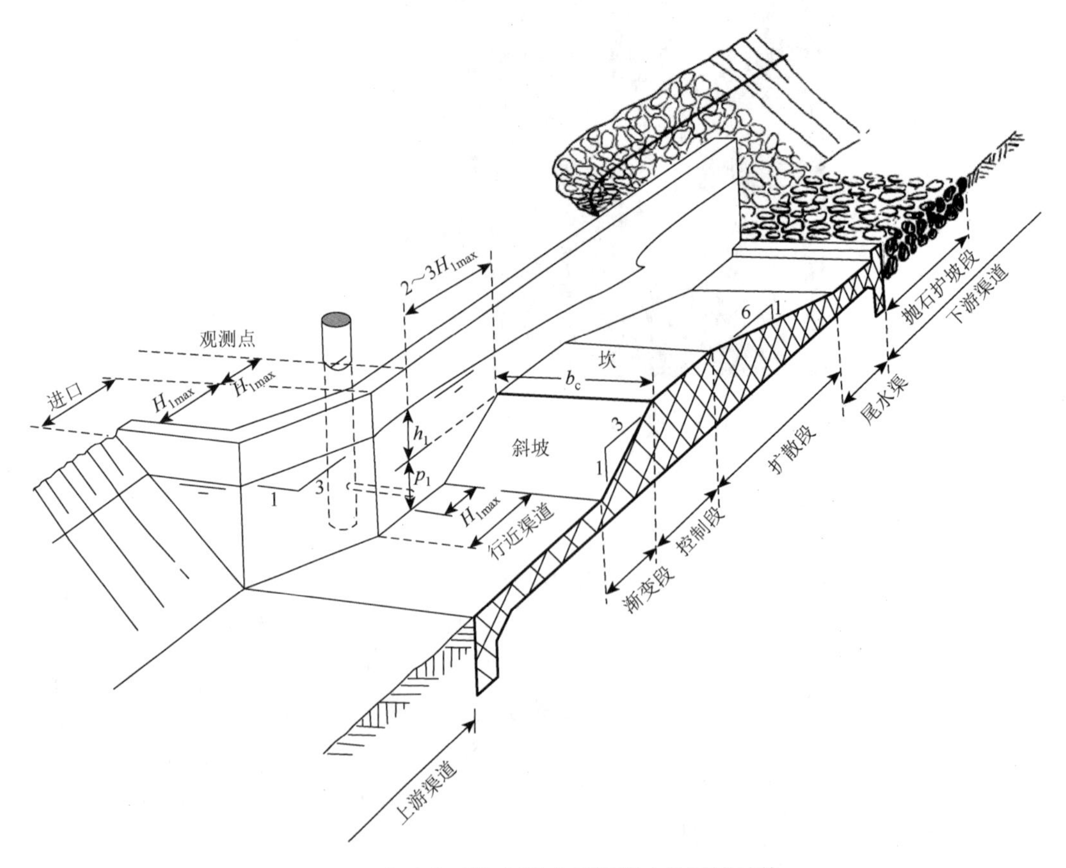

图 5.10　拥有矩形控制段土质渠道中的测流结构

依照量水槽的水力特性，在量水槽中必须要有一定的能量水头的损失以在控制段中产生临界流。这就可以在量水槽中维持一个唯一的水头流量关系，而不受下游尾水位的影响。当上述情况发生时，这种流态就称为自由出流。维持自由出流所需要的水头损失值受以下几个因素影响，包括尾水渠道的流速和下游扩散率。附表 3.3 和附表 3.4 最底下一栏的水头损失值适用于宽度和控制段一样的矩形尾水渠（但是拥有一个突扩段，如没有扩散渐变段）。对于一个扩散率为 1∶6（垂直∶横向）的渐变段，对于突扩段可以使用一半的水头损失值。在这两种情况下，结构的长度应大致相等（当忽略扩散段时，结构并没有缩短，而是将忽略的扩散段长度加到尾水渠上）。为了减小产生非自由出流的风险，本书不建议使水头损失值小于 $0.1H_1$。因此，本书建议选用表中底栏的水头损失值或者 $0.1H_1$，前者往往更大。

通常来说，土质渠道比混凝土衬砌渠道（5.5.1 小节）更浅更宽。对于一个给定尺寸的灌溉渠道，土质渠道中的流量通常较小，因为土质渠道中允许的流速较小。边坡斜率常常定在 1∶2（垂直∶水平）或者更缓（对于深度大约为 1m 的渠道来说）。为了降低土地征用和挖掘的费用，土质渠道现在趋向于变得更窄。图 5.11 根据美国垦务局（USBR，1967）的数据绘制而成，图中展示了渠道底宽和宽深比的最小建议值（它们作为最大设计流量函数的变量），在这样的渠道中设置的堰槽控制段要比一般土质渠道窄。

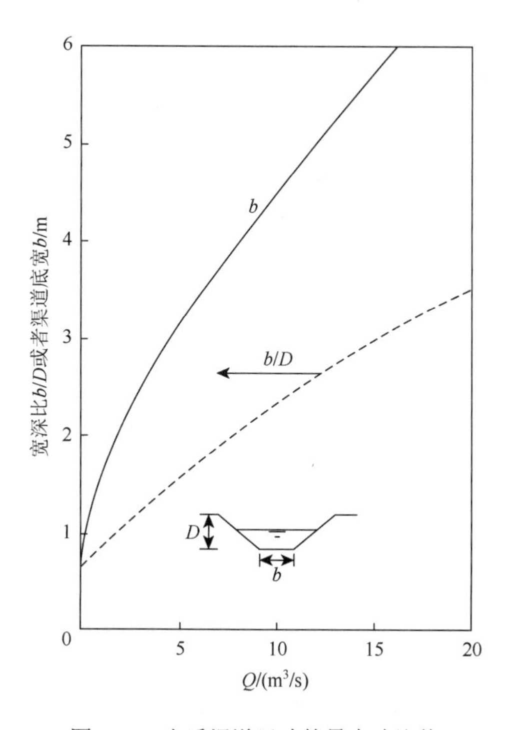

图 5.11　土质渠道尺寸的最大建议值

矩形堰的率定表附表 3.3 和附表 3.4 假定上游渠道是矩形的且和控制段同宽。如果上游堰顶水头不是在假定的上游渠道中测量的而是在更宽的上游土质渠道中测量的，对结构使用这些率定表将会对流量 Q 产生误差（因为上游流速和与之相关的上游流速系数 C_v 产生了很大的变化）。因此，对于没有矩形上游渠道的堰（图 5.10），堰中的流量值必须使用 6.4.5 小节的方法进行修正。

土质渠道中缩短的矩形控制段通常没有扩散段，同时尾水渠要比控制段宽，见图 3.25。因为尾水渠的尺寸存在大量的可能性，所以对此不提供计算值。设计中最糟糕的情况就是渠道突然扩散至水池或者水库（其中流速为 0 或 $p_2=\infty$）。在这样的情况下，水头损失为 $0.40H_1$（表 5.5）。这意味着需要的水头损失要比图 5.10 中矩形尾水渠中的大得多。这样的水头损失值是难以实现的。设计者可以用 6.6 节的理论或者第 8 章的软件来计算实际尾水渠中的水头损失。

表 5.5　在最不利条件下需要的水头损失

控制段形状	水头 h_1 的指数项 u	y_c/H_c	模块化的下限 H_2/H_1	ΔH_{max}
矩形	1.5	0.67	0.60	$0.40H_1$
平均梯形或抛物线形	2.0	0.75	0.70	$0.30H_1$
三角形	2.5	0.80	0.76	$0.24H_1$

5.5.3　三角形喉道结构

为了监测回流，控制灌溉系统渗漏，或者为了在天然溪流中测流，设计者需要一种测流范围广泛的结构。正如 2.4 节所描述的，三角形控制堰能够满足主要的目标，因为

$$\gamma=\frac{Q_{max}}{Q_{min}} \tag{5.9}$$

对于这类结构（表 2.2），附表 3.5 列出了数种尺寸的三角形喉道结构的校正值。附表 3.5 中给出的水头损失值在结构突扩至尾水渠（与上游渠道同尺寸）的情况下使用。在宽渠道中渐变段很常见（图 3.35 和图 3.57）。对于三角形控制段，水头损失差别并不明显，因为附表 3.5 所列出的水头损失大约为 $0.1H_1$，而理论上无流速水头的水头损失为 $0.24H_1$。

5.5.4　涵管中的量水堰

对于大多数非衬砌渠道来说，穿过公路和其他位置的涵管提供了一个测流的绝佳位置。在涵管中设置一个宽顶堰所需的花费只是在非衬砌渠道中花费的很小一部分。在设计时需要注意不要让涵管因为增加了量水堰而使自身的过流能力降低到可接受的范围之下。对于矩形箱型涵管来说，可以使用 5.5.2 小节中提到的堰。对于圆形涵管，堰仍能安置在涵管内。为了保持管内水流有自由表面，本书建议上游最大水位限制在管径的 90%左右。如果上游水面达到管道的顶部，就不能在量水堰处产生临界流。

在圆形涵管中设计堰需要按照管径比例设计堰高。表 5.6 给出了在直径为 1.0m 和 1.0ft 时涵管中堰的过流能力和尺寸。数种堰高在表 5.6 中列出（以直径的一部分给出）。附表 3.6 和附表 3.7 为这些堰提供了率定表。对于其他管径近似的率定表可以通过水力相似（6.4.6 小节）调整水头和流量值的方法获得。堰的尺寸和率定表中的值（水头和流量）以实际管径与表中相应管径之比为比例放大或缩小。新的率定表可以通过第 8 章的软件进行计算。

表 5.6　圆形管道中量水堰的性能

管道直径 D/m	坎高 p_1/m	L_a/m	L_b/m	L/m	水头范围 h_1/m	流量范围 Q/m	堰宽 b_c/m	最大水头损失 Δh_L/m
1.0	0.20	0.50	0.60	0.70	0.08～0.44	0.03～0.56	0.800	0.800
	0.25	0.65	0.75	1.00	0.07～0.60	0.03～0.93	0.866	0.866
	0.30	0.60	0.90	0.90	0.07～0.55	0.03～0.79	0.917	0.917
	0.35	0.55	1.05	0.80	0.07～0.50	0.02～0.66	0.954	0.954
	0.40	0.50	1.20	0.70	0.06～0.45	0.02～0.56	0.980	0.980
	0.45	0.45	1.35	0.60	0.06～0.40	0.02～0.45	0.995	0.995
	0.50	0.40	1.50	0.52	0.5～0.35	0.02～0.35	1.000	1.000
管道直径 D/m	p_1/ft	L_a/ft	L_b/ft	L/ft	h_1/ft	Q/(ft^3/s)	b_c/ft	Δh_L/ft
1.0	0.20	0.50	0.60	0.70	0.08～0.43	0.06～0.98	0.800	0.800
	0.25	0.65	0.75	1.00	0.07～0.60	0.05～1.69	0.866	0.866
	0.30	0.60	0.90	0.90	0.07～0.55	0.05～1.44	0.917	0.917
	0.35	0.55	1.05	0.80	0.07～0.50	0.05～1.21	0.954	0.954
	0.40	0.50	1.20	0.70	0.06～0.45	0.04～1.00	0.980	0.980
	0.45	0.45	1.35	0.60	0.06～0.40	0.04～0.81	0.995	0.995
	0.50	0.40	1.50	0.52	0.05～0.35	0.03～0.64	1.000	1.000

为了展示水力相似的计算过程，下面展示在 1.25m 管径涵管中量水堰的尺寸和率定表的计算方法。

（1）计算长度比例，通过将实际管径和相应标准管径相除得出，在这个例子中比例为（1.25/1.0）= 1.25。

（2）将表 5.6 中的长度尺寸乘以这个比例。例如，0.2m 高的堰高变为 0.25m。

（3）流量比例提高为长度比例的 5/2 次方，也就是 $1.25^{5/2} = 1.58$。

（4）将所有水头乘以长度比例，在这个例子里为 1.25。

（5）将所有流量乘以流量比例，也就是 1.58。

对于堰高和管径比例在表中没有特别列出的，可以通过在率定表中近似插值获得。

5.5.5　活动堰

设计活动堰时需要考虑堰的宽度，因为控制段常常是矩形的且堰高是可调整的。对于一个给定的水流，可将活动堰中的流量设计成高水头、小宽度的堰，也可设计成宽度大、流动浅的堰。活动堰的水头和宽度的最佳结合取决于多种因素，具体如下：

（1）过堰流量。

（2）来水主渠或者支渠的宽度和渠道下游取水口到堰之间渠道的宽度。

（3）来水主渠或支渠的水深。

（4）堰上可产生的水头损失。

（5）建造限制，如凹槽的设置、起吊轮和闸门的重量。

（6）堰是在底闸后移动还是在渠底跌落。

（7）所需测流精度。

（8）灌溉区域中所需结构的数量和标准尺寸的需要。

在这些因素下（实践中），将活动堰 H_1 的最大值限制为 1.00m。堰的宽度 b_c 可选择的范围为 0.3～4m，大的宽度值与更高的 H_{1max} 结合使用。总体上来说，通过选择水头 H_1 的值来完成设计（这将会提供一个合理的精度），随后选择一个与设计流量相匹配的宽度。对于这些活动堰，可选择率定表附表 3.8 和附表 3.9。这些率定表在最大能量水头与堰顶长度相等的情况下有效。设计者接下来只需要使用合适的表来选择合理的宽度（见 5.5.2 小节）。读者需要注意的是，活动堰及其相关结构尺寸都与选择的堰顶最大能量水头值（H_{1max}）相关。

对于那些给某个大农场或者一系列小农场供水的活动堰，H_1 的上限值通常设为 0.50m。活动堰的控制段长度 $L = 0.50$m，同时堰顶上游圆缘半径不应小于 $0.2H_{max} = 0.10$m。用于取水口的活动堰尺寸见图 5.12。在实践中这类堰的最小宽度尺寸为 $b_c = 0.30$m（约 1ft），这类堰可以用来测量 5～170L/s（近似等于 0.2～6ft^3/s）的流量。在实践中宽度值 b_c 通常小于 1.50m（约 5ft），因为在这样的尺寸下可以将起吊滑轮设在中央来起吊堰顶（且只用设置一个凹槽，见 3.5.2 小节）。如果宽度超过 1.50m，起吊滑轮就需要在两侧各设置一个以防止闸门在门槽中卡死。

根据连续的主干渠和支渠中建筑物的类型和操作方式的不同，活动堰的上游水位将会基本维持恒定或者随着渠道中流量的变化而变化。因此，上游渠道中的水深 y_1 会随着分水流量的变化而变化，但是 h_1 保持不变。上游渠道中的流速 v_1 会随着上游水头 h_1 的变大而变大（水深 y_1 也随之变大），这是在底坎型活动堰中常出现的情况。

在 h_1 值相同的情况下，出现不同的 v_1 值（$v_1^2/2g$ 的值也会不同）时会使测流产生较大的误差（见 6.4.3 小节）。如果水位在持续供水的渠道中变幅超过 $0.15H_{1max}$，就需要使用底闸型活动堰或者底坎型活动堰。无论是哪种堰都需要使用底闸型的率定表（图 3.62）。在许多灌溉渠系中，干渠或支渠水位往往被可移动的控制结构限制在一个有限的区域内。在这样的运行条件下，上游渠道中的水深 y_1 基本保持恒定。在使用第 8 章的软件进行计算后，可使用以下方法计算 h_1 来产生率定表附表 3.8 和附表 3.9。

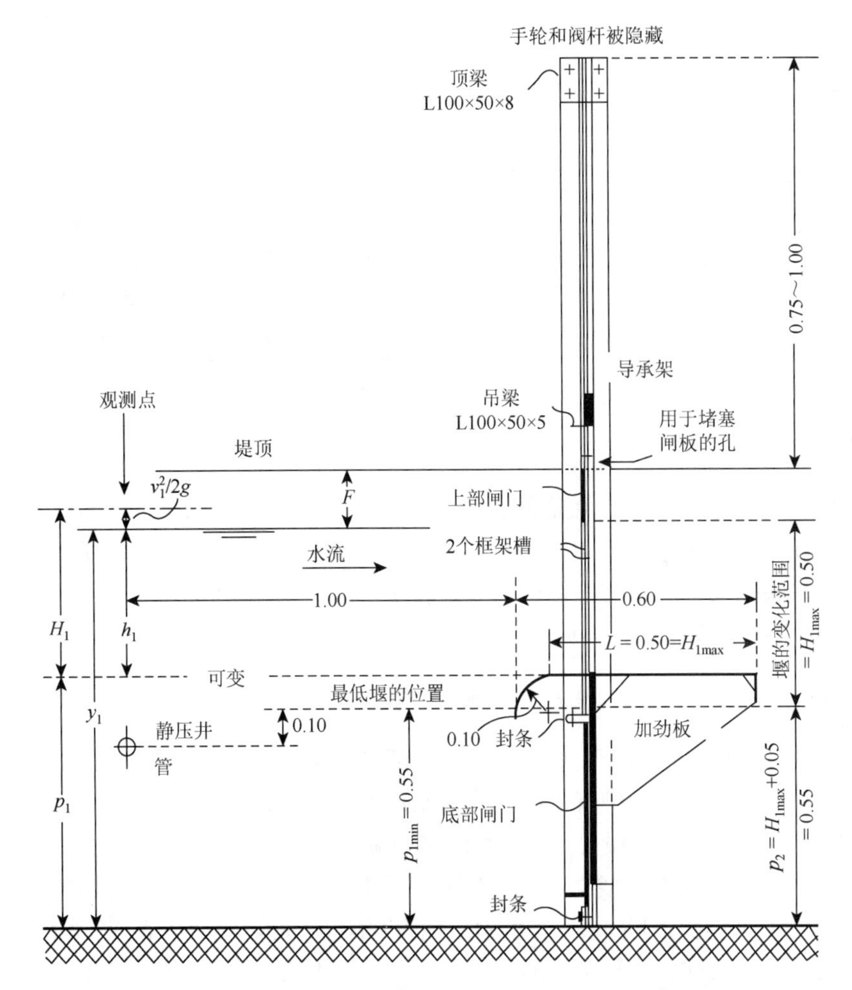

图 5.12　拥有可移动堰的分水结构的常用尺寸①

对于底闸型活动堰（图 3.62）：

$$y_1 = 2H_{1max} + 0.05(\mathrm{m})$$

对于底坎型活动榎（图 3.64）：

$$y_1 = 1.33H_{1max}$$

根据 y_1 的值，可以使用 6.4.5 小节的方法调节上游流速或者对所列出的水头进行差分获得一个合适的率定表。在这里已经给出了六套率定表：在米制单位下 $L = 0.50$m、0.75m 和 1.00m；在英制单位下 $L = 1.0$ft、2.0ft 和 3.0ft，相应流量单位为 ft^3/s。为了使堰的尺寸最小化，需要设置上限 $H_1/L \leqslant 1.0$。

活动堰所需要的水头损失 ΔH 已在附表 3.8 和附表 3.9 的底部给出。当堰拥有短小的矩形尾水渠时可以使用这些值，正如 3.5.4 小节所提到的设计例子那样。如果尾水渠很宽，水头损失值可以应用 6.6 节的方法计算，或者直接将 $0.4H_{1max}$ 作为最糟糕的情况（也可见表 2.1）。

① 图中长度单位为 m，结构尺寸单位为 cm。

5.5.6 便携式结构

通常来说，现状渠道的流量状态信息很缺乏，至少对于设计量水槽来说是不够的。通过在渠道中放置临时或者便携式的结构，用户可以快速获得结构的相应表现和设计所需的相应流量信息。量水槽设计就是在渠道中设置多种不同标准尺寸的结构，然后从中选择工作表现最好的一个。对于小型渠道来说，这些便携式堰可以在流动的水流中安装和调试。当间歇测量满足不了时间要求，或者建造永久建筑的费用太高，又或者建造永久建筑不被允许时，便携式堰是行之有效的。对于大多数便携式堰，可以使用永久结构的率定表。

1. 便携式 RBC 量水槽

设计便携式堰主要是根据所需测量的流量大小来选择合适的尺寸。对于小型土质渠道，给出了 5 种特性的便携式 RBC 量水槽，包括沟壑。表 5.5 包含了所能测流的大致范围和所需的水头损失。对于这些结构，率定表在附表 3.10 和附表 3.11 中给出（这些堰的详细细节见 3.3.3 小节中图 3.40）。

2. 衬砌渠道和非衬砌渠道中的矩形槽

许多厂家都可以制造矩形便携式堰，或者可以定制（图 3.45～图 3.48）。设计的主要问题就是选择合适的尺寸使槽有足够大的测流范围。在水头有限的情况下需要使用更宽的槽，因为宽浅流所需的水头损失要小。然而这会减小其精度，要知道，便携式堰相对于永久堰来说精度本来就很差。便携意味着堰的尺寸要小。用于灌溉研究的堰的尺寸通常为 15cm、30cm、45cm 宽和 30cm 高。矩形堰的标准率定表可以使用附表 3.3 和附表 3.4，或者可以通过第 8 章的软件计算出新的率定表。对于宽度为 30.5cm 的商业用矩形堰可以用率定表附表 3.12（堰的细节见 3.3.3 小节）。

3. A 型控制段可调量水槽

可移动的控制段使得便携式堰更易于使用。只要量水槽能够通过最大流量，就不需要进行额外的设计，因为可以通过调节控制段与流动状态相适应。A 型控制段可调量水槽（图 3.49～图 3.51）是一种可以调整堰高的矩形喉道量水槽，现有多种尺寸可供选择，表 5.7 给出了各种尺寸。尺寸的选择更多地依赖于过流能力。对于这些槽的率定表在附表 3.13 和附表 3.14 给出（更多细节见 3.3.3 小节）。

表 5.7 A 型控制段可调量水槽的性能

控制段宽度		流量范围		质量	没有展开的长度	高度（内部）
mm	in	L/s	ft^3/s	kg	m	m
152	6	0.4～14	0.014～0.5	10	0.8	0.25
305	12	2.8～57	0.1～2.0	37	1.4	0.38
610	24	7.1～113	0.25～4.0	46	1.4	0.38

续表

控制段宽度		流量范围		质量	没有展开的长度	高度（内部）
mm	in	L/s	ft^3/s	kg	m	m
914	36	14.2～170	0.5～6.0	56	1.4	0.38
762	30	14.2～312	0.5～11.0	187	2.3	0.71
762	30	28.3～425	1.0～15.0	232	2.3	0.86
965	38	42.5～708	1.5～25.0	317	2.8	1.03
965	38	56.6～991	2.0～35.0	360	2.8	1.03

5.6　量水槽的设计流程

设计的目的是设计出尺寸合适、符合 5.2 节介绍的设计标准的量水槽，也就是说最终设计出的量水槽能够在流量范围内精确测流。在许多情况下设计往往是个反复的过程，许多不同种类的量水槽都能很好地在渠道中运行。本节介绍的设计流程的目的是使槽的结构简单，易于建造且测流精确。

设计流程会根据渠道条件、率定表和槽的类型的不同而略微不同（如设计时使用不同的理论和公式，使用标准尺寸不同的率定表，或者使用第 8 章的软件 WinFlume）。基本的设计步骤将简要地在下面列举，更多的细节见第 8 章。尽管用初步确定收缩量的方法能够提高设计速度，但是设计仍是一个不断反复尝试的过程。

5.6.1　堰槽的设计步骤（反复尝试）

（1）获取渠道信息和渠道内流动状态，包括需要测流的范围（Q_{min} 和 Q_{max}）和相应的尾水位（y_{2min} 和 y_{2max}）（填写表 2.7 中的信息，见表 5.8）。

（2）决定所需的安全超高值（F_1）。

（3）决定在最小和最大测流状态下允许的误差（$X_{Q_{min}}$ 和 $X_{Q_{max}}$），同时决定率定表误差（$X_{c\,min}$ 和 $X_{c\,max}$）。

（4）决定水头测量方法及其精度（δ_{h_1}），同时决定为了满足精度要求所需要的水头。

（5）决定控制段的初始形状，同时考虑如何在设计流程中对初始断面进行修改。

（6）尝试选择一个收缩量和初始的槽纵向尺寸（如果有需求）。

（7）决定在这样初始收缩量下的上游堰上水头与在 Q_{min} 和 Q_{max} 下需要的水头损失（h_{1min} 和 h_{1max}，ΔH_{min} 和 ΔH_{max}）。

（8）将这些初始设计的结果和设计标准进行比较。如果不符合设计标准，就选择不同的收缩量，然后重复第（7）、（8）步直到满足设计标准和设计目的（更多建议见 5.6.6 小节）。

（9）最终的堰槽的纵向尺寸根据 5.6.3 小节中的标准选定。

表 5.8　设计算例数据

测点名称：　Kodcu，Colerado　　　日期：　2001-04-30

水力需求：

测流范围 Q		此时渠道中水深 y_2		测量中允许的流量测量值误差 X_0	
$Q_{\min}=0.085$	m^3/s	$y_{2\min}=0.25$	m	$X_{Q_{\min}}=7.0$	%
$Q_{\max}=0.34$	m^3/s	$y_{2\max}=0.46$	m	$X_{Q_{\max}}=5.0$	%

水力描述：

项目	数值	单位
渠道底	$b_1=\pm1.2$	m
渠道边坡	$z=$	m
渠道深度	$d=$	m
最大允许值水深	$y_{1\max}=0.60$	m
曼宁公式中 n 值	$n=0.050$	
水力坡度	$S_f=0.001$	
可利用的渠道下降现场的水面	$\Delta h=0.15$	m
渠道下降现场的渠道底部	$\Delta p=0.0$	m

渠道断面示意图：

1.8m
0.6m
1.2m

混凝土衬砌：☐
土渠：☑

结构的功能

只测量 ☑
调节和测量 ☐
流速

超过 $100b_1$ 长渠道的底部水面线

取水口
1
1000

结构服务的时间

日 ☐　　季 ☑
月 ☐　　永久 ☐

环境的描述

灌溉系统		排水系统	
主要的	☐	从灌溉区域	☐
侧向的	☐	人工排水	☐
田间沟道	☑	自然排水	☐
在田野中	☐		

总布置图：

田间取水口
斗渠
测量点

未来的描述

（附上照片）

当从类似表 5.3 的表中选择标准槽时，反复尝试的过程将会更为直接和迅速。实际上，本书建议设计者设计出满足设计标准的所有尺寸。随后就可以在这些尺寸中做出评估权衡。然而对于一般的设计来说，满足设计标准的尺寸往往很多。一个例子就是在非衬砌渠道中，矩形槽的宽和堰坎高的值都有多种多样的选择。总体上来说，边坡和底部收缩量的选择取决于所要求的测流精度与设施的施工能力。

5.6.2　设计时用到的不等式

设计中的需求可用下列不等式表示。

Q_{max} 时的自由出流：

$$H_{1max} > H_{2max} + \Delta H_{max}$$

或者近似为

$$h_{1max} > h_{2max} + \Delta h_{max} \tag{5.10}$$

Q_{min} 时自流出流：

$$H_{1min} > H_{2min} + \Delta H_{min}$$

或者近似为

$$h_{1min} > h_{2min} + \Delta h_{min} \tag{5.11}$$

超高：

$$h_{1max} < d - p_1 - F_1 \tag{5.12}$$

弗劳德数：

$$Fr_1 = \frac{Q_{max} / A_{1max}}{\sqrt{g A_{1max} / B_{1max}}} < 0.5$$

或者

$$\frac{A_{1max}^3}{B_{1max}} > \frac{4Q_{max}^2}{g} \tag{5.13}$$

Q_{max} 时的精度：

$$h_{1max} > \frac{u\delta_{h_1}}{\sqrt{X_{Q_{max}}^2 - X_{c\,max}^2}} \tag{5.14}$$

Q_{min} 时的精度：

$$h_{1min} > \frac{u\delta_{h_1}}{\sqrt{X_{Q_{min}}^2 - X_{c\,min}^2}} \tag{5.15}$$

写出式（5.10）～式（5.15）的目的是将上游堰上水头 h_1 和（或）与 h_1 相关的变量都放在式子左边。所有这些不等式都希望水头越大越好，除了式(5.12)的超高关系[式(5.12)中要求上游堰上水头要小]。初始量需要在式（5.12）和式（5.10）、式（5.11）和式（5.13）中做权衡。

设计的第一步就是假定一个初始的收缩量。可将初始收缩量取为上游渠道断面的一半

（不计入安全超高）。对应于设计流量 Q_{min} 和 Q_{max} 的水头 h_{1min} 与 h_{1max} 可由第 6 章的公式[①]或者第 8 章的软件来决定。这意味着量水槽的纵向尺寸已初步确定。一旦这些水头已经确定，就可以用式（5.10）～式（5.15）进行估计。如果上述设计标准不能满足，就要尝试更大或者更小的收缩量。

在式（5.14）和式（5.15）中，X_c 的值决定于水头流量关系是如何确定的。如果使用本书给出的标准槽和率定表，则误差已经在率定表中给出。误差的范围为 2%～3%（如果有插值的话误差会变大）。所采用的具体水位流量关系及 X_c 的值参见第 6 章[②]需要注意，这些公式得到的 X_c 的值依赖于 H_1/L，也就是槽的尺寸。X_c 的初始值可取为 5%或对应第 6 章中方法[③]取 2%。

5.6.3　槽纵向尺寸的要求

本书提到的量水堰槽只有在它们以合适的尺寸建造时才能精确测流（只有这样才能满足长喉槽分析的需求）。

设计中最主要的尺寸包括槽的一系列结构在流动方向上的长度。合适的长度使得槽中能出现所需的流态，进而可以应用第 6 章提到的水力学原理。表 5.9 总结了所有长度需求。

表 5.9　堰槽纵向尺寸需求

尺寸	要求
行近渠道长度 L_a	$L_a \approx H_{1max}$
	$2H_{1max} < L_a + L_b < 3H_{1max}$
渐变段长度 L_b	收缩角在 2.5∶1～4.5∶1，最好是 3∶1
	$L_b \approx 3p_1$　对于底部收缩
	$L_b \approx 3(B_1 - B^*)/2$（$B^*$ 为控制段水流顶部宽度，B_1 为上游水流顶部宽度），对于对称侧收缩详见 6.3.3 小节
	使用两者中较大的一个进行合并收缩
控制段长度 L	$1.43H_{1max} < L < 14.3H_{1max}$　用于模型或计算机评级
	$1.0H_{1max} < L < 10H_{1max}$　用于基于试验的评级
不同扩散段长度 L_d	$L_d < 10p_2$，$L_a = 6p_2$　建议值
不同扩散段坡度 m∶1	建议 m 等于 0 或 6
尾水渠长度 L_e	$L_e = 10(p_2 + L/2) - L_d$

长度 L_e 常常不是实际结构的尺寸；WinFlume 使用这个长度来计算扩散段的摩阻损失。当建造一个如图 5.10 所示的含上、下游渐变段的矩形长喉槽时，L_e 为下游扩散段中附加能量恢复部分的长度。

① 译者注：原文中存在部分引用后文的情况，此处对应后文 6.4 节及 6.5 节中的公式。

② 译者注：原文中存在部分引用后文的情况，此处原意为若采用 6.4 节的公式，X_c 用式（6.28）计算；若采用 6.5 节公式，X_c 用式（6.44）计算。

③ 译者注：此处指式（6.28）和式（6.44）。

选择这些长度的理由如下：

（1）水位测量点需要在堰顶上游足够远的地方，同时渐变段要离开水面降落段（在控制段流动加速至临界流速产生的降落）。然而，水位测量点也不能在上游过远的地方，因为这样做会在水位测量点和控制段之间产生不必要的沿程水头损失。水位测量点至少要在渐变段起始点上游 H_{1max} 处，同时要距离堰顶或控制段 2～3 倍 H_{1max}。

（2）渐变段要逐渐变化，不能有突然的变化，以免流动在收缩至控制段时出现脱离现象。渐变段不能够太长，否则结构会不经济。本书建议过渡斜坡斜率为 1∶2.5～1∶4.5。

（3）为了有更好的测流精度，在所有流量条件下控制段长度应选为 $0.07 \leqslant H_1/L \leqslant 0.7$。

（4）如果使用了扩散段，本书建议的边坡斜率为 1∶6（横∶纵），使用这样的边坡斜率能够使势能很好地恢复且建造经济。边坡斜率不应大于 1∶10。

第 8 章的软件 WinFlume 能够帮助检查设计是否满足这些条件。如果结构不满足这些需求，软件就会生成警告，同时会给出修正问题所需的长度值。在大多数情况下解决这些警告的办法是直接的，但是在某些不正常的情况下渐变段长度的确定将略微复杂。在 8.8.9 小节将会给出这些问题的细节和解决方法。

5.6.4　在梯形衬砌渠道中标准宽顶堰的选择

对于梯形衬砌渠道来说，宽顶堰是一个很吸引人的选择，因为它能轻易地安装到现有的衬砌段。选择的步骤（根据 5.6.1 小节堰槽的设计步骤）如下。

（1）决定需要测流的范围 Q_{max} 和 Q_{min}。随后用独立的方法估计或者决定渠道水流深度（y_2，图 5.2）（在最大流量 Q_{max} 且没有堰的情况下）。这样的尾水位会用来评估设计工况下堰是否在淹没状态。3.3.3 小节提到的便携式量水槽和临时量水槽可以用来测定渠道的流动特性。对于小型渠道来说，常常通过观察临时建筑物的适用性或者通过尝试数种临时结构的性能来选择堰的尺寸。如果在 Q_{max} 下无法测量 y_2，就可以使用 5.3.2 小节提到的方法确定在 Q_{max} 时堰下游渠道中的正常水深。对于衬砌渠道（水深取决于渠道的摩擦系数）（如正常水深与受下游建筑物回水影响下的水深相反），根据 Q_{max} 设计的堰已经足够满足要求。然而如果水深受其他因素影响，尾水水位比堰上游的水深下降缓慢，就必须在最小流量 Q_{min} 下检查淹没度，同时需要检测 Q_{min} 下的 y_2。

（2）确定所需超高 F_1。本书建议超高值为上游最大堰上水头的 20%，$F_1 = 0.2h_{1max}$。

（3）选择需求的流量精度的同时确定率定表的误差 X_c。对于这类堰，本书建议 $X_{Q_{min}} = 8\%$，$X_{Q_{max}} = 5\%$，$X_c = 2\%$（对于率定表附表 3.1 和附表 3.2，$X_c = 3\%$，但当率定表用 WinFlume 计算时，$X_c = 2\%$）。

（4）选择一种水头测量的方法，同时确定测量误差 δ_{h_1}。例如，当运用水尺读取水头且上游渠道中的弗劳德数 Fr_1 大约为 0.3（由表 4.1 插值而来）时，选择 $\delta_{h_1} = 10\text{mm}$。随后本书将会运用这些数据由式（5.14）和式（5.15）计算满足精度要求的所需的上游水头。对于这类堰，u 的取值大约为 1.8。

（5）查询表 5.3（米制）或者表 5.4（英制），确定渠道形状。

（6）在确定的渠道形状中选择一种堰，使得最大设计流量在渠道过流能力范围内（表 5.3、表 5.4 的第四、第五列）。

如果渠道形状未在表 5.3 或表 5.4 中给出，设计者仍然可以进行堰的设计。如果渠底宽度位于某两个特定值的中间，则使用较大的宽度，随后根据边坡斜率（m）重新计算堰高和渠道的 b_1。如果边坡斜率与给定值不同且控制段面积 A^*的差值大于 1%或者 2%，这些率定表就不能使用（更多的解释见 6.3.3 小节）。如果流量低于所给测流范围的下限，这种类型的堰就不宜使用，使用 5.5.2 小节介绍的矩形堰会更合适。这些堰提供了一系列可能的结构；一个或者多个结构可能会满足设计需求，运用第（7）～（9）步来评估它们，从堰坎高度最小的堰开始评估。本书建议使用堰坎高度最小的堰，因为这样最经济，对上游流态影响最小，泥沙淤积的可能性最小，同时抬高一个堰比降低一个堰要轻松。

（7）为第（6）步选出的堰确定上游堰上水头 h_1（附表 3.1 或附表 3.2），同时确定为了维持自由出流所需要的水头损失 ΔH。这个水头损失值可以选择表 5.3 或表 5.4 中的值或者使用 $0.1H_1$，后者往往更大。因为 h_1 通常接近于 H_1，$0.1h_1$ 可以作为初始值。

（8）检查 $Q_{\max}$ 下的临界淹没度。如果满足淹没度条件，选择下一组高一些的堰，然后重复第（7）步。如果满足要求，接下来就检查超高。如果不满足超高标准，选择稍低一点的堰，然后重复第（7）步。如果这个堰高已经被证明是不可行的，这一类标准堰都无法在该测段工作，或者需要放松多个限制条件。如果在 $Q_{\max}$ 下满足淹没度条件和超高限制条件，紧接着需要检查在 $Q_{\min}$ 下的弗劳德数和淹没度，同时需要检查 $Q_{\max}$ 和 $Q_{\min}$ 下的精确度。

（9）如果不满足设计标准，选择一个更高或者更低堰坎的堰，然后重复第（7）、（8）步（更多建议见 5.6.6 小节）。

（10）由表 5.8 确定合适的堰的尺寸。本书建议在堰的上游设置一个 1∶3 的斜坡（除了堰高相对水深较高的情况）。本书建议 $L>1.5H_{1\max}$，且不小于附表 3.1 或附表 3.2 给出的值。

下面给出一个在梯形衬砌渠道中选择标准宽顶堰的例子。

例 5.2　数据来源于例 5.1，底宽 $b=0.3\text{m}$，边坡坡度为 1∶1，渠道深度 $d=0.55\text{m}$，底坡 $S_b=0.00050\text{m/m}$，曼宁糙率系数 $n=0.015$，测流范围为 $Q_{\min}=0.05\text{m}^3/\text{s}$ 至 $Q_{\max}=0.15\text{m}^3/\text{s}$。

目标：根据设计流程选择一个合适的量水设施。

（1）注意到在例 5.1 中 $Q_{\min}$ 和 $Q_{\max}$ 下的尾水水位分别为 0.240m 和 0.412m。

（2）在 $Q_{\max}$ 下选择建议的超高值，$F_1=0.2h_1$。

（3）选择需要的精度 $X_{Q_{\min}}=8\%$，$X_{Q_{\max}}=5\%$，$X_c=2\%$。

（4）假设水头通过侧墙上的水尺读取，δ_{h_1} 约为 7mm［假设式（5.14）和式（5.15）中 $u=1.8$］。

（5）在表 5.3 中查询渠道形状。注意到最大渠道深度要比这个渠道的深度大很多（0.77m 相比于 0.55m）。

（6）注意所有列出的堰（从 B_m 至 G_{m1}）都拥有足够的过流能力，但是所需的最低流量限制都比所列出的值要低。这意味着水头测量方法和所需的精度需要进一步检查。

（7）对于每一种堰（从 B_m 至 G_{m1}），由附表 3.1 确定在最大、最小流量下的水头，同时由表 5.3 估计水头损失值。超高值 F_1 取为 $h_{1\max}$ 的 20%，计算结果见表 5.10。

表 5.10　例 5.2 初步水头损失估计值计算

堰	h_{1max}/m	h_{1min}/m	p_1/m	ΔH/m	y_{1max}/m	h_{2max}/m	h_{2min}/m	F_1/m
B_m	0.219	0.118	0.15	0.017	0.369	0.262	0.09	0.044
C_m	0.208	0.110	0.20	0.021	0.408	0.212	0.04	0.042
D_{m1}	0.197	0.103	0.25	0.025	0.447	0.162	–0.01	0.039
E_{m1}	0.187	0.097	0.30	0.029	0.487	0.112	–0.06	0.037
F_{m1}	0.178	0.091	0.35	0.033	0.528	0.062	–0.11	0.036
G_{m1}	0.163	0.083	0.40	0.039	0.563	0.012	–0.16	0.033

（8）检查每个堰是否满足设计标准。WinFlume 软件用来检测一系列堰坎高是否满足淹没度和超高要求。对于这个例子，堰坎高的范围为 0.24～0.33m。因此，对于标准堰来说，只有 0.25m 和 0.30m 的堰高可以接受，且 0.25m 的堰高只在最大流量下满足淹没度要求，结果见表 5.11。

表 5.11　例 5.2 淹没度校核

堰	Q_{max} 时的模态流方程（5.10）$H_{1max}>H_{2max}+\Delta H_{max}$ 或者近似地为 $h_{1max}>h_{2max}+\Delta h_{max}$	Q_{max} 时的模态流方程（5.11）$H_{1min}>H_{2min}+\Delta H_{min}$ 或者近似地为 $h_{1min}>h_{2min}+\Delta h_{min}$	超高方程（5.12）$h_{1max}<d-p_1-F_1$
B_m	0.219 ≯ 0.262+0.017	0.118>0.09+0.017	0.219<0.55–0.15–0.044
C_m	0.208 ≯ 0.212+0.021	0.110>0.04+0.021	0.208<0.55–0.20–0.042
$\boldsymbol{D_{m1}}$	**0.197>0.162+0.025**	**0.103>–0.01+0.025**	**0.197<0.55–0.25–0.039**
$\boldsymbol{E_{m1}}$	**0.187>0.112+0.029**	**0.097>–0.06+0.029**	**0.187<0.55–0.30–0.037**
F_{m1}	0.178>0.062+0.033	0.091>–0.01+0.033	0.178 ≮ 0.55–0.35–0.036
G_{m1}	0.163>0.012+0.039	0.083>–0.16+0.039	0.163 ≮ 0.55–0.40–0.033

堰	弗劳德数方程（5.13）$Fr_1=\dfrac{Q_{max}/A_{1max}}{\sqrt{gA_{1max}/B_{1max}}}<0.5$	Q_{max} 时的精度方程（5.14）$h_{1max}>\dfrac{u\delta_{h_1}}{\sqrt{X_{Q_{max}}^2-X_{c\,max}^2}}$	Q_{min} 时的精度方程（5.15）$h_{1min}>\dfrac{u\delta_{h_1}}{\sqrt{X_{Q_{min}}^2-X_{c\,min}^2}}$
B_m	0.399<0.5	0.219 ≯ 0.275	0.118 ≯ 0.163
C_m	0.327<0.5	0.208 ≯ 0.275	0.110 ≯ 0.163
$\boldsymbol{D_{m1}}$	**0.272<0.5**	**0.197 ≯ 0.275**	**0.103 ≯ 0.163**
$\boldsymbol{E_{m1}}$	**0.228<0.5**	**0.187 ≯ 0.275**	**0.097 ≯ 0.163**
F_{m1}	0.193<0.5	0.178 ≯ 0.275	0.091 ≯ 0.163
G_{m1}	0.165<0.5	0.163 ≯ 0.275	0.083 ≯ 0.163

（9）选择堰 E_{m1}，因为它同时满足自由出流和超高的要求，而且它还在将来可能出现

的高尾水位情况下提供了一个极小的安全空间（如藻类生长或者混凝土腐蚀）。注意到所有这些堰都不满足精度标准。实际上，低堰高的精度要更差，因为设计者使用的水头测量误差值基于上游渠道中的弗劳德数小于 0.2 的假定；而实际的弗劳德数接近 0.4。在最大流量下为了达到合理的精度，水位可以通过静压井读取（$\delta_{h_1}=5\text{mm}$，$h_{1\max}=0.187\text{m}$，5.2%的精度）。在最低流量下精度仍然不理想（精度为 9.5%而不是 8%），但这已经很接近要求的值了，因此用户还是接受了这样的结果。如果需要更高的精度，量水槽就要设计得更窄，或者使用更精确的装置来测量水位。

（10）由表 5.8 确定结构纵向尺寸：$L_a=0.2\text{m}$，$L_b=0.9\text{m}$，$L=0.35\text{m}$，$L_d=0$，同时下游扩散率为 $m=0$，因为渠道中已经有足够的水头降落，不需要设置下游斜坡。

5.6.5 土质渠道中矩形宽顶堰的选择

因为在土质渠道中有多种断面形式可供选择且测流范围广泛，所以确定结构相应的 $h_{1\max}$、p_1 和 b_c 的值要相对复杂。矩形堰已经被证明在非衬砌渠道中是个有效的选择，因为矩形堰的建造相对简单，可以用块石或者砖石建造［对于渠道深度超过 1.5m（约 5ft）的情况，本书建议使用梯形堰或者三角形堰而不是矩形堰］。虽然这种情况使得设计流程在某种程度上变得复杂，但是也让设计者的设计更为灵活且扩展了堰的使用范围。特别地，由于土质渠道运行效率低下，流速往往很低，这就需要设计者考虑收缩的影响。为了使上游水头测量达到合理的精度，设计者通常会采用侧边收缩。精度标准对减少结构的选择范围有很大帮助。

在土质渠道中矩形堰的设计步骤和 5.6.4 小节提到的在衬砌渠道中的设计类似：

（1）确定测流范围 $Q_{\max}$ 和 $Q_{\min}$。随后用独立的方法估计或确定在最大设计流量 $Q_{\max}$ 下（没有堰的情况下）渠道中的水深（y_2）和最小设计流量下的渠道水深。这些尾水水位将会用来评估堰在 $Q_{\max}$ 和 $Q_{\min}$ 下的淹没度。3.3.3 小节提到的便携式量水槽或 3.2.3 小节提到的临时量水槽对于确定渠道中的水流特性很有帮助。对于土质渠道，需要在最小流量 $Q_{\min}$ 下检验淹没度。这是因为在较小流量下由矩形渐变段产生的水头跌落通常要比梯形或者粗糙土质尾水渠中的水位下降要快。因此，在矩形喉道中的淹没度在 $Q_{\min}$ 下要大一些，故在最小流量下需要一个较高的堰坎来避免淹没。但这也会使结构在最大流量下难以满足超高要求。

（2）选择需要的超高。对于土质渠道，本书建议超高至少为渠道水深的 10%，$F_1=0.10d$。同时给出了最大水位 $y_{1\max}=0.9d$。

（3）选择所需的测流精度。对于这类堰，本书建议 $X_{Q_{\min}}=8\%$，$X_{Q_{\max}}=5\%$，$X_c=2\%$。

（4）对于弗劳德数为 0.3、用水尺读取水头的量水结构来说，选取 $\delta_{h_1}=10\text{mm}$（若要进行调整见表 4.1）。这个值将会用来计算上游所需水头 $h_{1\min}$ 和 $h_{1\max}$，以使式（5.14）和式（5.15）满足精度要求。对于这类堰，u 的值大约为 1.5。

（5）考虑对整个堰均使用矩形横断面（包括上游渠道和尾水渠），该矩形断面与土质渠道相比上部窄但下部宽。对于流速很低的渠道，建议行近渠道底部高于上游土质渠道底部。

（6）利用第（4）步得出的 $h_{1\max}$ 和 $h_{1\min}$ 值在附表 3.3 或者附表 3.4 中找到表中同时包

含两个 h_1 值的一栏。查阅其中的一列，然后选择一个统一流量 q。计算所需宽度 $b_c = Q/q$。在 Q_{min}/q_{min} 和 Q_{max}/q_{max} 中选择较小的 b_c 值。如果由 q_{min} 算出的 b_c 值要更小，重新计算 $q_{max} = Q_{max}/b_c$ 以确定 q 值是否仍在所选择的那一列里。如果不是，就选择下一列更宽的堰。如果堰比渠道平均宽度要宽，就需要使用窄一些的堰。同时需要确定所选宽度是否在那一系列率定表的范围内。如果宽度太小，就前往更宽的一组，然后重复以上步骤。如果宽度太大，就前往较窄的一组。如果这一组水头测量范围太小，就需要选择更宽的堰，同时允许更大的测量误差，或者使用第6章或第8章的方法建立一个新的率定表。设计应从最低的堰坎高开始或者是从包含测量水头范围的最低堰坎高开始。

（7）为第（6）步选择的堰从率定表中确定上游堰上水头 h_1（附表3.3或附表3.4）。同时确定维持自流出流所需的水头损失值 ΔH。对于给定的堰，选择附表3.3或附表3.4中的值，或者直接定为 $0.1H_1$（后者更大）。因为 h_1 通常接近于 H_1，$0.1h_1$ 可用作第一个近似值。对于流量将进入较宽渠道的量水堰，使用 $0.4H_1$ 作为实际水头损失或者通过计算得到实际水头损失（见6.6节）。

（8）从 Q_{max} 下的淹没度开始评估设计标准。如果淹没度不满足设计标准，就选择高一些的堰，然后重复第（7）步。如果满足了标准，接下来就检查超高。如果超高不满足要求，就选择低一些的堰，然后重复第（7）步。如果堰高已经被证明是不可行的，则无论是哪个标准堰高都不能适应这个渠道，需要改变量水设施的宽度或者将一个或多个设计标准放宽。接着检查弗劳德数是否满足标准，Q_{min} 下的淹没度是否满足标准，以及 Q_{min}、Q_{max} 下的精度是否满足标准。

（9）为那些不满足设计标准的量水堰重新选择宽度或者堰高，或者放宽设计标准（见5.6.6小节）。

（10）由表5.9确定合适的纵向尺寸。本书建议斜坡斜率为1∶3（除了那些相对于水深较高的堰坎）。本书建议 $L > 1.5H_{1max}$，但是不能小于附表3.3或附表3.4给出的水头值。

以下为土质渠道选择矩形宽顶堰的例子。

（1）这个例子的数据在表5.12中给出。初始假设结构全长为图5.10中的尺寸。

表5.12　土质渠道水槽设计尺寸

p_1/m	h_{1max}/m	h_{1min}/m	ΔH/m	y_{1max}/m	h_{2max}/m	h_{2min}/m
0.20	0.386	0.162	0.048	0.586	0.26	0.05
0.30	0.395	0.167	0.063	0.695	0.16	−0.05

（2）选择超高为10%的渠道水深。在这样的标准下，最大水深为0.6m。对于式（5.12），本书假设渠道深度为0.6m，超高值为0。

（3）选择需要的精度，$X_{Q_{min}} = 7\%$，$X_{Q_{max}} = 5\%$，$X_c = 2\%$。

（4）假定水头通过边墙的水尺读取，弗劳德数为0.2时 δ_{h_1} 大约为7mm[假定式（5.14）和式（5.15）中 $u = 1.5$]。由式（5.14）和式（5.15）计算了所提精度下在 Q_{min} 和 Q_{max} 时所需的最小水头：

$$h_{1\max} > \frac{u\delta_{h_1}}{\sqrt{X_{Q_{\max}}^2 - X_{c\max}^2}} = \frac{1.5 \times 0.007}{\sqrt{0.05^2 - 0.02^2}} = 0.229 \approx 0.23(\mathrm{m})$$

$$h_{1\min} > \frac{u\delta_{h_1}}{\sqrt{X_{Q_{\min}}^2 - X_{c\min}^2}} = \frac{1.5 \times 0.007}{\sqrt{0.07^2 - 0.02^2}} = 0.157 \approx 0.16(\mathrm{m})$$

（5）对于整个结构选择矩形横断面。

（6）在附表 3.3 中查询以上计算出的水头值（0.16m 和 0.23m）。由最窄的宽度开始，选择第一个包含两个水头值的表格。这里选择表中宽度为 0.2～0.3m 的一栏。最大宽度为 0.3m，这个水头生成的最大流量为 $0.34\mathrm{m}^3/\mathrm{s}$，或者单宽流量为 $1.13\mathrm{m}^2/\mathrm{s}$。率定表中的值并不高，因此可以尝试更多的宽度。0.5m 宽时，单宽最大流量将会是 $0.68\mathrm{m}^2/\mathrm{s}$。用户再一次发现，率定表中的值没有这么高。下一个表中有 1m 的宽度，单宽流量为 $0.34\mathrm{m}^2/\mathrm{s}$。因此，设计者从宽度范围 0.5～1.0m 开始选择。对于所有这些表，水头为 0.23m 时单宽流量为 $0.2\mathrm{m}^2/\mathrm{s}$。因为最大流量为 $0.34\mathrm{m}^3/\mathrm{s}$，所以宽度必须小于 1.7m。因为渠道有效宽度为 1.2m，所以最大流量下的精度不是约束条件。在 0.16m 水头下，附表 3.3 中的单宽流量为 $0.11\mathrm{m}^2/\mathrm{s}$。因为最小流量为 $0.085\mathrm{m}^3/\mathrm{s}$，所以宽度必须缩窄至 0.77m。宽度初始假设值可以设为 0.75m，该值会随着其他标准做适当调整。

（7）对于宽度为 0.75m 的堰来说，最大流量为 $0.34\mathrm{m}^3/\mathrm{s}$ 除以 0.75m（单宽流量为 $0.453\mathrm{m}^2/\mathrm{s}$），而最小单宽流量为 $0.113\mathrm{m}^2/\mathrm{s}$。由附表 3.3 可得，只有较高的两个堰高是可以接受的，因为较低的堰高使得上游渠道中的弗劳德数过高。

（8）检查这两种设计是否满足设计标准，见表 5.13。

（9）选择堰高 0.2m，因为太高的堰高会引起上游水位抬升过高。这样的设计将会满足精度要求。如果直接使用附表 3.3，X_c 增至 3%时，$Q_{\max}$ 和 $Q_{\min}$ 下的精度分别变为 4.4%和 8.3%。

（10）由表 5.9 确定尺寸：$L_a = 0.4\mathrm{m}$，$L_b = 0.6\mathrm{m}$，$L = 0.6\mathrm{m}$，$L_d = 0$，$m = 0$，$L_e = 5\mathrm{m}$。尾水渠的需求使得量水设施显得格外长，但这能提供额外的水头损失。在没有针对特定渠道进行详细计算的情况下，缩短的量水设施的水头损失（如 $L_d = 0$ 和 $L_e = 0$）为 $0.4H_{1\max}$（0.154m）。因为整个量水设施只能提供 0.126m 的水头损失，所以不能在没有详细评估的情况下取消尾水渠。

表 5.13　土质渠道水槽设计方案复核表

堰高 p_1/m	$Q_{\max}$ 时的模态流方程（5.10）$H_{1\max} > H_{2\max} + \Delta H_{\max}$ 或者近似地为 $h_{1\max} > h_{2\max} + \Delta h_{\max}$	$Q_{\min}$ 时的模态流方程（5.11）$H_{1\min} > H_{2\min} + \Delta H_{\min}$ 或者近似地为 $h_{1\min} > h_{2\min} + \Delta h_{\min}$	超高方程（5.12）$h_{1\max} < d - p_1 - F_1$
0.2	0.386＞0.26+0.048	0.162＞0.05+0.048	0.368＞0.6–0.20–0.0
0.3	0.395＞0.16+0.063	0.167＞–0.05+0.063	$0.395 \not< 0.6-0.30-0.0$

堰高 p_1/m	弗劳德数方程（5.13）$Fr_1 = \frac{Q_{\max}/A_{1\max}}{\sqrt{gA_{1\max}/B_{1\max}}} < 0.5$	$Q_{\max}$ 时的精度方程（5.14）$h_{1\max} > \frac{u\delta_{h_1}}{\sqrt{X_{Q_{\max}}^2 - X_{c\max}^2}}$	$Q_{\min}$ 时的精度方程（5.15）$h_{1\min} > \frac{u\delta_{h_1}}{\sqrt{X_{Q_{\min}}^2 - X_{c\min}^2}}$
0.2	0.323＜0.5	0.386＞0.229	0.162＞0.157
0.3	0.250＜0.5	0.395＞0.229	0.167＞0.157

水头损失的计算在 6.6 节给出，或者可以由第 8 章的计算软件 WinFlume 通过定义尾水渠断面参数计算得出。通过计算可以得出，对于缩短的结构只需要 0.079m 的水头损失，因此之前计算的值已经足够。

5.6.6　无法达到设计标准时的对策

对于每个设计要求，如果不满足设计标准，最直接的方法就是改变方案以满足设计标准。这些修改的方案在表 5.14 中给出。如果数个设计标准未能满足要求，修改设计时通常会产生冲突，有时在这些设计标准下是无法全部满足设计要求的，这时如果条件允许可以放宽一个或多个设计限制。当然，有时修改选择只是看上去有冲突但是可以通过适当的设计进行解决。以自流出流的标准和 Q_{max} 下的超高限制为例，一个需要抬升堰高，另一个需要降低堰高；一个需要缩窄控制段，另一个要扩宽控制段。单独来看，这似乎是无法调和的冲突。然而，设计者却可以做到既抬升堰高又扩宽堰宽来同时满足两个设计需求，因为更宽的控制段在 Q_{max} 下需要的水头会减小，所需要的水头损失值也会减小（因为 ΔH 为 H_1 的比例），减小的水头损失值使得同时满足两个标准成为可能。在所有选择都试过之前，不能轻易地做出这个设计是不可能的这种结论。

表 5.14　满足设计需求的选择

设计需求	如果需求不被满足需要考虑的选项
Q_{max} 时的自流出流（淹没流）	抬升堰顶
	Q_{max} 时缩小控制部分
	增加一个下游斜坡段（建议坡度为 1∶6）
	选择一个有更多降落可利用的位置
Q_{min} 时的自流出流（淹没流）	抬升堰顶
	Q_{min} 时缩小控制部分
	增加一个下游斜坡段（建议坡度为 1∶6）
	选择一个有更多降落可利用的位置
Q_{max} 时的超高	降低堰顶
	Q_{max} 时扩宽控制部分
	增大最大可允许的水位（减小需要的超高或增大渠堤的高度）
Q_{min} 时的弗劳德数	增大 Q_{max} 时行近渠道的水深（通过增大收缩）
	使行近渠道更深
	增大行近渠道顶宽
Q_{max} 时的精度	Q_{max} 时缩小控制部分
	使用更精确的水头测量方法
	增大 Q_{max} 时可允许的测量误差
Q_{min} 时的精度	Q_{min} 时缩小控制部分
	使用更精确的水头测量方法
	增大 Q_{min} 时可允许的测量误差

在许多情况下，设计将会是一个迭代的过程，在做出最后的设计之前将经过许多尝试，这样的过程会显得很烦琐；然而一旦设计者熟悉了一些重要的特征，设计将会变得迅速且简洁。最难（也是最重要）的部分就是精确估计所需设置量水设施处的水流状态。这将会决定设计的约束条件。下面给出一个例子希望对大家有所帮助。它使用第 8 章介绍的软件 WinFlume 进行计算。

例 5.3　考虑 5.6.4 小节中给出的例 5.2。这是一个混凝土衬砌梯形渠道，底宽 $b = 0.3$m，边坡斜率为 1∶1，渠道深度 $d = 0.55$m，纵向底坡 $S_b = 0.00050$m/m，曼宁糙率系数 $n = 0.015$。测流范围从 $Q_{min} = 0.05\text{m}^3/\text{s}$ 至 $Q_{max} = 0.15\text{m}^3/\text{s}$。设计者希望测最小流量时精度为±8%，测最大流量时精度为±5%，超高为 h_1 的 20%。本书在 5.3.2 小节中已经确定了这个位置的尾水位。

回忆之前选择的堰坎高为 0.30m，同时在这个渠道中堰宽为 0.90m，最大上游堰上水头为 0.187m。这些原始堰（表 5.15 中堰-0）建造时只有底部收缩。这个堰满足弗劳德数、超高和淹没度的要求，但是它不满足精度要求。设计者考虑使用静压井而不是边墙水尺以提供足够的精度，但是假设设计者仍想使用边墙水尺达到更好的精度该怎么做呢？过堰的水流既宽又浅（0.187m 深，0.9～1.27m 宽），这使得在小上游堰上水头下难以达到所需测流的精度。将侧边和底部收缩结合起来将会增加最大流量下的水头，这让设计满足所有标准成为可能。

表 5.15　设计参数参考表

例子	设计要求弗劳德数 Fr_1 实际值＜0.5	超高 F_1 实际值＞要求值	淹没流 y_{1max} 实际值＜最大值	淹没流 y_{2max} 实际值＜最大值	精度 h_{1max} 实际值＞最小值	精度 h_{1min} 实际值＞最小值
堰-0	0.228＜0.5	0.064＞0.037	0.412＜0.458	0.240＜0.375	0.186≯0.247	0.097≯0.141
堰-1	0.245＜0.5	0.080＞0.060	0.412＜0.429	0.240＜0.307	0.300＞0.292	0.169＞0.161
堰-2	0.267＜0.5	0.049≯0.060	0.412≯0.412	0.240＜0.290	0.298＞0.292	0.168＞0.161
堰-3	0.281＜0.5	0.061＞0.059	0.412≯0.403	0.240＜0.281	0.297＞0.292	0.168＞0.161
堰-4	0.272＜0.5	0.054＞0.039	0.412＜0.420	0.240＜0.332	0.197≯0.250	0.103≯0.143
堰-5	0.281＜0.5	0.061＞0.059	0.412＜0.417	0.240＜0.293	0.297＞0.292	0.168＞0.161

A. 首先尝试只垂直抬升梯形段（0.3m 宽，边坡坡度为 1∶1）。WinFlume 有为所有断面形状抬升的选项。WinFlume 也会搜索堰高需要抬升多高才能满足设计标准。分析过程显示，要设计出一个合理的堰，堰高需要在 0.152～0.189m 进行尝试。在这样的堰高范围内，由于侧边收缩，在最大、最小流量下能同时满足精度标准。堰高范围内居中的值为 0.17m。这样堰高的堰在表 5.15 中列为堰-1。其他一系列底部收缩和侧边收缩相结合的设计也能满足要求。只有堰-1 满足精度标准，其他的堰要满足设计要求需要降低堰坎和缩窄控制段。

B. 现在假设渠道深度为 0.50m，而不是 0.55m。在这种情况下，堰-0 或者堰-1 都不能满足超高要求（超高将会减少 0.05m）。设计者将要向下移动整个控制段断面来满足超高要求。在 p_1 小于等于 0.152m 时，将不再满足淹没度要求，就像表 5.15 中堰-2 所展示的那样（图 5.13）。这样堰正好处于淹没度的边缘（实际和 y_{2max} 允许值之间只差 1mm）。如果设计者继续减小堰坎高，最终设计者会在 $p_1 = 0.142$m 时满足超高要求（堰-3）。在这两个堰高中间，淹没度和超高均不满足要求。这些重叠的不满足设计标准的范围向设计者展示了只抬升或者降低整个断面的设计是行不通的，设计者需要改变断面形状。控制段宽浅的流动将会减小水头，所需的水头损失也相应减小（因为 ΔH 为 H_1 的比例），增加了可提供的超高，同时减小了超高需要（与水头相关）。为了检验这个设计，设计者随意地将堰坎提高到 0.25m，随后让 WinFlume 尝试不同的收缩以寻找合适的设计。需要在控制段较窄的范围（0.724～0.8000m）内满足超高和淹没度的要求。控制段宽度为 0.80m 时是宽顶堰设计（堰-4）。不幸的是，虽然超高和淹没度满足要求但是精度要求不满足。实际上，要满足精度要求，需要控制段宽度为 0.35m 或者更少。宽度在 0.724m 和 0.35m 之间

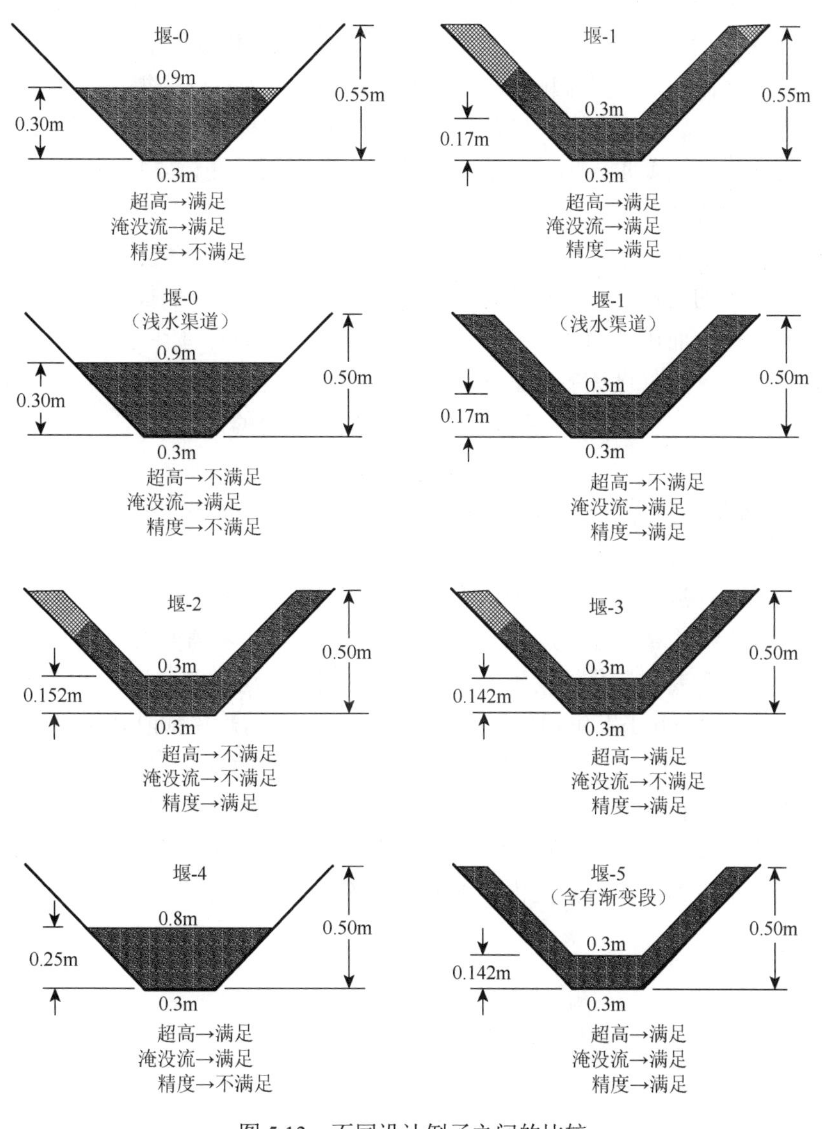

图 5.13　不同设计例子之间的比较

时，超高和精度均不满足要求。因为不满足要求的范围重叠，在这个设计中设计者没有别的方法来改进设计（注意到重叠的范围会随着堰坎高而改变。一小部分堰高最终会被证明没有任何设计能满足要求，因为它们不满足设计标准的范围重叠，槽-2、槽-3）。

C. 另一个解决 B 中问题的方法就是在槽-3 结构中增加扩散段。这样做会减小水头损失，会让设计者将堰高降得足够低来满足超高要求。因为设计者已经将量水槽收缩得足够窄来满足精度要求，随后将给出满足所有目标的设计。用 WinFlume 测试这个设计，设计者在槽-3 上加上 1∶6 的下游斜坡段，因为除了淹没度要求其他要求全都满足。加上斜坡段后已能够提供足够满意的设计（槽-5）。分析指出堰高范围在 0.137～0.142m 都能满足要求。在建造这样的堰时，设计者会在扩散段同时建造 1∶6 的底部斜坡和控制段侧墙后下游 1∶6 的渐变段。

为了总结以上描述的内容，图 5.13 展示了一系列不同堰的断面。当渠道深为 0.55m 时，宽顶堰会显得抬高，引起水流太宽太浅，以至于不能提供良好的精度。槽-1 缩窄了断面，调高了水深，提高了测流精度，满足设计要求。对于较低的渠道水深（0.50m），窄喉道设计（槽-2）满足精度要求，但是超高和淹没度要求均不满足。宽顶堰设计（堰-4）能满足超高和淹没度的要求，但是不满足精度要求。最后，在槽-2 中添加一个扩散段后，槽-5 能够满足所有设计标准。

这个例子很好地说明了在量水堰槽设计中需要权衡考虑的关键问题。上游渠道中弗劳德数和最小流量下的淹没度没有在这些例子中加以考虑，因为它们很容易通过调整得到满足。为降低渠道深度而进行的量水设计会受到限制，量水设计往往要与现有渠道相适应。有时设计者需要考虑多种设计方案并从中找到一种可接受的方案。为新渠道设计量水堰槽将会更直接，因为量水槽的水头损失能够被纳入渠道系统的设计中。

5.7 使用 WinFlume 进行常规量水堰槽设计

本节介绍的设计流程可以适用于大多数堰槽的设计。对于在标准渠道中使用的小型量水结构，可采用已经计算的标准尺寸。对于大型结构，设计者需要考虑更多细节，它既需要满足设计标准又需要拥有足够精确的水头流量率定表。这样的分析由 WinFlume 软件提供（第 8 章），它在 5.6.6 小节中用作例子。这个软件根据初始控制段断面评估了一系列槽的设计，同时为用户提供了改变收缩断面的方法。最后软件会将可行的设计汇总成一个报告，用户可以根据这个报告在众多设计中权衡出最终的设计方案。对于较为严格的约束条件，用户需要尝试数种收缩改变的方法以达到最后合适的设计。一旦设计选定，结构的率定表就会计算出来。第 8 章将会提供详细的使用说明。

第 6 章　长喉槽的水力学原理及水力计算

本章主要介绍堰、槽水力学计算的基本原理，根据基本原理可以计算这些建筑物的水头流量关系和淹没度。利用上述原理可以较精确地计算出任何控制段断面形状的量水槽的流量。计算软件会在第 8 章中介绍。

6.1　连 续 方 程

图 6.1 是一个边界由流线组成的流管。依照流管的定义，在这个流管中是没有水流穿过管壁的。然后本书假设水流是不可压缩的，根据每单位时间对流管中水流体积的测量，水流一定会从断面 1 流入流管并从断面 2 以相同的流量流出。按照恒定流的假设，流管的形状和位置都不随时间改变。对于恒定流，流量 Q 即单位时间内流过某一断面水的体积与和断面垂向的平均速度 v 及断面面积 A 的乘积有关。对于图 6.1 中的断面 1 和 2，有以下方程：

$$Q = v_1 A_1 = v_2 A_2 \tag{6.1}$$

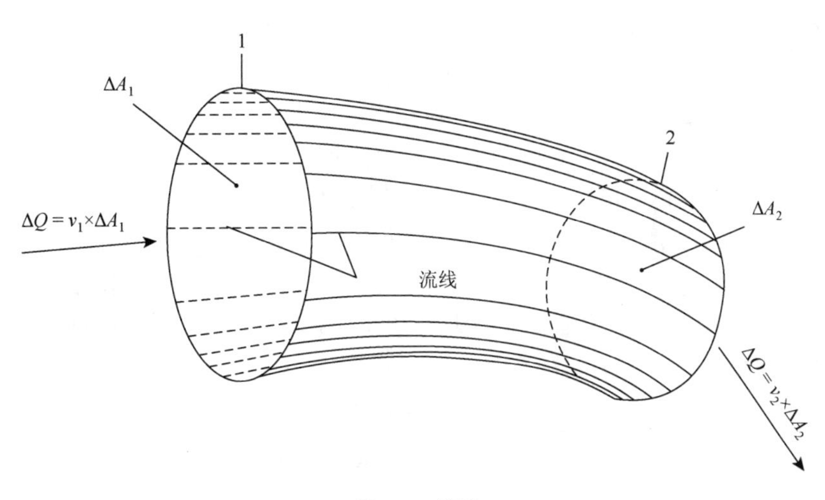

图 6.1　流管

式（6.1）就是连续性方程。此方程对任何通过流管的不可压缩液体的流动都是成立的。将式（6.1）应用到一个有已知固定边界条件的流管中，如宽顶堰上通过一个恒定流时（以渠底、边坡和顶部水面线为边界所形成的过流断面，如图 6.2 所示），连续性方程可以改写为

$$Q = v_1 A_1 = v_c A_c = 常数 \tag{6.2}$$

式中：v_1、v_c分别为断面 A_1 和断面 A_c 处的垂向平均速度。在宽顶堰的例子中，下标 1 表示堰的上游的观测站的位置，而下标 c 则表示临界流处断面。

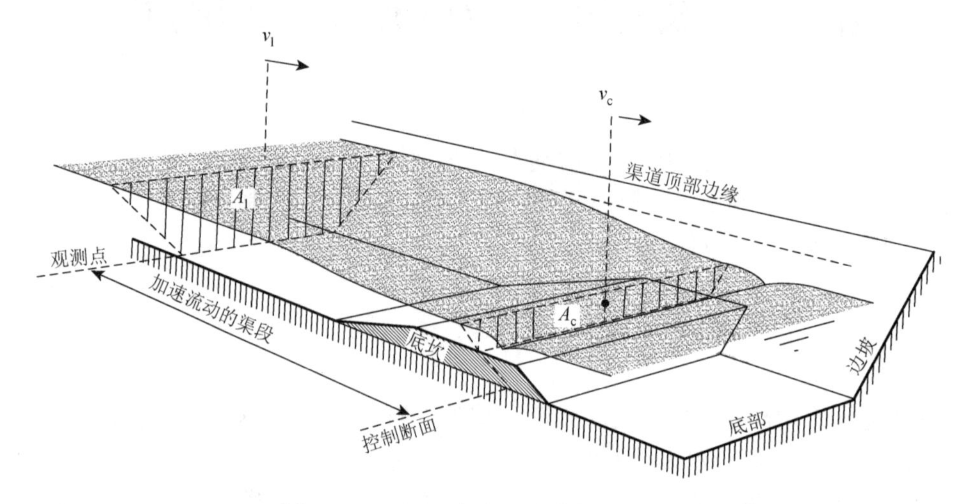

图 6.2　观测站和控制段水流的断面面积

6.2　伯努利能量方程

每一个流体质点都有不同的速度、高程、压力、热量和噪声值。为了方便分析明渠中的水流，流体质点的热量和噪声可以忽略。其余的量则是本书所关心的与能量有关的量。

$$\rho u^2/2 = \text{单位体积水的动能}$$

$$P = \text{单位体积水的压力}$$

$$Pgz = \text{单位体积水的势能}$$

在以上各式中，ρ 为水体密度，g 为重力加速度，u 为流速，z 为水位。

这些能量的单位分别是 kg/（m·s^2）或 N/m^2。但对大多数工程人员而言，单位并不值得感兴趣。通常假设水体的密度是不变的（$\rho = 1000\text{kg/m}^3$）且重力加速度的值在全球都是一样的（$g = 9.81\text{m/s}^2$）。这几种能量形式均以单位质量水体表示。以下能量的表达形式以水深或水头为单位：

$$u^2/2g = \text{速度水头}$$

$$P/\rho g = \text{压力水头}$$

$$z = \text{位置水头}$$

对于 1 处的水体质点，这三种水头值表示在图 6.3 中。除以上所提及的三种水头外，还有

$$P/\rho g + z = \text{测压管水头}$$

$$E = \text{水体质点的总水头}$$

也经常被使用。总水头和位置水头 z 是在同一参考平面下测出的（图 6.3）。因此，对于 1 和 2 处的流体质点，有以下等式：

$$E_1 = \frac{P_1}{\rho g} + z_1 + \frac{u_1^2}{2g}$$

$$E_2 = \frac{P_2}{\rho g} + z_2 + \frac{u_2^2}{2g} \tag{6.3}$$

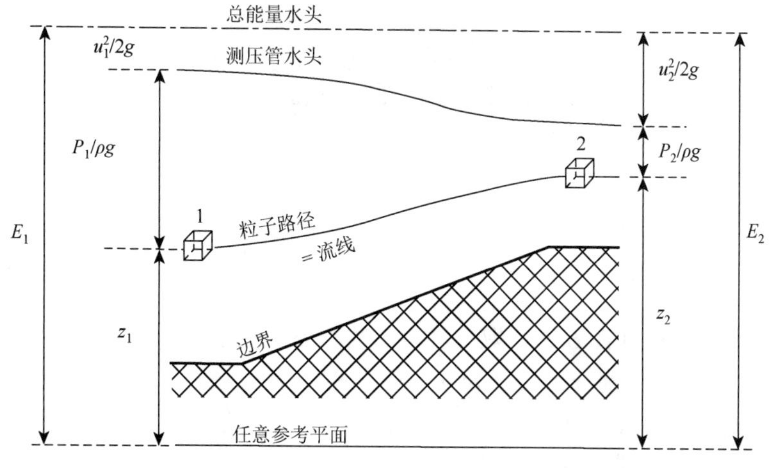

图 6.3　恒定流一个流体质点的能量

如果断面 1 和 2 之间的距离较短，沿程水头损失如摩擦损失和紊流造成的损失可以忽略不计，就可以假设 E_2 等于 E_1，因而就有

$$\frac{P_1}{\rho g} + z_1 + \frac{u_1^2}{2g} \approx \frac{P_2}{\rho g} + z_2 + \frac{u_2^2}{2g} \tag{6.4}$$

在不同位置，不同速度的水流质点都有不同的能量水头，式（6.3）和式（6.4）是著名的伯努利方程的两种不同的形式，该方程沿任何流线都是成立的。

如果一种流动，其流线是直线并且相互平行，则在垂直于流线的方向是没有水流流动的。本书假设有一种流动就像前述的水平流动，示意图如图 6.4 所示，并且只考虑 1、2 点之间薄圆柱状的水流，这个水柱的高是 $z_1 - z_2$，其横断面面积为 $\mathrm{d}A$。作用在这部分水体上的力有重力 ρg（$z_1 - z_2$）$\mathrm{d}A$ 和水体底部的压力 $P_2\mathrm{d}A$。水体垂直方向的加速度为 0，因此这些力就是水体所受的全部力，它们应该是相互平衡的，压力可以改写为

$$P_2 = \rho g(z_1 - z_2) \tag{6.5}$$

将式（6.5）变形为

$$\frac{P_2}{\rho g} + z_2 = z_1 = y = 常数 \tag{6.6}$$

利用式（6.6），可以计算任何点处压强的大小，压强的分布如图 6.4 所示。这种按线性方式分布的压强叫作静水压强。水体内的压强大小是高程的线性比例函数，比例系数是重力加速度 g。

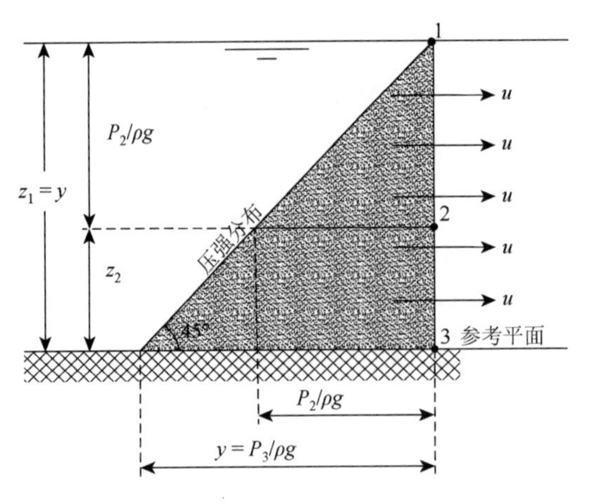

图 6.4　层流中静水压强分布图

如果流线是弯曲的（图 6.5），取半径为 r 的圆弧形流线上一个单位体积的水流质点，质点的速度设为 u，并受到一个大小为 u^2/r 的向心加速度（这个向心加速度始终与速度垂直并指向流线曲率的中心）。单位水体所受的重力是恒定的，因而向心加速度的产生是由于压力的减小，压力的减小会产生一个压力梯度，每向曲率中心靠近 Δr 的距离压力会减小 ΔP。ΔP 与 Δr 之间的关系为

$$\frac{\Delta P}{\Delta r}=\frac{\rho u^2}{r} \tag{6.7}$$

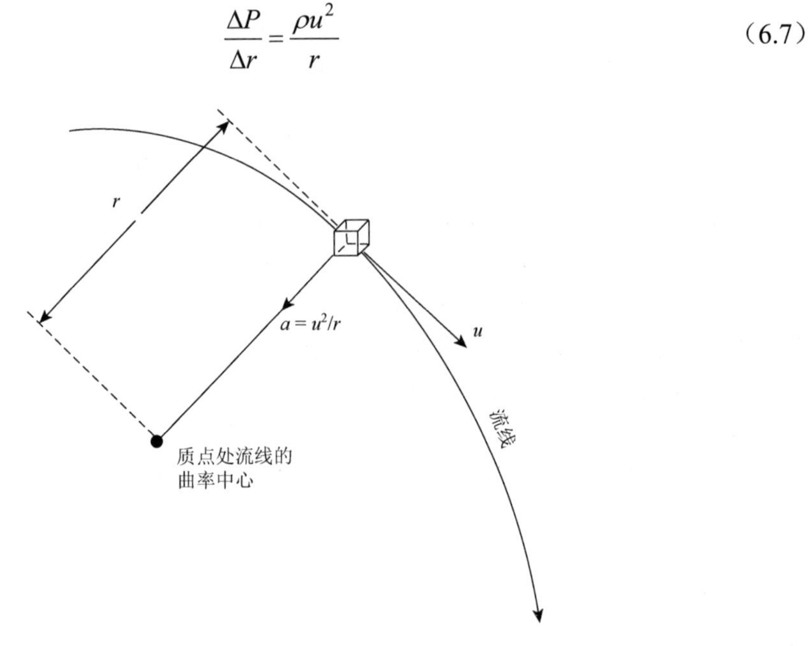

图 6.5　向心加速度

当流线向下弯曲时，压力减小的方向和重力加速度的方向相同，导致的结果就是，与流线为相互平行时的静水压力相比，这种情况下的静水压力会更小（图 6.6）。

向心加速度对压力和速度分布的影响取决于水流速度 u 和所考虑处流线的半径 r。在这些量中，流线的曲率最难测得，曲率的测量困难使得计算图 6.6 中 1 到 3 断面间的流量

变化变得费时且不够准确。如果一条流线的弯曲方向如图 6.6 所示，邻近的一条流线的弯曲方向与纸面所在平面垂直，则流动形态是三维的，此时流量就不能从现有的理论计算得到。例如，当控制段长度相对于上游堰上水头来说很短时，就会发生这种流动形态。

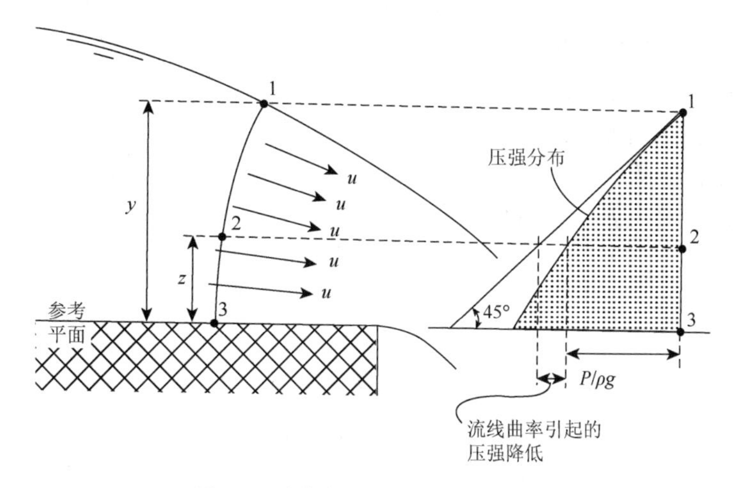

图 6.6　流线弯曲对压强分布的影响

为了能够计算水槽控制段中压强和速度的分布，控制段的长度必须要足够长，使该处的流线为直线并且相互平行。控制段的长度要大于上游水头的两倍。高水头对水头流量关系曲线和水槽淹没度的影响分别写在 6.4.3 小节和 6.5 节。

现在需要确定通过整个渠道横断面所有水体质点的总能量。因此，需要计算式（6.3）和式（6.4）中的流速水头，计算流速水头需要横断面上所有水流质点的平均流速。平均流速无法直接测量，因为速度沿渠道横断面并不是均匀分布的。两个不同形状渠道断面的流速分布如图 6.7 所示。平均流速由连续性方程定义，需要由计算得出：

$$v = \frac{Q}{A} \tag{6.8}$$

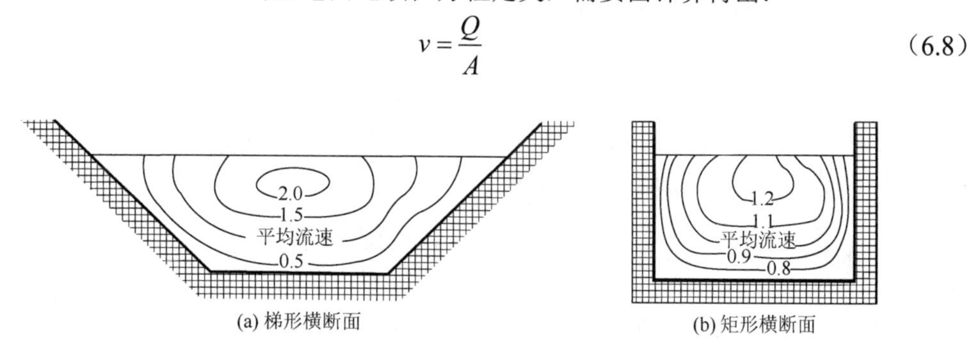

图 6.7　渠道断面流速分布的示意图

因为渠道横断面上流速 u 的分布不均匀，实际的流速水头（$u^2/2g$）$_{\text{avg}}$ 并不一定等于 $v^2/2g$。因此，需要引入一个流速分布系数 α，使得

$$\left(\frac{u^2}{2g}\right)_{\text{avg}} = \alpha \frac{v^2}{2g} \tag{6.9}$$

当所有流速 u 均相等时流速分布系数 α 的取值为 1，流速分布越不均匀，α 就越大。

对于直线型引水渠，α 的取值在 1.03～1.1；对于长喉槽的控制段，流速的分部相对均匀，α 要小于 1.01。在很多情况下，引水渠中的流速水头比测压管水头要小，因此在总能量水头的计算中，即使 α 取 1.04 也不会引起较大的测量误差，为了简化计算，本书除了本节和计算率定表的程序（见第 8 章）外，其余的 α 都取为 1。

能量方程中测压管水头的变化取决于流线的曲率。在本书考虑的两个渠道断面（一个观测断面和一个控制断面）之间，流线是直线且相互平行。由式（6.6）知，位置水头和压力水头的和是恒定的，当水面压强 $P=0$ 时，测压管水位就和观测断面处的水位相同。对于观测断面，总水头 H_1（图 6.8）为

$$H_1 = h_1 + \frac{\alpha_1 v_1^2}{2g} = h_1 + \frac{\alpha_1 Q_1^2}{2gA_1^2} \tag{6.10}$$

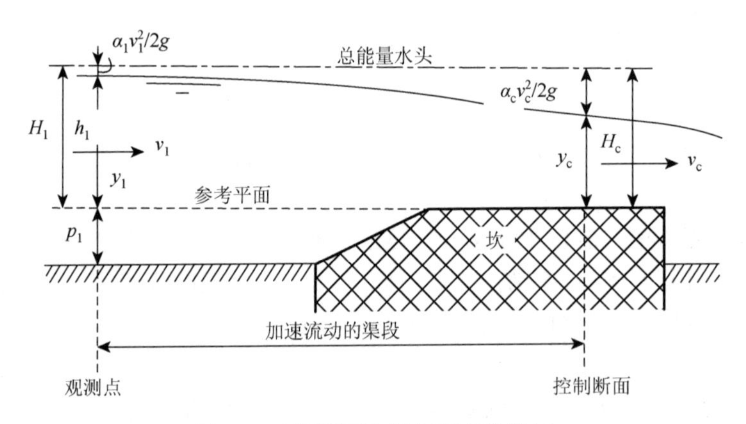

图 6.8　观测断面和控制断面的能级

在量水槽控制断面处，总水头为

$$H_c = y_c + \frac{\alpha_c v_c^2}{2g} \tag{6.11}$$

对于两个断面间的短距离加速流动，本书认为摩擦和紊流造成的能量损失可以忽略。因此，可以认为 $H=H_1=H_c$，或者写成

$$H_1 = h_1 + \frac{\alpha_1 v_1^2}{2g} \approx y_c + \frac{\alpha_c v_c^2}{2g} = H_c \tag{6.12}$$

式（6.12）就是适用于前述渠道的伯努利方程的变形形式。

6.3　临　界　流

6.3.1　临界流方程

将连续性方程（6.2）代入式（6.12）中得

$$H_c = y_c + \frac{\alpha_c Q_c^2}{2gA_c^2} \tag{6.13}$$

式中：A_c为控制断面面积，可以用断面水深y_c表示。由式（6.13）求得

$$Q_c = A_c \sqrt{\frac{2g(H_c - y_c)}{\alpha_c}} \tag{6.14}$$

用式（6.14）求解Q_c，必须已知H_c和y_c的值。而实际上是不可能同时已知H_c和y_c的，此时就需要去寻找另一个能用H_c表示y_c的方程。因为A_c是y_c的函数，式（6.13）的右边第二项随着y_c的增加而减小。对于一个给定形状的断面，通过断面的流量Q_c恒定时，每一个总水头H_c总有 2 个水深与之对应。对于深度较大的水流，其流速较小，这样的流动称为缓流；对于深度较小的水流，其流速较大，这样的流动称为急流。

当Q_c一定时，利用式（6.13）可以画出总水头H_c和水深y_c的关系曲线，如图 6.9 所示。图 6.10 中的水深y_{sub}和y_{super}及流速水头，在图 6.10 中也进行了标注。

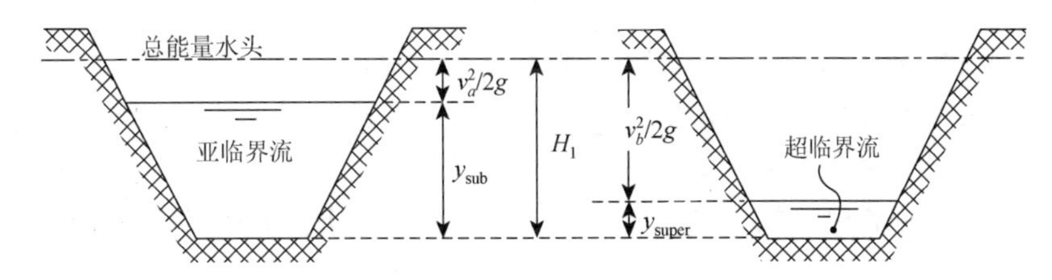

图 6.9　在相同能量和流量时渠道中的不同水深

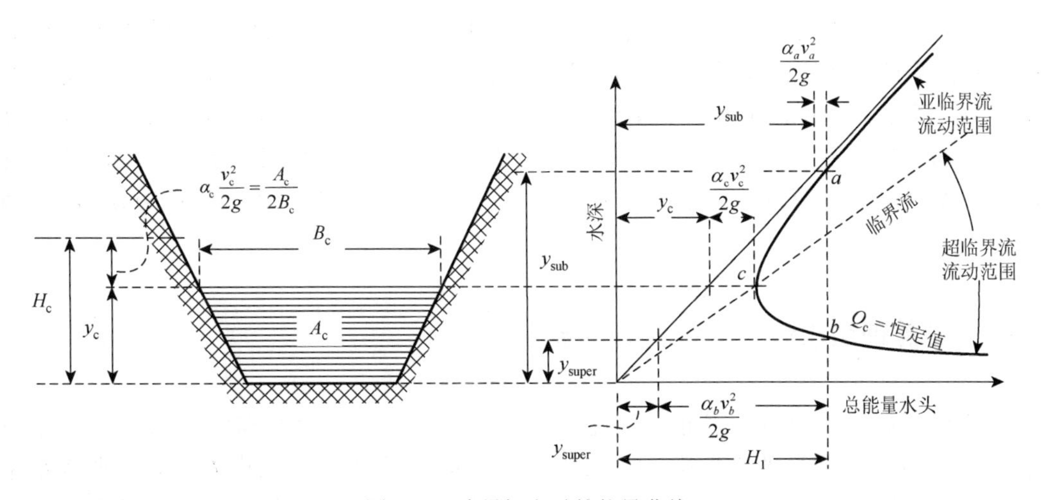

图 6.10　流量恒定时的能量曲线

总水头越小，y_{sub}和y_{super}之间的区别就越小。在H_1最小处，y_{sub}和y_{super}相等，如图 6.9 中的点 c。c 点时的水深就称为临界水深，写为y_c。所有渠道中带有下标 c 的符号都是针对临界流而言的。当水流处于临界流时，如果流量不变，此时断面的总能量最小；如果总水头不变，通过断面的流量最大。

可以在临界点用含有 y_c 的式（6.13）找到水深和总水头的关系。

令式（6.13）的一边为 0（为了在 H–y 曲线上找到临界点的位置），此处有 $\alpha_c Q_c^2/g = A_c^3/B_c$，将这个式子代入式（6.13）得

$$H_c = y_c + \frac{A_c}{2B_c} \tag{6.15}$$

式中：A_c 为控制断面面积；B_c 为控制断面水面宽度。

A_c 与 B_c 完全由 y_c 确定，而临界流控制断面的水深 y_c 是总水头 H_c 的单值函数。既然式（6.14）右边是只关于 H_c 的函数，那么在只知道 H_c 的情况下也能计算出流量。测量出上游的测压管水头 h_1，就能计算出上游的总水头 H_1。假设断面 1 和断面 c 之间无能量损失，H_1 就等于 H_c。甚至没必要直接计算出 H_1，而是将式（6.15）中 H_c–y_c 代入式（6.14）中，就可以得

$$Q_c = \sqrt{\frac{gA_c^3}{\alpha_c B_c}} \tag{6.16}$$

这个流量计算公式对临界流状态下任意形状的控制断面都是适用的。如果 A_c 和 B_c 能够得到，就很容易利用式（6.16）得到 Q_c。必须再次提醒的是，式（6.16）只能在假设流动是临界流的条件下才能使用。如果流动不是临界流，就会得到两个水深，是不可能只得到一个解的。对于测流建筑物，要保证临界流的临界点位于控制段处，以避免去测量控制断面的水深。

当控制段中的临界流到达尾水渠时，临界流流速会减小，能量损失会增加。通过建筑物的总水头损失是上游总水头 H_1 与下游总水头 H_2 的差。这两个量的比值 H_1/H_2 叫作淹没系数。当淹没系数较小时，尾水深 y_2 和下游总水头 H_2 是不会影响上游总水头流量关系的，这样的流动称为非淹没出流。当淹没系数较大时，控制段的流动不可能形成临界流（能量损失不足），上游总水头 H_1 会受到尾水深的影响，流动是淹没的。非淹没出流与淹没出流之间的淹没系数称为淹没度。测量淹没度的方法将在 6.6 节给出。

6.3.2 计算理想水体的水头流量关系

理想水体是没有摩擦损失的。因此，$H = H_1 = H_c$，并且流速分布均匀，α_1 和 α_c 都等于 1。当发生理想水体的临界流动时，理想流动的流量为 Q_i，总水头 $H_1 = H_c$，临界水深 y_c 和上游水头 h_1 都是确定的，并且这些量的大小仅与渠道几何形状和水流是否处于临界流有关，只要知道这些量中的一个就能计算剩下所有的量。

1. 在水头已知时计算流量

考虑以下三个方程：

$$\begin{cases} Q_i = \sqrt{\dfrac{gA_c^3}{B_c}} \\ H_1 = h_1 + \dfrac{Q_i^2}{2gA_i^2} \\ y_c = H_1 - \dfrac{A_c}{2B_c} \end{cases} \tag{6.17}$$

在以上三个方程中有四个未知数：Q_i、H_1、y_c和y_1（h_1和y_1之间有相关关系$y_1 = h_1 + p_1$）。在式（6.17）中，如果知道了A_c和B_c与y_c之间存在的简单关系，以及A_1与y_1之间的关系，只要知道以上四个量中的任何一个就能直接或利用程序计算出剩下三个。对于一个形状不规则的控制断面，这些简单关系如下：

$$A_c = y_c(b_c + z_c y_c)$$
$$B_c = b_c + 2z_c y_c$$

式中：b_c为控制断面底宽；z_c为边坡坡比。引水渠也有一定的形状，对普通不规则的渠道有

$$A_1 = y_1(b_1 + z_1 y_1)$$
$$y_1 = p_1 + h_1$$

如果h_1已知（因而A_1和y_1也能算出），就能根据h_1的值得出y_c的初步猜想值。从矩形控制断面到三角形控制断面，y_c的取值是 0.67～$0.8H_1$。忽略流速水头$v_1^2/2g$，假设$h_1 \approx H_1$，此时再假设$y_c = 0.70h_1$。只要试算法收敛快，就不必再费力气去寻找更好的办法。一旦y_c的猜想值确定，A_c、B_c、Q_i、H_1和y_c的值就能用以上式子计算得到。如果验算得到y_c值和上次输入的y_c值相等，此时计算出的Q_i就是对应于h_1值的理想水体的流量。在每次试算后，新的y_c值会替代前一次的y_c值，然后用新的y_c值进行一系列计算直到前后两次y_c值相等。

2. 在已知流量时计算水头

相反，如果已知流量，并且A_c和B_c都是y_c的函数，就能利用式（6.17）的第一个方程迭代解出y_c，H_1能直接由式（6.17）的第三个方程得到，A_1是关于h_1的函数，能利用式（6.17）的第二个方程解出h_1。

例 6.1　有一梯形水槽，$b_c = 0.2\text{m}$，$z_c = 1.0$，$P_1 = 0.15\text{m}$，$L = 0.6\text{m}$，置于一个有混凝土衬砌的渠道中，渠道的$b_1 = 0.5\text{m}$，$z_1 = 1.0$。如果上游的总水头$h_1 = 0.238\text{m}$，试问水槽中流过理想水体的流量为多少？

解　上游实际水深为

$$h_1 + P_1 = 0.238 + 0.15 = 0.388 \text{（m）}$$

下游水流面积为

$$A_1 = 0.388\text{（}0.5 + 1.0 \times 0.388\text{）} = 0.345 \text{（m}^2\text{）}$$

首先假设

$$y_c = 0.7h_1 = 0.167 \text{（m）}$$

然后计算出

$$A_c = y_c (b_c + z_c y_c) = 0.0661 \,(\mathrm{m}^2)$$

$$B_c = b_c + 2z_c y_c = 0.533 \,(\mathrm{m})$$

$$Q_i = \sqrt{\frac{gA_c^3}{B_c}} = 0.0647 \,(\mathrm{m^3/s})$$

$$H_1 = h_1 + \frac{Q_i^2}{2gA_i^2} = 0.2398 \,(\mathrm{m})$$

$$y_c = H_1 - \frac{A_c}{2B_c} = 0.183 \,(\mathrm{m})$$

将新得到的 y_c 代入方程组中重新计算，直到 y_c 的假设值与最后的验算值相等。有以下试算结果，见表 6.1。

表 6.1　例 6.1 计算结果

变量	计算 2 次	计算 3 次	计算 4 次	计算 5 次	计算 6 次
A_c/m^2	0.0698	0.0682	0.0677	0.0681	0.0681
B_c/m	0.565	0.559	0.558	0.559	0.559
$Q_i/(\mathrm{m^3/s})$	0.0769	0.0746	0.0739	0.0744	0.0744
H_1/m	0.2405	0.2404	0.2403	0.2404	0.2404
y_c/m	0.1788	0.1794	0.1796	0.1795	0.1795

最后，理想水体的流量 $Q_i = 0.0744\mathrm{m^3/s}$。

6.3.3　临界流的收缩量

以上方程只有在临界流时才成立，而成为临界流需要有足够的收缩量。Clemmens 和 Bos（1992）发现了收缩量与上游弗劳德数和控制断面形状之间的关系。这个关系是由 6.3.2 小节介绍的临界流水深和能量关系的推导求得的。然而，这个相关关系不是基于特定的控制段形状，而是与下面定义的两个参数有关，分别是水头流量指数 u 和控制断面的投影面积 A^*。假设一个量水建筑物的水头流量关系以幂函数的形式表示：

$$Q = K_1 y_c^u \tag{6.18}$$

式中：K_1 为一个常数；u 为水头流量指数。利用式（6.19）就能计算出临界流所需的收缩量：

$$Fr_1^2 = \left(\frac{2u-1}{2u}\right)^{2u} \left(\frac{A^*}{A_1}\right)^3 \left(\frac{B_1}{B_c^*}\right) C_v^2 \tag{6.19}$$

式中：Fr_1 为行近流的弗劳德数，即

$$Fr_1 = \frac{Q/A_1}{\sqrt{gA_1/B_1}}$$

A^*为控制断面的水流断面面积（水流控制断面的投影面积，见图 6.11）；B_1为引槽断面顶宽；B_c^*为预计的水流在控制断面的顶宽；C_v为行近流速系数，即

$$C_v = \left(\frac{H_1}{h_1}\right)^u \tag{6.20}$$

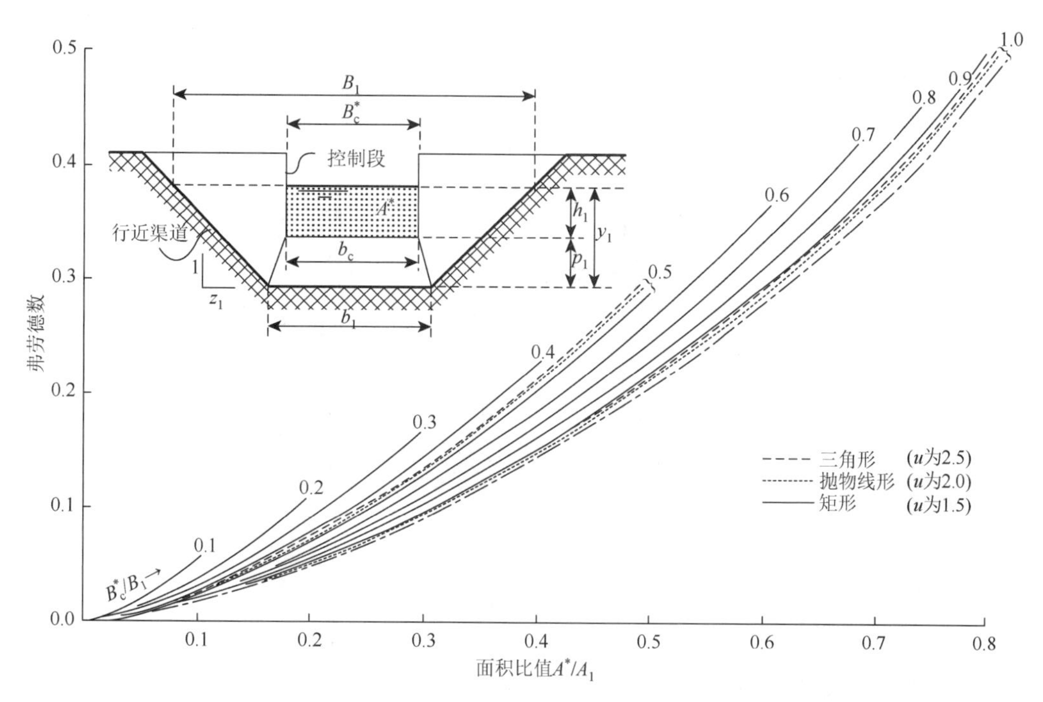

图 6.11　观测断面和控制断面之间水槽段 A^*/A_1 和 B_c^*/B_1 与弗劳德数 Fr_1 之间的关系

应用式（6.19）可以得到下面的关系：

$$u = 0.5 + \frac{B_c y_c}{A_c} = \frac{B_c H_c}{A_c}$$

从上式可知

$$\frac{y_c}{H_c} = \frac{2u-1}{2u} \tag{6.21}$$

Clemmens 和 Bos（1992）还推导出一个求解临界流所需收缩量的公式：

$$\left(\frac{A^*}{A_1}\right)^2 = (2u-1)\left(\frac{2u-1}{2u}\right)^{2u}\left(\frac{C_v^{1/u}-1}{C_v^2}\right) \tag{6.22}$$

在程序 FLUME 第三版（Clemmens et al.，1993）中，式（6.19）和式（6.22）被用来在给定设计水头损失时寻找可接受的设计方案。在软件 WinFlume（第 8 章）中使用一种稍微不同的方法利用式（6.19）和式（6.22）。不同于寻找一个单独的解，WinFlume 找到了一个最高和最低的基数，能够满足淹没与超高的要求。这样就可以提供许多选择，使量水槽的设计方法更加具有鲁棒性。

6.3.4 棱柱形控制段的水头流量方程

对于许多棱柱形的控制段，能量水头和流量之间的直接相关关系是可以确定的。而在本节中，要给出几个更普遍适用的关系。

对于一个通过临界流的矩形控制段渠道（图 6.12），本书认为 $A_c = b_c y_c$，$b_c = B_c$，并在式（6.10）中认为 $\alpha = 1$，有

$$y_c = \frac{2}{3} H_c \tag{6.23}$$

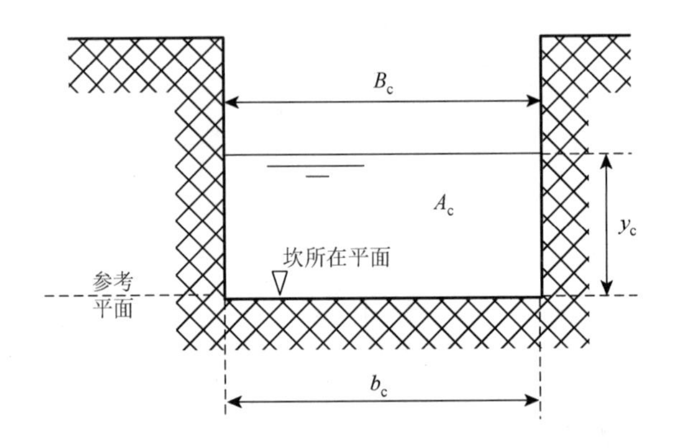

图 6.12　矩形控制断面的形状

将式（6.23）和 $A_c = b_c y_c$ 代入式（6.16）中，简化后得

$$Q_c = \left(\frac{2}{3}\right)^{3/2} g^{1/2} b_c H_c^{3/2} \tag{6.24}$$

用得到式（6.23）和式（6.24）相同的方法，Bos（1989，1977）推导出了常用形状控制段的水头流量方程。在表 6.2 中给出了几个简单形状控制段的临界水深流量方程，余下形状较为复杂的将在 6.4 节中给出。

表 6.2　简单棱柱形断面临界水深和流量关系

形状	指数	临界水深	流量
三角形	$u = 3/2$	$y_c = \frac{2}{3} H_c$	$Q_c = \left(\frac{2}{3}\right)^{3/2} g^{1/2} b_c H_c^{3/2}$
抛物线形	$u = 4/2$	$y_c = \frac{3}{4} H_c$	$Q_c = \left(\frac{3}{4} f_c g\right)^{1/2} H_c^2$
矩形	$u = 5/2$	$y_c = \frac{4}{5} H_c$	$Q_c = \frac{16}{25}\left(\frac{2}{5} g\right)^{1/2} z_c H_c^{5/2}$

注：f_c 为摩擦系数。

6.3.5　原理简化的缺陷

1. 理想水体假设的缺陷

以上提出的水头流量关系都基于理想水体的假设，即假设观测断面和控制断面都没有能量损失，在两个断面上流速都是均匀分布的，且两断面间的流线都水平且相互平行。有两种方法可以解释这些因素对计算水槽或堰水头流量关系的影响。一种方法是，求出理想水体的流量，并用一个经验的流量系数与之相乘，这个流量系数的定义是实际流量与理想水体流量的比值：

$$C_d = \frac{Q}{Q_i} \tag{6.25}$$

流量系数 C_d 受以下因素的影响：

（1）观测断面和控制断面间渠道墙壁和渠底的摩擦；

（2）引水渠和控制段中速度的分布；

（3）由流线曲率变化造成的压强分布的改变。

另外一种方法就是直接利用数学原理去计算，该原理将会在第 6 章介绍，这种方法不需要根据经验获得流量系数。在这两种情况中，理想水体流动时的数值都作为参考或作为初始值来使用。这两种方法在第 6 章中会详细讨论。

2. 临界流的缺陷

对水槽和堰中水流进行校正，多数情况下假定临界流动仅仅发生在水槽控制段或堰顶。有几个因素会阻碍临界流的形成，主要包括：①尾水过高导致下游淹没；②控制段过短导致控制段水流发生曲线流；③浅水流经粗糙表面形成了非恒定流；④侧收缩水槽的宽相对于其长度过大，致使侧收缩不能影响中心处的流动。

对于一些老旧水槽（如巴歇尔槽），当下游淹没妨碍了临界流产生时，就必须进行校正（以校正因子的形式）。虽然这样做是可以的，但在实际中本书并不推荐这么做。水槽不再以一种可预测的方式来控制水流，而是仅仅产生能量损失，而这些能量损失会被很多因素和条件影响，尤其是形状复杂的建筑物，校正就变得相当不可靠和不精确。但是，本书中所提到的水槽和堰与老旧水槽相比，允许有更高的尾水深度，因此下游水深往往不会妨碍临界流的产生，也不会影响水头流量关系，故不用在实际运用中考虑淹没情况下的操作。程序设计会帮助使用者避免尾水的影响。

当水槽控制段或堰顶相对于水深而言过短时，流线就会变为曲线。当这样的流动产生时，在水槽控制段处的水压力不能再以水的静压力表示，因此用于描述水流运动的方程在此处就不再适用。这个影响的效果很难估计，但试验校准显示，当上游水深大于控制段长度的一半时，校准逐渐偏离理论值。当水深等于控制段长度时，流量的偏差不超过 5%，当水深增加时，流量误差会快速增加。关于这个问题会在 6.4.2 小节中详细讨论。

当控制段的长度远大于水深时，摩擦因素在流动中占据主要地位，对流量的准确预测变得相当困难。这种情况的特点是在控制段产生波状流动，波状流动的水面看上去好似一系列正弦波动，并且流动在缓流和急流之间摆动。虽然对水流的精确预测在控制段长度与上游水头的比值为 20∶1（$H_1/L=0.05$）时就已经实现，但是额定值仍然对摩擦很敏感。这样一来，当粗糙度随时间改变时，就需要有很大幅度的校正调整。因此，本书建议将控制段长度和上游水深的比值定为 15∶1，或者 $H_1/L=0.07$。

总体而言，以上原理都假定水槽引水渠段和水槽控制段的水深明显大于水面宽度，因而流动本质上是一维的。在一定范围内，水深与槽宽的比例变化一般不会对以上假设的关系有很大的影响，速度分布系数会考虑速度的横向分布。然而，当水槽的宽度相对于水流的深度和长度很大时，沿水槽宽度方向上，水面高程和流速等就有可能产生很大的相对差异。假如一个宽的水槽有一个平坦的渠底（如在控制段底渠并未加高），并有对称的侧收缩，侧收缩会在墙边产生一个扰动。这个扰动会在某个角度穿越控制段的宽度，从而影响过流。如果这个扰动在到达控制段的末端时仍未到达控制段的中心线，中心处的流动就不会被边墙产生的扰动所影响。在这种情况下，即使根据平均流速理论知此处应该产生临界流，但实际这个地方并没有临界流发生。长喉槽中临界流的水深大体上应该在距控制段上游边缘 2/3 波长的下游处，在这个截面上，弗劳德数是单一的。弗劳德数表示的是水流速度和水波波速的比值。当一个断面上水流扰动的弗劳德数为 1 时，这个扰动就会横穿过渠道传播，或者以与主流成 45°的角度向下游传播，但不能向上游传播。当弗劳德数不为 1 时，这个扰动在渠道中会以与主流方向成 arctanFr 的角度传播。如果认为一个控制段的长为 L，宽为 b_c，并且保守地假设穿过控制段的流动的弗劳德数为 1，要使波动在 2/3L 的流动距离内能从边墙传播到渠道中心，需要控制段长度满足 $L \geqslant 0.75b_c$ 的要求。在实验室中对仅有侧收缩的水槽进行了测试，作者发现当 $L=0.25b_c$ 时，控制段长度没有对过流产生明显影响，而当 $L=2b_c$ 时，则出现了明显影响。使用 WinFlume 软件，在一个只有宽收缩的长喉槽设计中，当控制段长度和宽度的比值小于 2 时就会警告使用者（长和宽的比值用堰顶高度处的控制段宽度及与 h_1 相应的水深来评估）。以后的研究会细化这个限制。与此同时，如果长与宽的比值未知，那就必须知道底部收缩的值。

6.4 试验得出的水深流量方程

水头流量方程是在理想水体的条件下得出的，如表 6.2 所示，但在实际中，由于能量损失，速度分布和流线分布不同，必须在方程中引入流量系数 C_d。更重要的是，在一条明渠中直接测量 H_1 是不可能的，因而通常是在流量与上游水深（或测压管水头）的关系中引入流速系数 C_v，其定义式见式（6.20）。矩形渠道的水头流量方程是

$$Q = C_d C_v \frac{2}{3}\left(\frac{2}{3}g\right)^{1/2} b_c h_1^{3/2} \tag{6.26}$$

大体上的做法是测出上游水深，根据经验确定 C_d，估算出 C_v，然后求出流量 Q。这种方法已经运用于各种断面形状的渠道中，如图 6.13 所示。表 6.3 和表 6.4 分别用于计算当控制断面为梯形和圆形时渠道中的临界水深。表 6.4 和表 6.5 分别为计算圆形控制断面水头流量关系和在圆形控制段中放置一个水平底坎所形成的控制段提供了一些实用的数

据（Clemmens et al.，1984a）。运用这个关系需要确定 C_d，而且在多数情况下也要确定 C_v。

<table>
<tr><th>控制段形状</th><th>可用的水位流量关系公式</th><th>y_c值的计算方法</th></tr>
<tr><td>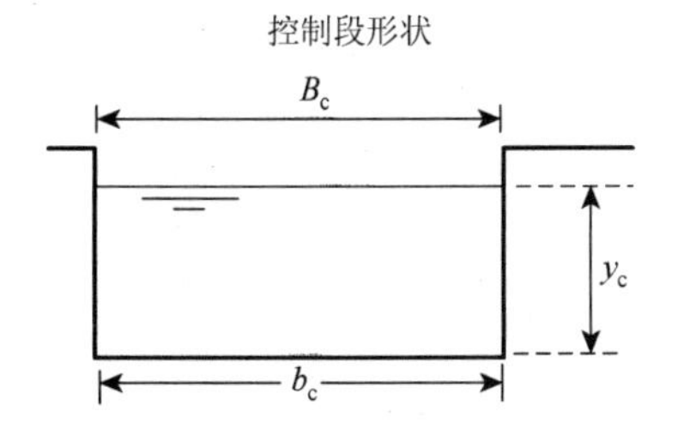
</td><td>$Q = C_d C_v \frac{2}{3}\left(\frac{2}{3}g\right)^{1/2} b_c h_1^{3/2}$</td><td>$y_c = \frac{2}{3}H_1$</td></tr>
<tr><td>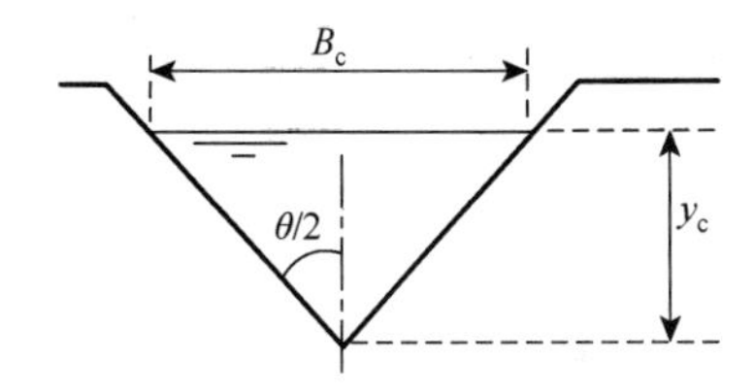
</td><td>$Q = C_d C_v \frac{16}{25}\left(\frac{2}{5}g\right)^{1/2} \tan\frac{\theta}{2} h_1^{5/2}$</td><td>$y_c = \frac{4}{5}H_1$</td></tr>
<tr><td>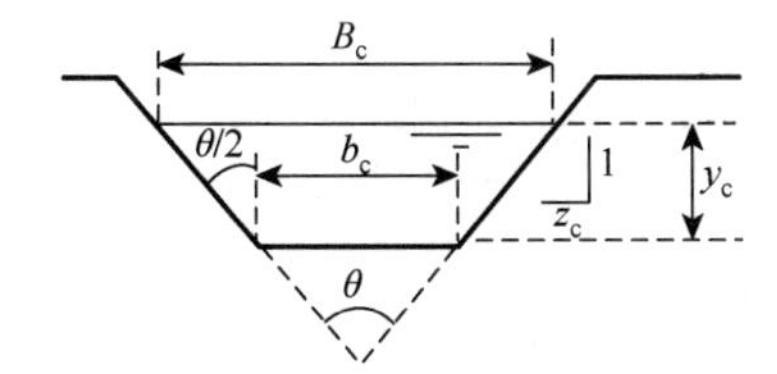
</td><td>$Q = C_d(b_c y_c + z_c y_c^2)[2g(H_1 - y_c)]^{1/2}$</td><td>参照表6.2</td></tr>
<tr><td>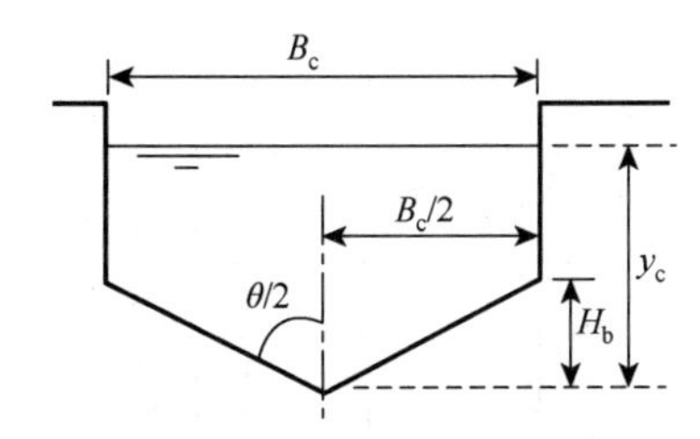
</td><td>$H_1 < 1.25H_b$，
$Q = C_d C_v \frac{16}{25}\left(\frac{2}{5}g\right)^{1/2} \tan\frac{\theta}{2} h_1^{5/2}$；

$H_1 \geqslant 1.25H_b$，
$Q = C_d C_v \frac{2}{3}\left(\frac{2}{3}g\right)^{1/2} B_c\left(h_1 - \frac{1}{2}H_b\right)^{3/2}$</td><td>$y_c = \frac{4}{5}H_1$

$y_c = \frac{2}{3}H_1 + \frac{1}{6}H_b$</td></tr>
<tr><td>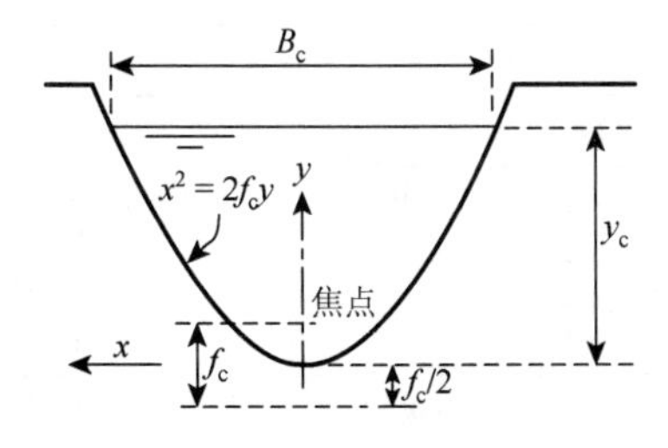
</td><td>$Q = C_d C_v \left(\frac{3}{4}f_c g\right)^{1/2} h_1^2$</td><td>$y_c = \frac{3}{4}H_1$</td></tr>
<tr><td>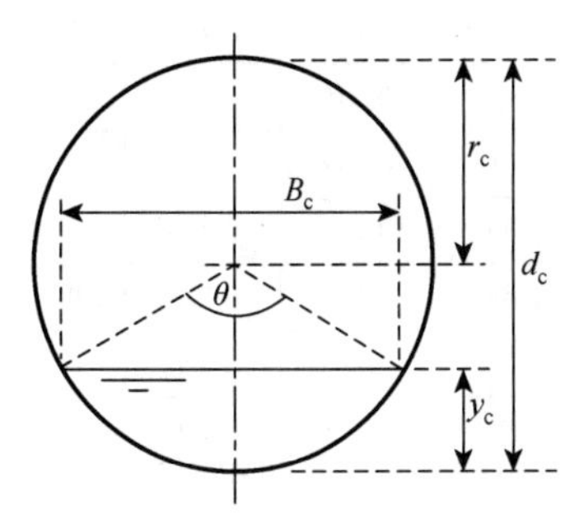
</td><td>$Q = C_d d_c^{5/2}\sqrt{g}f(\theta)$
[用表6.3来查询$f(\theta)$]</td><td>用表6.3</td></tr>
</table>

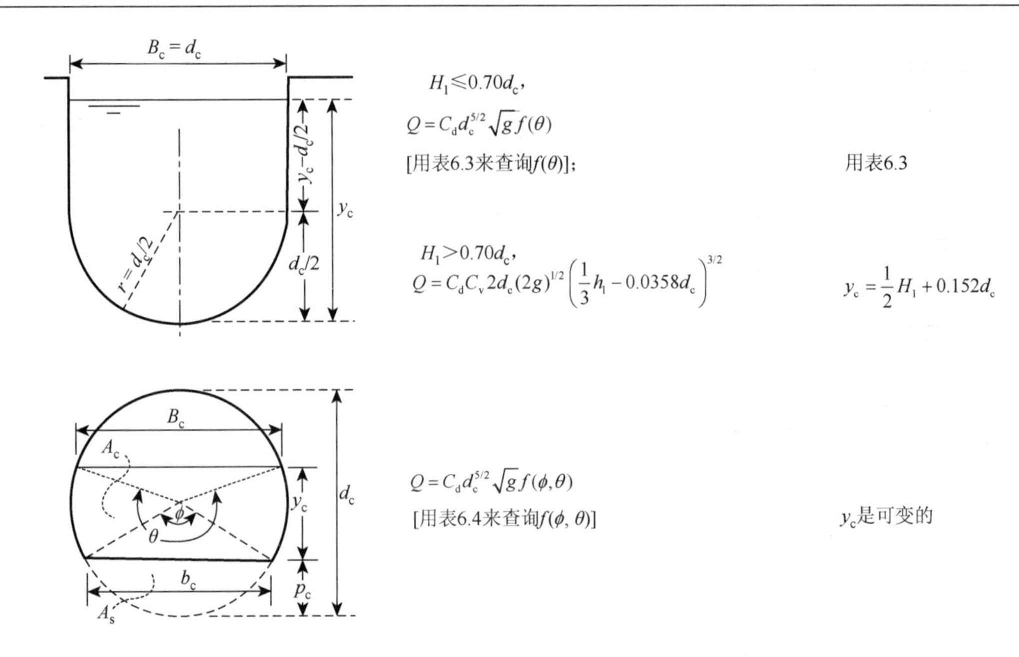

图 6.13　长喉槽水头流量关系（Clemmens et al.，1984b；Bos，1977）

表 6.3　梯形控制段 y_c/H_1 与 z_c 及 H_1/b_c 之间的函数关系

$\frac{H_1}{b_c}$	渠道边坡系数，水平：垂直（z_c）									
	垂直	0.25：1	0.50：1	0.75：1	1：1	1.5：1	2：1	2.5：1	3：1	4：1
0.00	0.667	0.667	0.667	0.667	0.667	0.667	0.667	0.667	0.667	0.667
0.01	0.667	0.667	0.667	0.668	0.668	0.669	0.670	0.670	0.671	0.672
0.02	0.667	0.667	0.668	0.669	0.670	0.671	0.672	0.674	0.675	0.678
0.03	0.667	0.668	0.669	0.670	0.671	0.673	0.675	0.677	0.679	0.683
0.04	0.667	0.668	0.670	0.671	0.672	0.675	0.677	0.680	0.683	0.687
0.05	0.667	0.668	0.670	0.672	0.674	0.677	0.680	0.683	0.686	0.692
0.06	0.667	0.669	0.671	0.673	0.675	0.679	0.683	0.686	0.690	0.696
0.07	0.667	0.669	0.672	0.674	0.676	0.681	0.685	0.689	0.693	0.699
0.08	0.667	0.670	0.672	0.675	0.678	0.683	0.687	0.692	0.696	0.703
0.09	0.667	0.670	0.673	0.676	0.679	0.684	0.690	0.695	0.698	0.706
0.10	0.667	0.670	0.674	0.677	0.680	0.686	0.692	0.697	0.701	0.709
0.12	0.667	0.671	0.675	0.679	0.684	0.690	0.692	0.701	0.706	0.715
0.14	0.667	0.672	0.676	0.681	0.686	0.693	0.699	0.705	0.711	0.720
0.16	0.667	0.672	0.678	0.683	0.678	0.696	0.703	0.709	0.715	0.725
0.18	0.667	0.673	0.679	0.684	0.690	0.698	0.706	0.713	0.719	0.729
0.20	0.667	0.674	0.680	0.686	0.692	0.701	0.709	0.717	0.723	0.733
0.22	0.667	0.674	0.681	0.688	0.694	0.704	0.712	0.720	0.726	0.736
0.24	0.667	0.675	0.683	0.689	0.696	0.706	0.715	0.723	0.729	0.739

续表

$\frac{H_1}{b_c}$	渠道边坡系数，水平∶垂直（z_c）									
	垂直	0.25∶1	0.50∶1	0.75∶1	1∶1	1.5∶1	2∶1	2.5∶1	3∶1	4∶1
0.26	0.667	0.676	0.684	0.691	0.698	0.709	0.718	0.725	0.732	0.742
0.28	0.667	0.676	0.685	0.693	0.699	0.711	0.720	0.728	0.734	0.744
0.30	0.667	0.677	0.686	0.694	0.701	0.713	0.723	0.730	0.737	0.747
0.32	0.667	0.678	0.687	0.696	0.703	0.715	0.725	0.733	0.739	0.749
0.34	0.667	0.678	0.689	0.697	0.705	0.717	0.727	0.735	0.741	0.751
0.36	0.667	0.679	0.690	0.699	0.706	0.719	0.729	0.737	0.743	0.752
0.38	0.667	0.680	0.691	0.700	0.708	0.721	0.731	0.738	0.745	0.754
0.40	0.667	0.680	0.692	0.701	0.709	0.723	0.733	0.740	0.747	0.756
0.42	0.667	0.681	0.693	0.703	0.711	0.725	0.734	0.742	0.748	0.757
0.44	0.667	0.681	0.694	0.704	0.712	0.727	0.736	0.744	0.750	0.759
0.46	0.667	0.682	0.695	0.705	0.714	0.728	0.737	0.745	0.751	0.760
0.48	0.667	0.683	0.696	0.706	0.715	0.729	0.739	0.747	0.752	0.761
0.50	0.667	0.683	0.697	0.708	0.717	0.730	0.740	0.748	0.754	0.762
0.60	0.667	0.686	0.701	0.713	0.723	0.737	0.747	0.754	0.759	0.767
0.70	0.667	0.688	0.706	0.718	0.728	0.742	0.752	0.758	0.764	0.771
0.80	0.667	0.692	0.709	0.723	0.732	0.746	0.756	0.762	0.767	0.774
0.90	0.667	0.694	0.713	0.727	0.737	0.750	0.759	0.766	0.770	0.776
1.00	0.667	0.697	0.717	0.730	0.740	0.754	0.762	0.768	0.773	0.778
1.20	0.667	0.701	0.723	0.737	0.747	0.759	0.767	0.772	0.776	0.782
1.40	0.667	0.706	0.729	0.742	0.752	0.764	0.771	0.776	0.779	0.784
1.60	0.667	0.709	0.733	0.747	0.756	0.767	0.774	0.778	0.781	0.786
1.80	0.667	0.713	0.737	0.750	0.759	0.770	0.776	0.781	0.783	0.787
2.00	0.667	0.717	0.740	0.754	0.762	0.773	0.778	0.782	0.785	0.788
3.00	0.667	0.730	0.753	0.766	0.773	0.781	0.785	0.787	0.790	0.792
4.00	0.667	0.740	0.762	0.773	0.778	0.785	0.788	0.790	0.792	0.794
5.00	0.667	0.748	0.768	0.777	0.782	0.788	0.791	0.792	0.794	0.795
10.00	0.667	0.768	0.782	0.788	0.791	0.794	0.795	0.796	0.797	0.798
∞		0.800	0.800	0.800	0.800	0.800	0.800	0.800	0.800	0.800

注：表 6.2 变量示意图如右所示。

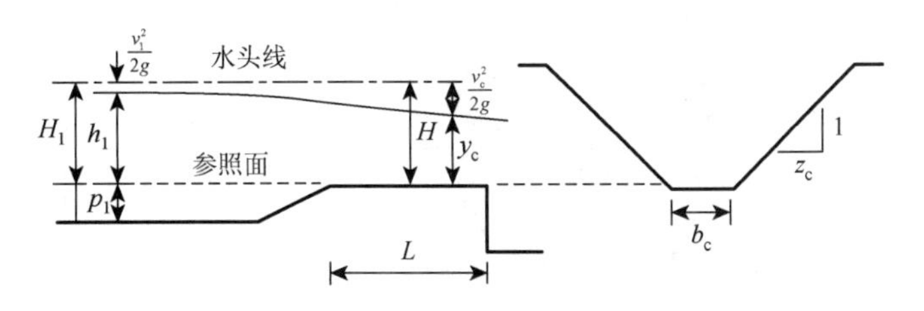

表 6.4　确定宽顶堰和带圆形控制段的长喉槽中流量 Q 所需的比值

$\frac{y_c}{d_c}$	$\frac{v_c^2}{2gd_c}$	$\frac{H_1}{d_c}$	$\frac{A_c}{d_c^2}$	$\frac{y_c}{H_1}$	$f(\theta)$	$\frac{y_c}{d_c}$	$\frac{v_c^2}{2gd_c}$	$\frac{H_1}{d_c}$	$\frac{A_c}{d_c^2}$	$\frac{y_c}{H_1}$	$f(\theta)$
0.01	0.0033	0.0133	0.0013	0.752	0.0001	0.38	0.1411	0.5211	0.2739	0.729	0.1455
0.02	0.0067	0.0267	0.0037	0.749	0.0004	0.39	0.1454	0.5354	0.2836	0.728	0.1529
0.03	0.0101	0.0401	0.0069	0.749	0.0010	0.40	0.1497	0.5497	0.2934	0.728	0.1605
0.04	0.0134	0.0534	0.0105	0.749	0.0017	0.41	0.1541	0.5641	0.3032	0.727	0.1683
0.05	0.0168	0.0668	0.0147	0.748	0.0027	0.42	0.1586	0.5786	0.3130	0.726	0.1763
0.06	0.0203	0.0803	0.0192	0.748	0.0039	0.43	0.1631	0.5931	0.3229	0.725	0.1844
0.07	0.0237	0.0937	0.0242	0.747	0.0053	0.44	0.1676	0.6076	0.3328	0.724	0.1927
0.08	0.0271	0.1071	0.0294	0.747	0.0068	0.45	0.1723	0.6223	0.3428	0.723	0.2012
0.09	0.0306	0.1206	0.3500	0.746	0.0087	0.46	0.1769	0.6369	0.3527	0.722	0.2098
0.10	0.0341	0.1341	0.0409	0.746	0.0107	0.47	0.1817	0.6517	0.3627	0.721	0.2186
0.11	0.0376	0.1476	0.0470	0.745	0.0129	0.48	0.1865	0.6665	0.3727	0.720	0.2276
0.12	0.0411	0.1611	0.0534	0.745	0.0153	0.49	0.1914	0.6814	0.3827	0.719	0.2368
0.13	0.0446	0.1746	0.0600	0.745	0.0179	0.50	0.1964	0.6964	0.3927	0.718	0.2461
0.14	0.0482	0.1882	0.0688	0.744	0.0214	0.51	0.2014	0.7114	0.4027	0.717	0.2556
0.15	0.0517	0.2017	0.0739	0.744	0.0238	0.52	0.2065	0.7265	0.4127	0.716	0.2652
0.16	0.0553	0.2153	0.0811	0.743	0.0270	0.53	0.2117	0.7417	0.4227	0.715	0.2750
0.17	0.0589	0.2289	0.0885	0.743	0.0304	0.54	0.2170	0.7570	0.4327	0.713	0.2851
0.18	0.0626	0.2426	0.0961	0.742	0.0340	0.55	0.2224	0.7724	0.4426	0.712	0.2952
0.19	0.0662	0.2562	0.1039	0.742	0.0378	0.56	0.2279	0.7879	0.4526	0.711	0.3056
0.20	0.0699	0.2699	0.1118	0.741	0.0418	0.57	0.2335	0.8035	0.4625	0.709	0.3161
0.21	0.0736	0.2836	0.1199	0.740	0.0460	0.58	0.2393	0.8193	0.4724	0.708	0.3268
0.22	0.0773	0.2973	0.1281	0.740	0.0504	0.59	0.2451	0.8351	0.4822	0.707	0.3376
0.23	0.0810	0.3111	0.1365	0.739	0.0550	0.60	0.2511	0.8511	0.4920	0.705	0.3487
0.24	0.0848	0.3248	0.1449	0.739	0.0597	0.61	0.2572	0.8672	0.5018	0.703	0.3599
0.25	0.0887	0.3387	0.1535	0.738	0.0647	0.62	0.2635	0.8835	0.5115	0.702	0.3713
0.26	0.0925	0.3525	0.1623	0.738	0.0698	0.63	0.2699	0.8999	0.5212	0.700	0.3829
0.27	0.0963	0.3663	0.1711	0.737	0.0751	0.64	0.2765	0.9165	0.5308	0.698	0.3947
0.28	0.1002	0.3802	0.1800	0.736	0.0806	0.65	0.2833	0.9333	0.5404	0.696	0.4068
0.29	0.1042	0.3942	0.1890	0.736	0.0863	0.66	0.2902	0.9502	0.5499	0.695	0.4189
0.30	0.1081	0.4081	0.1982	0.735	0.0922	0.67	0.2974	0.9674	0.5594	0.693	0.4314
0.31	0.1121	0.4221	0.2074	0.734	0.0982	0.68	0.3048	0.9848	0.5687	0.691	0.4440
0.32	0.1161	0.4360	0.2167	0.734	0.1044	0.69	0.3125	1.0025	0.5780	0.688	0.4569
0.33	0.1202	0.4502	0.2260	0.733	0.1108	0.70	0.3204	1.0204	0.5872	0.686	0.4701
0.34	0.1243	0.4643	0.2355	0.732	0.1174	0.71	0.3286	1.0386	0.5964	0.684	0.4835
0.35	0.1284	0.4784	0.2450	0.732	0.1289	0.72	0.3371	1.0571	0.6054	0.681	0.4971
0.36	0.1326	0.4926	0.2546	0.731	0.1311	0.73	0.3459	1.0759	0.6143	0.679	0.5109
0.37	0.1368	0.5068	0.2642	0.730	0.1382	0.74	0.3552	1.0925	0.6231	0.676	0.5252

续表

$\frac{y_c}{d_c}$	$\frac{v_c^2}{2gd_c}$	$\frac{H_1}{d_c}$	$\frac{A_c}{d_c^2}$	$\frac{y_c}{H_1}$	$f(\theta)$	$\frac{y_c}{d_c}$	$\frac{v_c^2}{2gd_c}$	$\frac{H_1}{d_c}$	$\frac{A_c}{d_c^2}$	$\frac{y_c}{H_1}$	$f(\theta)$
0.75	0.3648	1.1148	0.6319	0.673	0.5397	0.86	0.5177	1.3777	0.7186	0.624	0.7312
0.76	0.3749	1.1349	0.6405	0.670	0.5546	0.87	0.5392	1.4092	0.7254	0.617	0.7533
0.77	0.3855	1.1555	0.6489	0.666	0.5698	0.88	0.5632	1.4430	0.7320	0.610	0.7769
0.78	0.3967	1.1767	0.6573	0.663	0.5855	0.89	0.5900	1.4800	0.7384	0.601	0.8021
0.79	0.4085	1.1985	0.6655	0.659	0.6015	0.90	0.6204	1.5204	0.7445	0.592	0.8293
0.80	0.4210	1.2210	0.6735	0.655	0.6180	0.91	0.6555	1.5655	0.7504	0.581	0.8592
0.81	0.4343	1.2443	0.6815	0.651	0.6351	0.92	0.6966	1.6166	0.7560	0.569	0.8923
0.82	0.4485	1.2685	0.6893	0.646	0.6528	0.93	0.7459	1.6759	0.7612	0.555	0.9297
0.83	0.4638	1.2938	0.6969	0.641	0.6712	0.94	0.8065	1.7465	0.7662	0.538	0.9731
0.84	0.4803	1.3203	0.7043	0.636	0.6903	0.95	0.8841	1.8341	0.7707	0.518	1.0248
0.85	0.4982	1.3482	0.7115	0.630	0.7102						

注：$f(\theta)=(A_c/d_c^2)[2(H_1/d_c-y_c/d_c)]^{1/2}=(\theta-\sin\theta)^{1.5}/\{8[8\sin(\theta/2)]^{1/2}\}$。

表 6.4 变量示意图如右所示

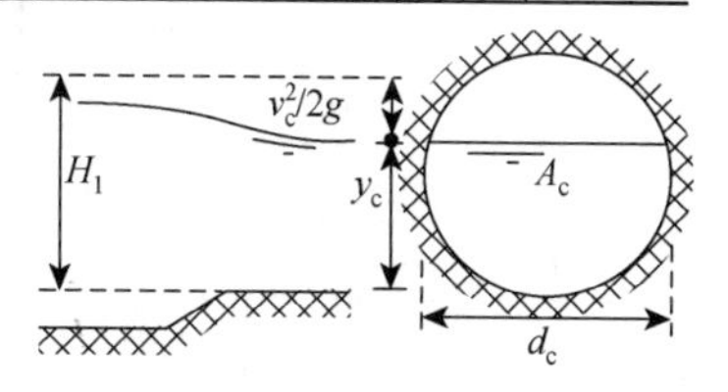

表 6.5　确定宽顶堰圆形管道中的流量 Q 所需的比值 [a]

$\frac{p_c+H_1}{d_1}$	$f(\phi,\theta)=\frac{(\theta-\phi+\sin\phi-\sin\theta)^{1.5}}{8\left[8\sin\left(\frac{1}{2}\theta\right)\right]^{0.5}}$							
	p_c/d_c							
	0.15	0.20	0.25	0.30	0.35	0.40	0.45	0.50
0.16	0.0004							
0.17	0.0011							
0.18	0.0021							
0.19	0.0032							
0.20	0.0045							
0.21	0.0060	0.0004						
0.22	0.0076	0.0012						
0.23	0.0094	0.0023						
0.24	0.0113	0.0036						
0.25	0.0133	0.0050						
0.26	0.0155	0.0066	0.0005					
0.27	0.0177	0.0084	0.0013					
0.28	0.0201	0.0103	0.0025					

续表

$\frac{p_c+H_1}{d_1}$	$f(\phi,\theta)=\frac{(\theta-\phi+\sin\phi-\sin\theta)^{1.5}}{8\left[8\sin\left(\frac{1}{2}\theta\right)\right]^{0.5}}$							
	p_c/d_c							
	0.15	0.20	0.25	0.30	0.35	0.40	0.45	0.50
0.29	0.0226	0.0124	0.0038					
0.30	0.0252	0.0145	0.0054					
0.31	0.0280	0.0169	0.0071	0.0005				
0.32	0.0308	0.0193	0.0090	0.0014				
0.33	0.0337	0.0219	0.0110	0.0026				
0.34	0.0368	0.0245	0.0132	0.0040				
0.35	0.0399	0.0273	0.0155	0.0057				
0.36	0.0432	0.0302	0.0179	0.0075	0.0005			
0.37	0.0465	0.0332	0.0205	0.0094	0.0015			
0.38	0.0500	0.0363	0.0232	0.0115	0.0027			
0.39	0.0535	0.0396	0.0260	0.0138	0.0042			
0.40	0.0571	0.0429	0.0289	0.0162	0.0059			
0.41	0.0609	0.0463	0.0320	0.0187	0.0077	0.0005		
0.42	0.0647	0.0498	0.0351	0.0214	0.0097	0.0015		
0.43	0.0686	0.0534	0.0383	0.0242	0.0119	0.0028		
0.44	0.0726	0.0571	0.0417	0.0271	0.0143	0.0043		
0.45	0.0767	0.0609	0.0451	0.0301	0.0167	0.0060		
0.46	0.0809	0.0648	0.0487	0.0332	0.0193	0.0079	0.0005	
0.47	0.0851	0.0688	0.0523	0.0365	0.0220	0.0100	0.0015	
0.48	0.0895	0.0729	0.0561	0.0398	0.0249	0.0122	0.0028	
0.49	0.0939	0.0770	0.0599	0.0432	0.0279	0.0145	0.0043	
0.50	0.0984	0.0813	0.0638	0.0468	0.0309	0.0170	0.0061	
0.51	0.1030	0.0856	0.0678	0.0504	0.0341	0.0197	0.0080	0.0005
0.52	0.1076	0.0900	0.0719	0.0541	0.0374	0.0224	0.0101	0.0015
0.53	0.1124	0.0945	0.0761	0.0579	0.0408	0.0253	0.0123	0.0028
0.54	0.1172	0.0990	0.0803	0.0618	0.0443	0.0283	0.0147	0.0044
0.55	0.1221	0.1037	0.0847	0.0658	0.0479	0.0314	0.0172	0.0061
0.56	0.1270	0.1084	0.0891	0.0699	0.0515	0.0346	0.0198	0.0080
0.57	0.1320	0.1132	0.0936	0.0741	0.0553	0.0379	0.0226	0.0101
0.58	0.1372	0.1180	0.0981	0.0783	0.0592	0.0413	0.0255	0.0123
0.59	0.1423	0.1230	0.1028	0.0826	0.0631	0.0448	0.0285	0.0147
0.60	0.1476	0.1280	0.1075	0.0870	0.0671	0.0484	0.0316	0.0172
0.62[b]		0.1382	0.1172	0.0960	0.0754	0.0559	0.0381	0.0225
0.64		0.1486	0.1271	0.1053	0.0840	0.0637	0.0449	0.0283

续表

$\frac{p_c + H_1}{d_1}$	$f(\phi,\theta)=\frac{(\theta-\phi+\sin\phi-\sin\theta)^{1.5}}{8\left[8\sin\left(\frac{1}{2}\theta\right)\right]^{0.5}}$							
	p_c / d_c							
	0.15	0.20	0.25	0.30	0.35	0.40	0.45	0.50
0.66		0.1593	0.1373	0.1149	0.0929	0.0718	0.0522	0.0346
0.68		0.1703	0.1477	0.1247	0.1020	0.0802	0.0597	0.0412
0.70		0.1815	0.1584	0.1348	0.1114	0.0888	0.0676	0.0481
0.72		0.1929	0.1692	0.1451	0.1211	0.0978	0.0757	0.0554
0.74		0.2045	0.1804	0.1556	0.1310	0.1070	0.0841	0.0629
0.76		0.2163	0.1917	0.1663	0.1411	0.1164	0.0928	0.0707
0.78		0.2283	0.2031	0.1773	0.1514	0.1260	0.1016	0.0788
0.80		0.2405	0.2148	0.1884	0.1618	0.1358	0.1107	0.0870
0.82		0.2528	0.2267	0.1997	0.1725	0.1458	0.1200	0.0955
0.84		0.2653	0.2386	0.2111	0.1833	0.1559	0.1294	0.1042
0.86		0.2780	0.2508	0.2227	0.1943	0.1662	0.1390	0.1130
0.88		0.2907	0.2630	0.2344	0.2054	0.1767	0.1487	0.1220
0.90		0.3036	0.2754	0.2462	0.2166	0.1872	0.1586	0.1311
0.92		0.3166	0.2879	0.2581	0.2279	0.1979	0.1686	0.1404
0.94		0.3297	0.3005	0.2701	0.2394	0.2087		
0.96		0.3428	0.3131	0.2823	0.2509			
0.98		0.3561	0.3259	0.2944				
1.00		0.3694	0.3387					

注：a. $C_d = 1.0$，$\alpha_c = 1.0$，$H_1 = H_c$；

b. 增量的变化。

表 6.5 变量示意图如右所示。

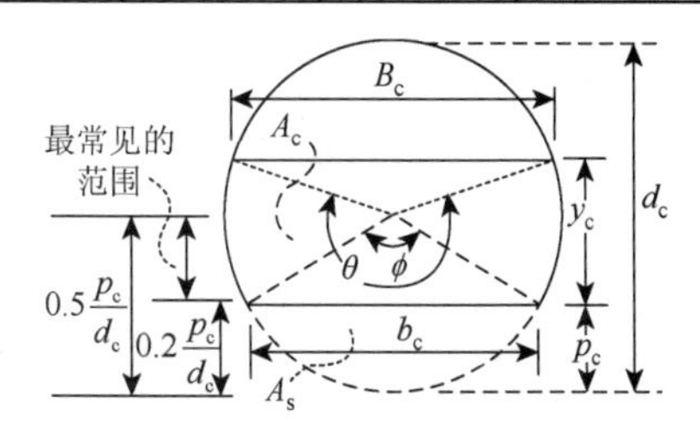

6.4.1　H_1/L 对流量系数 C_d 取值的影响

如 6.4 节开始时所述，流量系数 C_d 用来修正由两断面间能量损失、不均匀的速度分布及流线的弯曲造成的影响。而这些因素又都和 H_1/L 有着密切的联系。读者可比较图 6.14（a）和图 6.14（b）。在图 6.14（a）中水深相对于长度 L 而言较小，底基以上很薄的水层非常接近粗糙的边界条件，因此摩擦造成的能量损失占了 H_1 中较大的一部分。在图 6.14（b）中，能量损失是 H_1 中较小的一部分。为了能够确切地表达摩擦损失的影响，图 6.14（a）中堰（$H_1/L = 0.1$）的 C_d 值一定会比图 6.14（b）中堰（$H_1/L = 0.33$）的 C_d 值要小。

比较图 6.14（b）和图 6.14（c）可知在它们之间 C_d 值为何不同。两种堰流都有相同

的 h_1 和 y_c 值。

由于 H_1/L 不同，在图 6.14（b）的控制段中压强是按静水压强分布的，如图 6.4 所示。由于流线的弯曲，图 6.14（c）中有和图 6.6 相似的修正压强分布，与压强分布相关的速度分布也有所不同，故 $H_1/L = 1$ 的堰流比起图 6.14（b）（$H_1/L = 0.33$）中的堰流的 C_d 值要大。

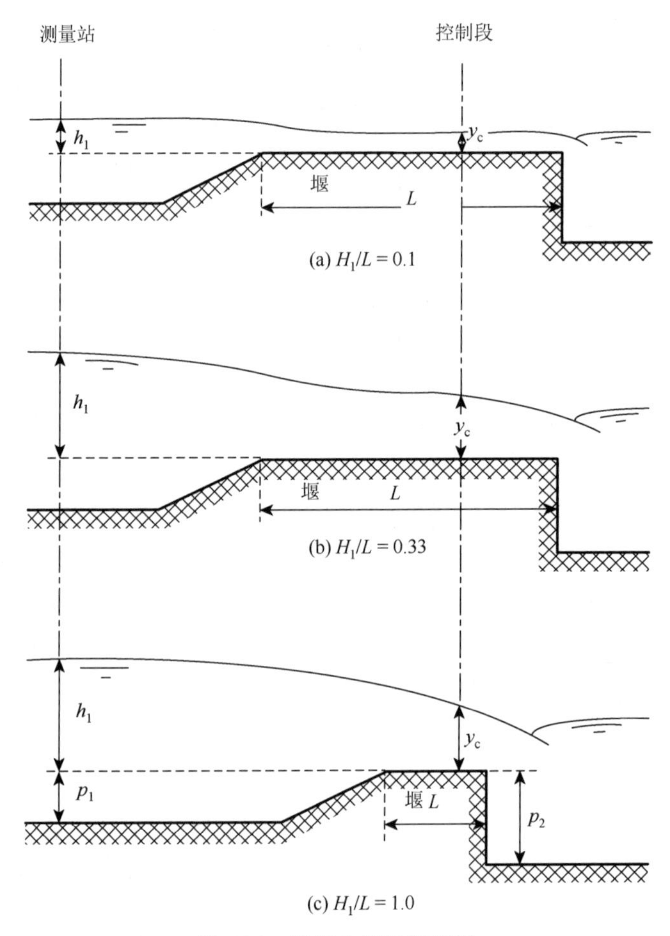

图 6.14　过堰水流的剖面图

6.4.2　流量系数 C_d 的取值和其值的精确度

流量系数 C_d 的值，在图 6.15 中表示成了与 H_1/L 有关的函数，运用这个函数的范围是

$$0.1 \leqslant H_1 / L \leqslant 1.0 \tag{6.27}$$

该范围内的水面线形式见图 6.16。设置这一限制最主要的原因是当 $H_1/L<0.1$ 时，堰底边界粗糙度的微小变化会导致 C_d 值的大幅度变化；当 $H_1/L>1.0$ 时，流线弯曲和在控制段末端压力非静力学分布的影响会越来越大，甚至能扩展到控制段。

这就使得流量系数对下游过渡段的坡度和其他能够影响控制段处流线曲率的因素非常敏感，其中一个因素就是较高尾水位。当 $H_1/L>1$ 时，即使允许的下游水位减小，能量损失也会增加。关于水头损失更详细的内容见 6.6 节。

靠近 H_1/L 的上限和下限时，由经验获得的 C_d 值的误差 $x≈5\%$［95%的确定性来自试验和野外资料，Bos（1989）］。在这两个限值之间，误差相对小，并可估计为

$$X_c = \pm\left(3\left|\frac{H_1}{L}-0.55\right|^{1.5}+4\right)\% \tag{6.28}$$

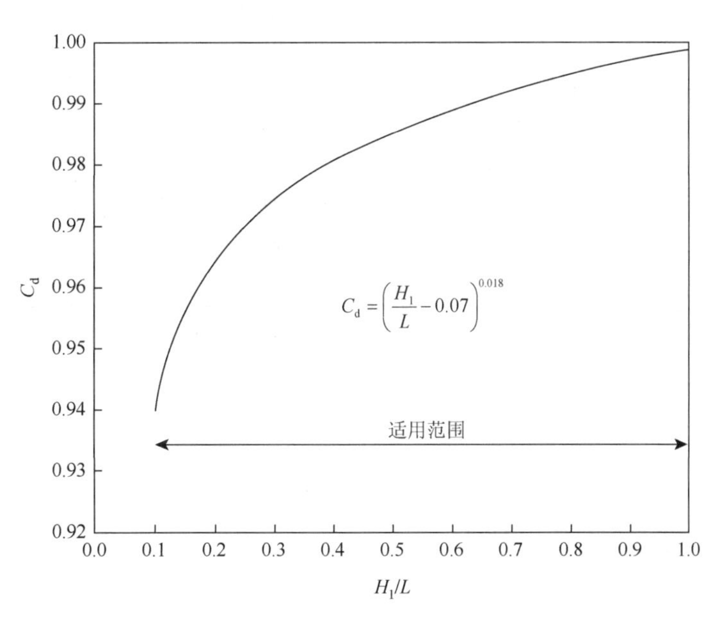

图 6.15　C_d 与 H_1/L 的函数关系

图 6.16　经过 $H_1/L≈0.3$ 的宽顶堰的典型水面线

图 6.14 表示，控制断面始终在距堰顶末端 $L/3$ 的地方，而实际上，临界流产生的位置是沿水平堰顶变化的。当 H_1/L 较小时，临界流发生在图 6.14 所示断面的上游；当 H_1/L 较大时，临界流发生在图 6.14 所示断面的下游。除此之外，如果堰顶或水槽控制段在水流方向不是水平的，控制断面的大致位置会与图 6.14 中所示的完全不同。一个向右下倾斜的堰顶会使控制断面变化到堰顶末端的上游；而一个向右上倾斜的堰顶则会使控制断面移动到堰顶边缘的下游。在这两种情况下，控制段都会有弯曲的流线，从而产生更大的 C_d 值，一个 2°的坡降就可能导致 C_d 产生最多 5%的正误差（Bos，1989）。因为大的斜坡 C_d 值很难

修改，所以对于这样的斜坡，本书推荐尽量采用水平的堰顶作为控制段而不是改正 C_d 值。

任何导致控制段向下游移动的因素（如 H_1/L 较大或一个向上倾斜的控制段）都会将控制段放入一个流线曲率增加的区域中，同时使 C_d 对尾水变化（影响流线曲率）更敏感。这种情况会减小淹没度，而量水建筑物在淹没出流时会产生更多的能量损失。例如，控制段顶部一个向上倾斜 2°的斜坡会导致淹没度从 0.7 降到 0.3（Bos，1989）。

6.4.3 行近流速系数的值

水头流量方程是建立在假设 $H_c = H_1$ 之上的，而上游水头 h_1 更容易测量得到，如果测量出 h_1 的值，并在水头流量方程中用 H_1 代替 H_c，则流速水头 $\alpha_1 v_1^2/2g$ 就被忽略了。行近流速系数 $C_v = (H_1/h_1)^u$ 可以修正这个差别，修正见图 6.17。

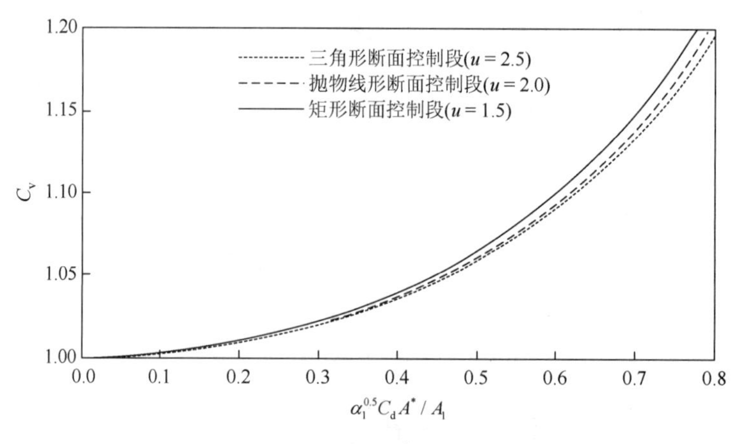

图 6.17 C_v 与 $\alpha_1^{0.5}C_dA^*/A_1$ 的函数关系

因为流量主要由控制段附近的水流状态决定［式（6.16)］，而相关行近流速则受观测断面的水流影响，所以很容易就发现 C_v 和 $\alpha_1^{0.5}C_dA^*/A_1$ 有关（Bos，1989）。在这个比值中，如果水深在控制段等于 h_1，则 A^*是控制段处水流的虚构投影面积（图 6.11）。在图 6.17 中，对很多控制断面的形状，列出了 C_v 与 $\alpha_1^{0.5}C_dA^*/A_1$ 之间的函数关系，由于在面积比中含有 A^*，C_v 值对所有形状的控制断面而言都几乎一样。

6.4.4 根据试验计算水头流量关系

1. 在已知水头情况下计算流量

当只知道上游水头时，在已知 C_d 和 C_v 的情况下，要用迭代求解流量，迭代过程收敛很快，因而迭代过程通常被忽略。开始计算时，假设 C_v 和 C_d 都是一致的，从图 6.13 中选出合适的方程进行计算。在已知这个流量后，可以计算出速度水头并加到 h_1 上得到总水头 H_1［式(6.10)，假设 $\alpha_1 = 1.0$］。计算出 H_1/L 并从图 6.15 中读出 C_d 值。计算 $\alpha_1^{0.5}C_dA^*/A_1$ 并从图 6.17 中读出 C_v 值。然后，用新求得的 C_v 和 C_d 值再去计算流量。重复以上过程直到收敛。当 C_v 和 C_d 的值改变很小、流量变化很小时，迭代过程就会很快收敛。因为 C_v

和水头流量指数 u 之间的关系很弱，想要假设 u 值就需要依据控制段的形状，当形状比较奇特时，迭代过程应该在不同水头下重复进行，以便能得到 u 的更新改进值。这对结果影响不大，因为 u 值对 C_v 的影响不大。

2. 在流量已知时计算水头

在流量已知的情况下，由试验得出的水头流量方程只能通过迭代的方法求出水头。以上迭代过程需要反复调整水头，直到前后两次计算的流量值相同，迭代开始时要假设一个 h_1。利用临界流方程计算总水头，就可以得到 h_1 的初始估值。

6.4.5　调整 C_v 的率定表

率定表通常是针对特定的控制段断面和特定断面的引渠给出的，如相同宽度的矩形控制段和矩形引槽，或者是一个在梯形渠道上通过底抬高形成的梯形水槽。然而，常常会遇到计算点处渠道断面不是率定表中尺寸的情况，如一个梯形（或边壁不平整的土渠）连接一个矩形的堰，或者一个有着非标准底宽或水位的可移动矩形堰。在大多数情况下，这些变化都可以通过调整 C_v 值来确定。附表 3.3 和附表 3.4 给出了矩形控制段量水槽对应不同 h_1 下的流量 Q 值，该值通过式（6.26）给出的关系来进行计算；C_d 和 C_v 值则由相关原理计算求得。当给定了堰宽和 h_1 值时，只有 C_d 和 C_v 是可以改变的。当 H_1/L 变化很小时，可以假设 C_d 值不会随着渠道流速水头的微小改变而改变，因此只需要估计 C_v 的值来调整率定表的值。对于给定的 h_1，新的流量可以由式（6.29）计算：

$$Q_{\text{new}} = Q_{\text{rate}} \frac{C_{\text{vnew}}}{C_{\text{vrate}}} \tag{6.29}$$

式中：Q_{rate} 为从率定表中得到的值；C_{vrate} 为率定表中假设的引渠断面的流速系数；C_{vnew} 为实际或设计的引渠断面的流速系数。通过图 6.17 或表 6.6 可以同时计算出对应不同 h_1 的 C_v 值。

表 6.6　在矩形宽顶堰和长喉槽中（$u=1.5$）行近流速系数 C_V 与 $\alpha_1^{0.5}\ C_dA^*/A_1$ 的函数关系

$\sqrt{\alpha_1}\frac{C_dA^*}{A_1}$	0.00	0.01	0.02	0.03	0.04	0.05	0.06	0.07	0.08	0.09
0.0	1.000	1.000	1.000	1.000	1.000	1.001	1.001	1.001	1.001	1.002
0.1	1.002	1.003	1.003	1.004	1.004	1.005	1.006	1.004	1.007	1.008
0.2	1.009	1.010	1.011	1.012	1.013	1.014	1.016	1.017	1.018	1.019
0.3	1.021	1.022	1.024	1.026	1.027	1.029	1.031	1.033	1.035	1.037
0.4	1.039	1.041	1.043	1.045	1.048	1.050	1.053	1.055	1.058	1.061
0.5	1.063	1.066	1.070	1.073	1.076	1.079	1.083	1.086	1.090	1.094
0.6	1.098	1.102	1.106	1.111	1.115	1.120	1.125	1.130	1.135	1.141
0.7	1.146	1.152	1.159	1.65	1.172	1.179	1.186	1.193	1.201	1.210

例 6.2　一矩形控制段量水堰，$b_c = 1.0\text{m}$，$z_c = 0$，$L = 0.6\text{m}$，放置于 $p_1 = 0.3\text{m}$ 的梯形渠道之中，梯形渠道的 $b_1 = 0.6\text{m}$，$z_1 = 1.0$。当上游堰上水头 $h_1 = 0.25\text{m}$ 时通过量水堰的流量是多少？

解　第一步：

通过附表 3.3 找到矩形渠道中矩形堰的流速系数。例 6.2 中行近渠道的 $b_1 = 1.0\text{m}$，$z_1 = 0$，因此在这种情况下，可以得到：

$$y_1 = h_1 + p_1 = 0.55\text{（m）}$$

$$A_1 = y_1(b_1 + z_1 y_1) = y_1 b_1 = 0.55\text{（m}^2\text{）}$$

$$A^* = h_1(b_c + z_c h_1) = 0.25\text{（m}^2\text{）}$$

由附表 3.3 知，当 $b_c = 1.0\text{m}$，$h_1 = 0.25\text{m}$ 时，$Q_{\text{rate}} = 0.22\text{m}^3/\text{s}$。

在这样的情况下，可以计算如下：

$$v_1 = \frac{Q_{\text{rate}}}{A_1} = \frac{0.22}{0.55} = 0.40\text{（m/s）}$$

且 $H_1/L = 0.323$（注意，$h_1/L = 0.313$，已经很接近 H_1/L）。从图 6.15 中可以得出 $C_d = 0.976$，并得到以下计算（$\alpha_1 = 1.04$）：

$$\sqrt{\alpha_1} C_d A^* / A_1 = 0.452$$

由表 6.6 可知 $C_{\text{vrate}} = 1.051$。

综上所述，$Q_{\text{rate}} = 0.22\text{m}^3/\text{s}$，$C_{\text{vrate}} = 1.051$。

第二步：

计算新的梯形行近渠道中的流速系数，此渠道 $b_1 = 0.6\text{m}$，$z_1 = 1.0$。由第一步可知 $A^* = 0.25\text{m}^2$，$C_d = 0.976$，能计算出 $A_1 = y_1$（$b_1 + z_1 y_1$）$= 0.633\text{m}^2$，随后得

$$\alpha_1^{0.5} C_d A^* / A_1 = 0.393$$

由表 6.6 可知 $C_{\text{vnew}} = 1.037$。然后由式（6.29）可得

$$Q_{\text{new}} = Q_{\text{rate}} \frac{C_{\text{vnew}}}{C_{\text{vrate}}} = 0.22 \times \frac{1.037}{1.051} = 0.217\text{（m}^3\text{/s）}$$

在这种情况下，C_v 值需要调整的幅度很小。然而，对于所有流量区间上的深度值，均需要对以上步骤进行重复计算。

6.4.6　由弗劳德模型来扩展水槽流量计算

在水流研究中，对于大型量水建筑物的水力特性，常常用实验室比例模型通过试验来研究。大型建筑物的水流特性根据水力相似原则从模型试验中得出。在明渠水流研究中，最重要的力是惯性力和重力，这些力的比例在模型和原型中必须相同。这个比例的平方根就是弗劳德数，因而这种类型的水力相似原则通常称为弗劳德模型。

利用水力相似原则，如果一个量水建筑物的特性已知，使用者就能知道与之相似的建筑物的特性。也就是说，一个高为 1m、宽为 1m、堰前水头为 1m 的堰与一个高为 2m、宽为 2m、堰前水头为 2m 的堰是相似的。过堰流量不是两倍，而是

$$\frac{Q_{\text{prototype}}}{Q_{\text{model}}}=\left(\frac{L_{\text{prototype}}}{L_{\text{model}}}\right)^{2.5} \tag{6.30}$$

式中：$Q_{\text{prototype}}$ 为原型设施流量；Q_{model} 为模型设施流量；$L_{\text{prototype}}$ 为原型设施长度；L_{model} 为模型设施长度。

在量水建筑物所有的结构外形和水头都有相同比例的情况下，式（6.30）是成立的。根据式（6.30），可以由给定尺寸的水槽模型流量计算公式计算出多种其他比例尺寸的水槽流量。另外一个影响水流的因素是摩擦力和由流体黏滞性带来的能量损失。这些力在比例模型中通过引入雷诺数来加以考虑，通常而言在一个比例模型中是不可能同时得到一个恒定的弗劳德数和一个恒定的雷诺数的。幸运的是，当雷诺数超过一定值时，即使其值并不恒定，模型和原型中的黏性影响通常也可以忽略或者两者相似。因此，只要模型不是小到完全被黏性因素所控制，结果都能由弗劳德模型可靠地得到。

本章全程都在介绍弗劳德模型的概念，所有水头流量方程的一边都是 Q，另一边则是长度的 2.5 倍乘以 $g^{0.5}$（通过 $g^{0.5}$ 平衡了单位）。C_d 对摩擦力和紊流引起的能量耗散很敏感，这个影响可以通过雷诺数来反映。然而，在图 6.15 中，C_d 严格是长度比例的函数。对于不同形状和尺寸的水槽，这是一个平均曲线和平均雷诺数，因此在弗劳德模型中，这个曲线用于摩擦力影响只能是近似的修正。6.5 节采用数学模型，进行以雷诺数为函数的摩擦损失计算，从而精确地解释了摩擦力的影响。除非相对粗糙度变大，建筑物的规模对水头流量关系中摩擦力部分的影响很小。因此，通常在弗劳德模型中可以合理又精确地确定从一个尺寸扩展到另一个尺寸的率定表，尤其是模型比例为 1∶4～4∶1 时。

6.5　采用计算模型进行水位流量关系校正

6.5.1　能量损失引起水头流量的校正

因为现实中不存在理想水体，所以必须考虑摩擦力的影响。计算一个量水槽的实际流量需要考虑引渠、渐变段和控制段摩擦力的影响（图 6.18）。出口扩散段和尾水渠（该结构部分在临界流的下游）中的摩擦损失不会影响水槽中的过流，但会影响维持自由出流的尾水位限制。

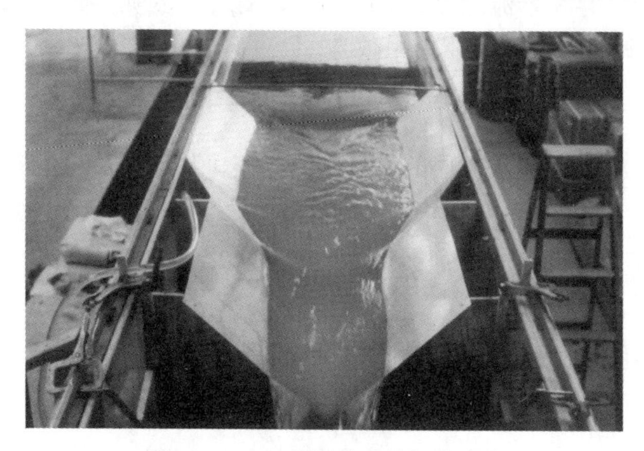

图 6.18　水头流量关系特征的研究

有三种方法可以计算量水槽的摩擦损失：曼宁公式、Chezy 方程和边界层理论。WinFlume 使用了边界层理论。Ackers 和 Harrison（1963）指出摩擦力的影响可以通过适当改变流动区域来代替。这个改变就是在边界上增加有一定厚度的虚拟位移（Harrison，1967）。Replogle（1975）扩展了他们的研究，建造了一个基于边界层理论的水流模型。这个水流模型经过微小的修改后，在本节呈现。

1. *边界层理论*

为利用边界层理论，要假设水槽的控制段表面有一层薄水层与水流方向平行。这个薄水层会形成对水流的阻力，导致能量或水头的损失。假设边界层位于从渐变段到控制段之间的断面。边界层理论表明边界层中的水流状态不是恒定的，而是沿薄水层变化的。边界层初始时是层流，而后发展为紊流，如图 6.19 所示。实际上，从层流到紊流的过渡是逐渐进行的。但当计算阻力时，必须假设这个转变是突然发生的，且位于距控制段入口 L_x 的地方。

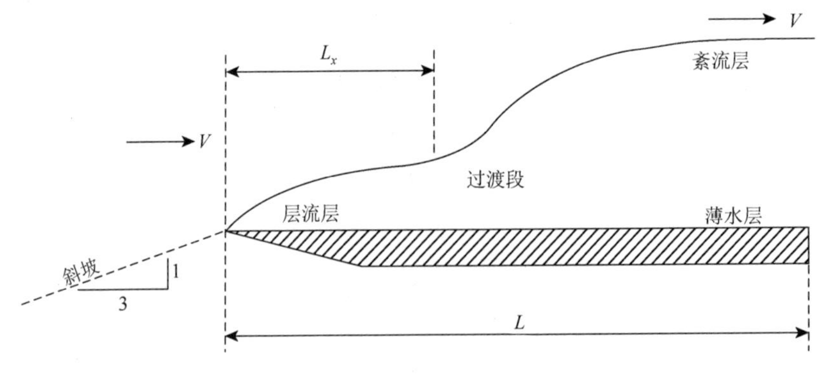

图 6.19　层流边界层到紊流边界层的过渡

综合阻力系数 C_F 可以通过在边界层的层流和紊流部分添加相对阻力系数求得（Schlichting，1960）。边界层紊流部分的阻力系数要在边界层全是紊流时计算得到。因此，在长为 L_x 的距离上不存在紊流边界层的阻力系数 $C_{F,x}$，必须从整个长为 L 的控制段的紊流阻力系数 $C_{F,L}$ 中减去，则综合阻力系数为

$$C_F = C_{F,L} - \frac{L_x}{L} C_{F,x} + \frac{L_x}{L} C_{F,x} \tag{6.31}$$

式中：$C_{F,x}$ 为长为 L_x 的紊流边界层的系数；L_x 的值可从雷诺数与边界层中层流部分的经验关系中求得

$$Re_x = 350000 + \frac{L_x}{K} \tag{6.32}$$

其中：K 为材料的绝对粗糙度。雷诺数和 L_x 的关系由式（6.33）定义：

$$Re_x = V_c \frac{L_x}{V_i} \tag{6.33}$$

式中：$V_c = Q_c/A_c$ 为流动的平均速度；V_i 为流体的运动黏度。与此相似，对长为 L 的整个控制段的雷诺数有

$$Re_L = V_c \frac{L}{V_i} \tag{6.34}$$

紊流阻力系数可以从 Granville（1958）中变换得到，为

$$C_{F,L} = \frac{0.544C_{F,L}^{1/2}}{5.61C_{F,L}^{1/2} - 0.638 - \ln(Re_L C_{F,L}^{-1} + 4.84C_{F,L}^{1/2} L / K^{-1})} \tag{6.35}$$

式（6.35）也可以用来计算 $C_{F,x}$，只需要将 $C_{F,L}$、Re_L 和 L 替换成 $C_{F,x}$、Re_x 和 L_x 即可。这个方程多次出现 $C_{F,x}$，只能由试算法求解。

层流的阻力系数可由 Schlichting（1960）建议的以下公式计算：

$$C_{F,x} = \frac{1.328}{\sqrt{Re_x}} \tag{6.36}$$

如果 $Re_L < Re_x$ [式（6.32）和式（6.34）]，整个边界层都为层流，并且 $C_F = C_{F,L}$，以上可以用式（6.36）证实，式中用 Re_L 代替 Re_x。

对于一个完全发展的紊流边界层，这样的边界层可能出现在行近渠道、渐变段、扩散段和尾水渠中（图 6.20），阻力系数可以认为等于 0.00235。水槽中每一部分的能量损失为

$$\Delta H_L = \frac{C_F L}{R} \frac{v^2}{2g} \tag{6.37}$$

式中：R 为水力半径（面积除以湿周）。长度和下标 L 表示式（6.37）可运用于量水槽需要考虑的所有部分。从观测断面的能量水头中减去含引渠、过渡段和控制段的总水头损失，就得到临界点的能量 $H_c = H_1 - \Delta H_1$，式（6.17）第三个方程就变为

$$y_c = H_1 - \frac{A_c}{2B_c} - \Delta H_1 \tag{6.38}$$

其中，

$$\Delta H_1 = \Delta H_a + \Delta H_b + \Delta H_L \tag{6.39}$$

式中：ΔH_a、ΔH_b、ΔH_L 分别为行近渠道、渐变段和控制段的水头损失。

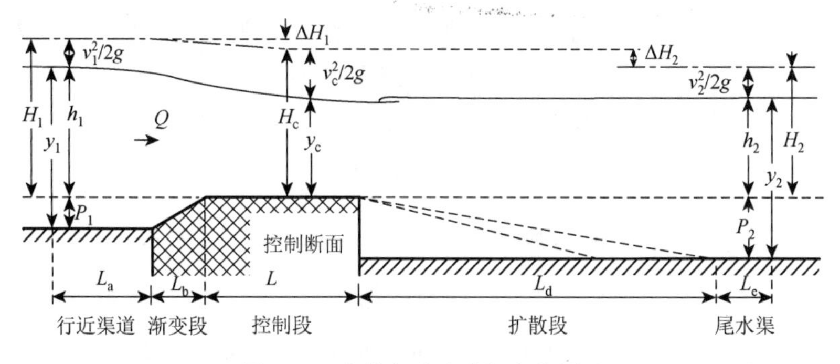

图 6.20　水槽各种水头损失的图示

2. 水流表面绝对粗糙度

一些常用于建造水槽的材料的绝对粗糙度在表 6.7 中给出。对绝对粗糙度大小所产生的影响的分析表明，即使 K 值发生了好几个数量级的变化，也只会使流量产生小于 0.5%（通常是小于 0.1%）的变化。因此，材料从光滑的玻璃变成粗糙的混凝土对水槽中水流流量的影响很小。即使材料表面绝对粗糙度的影响很小，也不能因此使建筑质量下降。如果控制段的表面有许多起伏和不规则的形状，会导致控制段面积的改变和临界段位置的改变，从而使实际流量与理论值相差很远。材料绝对粗糙度的变化及对建造误差的允许程度可以视为不同来源的潜在误差（见 5.4.3 小节）。

表 6.7　水槽建筑中使用的各种材料的绝对粗糙度

材料		K 的范围/m
玻璃		0.000 001～0.000 010
金属	上漆或光滑的	0.000 020～0.000 10
	粗糙的	0.000 10～0.001 0
木材		0.000 20～0.001 0
混凝土	光滑抹面	0.000 10～0.002 0
	粗糙的	0.000 50～0.005 0

6.5.2　速度分布的影响

在本章之前提出的理想水体的方程，假设控制段速度分布是均匀的。然而，实际上该分布是不均匀的。因此，就提出一个流速分布系数 α 来代表流速分布不均匀产生的影响。α 的值等于实际流动的流速水头除以平均流速分布时的流速水头，通常 α 是大于 1 的。

在流动完全稳定的长柱状渠道中，α 很接近 1.04（Watts et al.，1967）。在引渠中，流速分布假设是完全发展的，因为 α_1 的取值失误导致的能量损失计算错误或速度水头计算错误是很小的，所以 $\alpha_1 = 1.04$ 无须调整就可以直接使用。

临界流的速度分布相对均匀，但在控制段中，流速水头占了总水头中很大的一部分，因此控制段依然使用 α_c 对流速进行了修正。式（6.40）可用于绝大多数流动全部发展的渠道对 α 值的估算（Chow，1959）：

$$\alpha = 1 + 3\varepsilon^2 - 2\varepsilon^3 \tag{6.40}$$

式中：$\varepsilon =（V_m/V）-1$，V_m 为最大流速。对于完全发展的流动，ε 大约等于

$$\varepsilon = 1.77C_{F,L}^{1/2} \tag{6.41}$$

在控制段，渠道没有足够的宽度，水流曲线不能完全发展，将两个附加的式子添加到式（6.40）中，用于表示实际渠道与全部发展渠道的差异（Replogle，1974）：

$$\alpha_c = 1 + (3\varepsilon^2 - 2\varepsilon^3)\left(\frac{1.5D}{R} - 0.5\right)\left(\frac{0.025L}{R} - 0.05\right) \tag{6.42}$$

式中：D 为平均水深或水力深度（被顶宽分离的区域）。附加的限制条件是

$$\begin{cases} 1 \leqslant 1.5D/R - 0.5 \leqslant 2 \\ 0 \leqslant 0.025L/R - 0.05 \leqslant 1 \end{cases} \tag{6.43}$$

式（6.42）求出的流速分布系数为 1.00～1.04，这个取值区间是从实际的一系列典型条件下求得的。这个取值区间是正确的，因为许多学者都曾发现在长喉槽的控制段处流速分布几乎是均匀的。为了计算水槽和堰的水头流量关系，本书认为 $\alpha_1 = 1.04$，α_c 则由式（6.42）计算得到。

6.5.3　流动计算的准确性和 H_1/L 的范围

有一个关于 H_1/L 的取值范围的限制［式（6.27）］已在 6.4.2 小节提到过，当使用经验的流量系数时，一个合理可靠的流量计算是可以得到的。

$$0.1 \leqslant H_1/L \leqslant 1.0 \quad （根据经验）$$

这个限制条件是在不同建筑材料建造的各种类型水槽中进行试验，从广泛的试验数据中得到的（Bos，1985）。在这个范围内，能从由试验数据得到的经验曲线中获得精确的流量估计值。当 $H_1/L = 0.35$～0.7 时，相关资料中的数据更加连续，变动 3%还是会有 95%的置信区域。当 H_1/L 的取值很极端，如 $H_1/L = 0.1$ 或 $H_1/L = 1$ 时，数据就比较分散了，变动 5%才有 95%的置信区域。数据在 H_1/L 取值低时分布广的一个主要原因是摩擦力。上面叙述的数学模型为经验方法带来了某种进步，因为利用上述数学模型，即使当 H_1/L 的取值为 0.05 时依然可以精确地考虑到摩擦因素。数据分布广的第二个原因是流线的弯曲。由于流线的弯曲，当 H_1/L 的取值大于 0.5 时，试验数据开始偏离计算机预测。因此，理论上这个模型只能在以下条件下使用：

$$0.05 \leqslant H_1/L \leqslant 0.5 \quad （基于原理）$$

为了折中这两个区域，本书考虑两个实际过程中会出现的应当引起注意的事项。第一个是过流建筑物的糙率会随时间改变。当 H_1/L 的取值较小时，这种糙率的改变会对水槽校正产生很大影响。因此，即使这个模型能在 $H_1/L = 0.05$ 时进行预测，考虑到糙率的影响会建议实际下限是 $H_1/L = 0.07$。第二个注意事项是，当 H_1/L 的值达到 0.7 时，流线弯曲对流量系数只有一个微小的影响。在这两个 H_1/L 的取值范围内一个合理的折中就是

$$0.07 \leqslant H_1/L \leqslant 0.7$$

在这个取值范围内，数学模型计算的率定表误差小于2%。在这个范围之外，如 $H_1/L = 1$ 时，误差会缓慢增加到 4%。如果一个建筑物在 Q_{max}/Q_{min} 较大时进行设计，H_1/L 取值的所有范围都要使用（见 2.4 节）。在 WinFlume 的输出中，H_1/L 的值可以作为水头流量表格的一部分给出。在 WinFlume（8.8.1 小节）中用于精确校正的方程是

$$\begin{cases} X_c = \pm\left[1.9 + 742\left(0.07 - \dfrac{H_1}{L}\right)^{1.5}\right], & H_1/L < 0.07 \\ X_c = \pm 1.9, & 0.07 \leqslant H_1/L \leqslant 0.7 \\ X_c = \pm\left[1.9 + 12.78\left(\dfrac{H_1}{L} - 0.7\right)^{1.5}\right], & H_1/L > 0.7 \end{cases} \tag{6.44}$$

式(6.44)可以在 H_1/L 的取值不确定时近似求出率定表中的已知变量，并使 X_c 在 H_1/L 取值较大或较小时能快速增加，以便阻止在不利的 H_1/L 范围内设计水槽。

6.5.4 用模型计算水头流量关系

1. 在水头已知时计算流量

实际流量的计算过程和理想水体相同，只是要用式（6.16）、式（6.10）和式（6.38）分别代替式（6.17）的第一到第三个方程。ΔH_L 的值从式（6.31）～式（6.37）中得到，α_c 的值从式（6.42）中得到。首先，按理想水体计算，再以此计算成果为初始假想值来计算实际流量。然后，用估计的流量值计算出摩擦损失及流速分布系数。最后，计算实际流量［式（6.16）］和临界水深［式（6.38）］。这个试算过程要持续到 y_c 收敛。结果中的流量值要与前一次计算得到的流量值进行比较（第一次试算时其结果要与理想流量 Q_i 比较），如果这个流量值没有收敛，ΔH_L 和 α_c 就要用新的流量值重新计算，直到流量值收敛。

2. 在流量已知时计算水头

当流量已知时，利用式（6.16）和式（6.42）迭代求解 y_c 与 α_c，式中 A_c 和 B_c 都是 y_c 的函数，H_c 由式（6.11）求得，$H_1 = H_c + \Delta H_1$，h_1 由式（6.10）得到，A_1 是 h_1 的函数。只有在 h_1 已知时才能计算出关于 h_1 的理想流量，并且利用理想流量方程可以由 h_1 计算出 Q。计算理想流量的目的在于确定流量系数 C_d。

6.5.5 计算临界流所需的收缩量

在行近区间已知时，有很多方法能用来计算形成临界流动所需的收缩量。当考虑到可能的控制断面形状时（见 5.1 节），可以求解出收缩量的方法趋于无穷。然而，如果用户将控制断面形状限制到一个特殊的形状（如梯形），并找到一种能在这种断面形状下改变收缩量的方法（如提高堰底高程），则对于一个已知的上游水头和流量，用 6.3.3 小节中给出的关系式就能求解所需的收缩量。而典型的校准方法是已知收缩量但对于给定水头的流量是未知的，上述方法与之正好相反。

在式（6.19）和式（6.22）中有四个未知量：u、C_v、A^*/A_1 和 B_c^*/B_1。如果 u 和 B_c^*/B_1 已知，就能用两式迭代求解 C_v 和 A^*/A_1。这个方法能求出在给定上游水流条件下形成临界流所需的收缩量的精确值。对于一个给定初始形状的控制段，在上游水头给定后，B_c^*/B_1

就已知了。而 u 的取值未知，且对于许多不同形状的控制断面而言，u 值随着水深的变化并非恒定。u 值代表绘制于坐标纸上的水头流量曲线某点切线的斜率。对于一个普通形状的水槽，u 值从 $u = 1.5$（矩形断面）变化到 $u = 2.5$（三角形断面），梯形断面、抛物线形断面等的取值在两者之间。

通常收缩量的求解方法是根据控制断面的尺寸进行迭代求解，因为 B_c^*/B_1 和 A^*/A_1 都允许改变并且 u 未知。求解 u 的很快收敛的方法介绍如下。

（1）估计 u：对于一个未知的控制段，最好将 $u = 2$ 定为初始值。

（2）由式（6.21）计算 y_c（假设 $H_c = h_1$，作为第一次粗略估计）。

（3）由控制断面的形状和控制段的几何尺寸求解 A_c 和 B_c，然后由式（2.5）计算 u，$u = B_cH_c/A_c$。将这个 u 值即计算所得的新的 u 值与估计 u 值相比，若相差较大，则以新计算的 u 值代替原 u 值重新计算，直到 u 值收敛。

一旦 u 值确定，式（6.19）和式（6.22）就可以用于求解 C_v 和 A^*/A_1。随着收缩方法的改变，B_c^*/B_1 也有可能改变，但 B_c^*/B_1 是受控制段形状影响的，所以在实际计算中不会再增加新的未知量。计算结果是一个新的收缩量，该方案对应一组控制段形状及其 A^*/A_1 值。一旦形状改变，u 就需要重新估计，A^*/A_1 也需要重新计算。这个比值随 u 值的变化改变很少，因而这个迭代过程收敛很快（如 2～3 次迭代）。建议在初始时指定最小收缩量（$A^*/A_1 \approx 0.85$）。

这个方法在 WinFlume 的设计方案模块（8.8.3 小节）中使用，用以计算最大和最小收缩量，这些收缩量会确定控制断面的结构尺寸。最大收缩量会产生一个上游水位，这个水位恰好满足 Q_{max} 时的水位超高值。最小收缩量则要求满足弗劳德准则与在 Q_{max} 和 Q_{min} 时自由出流的条件。以一个初始的控制段断面形状和尺寸开始，WinFlume 通过用户选择改变收缩量的方法去变换控制段，用以求得所需的 A^*/A_1 的值。一旦最大和最小收缩量确定，WinFlume 会检测这两种结构的所有设计要求，处于这两种极端情况之间的可能设计方案均是按用户自行选择的收缩量进行计算的。用户就可以从允许的设计方案中改变一个或更多的标准、尺寸或者设计限制而重新在设计的方案中选择一个。作为初始条件，用户可能希望指定控制断面形状，这个形状和行近断面的形状相同。WinFlume 仅仅是改变第一次的猜测来使结果更易于收敛。算法详细的介绍见 8.8.10 小节。

6.6　量水建筑物的水头损失

6.6.1　保持临界流

要维持控制段处于临界流，要求在任何给定的流量下量水堰槽下游的能量水头稍小于临界段的能量水头。当临界流动发生时，堰槽就作为量水结构开始运行，这一方法的术语是自由出流。量水堰槽下游的能量水头大小受渠道条件和下游建筑物的影响。因此，水槽的设计必须满足在临界段（和行近渠道）中的能量水头要高于这些水位的要求，以确保能够产生自由出流。如果下游能量水头 H_2（见 6.2 节）比临界水深 y_c（控制段）要小，则上述情况必然会出现。在这种情况下，可能的水头损失 H_1–H_2 会大于 H_1–y_c，则在过渡段的下游（h_2）就没有必要将控制段的动能（$v_c^2/2g$）转换成势能。换言之，在控制段和下游渠道之间就不需要采用渐变形式（图 6.21）。

图 6.21　需要恢复动能时，在下游要有一个充分的突然扩大

如果流经建筑物的水头损失限制到一个极限，以至于下游水位 h_2 比 y_c 还要大，就需要一个渐变段来获得势能。能得到的势能的量主要取决于过渡段的扩张程度及控制段处过流面积 A_c 与确定的下游水深 h_2 的断面面积 A_2 的比值。得到的势能将决定 h_2 的取值的限制及与 h_2 有关的 H_2 的取值，这个取值允许临界流动发生在控制段。只要有效水头小于 H_1–y_c，无论如何都要确定这个限制值。淹没度是上下游水位的比值（H_1/H_2）的最大值，在这种情况下流动依然是非淹没的（此时上游水头流量关系是不受下游条件影响的）。

确定流经量水堰槽的能量损失需要判断流动是否淹没。能量损失可以分为以下三个部分：

（1）上游水位测量断面（观测断面）和控制段断面间的损失，主要由摩擦力产生。

（2）由摩擦导致的控制段断面和确定 h_2 的断面间的损失。

（3）由经过下游过渡段时动能未能完全转变成势能造成的损失（如扩大损失）。

在（1）中描述的损失会影响到量水建筑物的评价，因为它会改变 h_1 和 Q 的关系。（2）和（3）中的损失会影响量水建筑物的淹没度。

在 6.5.1 小节中，介绍了确定从观测断面到水槽控制段末端间的水头或能量损失 ΔH_1

的方法。这个能量损失用边界层理论迭代计算得出。然而，如果水头流量关系由经验确定的流量系数 C_d 确定，能量损失就能由式（6.45）计算得到（Bos and Reinink，1981；Bos，1989）：

$$\Delta H_1 = H_1 - H_c = H_1(1 - C_d^{1/u}) \tag{6.45}$$

在 6.4 节所讨论的 H_1/L 的取值范围内，式（6.45）给出了上游控制断面能量损失的准确估值。

水槽下游的摩擦损失相对于紊流损失要小。因此，一些粗略的估计就足够了。摩擦损失能用 6.5.1 小节中介绍的边界层理论准确地估计。对行近渠道而言，阻力系数可以取恒定值 0.002 35。水槽控制段到下游的水头损失由式（6.37）计算得出。关于流速分布系数 α_2 是没有资料的，不过与扰动能量损失相比这部分的影响可以忽略，因而假设 $\alpha_2 = 1$（或者能量损失能由曼宁公式求出，但考虑到能量损失与扩大损失相比很小，这么做是没有意义的）。式（6.37）应用于底部和侧墙扩大渐变段，也应用于从渐变段末端到 h_2 所在断面间的渠道上。因为在大多数站点上 h_2 实际是没有进行测量的，合适的 h_2 的位置就在所有能量都回收的位置，尾水渠在 WinFlume 软件中的估计长度为 $L_e = 10（p_2 + L/2）-L_d$，其中 L 是控制段的长度，p_2 是堰顶与下游渠道底板顶面的高差，L_d 是扩散段的长度（图 6.20）。

在量水堰槽下游的能量损失中，由摩擦造成的损失是

$$\Delta H_f = \Delta H_d + \Delta H_e \tag{6.46}$$

式中：ΔH_f 为流经建筑物的摩擦损失；ΔH_d 为经过下游渐变段的能量损失；ΔH_e 为尾水渠的摩擦损失，摩擦损失由式（6.37）求得。

由下游扩散（扩散段）造成的能量损失可由式（6.47）计算：

$$\Delta H_k = \xi \frac{v_c^2 - v_2^2}{2g} \tag{6.47}$$

式中：ΔH_k 为由快速扩散造成的能量损失；ξ 为扩散能量损失系数（取值见图 6.22），可以由式（6.48）求得［改编自 Bos 和 Reinink（1981）］

$$\xi = \frac{\log_{10}[114.59\arctan(1/m)] - 0.165}{1.742} \tag{6.48}$$

$\log_{10}$ 是以 10 为底的对数，arctan 是反正切，m 是下游扩散段的扩散比（图 6.22）。对于只有一个底部收缩的水槽（如宽顶堰），扩散比很直观。扩散比是扩散段长度除以下游高度 p_2。对于有侧收缩或是既有底收缩又有侧收缩的水槽，合适的扩散比就不太明显了。一般来说，水槽底部的扩大比侧收缩对能量损失和恢复的影响更大，因为底部扩大会影响整个宽度上的水流。因此，对于一个有相当大的底部收缩的水槽，底部的膨胀比能用于水头损失的计算。当收缩主要来自侧边时，就应该使用边墙的扩散比。显然，在有些情况下，两种方式都要使用，而具体在什么情况下使用还没有明确的定义。在第 8 章介绍的 WinFlume 软件中只使用一个扩散比（在渠底文件中输入，形式类似于扩散段的坡度），并假设底部和侧边的扩散段都是这个扩散比。观测资料表明，式（6.48）中的 ξ 是保守的，并能用于大多数建筑物中。对于一个急速扩散的渠道，取 ξ 的值为 1.2。

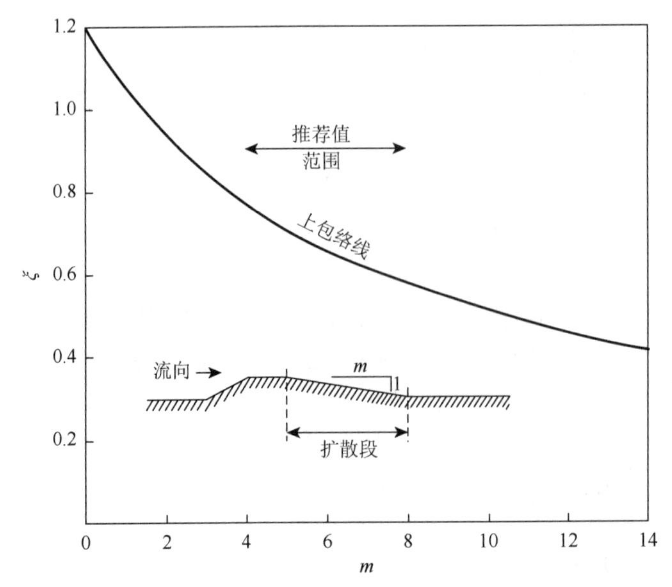

图 6.22　ξ 的取值与下游扩散段扩散比之间的函数关系［改编自 Bos 和 Reinink（1981）］

控制段下游的总能量损失在知道摩擦损失［式（6.46）］和扩大损失［式（6.47）］后就能计算：

$$\Delta H_2 = \Delta H_d + \Delta H_e + \Delta H_k = \Delta H_f + \Delta H_k \tag{6.49}$$

6.6.2　确定淹没点（允许下游水位）

水槽的设计者通常都会去确定下游最大水位及能量水头 H_2，有这些量自由出流就存在了（图 6.23）。利用这些量并联立式（6.39）和式（6.49）来计算通过建筑物的最小能量损失。淹没度是在最小能量损失条件下相互关联的下游与上游能量的比值：

$$\begin{cases} \Delta H_2 = H_c - \Delta H_2 \\ \qquad = H_1 - \Delta H_1 - \Delta H_f + \Delta H_k \\ \qquad = H_1 - \Delta H_a - \Delta H_b - \Delta H_L - \Delta H_d - \Delta H_e - \Delta H_k \\ \mathrm{ML} = \dfrac{H_2}{H_1} \end{cases} \tag{6.50}$$

图 6.23　水槽层流的研究

可以利用式（6.45）得到适用于任何长喉槽和宽顶堰的求解淹没度的更一般的式子：

$$\begin{cases} H_2 = H_1 - \Delta H_1 - \Delta H_\mathrm{f} + \Delta H_\mathrm{k} \\ \quad = H_1 - H_1(1 - C_\mathrm{d}^{1/u}) - \Delta H_\mathrm{f} - \Delta H_\mathrm{k} \\ \mathrm{ML} = \dfrac{H_2}{H_1} = C_\mathrm{d}^{1/u} - \dfrac{\Delta H_\mathrm{f}}{H_1} - \xi \dfrac{v_\mathrm{c} - v_2^2}{2gH_1} \end{cases} \tag{6.51}$$

式（6.51）揭示了由摩擦造成的各部分损失已成为总能量损失中的一个很大的比例。这主要是因为下游扩散段中相对大的流速在经过相当长的距离后依然能维持。渠长且变化较小，下游扩散段就有一个较好的能量转换（ξ 值较小），但会因摩擦损失一些能量（ΔH_f 较大）。结果变化缓慢的扩散段（超过 10∶1）会比变化快但较短的扩散段损失更多的能量。同时考虑到变化缓慢的扩散段的建筑费用比较短的扩散段的建筑费用更多，本书建议扩散比不宜超过 1∶6。

而较大的扩散比如 1∶1 或 1∶2 对能量转换也并非很有效，因为离开控制段的较大射流速度是不可能沿着扩散段的边界突然直接改变的，这将导致流动脱离区的出现，在这一区域中产生的漩涡会将动能转化为热能和噪声。因此，本书不推荐使用扩散比 1∶1、1∶2 和 1∶3。如果控制段下游的长度不足以容纳一个完全发展的扩散段，本书建议将扩散段截断到所需要的长度，而不是使用一个突然改变的扩散比（图 6.24）。将扩散段截断到原有长度的一半对淹没度的影响不大。截断的扩散段不应当是圆形的，因为这么做会将主流导入渠道底部，导致额外的能量损失和可能的冲刷。

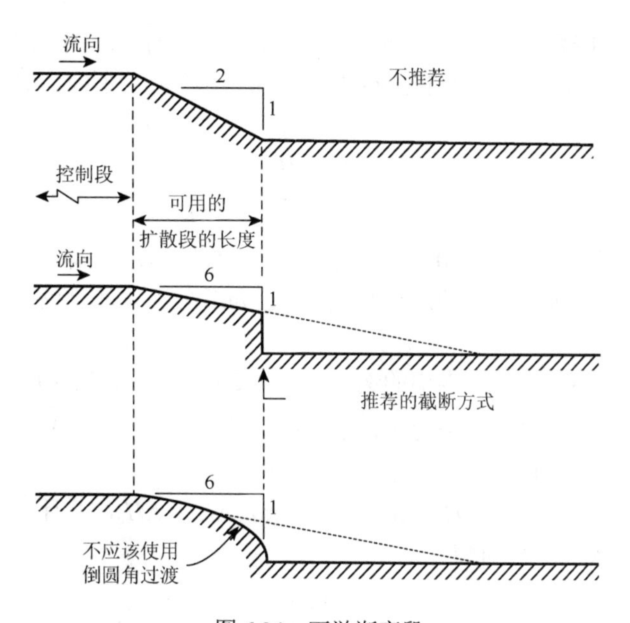

图 6.24　下游渐变段

如果一个堰或槽有一个突然的扩大（$\Delta H_\mathrm{f} = 0$，$\xi = 1.2$），并且水流流入静水中（$v_2 = 0$），能量损失是最大的，能量损失由式（6.52）估算（$C_\mathrm{d} \approx 1.0$）：

$$\Delta H_{\max}=1.2\frac{v_{\mathrm{c}}^{2}}{2g} \tag{6.52}$$

对于矩形的控制段，$v_{\mathrm{c}}^2/2g=H_1/3$，因此 $\Delta H_{\max}=0.4H_1$。其他形状控制段的数据见表 2.1。淹没度的取值随着尾水速度的增加和扩散段的附加（减小 ξ 值）而快速增加。在第 3 章中为得到建筑物的保守设计，可以假设淹没度小于 0.9。

一旦水槽的水头流量关系已知，对于一对给定的水头和流量（h、Q），以下的量也已知：控制断面处的水头 H_{c}、控制段的流速 v_{c} 和上游水头损失 ΔH_1。式（6.48）用于计算扩散能量损失系数 ξ。在已知扩散比 m，想要估计下游能量损失（ΔH_{f} 和 ΔH_{k}）时，还需要先估计下游水位和流速。一个合理的起始计算点是 $h_2=y_{\mathrm{c}}$。然后在已知 h_2 和 Q 时计算下游水深 $y_2=h_2+P_2$ 与流速 v_2。在下游截面上，P_2 代表槽底高度。

在确定水头损失时所需的下游距离可以由式（6.53）估计：

$$\begin{cases}L_{\mathrm{d}}=P_2m\\L_{\mathrm{e}}=10P_2+L/2-L_{\mathrm{d}}\end{cases} \tag{6.53}$$

式（6.53）计算出的长度可以使下游紊流消散，因而下游摩擦损失可由式（6.54）计算：

$$\begin{cases}\Delta H_{\mathrm{e}}=\dfrac{0.00235L_{\mathrm{e}}v_2^2}{2gR_2}\\[2ex]\Delta H_{\mathrm{d}}=\dfrac{0.00235L_{\mathrm{d}}}{4g}\left(\dfrac{v_{\mathrm{c}}^2}{R_{\mathrm{c}}}+\dfrac{v_2^2}{R_2}\right)\end{cases} \tag{6.54}$$

式中：R_2 为下游水力半径；R_{c} 为控制段水力半径（被湿周分割的面积）。H_2 可以通过式（6.50）从式（6.45）中算出。这个值和本书初始猜测的 H_2 值应该会不同。对下游水位的第二次猜测可以从式（6.55）中获得

$$y_{2,\mathrm{new}}=y_{2,\mathrm{guess}}\frac{H_{2,\mathrm{new}}+p_2}{H_{2,\mathrm{guess}}+p_2} \tag{6.55}$$

其中，含有 guess 下标的量是试验值，有下标 new 的量则是从能量计算［式（6.45）～式（6.50）］中得到的新值。h_2 新的取值是以 $y_{2,\mathrm{new}}$ 为基础计算的。以上过程重复进行直到 H_2 收敛。

例 6.3　将 6.3.2 小节中梯形水槽的例子（$b_{\mathrm{c}}=0.2\mathrm{m}$，$z_{\mathrm{c}}=1.0$，$P_1=P_2=0.15\mathrm{m}$，$L=0.6\mathrm{m}$）放入一个正在进行混凝土衬砌的渠道中，$b_1=b_2=0.5\mathrm{m}$，$z_1=z_2=1.0$。当 $Q_{\max}=0.0732\mathrm{m^3/s}$ 时，上游总水头 $H_1=0.238\mathrm{m}$。

如果堰扩散较大，$L_{\mathrm{d}}=0$，$\Delta H_{\mathrm{d}}=0$，$L_{\mathrm{e}}=4.5\mathrm{m}$，$\Delta H_{\mathrm{f}}=\Delta H_{\mathrm{e}}$，并且 $\xi=1.2$。将这些值代入式（6.53）～式（6.55）中可得

$$y_2=0.343\mathrm{m}$$
$$\mathrm{ML}=0.817$$
$$\Delta H=0.044\mathrm{m}$$

如果尾水很高，能适应水头损失，在建筑物上就要加上一个下游扩散段。用 WinFlume（第 8 章）去计算下游扩散为 1∶6（$m=6$）时的 ML 和 ΔH，这些取值变为

$$y_2 = 0.361\text{m}$$

$$\text{ML} = 0.893$$

$$\Delta H = 0.026\text{m}$$

因此，所需的水头损失减小了大约 0.02m。设计者必须确定为避免淹没出流是附加这种扩散较好还是抬升渠底较好。这个决定要取决于以下几个因素：结构的标准、率定表、有效的水面超高和替代结构的成本。

在本节中，读者必须注意渠道的糙率随时间和季节等的变化。为避免非自流出流通过堰或水槽，设计时要分析最大糙率和与之相关的下游水深 y_2 的情况。

第 7 章　量水建筑物下游端

7.1　简　　介

正如之前所讨论的，为了能够测量通过量水堰槽的流量，量水建筑物下游的水位必须比上游水位低。换言之，在通过堰或水槽时会有一个能量的损失 ΔH。在相对平坦的灌溉渠道上，ΔH 通常不会超过 0.3m（约 1ft）。由堰或水槽造成的紊流损失也可以通过混凝土衬砌或者在土质渠道中铺设很长的碎石保护层来加以控制。在陡峭的地区，通常需要在渠道底部建造落差建筑物来限制渠段的流速。对于一个经济的渠道系统设计方案，一个堰或槽就可以作为这类落差建筑物。这类两用型的落差建筑物通常设有消力池结构，用于消耗水位落差 ΔH 带来的能量，使出建筑物的水流不会造成下游渠道的冲刷。这个消能结构通常做成矩形断面。

为了能在堰或槽的下游端选择一个令人满意的消能结构，必须知道以下几个参数的意义：

Q_{max} 为通过建筑物的最大流量。

b_c 为控制段的宽度。

$q_c = Q_{max}/b_c$，为通过建筑物的最大单宽流量。

$H_{1max} = h_1 + v_1^2/2g$，为总水头。

ΔH 为通过建筑物的水头损失。

然后，需要计算许多参数，包括：

H_d 为以消能建筑物底部为参考线的下游能量水头。

$\Delta Z = \Delta H + H_d - H_1$，为堰顶与消能建筑物底部的高差。

g 为重力加速度。

$v_u = \sqrt{2g\Delta Z}$，自由降落 ΔZ 后的流速。

$y_u = q_{max}/v_u$，消能结构中流速最大处（断面 U）底部的最小水深。

$$Fr_u = v_u\Big/\sqrt{gy_u}\,, \tag{7.1}$$

断面 U 处的弗劳德数。

各个术语的图解见图 7.1。

弗劳德数使得结构设计能够有多种选择。虽然这些替代设计之间的限制条件并不高，但出于实际考虑，本书还是要将这些限制条件陈述如下：

如果 $Fr_u \leqslant 2.5$，并不需要挡板或特殊装置，但是下游应该在很长一段距离上设有有效的保护层，见 7.3 节。

如果 Fr_u 在 2.5～4.5，水跃是不稳定的。流入的水流会从渠道底部摆动到水面，在下游渠道中产生不规则的波浪。因此，本书认为能量的耗散有一部分原因是建筑物产生的紊流而不只是因为水跃。

如果 $Fr_u \geqslant 4.5$，一个能够有效耗散能量的稳定水跃能在这种情况下形成。

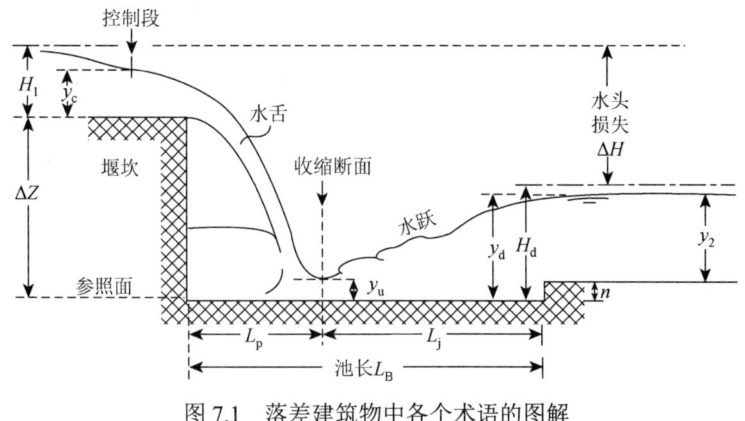

图 7.1　落差建筑物中各个术语的图解

L_p-跌水池长；L_j-水跃池长；n-池深

图 7.2 用图像表示了这些建议。对于一个已知的单宽流量 q 和一个已知的高差 ΔZ，能利用图 7.2 得到最适合的消能结构设计。要想进行更详细的水力设计，就需要得到一个更精确的 ΔZ 的值，这就可能得到另一种结构尺寸。

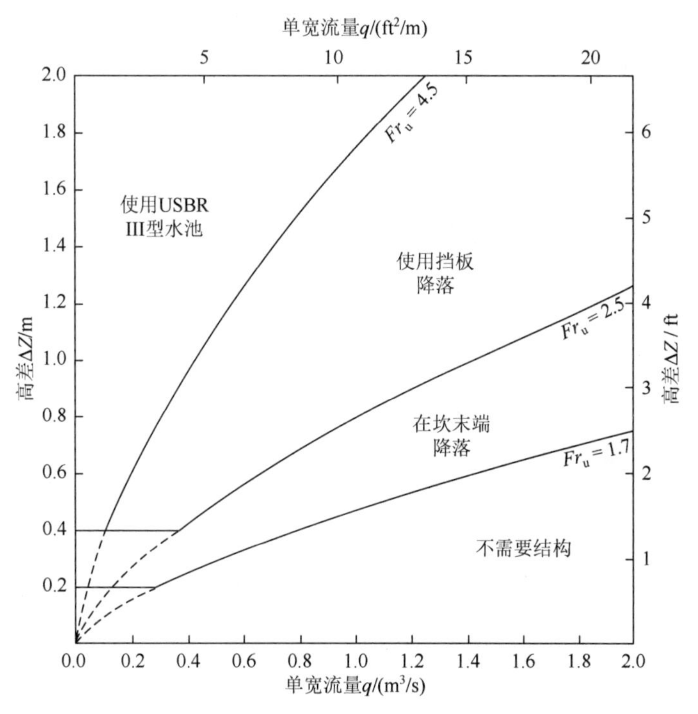

图 7.2　在详细设计前选择消能建筑物类型的图表

想要设计一个通过小流量、低高差、高弗劳德数的复杂消能设施是不实际的。因为通过消能设施的能量是很低的。因此，本书在这些消能设施上加上了最小高差的限制，最小高差不能小于 0.2m 和 0.4m，见图 7.2。同样，过大的高差需要体型较大的消能设施，因而过于昂贵并且在水力条件上也不可靠。因此，本书不建议高差超过 1.5m，见图 7.1，除非有特殊情况。对于这些高差 ΔZ，能量损失 ΔH 和弗劳德数 Fr_u 的限制并不明显，但是会在设计者做出快速决定时提出实际的限制。

本章探讨的消能设施也许并不适合所有的工程，但它们总可以为设计者提供一些思路。讨论的这些特点，在大部分渠道中，都和渠道中的测流建筑物有关。想要知道关于高差、端梁、消力墩、锥形侧壁等的更多信息，推荐参考 Peterka（1964）和 USBR（1973）。

7.2 消 能 设 施

7.2.1 垂直跌水

一个垂直跌落的水流，自由下落的水舌会冲击底板，然后在断面 U 处转向下游，见图 7.1。由于水舌的撞击及水舌下面水流在水池中的紊流作用，部分能量被耗散掉了。更多的能量则在断面 U 下游的水跃中被消耗掉。在下游出口中还剩下的能量水头 $H_{d'}$，并不会随着 $\Delta Z/H_1$ 的改变而变化很多，根据 Henderson（1966）的推导其值大约等于 $1.67H_1$。这个取值为确定出口水池底部高程（在下游渠道能量水位之下）提供了一个令人满意的估计值。

如 7.1 节所述，消能设施和一个垂直跌水的水力学尺寸与断面 U 处的弗劳德数 Fr_u 有关。这个弗劳德数通过长度比 $y_d/\Delta Z$ 和 $L_p/\Delta Z$ 与垂直跌水的几何形状密切相关，这可以从图 7.3 中读出，也可以看图 7.1。

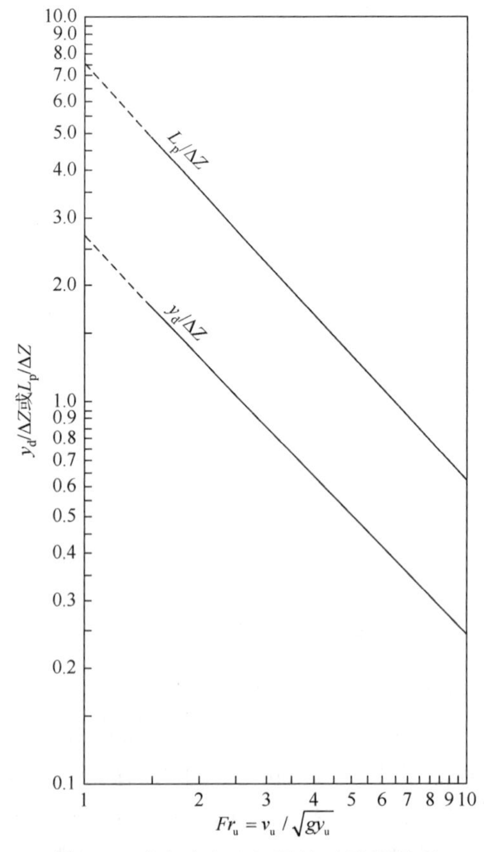

图 7.3　垂直跌水几何量的无量纲图形

要明白下游水深(y_d和y_2)不是由跌水建筑物而是由下游渠道中的水流特征来确定的，这点是很重要的。如果这些特征能够产生所需的水深y_d，就会形成水跃；否则就不会形成水跃，在消力池中能量的耗散也不完全。水跃准确的位置是下游渠道中水深的函数。

由于渠道中水力阻力随着季节会发生变化，由曼宁公式计算出的流动水深会发生变化。因此，水跃会季节性地在渠道中上下移动。这种不稳定的行为通常是本书所不期望出现的，通常这种行为会通过在水池的末端建造陡峭的底坎来加以缓和。通常，这种底坎建造在断面U下游，与断面U的距离由下式计算：

$$L_j = 5(n + y_2) \tag{7.2}$$

式中：n为底坎的高度。出于设计的目的，在Fr_u、y_u和y_2已知的情况下，可以从图7.4中得到所需的最大n值。如果跌水建筑物的水流进入一个较宽的渠道中，或者下游水深y_2不是由下游渠道的摩擦阻力而是由下游建筑物控制决定的，也需要在小流量和估计下游水深y_2的情况下确定底坎高度n。选其中的最大高度用于设计。

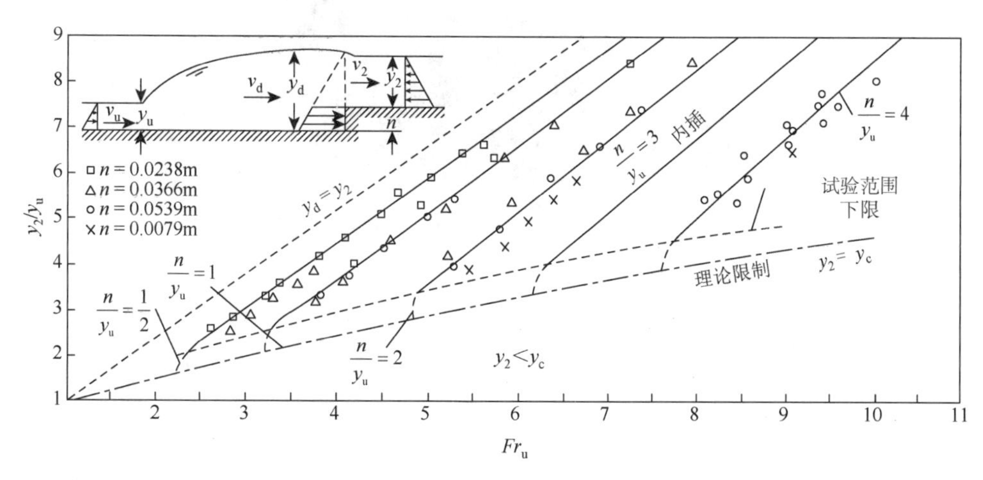

图7.4　一个陡坎断面上Fr_u、y_2/y_u和n/y_u之间的经验关系（Forster and Skrinde，1950）

有尾坎的垂直跌水长度受水跃长度L_f的影响很大。如同在介绍式（7.2）时所讨论的那样，水跃可以通过增加断面U下游的水流阻力来稳定和变短。为了减小断面U下消力池的长度，水流阻力可以通过在消力池中放置消力墩来快速增加。

7.2.2　消力墩式水池

消力墩式水池用于能量较小的跌水，如图7.5所示。对于很大范围内的下游水深，消力墩式水池都能合理地耗散能量。能量耗散是上游来流冲撞消力墩形成紊流造成的。因此，所需的下游水深比7.2.1小节讨论的垂直跌水消力池所需的水深要稍微小一些，可随着跌水高度ΔZ的变化而变化。为了使消力池能够正常工作，下游水深不能低于$1.45H_1$，在最大流量Q_{max}时弗劳德数Fr_u不能超过4.5。

在断面U的上游，长度L_p可以由图7.3得到。断面U下游水池的尺寸参数见图7.6，是上游水位H_1的函数。

图 7.5　带有消力墩式消能建筑物的垂直跌水

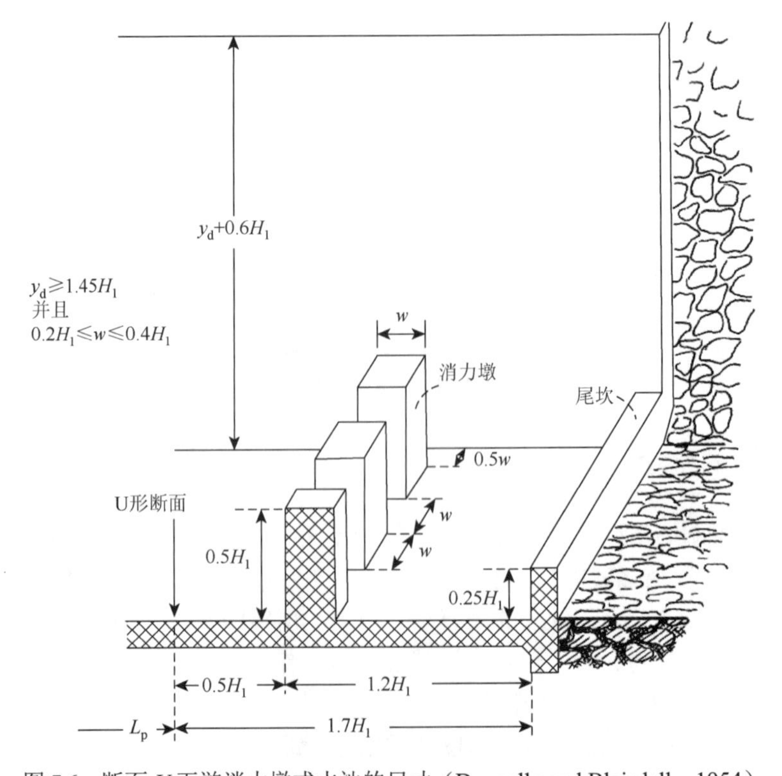

图 7.6　断面 U 下游消力墩式水池的尺寸（Donnelly and Blaisdell，1954）

图 7.5 所示的消能设施的水池长度比起只有一个尾坎的水池要短很多。虽然长度的减小是这种类型水池的一个优点，但是消力墩有一个主要的缺点：消力墩会滞留住水里和漂浮在水面的杂物，从而导致水池水位过顶和损坏消力墩。因此，为了能够正常工作，这些水池必须定期清理。

7.2.3　斜槽跌水

在一个堰或槽控制段的下游，由一个斜面来引导水流，这是一个很有特点的普遍设计，尤其是当能量损失超过 1.5m 时。跌水建筑物上、下游表面的斜坡通常尽可能陡峭。如果在控制段和下游表面之间以有尖锐角的平面连接，本书建议斜坡的坡度不要超过 1∶2，见图 7.7。原因是防止在尖锐处的流动脱离（由堰顶末端下游的负压造成）。如果需要一个陡峭的斜坡（1∶1），锐边就应该由一个曲率半径为 $r = 0.5H_1$ 的过渡弯道代替，见图 7.7。

在设计断面 U 下游的水池的参数 y_u 和 H_u 的取值可以由表 7.1 得出。表 7.1 所使用的模型在图 7.7 中进行了定义。在这个模型之中，读者会发现比起水流如同垂直跌水那样自由下落，使用斜坡会使进入水池中断面 U 处的水流能量更多。原因是垂直跌水中，能量会由于水舌冲击池底板和水舌下水池中水的紊流而耗散。在斜槽跌水中，水流经过斜坡表面由摩擦和紊流造成的能量损失要明显少很多（表 7.1 和图 7.7）。

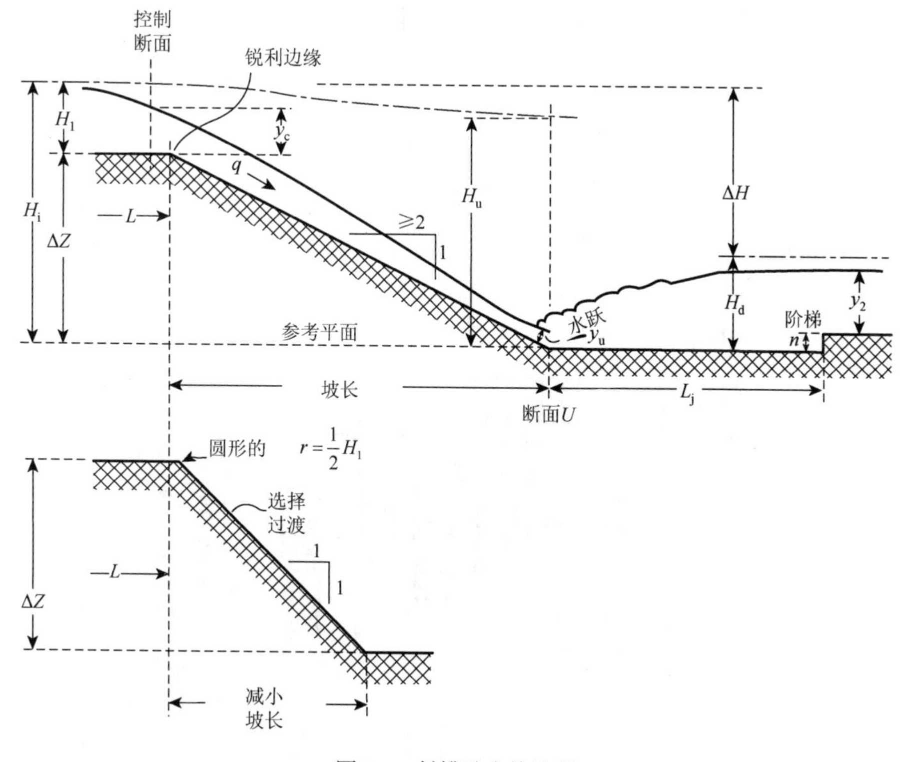

图 7.7　斜槽跌水构造图

表 7.1　水跃的无量纲比率

$\frac{\Delta H}{H_1}$	$\frac{y_d}{y_u}$	$\frac{y_u}{H_1}$	$\frac{v_u^2}{2gH_1}$	$\frac{H_u}{H_1}$	$\frac{y_d}{H_1}$	$\frac{v_d^2}{2gH_1}$	$\frac{H_d}{H_1}$
0.2446	3.00	0.3669	1.1006	1.4675	1.1006	0.1223	1.2229
0.2688	3.10	0.3599	1.1436	1.5035	1.1157	0.1190	1.2347
0.2939	3.20	0.3533	1.1870	1.5403	1.1305	0.1159	1.2464
0.3198	3.30	0.3469	1.2308	1.5777	1.1449	0.1130	1.2579
03465	3.40	0.3409	1.2749	1.6158	1.1590	0.1103	1.2693
0.3740	3.50	0.3351	1.3194	1.6545	1.1728	0.1077	1.2805
0.4022	3.60	0.3295	1.3643	1.6938	1.1863	0.1053	1.2916
0.4312	3.70	0.3242	1.4095	1.7337	1.1995	0.1030	1.3025
0.4609	3.80	0.3191	1.4551	1.7742	1.2125	0.1008	1.3133
0.4912	3.90	0.3142	1.5009	1.8151	1.2253	0.0987	1.3239
0.5222	4.00	0.3094	1.5472	1.8566	1.2378	0.0967	1.3345
0.5861	4.20	0.3005	1.6407	1.9412	1.2621	0.0930	1.3551
0.6525	4.40	0.2922	1.7355	2.0276	1.2855	0.0896	1.3752
0.7211	4.60	0.2844	1.8315	2.1159	1.3083	0.0866	1.3948

在断面 U 的下游，式（7.2）和图 7.4 能用于确定消能设施的尺寸。与垂直跌水相似，在水池中加设陡槽消力墩或消力墩能减小水池的长度。

7.2.4　USBR III 型水池

在选择水池的布局时，读者一定要注意带有图 7.5 所示消力墩的水池主要依靠紊流来消除能量。这样的水池如果能良好地操作，使得当通过最大预期流量时的弗劳德数 Fr_u 不超过 4.5（图 7.2），就是令人满意的结果。当弗劳德数过高时，可以使用图 7.8 所示的 USBR III 型水池（Bradley and Perterka，1957）。

图 7.8　USBR III 型水池

7.3　抛 石 护 坡

为保护渠道底部和边壁不被流过水池尾部与流过堰或槽的水流冲刷，如图 7.9 所示，经常会在下游渠道的底部和边壁上进行抛石护坡（图 3.32 和图 3.52）。有几个因素会影响这种护坡的长度。根据经验，本书建议抛石护坡的长度应该遵照以下规定：①不能小于下游渠道最大正常水深的 4 倍；②不能小于建筑物和渠道之间土质过渡段的长度；③不能小于 1.5m（约 5ft）。

图 7.9　为避免建筑物的损坏，在这个水槽中必须加入截水槽和抛石护坡

7.3.1　确定抛石护坡中抛石的尺寸

有几个因素影响抛石的尺寸，抛石的作用在于阻止石基随着外力发生移动。在水流离开建筑物后，这些因素是速度、流动方向、紊流和波浪。由于因素之间是相互影响的，撞击抛石的水流速度是不可能预测的，除非在水池中进行试验。出于实际考虑，本书建议通过图 7.10 来寻找抛石的直径。为了能够使用这个表格，用户通过分离尾栏断面上流动区域中的水流来计算水池尾栏上的平均流速。如果 $Fr_u \leqslant 1.7$，不需要消力池（见 7.1 节），使用图 7.10 时需要输入自由降落 ΔZ 后的流速 v_u，其值为

$$v_u = \sqrt{2g\Delta Z} \tag{7.3}$$

图 7.10 给出了抵抗侵蚀所需的块石混合物的 d_{40} 的尺寸。这个尺寸的意思是有 40%的混合物的尺寸是小于图中所示的值的，有 60%的混合物是大于这个值的。实际上，组成混合物的石头的长度、宽度和厚度几乎相同，都近似于球形，虽然用户希望是有角的。如果石头在一个方向的尺寸特别大，石头的尺寸就不再适合作为确定抛石尺寸的指标。混合物中超过 60%的石头应该超过曲线上的重量（图 7.10 的右轴），而不应是有平板的石头。

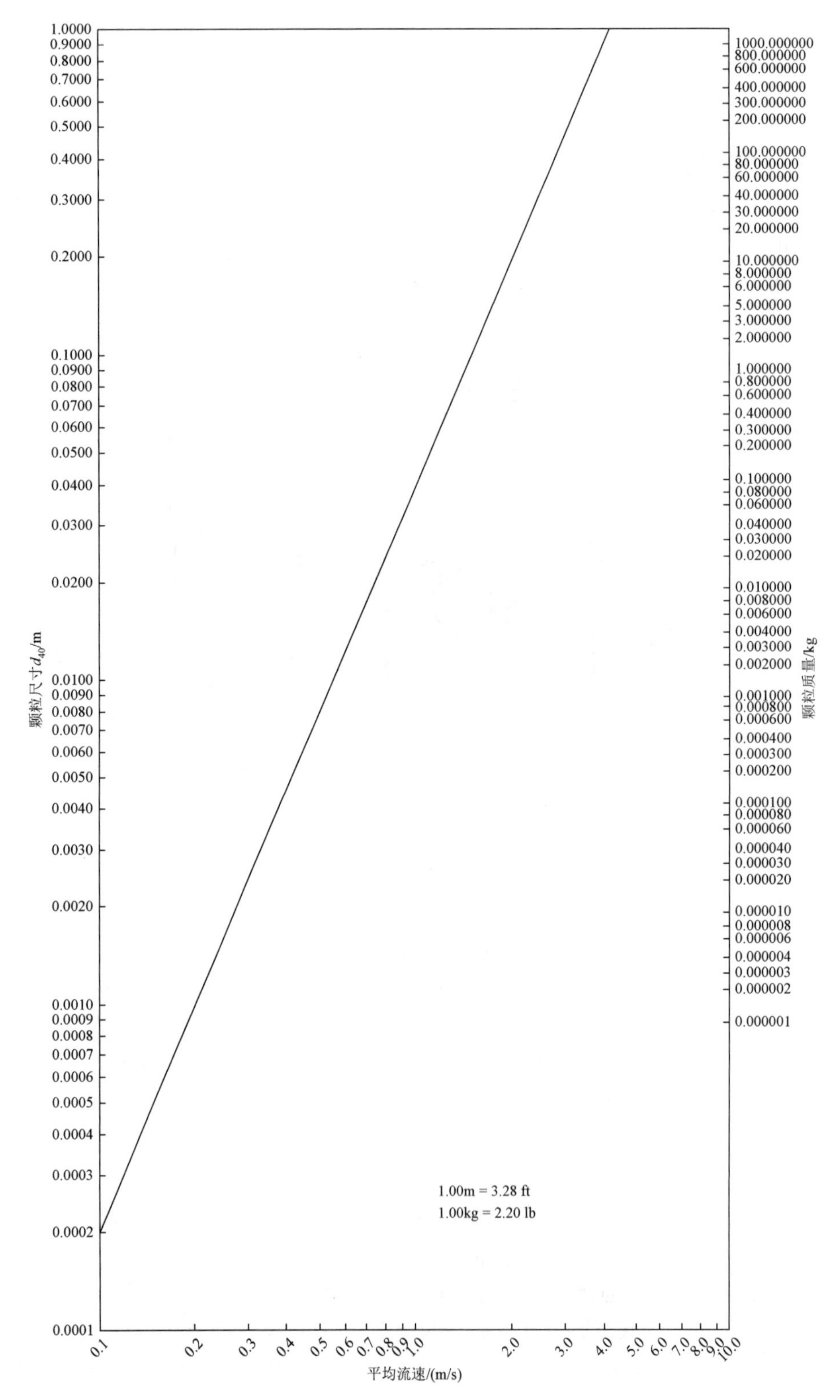

图 7.10　消能建筑物尾栏末端顶部平均流速和稳定的颗粒尺寸、颗粒质量之间的关系

d_{40}—颗粒级配曲线纵坐标上小于某粒径含量为 40%时所对应的粒径（mm）

7.3.2　抛石下方的填筑材料

如果保护衬砌的抛石直接填筑到渠道开挖后的细粒材料上，细粒材料中的颗粒就会从抛石衬砌的缝隙中被水流冲走。造成这种情况的部分原因是渠道中的紊动水流进出抛石的孔隙，另一部分原因是建筑物地基渗漏水流或者外来水流流入渠道。

为了避免地基被掏空导致的抛石衬砌的破坏，在抛石和地基之间需要加入一个反滤层，见图 7.11。这个保护结构是一个整体并且每一个隔离层都能有效地让水从渠道底部和边壁渗透进入渠道，同时要求反滤层中或者地基中的细粒材料都不得被水流冲入相邻隔离层的孔隙中。

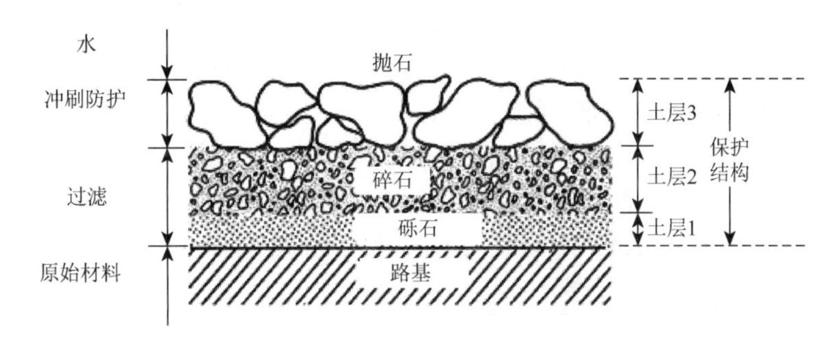

图 7.11　抛石与渠道初始开挖层之间反滤层的示例图

1. 透水性

为了保证反滤层的透水性，$d_{15,L_3}/d_{15,L_2}$、$d_{15,L_2}/d_{15,L_1}$、$d_{15,L_1}/d_{15,S}$ 的值应该在 5～40（USBR，1973）：

$$\frac{d_{15,L_3}}{d_{15,L_2}},\ \frac{d_{15,L_2}}{d_{15,L_1}},\ \frac{d_{15,L_1}}{d_{15,S}}=5\sim40 \tag{7.4}$$

式中：d_{15,L_1}、d_{15,L_2}、d_{15,L_3}、$d_{15,S}$ 分别为土层 1、土层 2、土层 3、路基样品中总重 15%的颗粒能通过筛子的筛孔直径。根据每一层中颗粒的形状和各种性质的不同，以上所提的比值 5～40 可以缩小到以下范围中（Bendegom，1969）：

均匀的圆形颗粒（沙砾）为 5～10；

均匀的有棱角的颗粒（碎石、碎砾石）为 10～20；

级配优良的颗粒为 20～40。

除此之外，为避免反滤层被堵塞，对每一层的填土有以下建议：

$$d_5\geqslant0.75\text{mm} \tag{7.5}$$

2. 每一层填土的稳定性

为防止细粒材料从下层反滤层或地基中穿过覆盖层的孔隙流走，需要满足以下两个要求：

（1）$d_{15,L_3}/d_{85,L_2}$、$d_{15,L_2}/d_{85,L_1}$、$d_{15,L_1}/d_{85,S}$ 的值不能超过 5（Bertram，1940），即

$$\frac{d_{15,L_3}}{d_{85,L_2}},\ \frac{d_{15,L_2}}{d_{85,L_1}},\ \frac{d_{15,L_1}}{d_{85,S}} \leqslant 5 \tag{7.6}$$

（2）$d_{50,L_3}/d_{50,L_2}$、$d_{50,L_2}/d_{50,L_1}$、$d_{50,L_1}/d_{50,S}$ 的值应该在 5～60（U.S.Army Corps of Engineers, 1955），即

$$\frac{d_{50,L_3}}{d_{50,L_2}},\ \frac{d_{50,L_2}}{d_{50,L_1}},\ \frac{d_{50,L_1}}{d_{50,S}} = 5\sim40 \tag{7.7}$$

如前所述，式（7.7）中的比值也可以根据颗粒的形状和各种性质分为以下几种：

均匀的圆形颗粒（沙砾）为 5～10；

均匀的有棱角的颗粒（碎石、碎砾石）为 10～30；

级配优良的颗粒为 12～60。

本节的要求描述了连续的反滤层的筛分曲线。如果抛石和地基的筛分曲线已知，其余地层的筛分曲线就可以绘制出来。绘制一个含有一个抛石层和两个反滤层的筛分曲线的示例如图 7.12 所示。而在实际工程中，设计者使用的材料的颗粒大小应该是能够在当地得到的，因为特意去制作一个有良好级配的混合材料是不经济的。为保证过滤层的稳定和有效，过滤层与地基的筛分曲线在小粒径时应该近似平行。

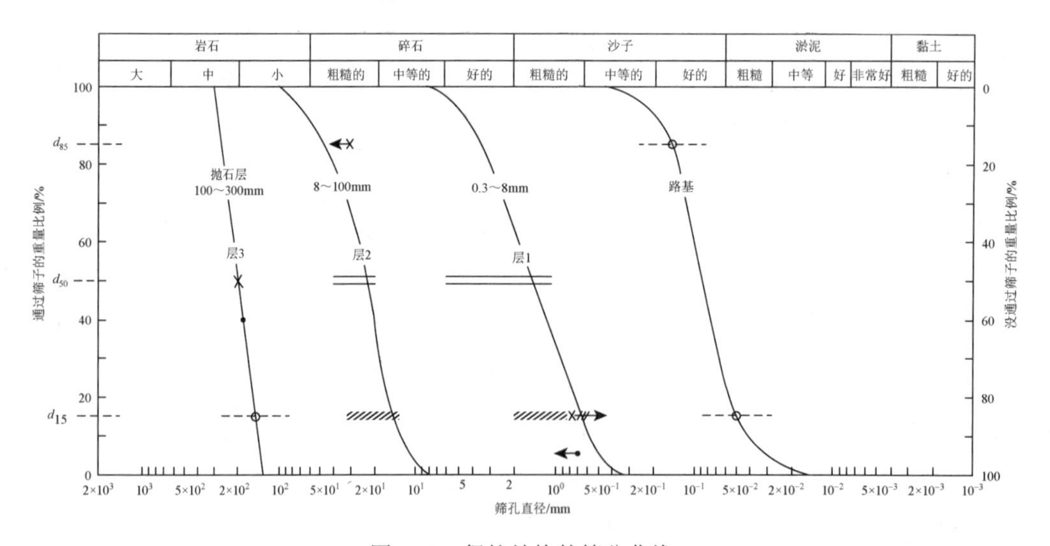

图 7.12　保护结构的筛分曲线

3. 反滤层的组成

为在整个反滤层中得到合理的颗粒级配，反滤层中的每一层都必须有一定的厚度。下面规定的厚度是在干燥条件下修建反滤层的最小厚度：

沙和细砾石为 0.05～0.10m；

砾石为 0.10～0.20m；

石子是最大粒径石头的 1.5～2 倍。

如果反滤层修建在水下，这些厚度必须相应地增加用来补偿不规则地基的影响，并且在水下也很难保持有一个平坦的反滤层。

在最基本的过滤层结构中能够有很多种的变化。过滤层中一层或多层可以用不同的材料代替。在有一些防护衬砌时，只需要保留抛石层，抛石层以下的过滤层可以用单层材料代替，如土工过滤材料包裹的混凝土砌块、利用塑料滤网和硬木条包裹的石块、竹筐填装的细砾石、含沙土工布垫层。

这些变化的困难之处在于，它们和下层材料之间透水性的关系可能导致管涌的出现。通常，这些有变化的过滤层中的孔隙率不得大于下层材料的 $1/2d_{85}$。如果孔隙率大于规定值，设计者就不能用单一的过滤层来代替，而是应该保持原来的过滤层，以保护地基不会被水流冲刷。

在有过滤层并且过滤层未被保护的渠道中，保护层是最容易遭到破坏的。因为过滤层比较容易下沉，而混凝土建筑物则通常受整体结构限制不会下陷。如果不采取一些特殊的措施，下层材料就有可能被水流冲刷到这个孔隙之中。本书建议在这些地方的过滤层应该增加厚度。普通建筑结构的详细示例见图 7.13。

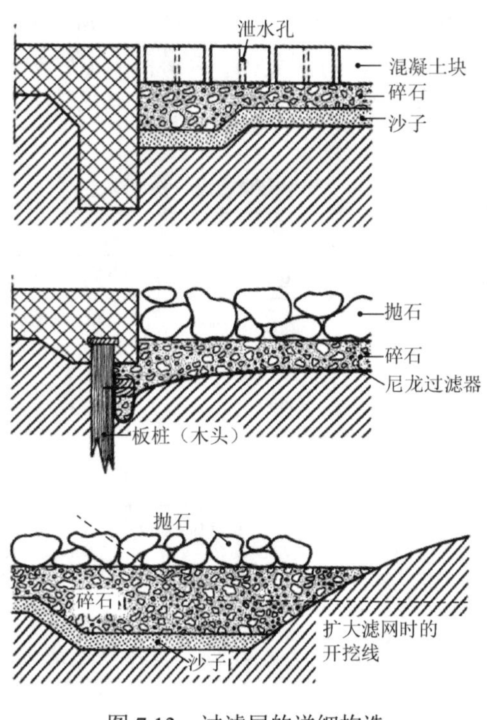

图 7.13　过滤层的详细构造

第8章　WinFlume软件应用

8.1　简　　介

第5章、第6章已经介绍了长喉槽和宽顶堰量水设施的几个主要优点。此外，其重要优点还包括该类设施可依据水力学原理用软件进行率定和设计，而其他大部分临界流测量装置则需要通过试验进行率定。根据这一特点，用户可以自主设计此类量水堰槽，并通过自定义应用、优化设计等功能来满足个性化的需求和标准，也可为已建量水设施制作流量图表或建立公式。

第6章介绍了计算长喉槽或宽顶堰水头流量关系的水力学原理和算法。本章将介绍如何使用WinFlume软件得到流量图表和其他形式的关系，以及如何使用这一软件设计新的量水建筑物。自从1984年首次开发以来，WinFlume软件是一系列长喉槽分析、设计软件中的最新版本。其最初由美国ARS和ILRI合作开发，后期加入了美国垦务局。表8.1总结了该软件的发展过程。

表8.1　各类长喉槽设计分析软件

软件名称	参考文献	编程语言	特性
Flume	Replogе（1975）	BASIC	仅适用于梯形及复杂梯形断面
FLUME 1.0	Bos等（1984）	Fortran IV	可生成已知水头的梯形长喉槽流量表及非淹没度
FLUME 2.0	Clemmens等（1987b）	Fortran IV	与FLUME 1.0类似，横断面形式增加，提供水位流量方程，并可生成已知流量值的率定表
FLUME 3.0	Clemmens等（1993）	Clipper，compiled for MS-DOS	交互式设计，可进行给定水头损失的长喉槽率定和设计优化
WinFlume1.0	Clemmens等（2001）	Visual Basic 4.0，for Microsoft Windows	交互式，有图形用户界面，可进行现有建筑物的率定，设计模块的提升，输出功能的加强

8.2　系统配置要求

WinFlume软件的32位版本在运行Windows 95/NT及其后期版本系统上打包生成，同时提供了适用于Windows 3.1的16位版本。这两个程序版本在功能使用上几乎相同。使用WinFlume软件，推荐的最低计算机硬件配置要求如下：

（1）英特尔奔腾处理器或相同性能处理器；

（2）内存至少为16MB；

（3）VGA显示器；

（4）大约 8MB 的硬盘空间。

虽然 WinFlume 也可在更旧版的处理器或更小的内存上运行，但是应用上述推荐的配置可以保证运行流畅。

8.3 软件获取

当前版本的 WinFlume 软件可以在美国垦务局水资源研究实验室的官方网站 www.ars.usda.gov/research/software 获取，安装包可以从该网站免费下载。作为美国政府的一项产品，WinFlume 软件是公共所有的，在适当标注开发人的基础上，用户可以免费复制、分享。

8.4 软件安装

8.4.1 网络下载版

需要确保软件版本适合当前的操作系统。Windows 3.1 用户应使用 16 位版本；Windows 95、Windows NT 用户或更新版操作系统应使用 32 位版本。在开始安装前，解压已下载的文件，从下载的压缩包里提取安装文件。详细的安装说明参见 WinFlume 主页（见 8.3 节）。

8.4.2 CD-ROM 版

将光盘插入 CD-ROM 驱动器。大部分计算机将会自动开始安装过程，否则，运行根目录下的 INSTALL.EXE 或\SETUP32\DISK1 或者 SETUP16\DISK1 目录下的 SETUP.EXE。

8.5 程序启动

安装成功后，有两种办法可以启动 WinFlume：①Windows 开始菜单；②双击 WinFlume 程序组里的 WinFlume 图标。

32 位 WinFlume 启动时可采用 DOS 提示符并可附一个命令行参数：winflume [flume.flm]，其中 flume.flm 是程序启动时调入的指定 flume 文件的文件名。用户可拖放一个*.flm 文件到 WinFlume 程序图标处，这样也可以在 WinFlume 启动时调入一个指定的 flume 文件。

在 Windows 95/NT 系统中，可以定义文件的默认打开程序，这样可以双击任何*.flm 文件启动 WinFlume 软件。详细的操作参见 Windows 在线帮助系统的“关联文件”部分。

8.6 软 件 应 用

WinFlume 的应用比较简单。启动程序后，用户可以在 File 菜单下打开一个已存在的长喉槽文件，或执行 File |New Flume 命令创建一个新的长喉槽设计文件。无论用户是评估现有的长喉槽还是设计新的长喉槽，长喉槽设计向导可以指导用户进行初始数据输入。一旦确定了建筑物的尺寸、材料和布置，用户可以对建筑物进行率定或检查，并利用设计报告和设计评估模块来优化设计方案。

WinFlume 用*.flm 格式载入及保存文件。每个*.flm 文件都包含指定长喉槽的详细信息。长喉槽设计方案可以在用户间共享，只需简单地复制对应的*.flm 文件到其他用户的计算机上即可。WinFlume 也可打开 FLUME 3.0 创建的长喉槽设计文件，在导入成功后，修改方案就只能以 WinFlume 支持的*.flm 文件格式保存。

WinFlume 可以提供在线帮助。当然，用户也可以在程序安装过程中下载各个部分的帮助文件。此外，在 WinFlume 软件使用过程中，随时按 F1 键可以获取相关帮助。所有 WinFlume 版本都可以单击工具栏的按钮查询对象的含义及使用方法，而只有 32 位版本可以单击大部分对话框右上角的**?**按钮，然后单击屏幕上的对象来获取相关帮助。并且程序内置了可供打印的用户手册，可以使用 Adobe Acrobat Reader 4.0 或更新的版本查看或者打印。WinFlume CD-ROM 光盘中也包含了一个 Adobe Acrobat Reader 配置文件。

WinFlume 基本通过主界面进行操作（图 8.1），主界面提供一个可编辑的上游渠道和堰槽的底部轮廓视图，并可以对渠道和堰槽横断面形状进行交互式编辑。而其他界面如堰槽附加特性、设计要求、检查和设计备选方案分析及生成流量表和其他的输出等，可通过主屏幕顶部菜单栏打开，或者单击菜单栏下工具栏内的按钮进入。若鼠标悬停在任一工具按钮处超过 0.5s，则会显示这一工具的注释 2s。

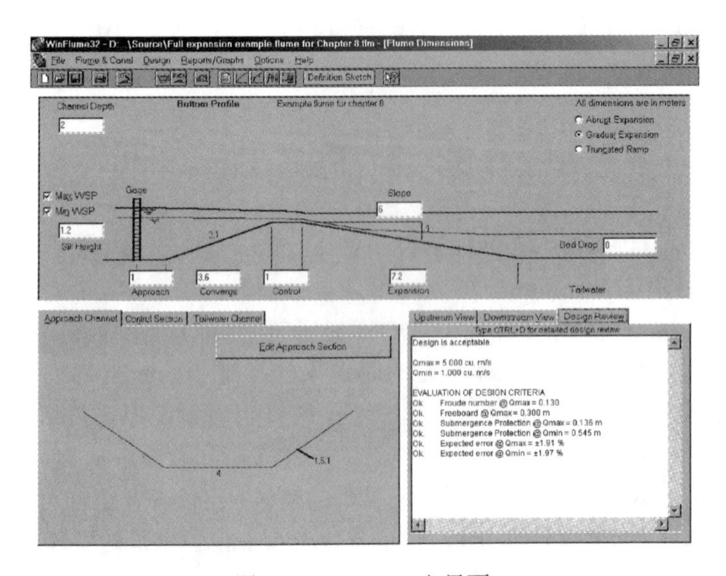

图 8.1　WinFlume 主界面

8.6.1　率定已建量水堰槽

WinFlume 可以对已建的与长喉槽类似的满足测流要求的设施进行评估或率定。该率定程序采用第 6 章的理论和算法确定上游水头 h_1 与流量 Q 的关系。该模块可以生成流量表（Q-h_1 或 h_1-Q），或者利用记录和观测的数据进行 Q-h_1 的曲线拟合。WinFlume 也可以用于比较现场测定的 Q-h_1 数据和理论流量曲线。所有这些结果都可以以图表的形式呈现，包括按规定比例设计的水尺模块。WinFlume 也可以用作设计评估工具，鉴定已有或拟建方案的缺陷。

使用 WinFlume 软件率定已建设施的基本过程如下：

（1）创建一个新的 flume 文件，并利用向导完成设施水力参数和几何参数的输入。若不使用向导，也可以通过底部轮廓界面、横断面编辑界面，以及从工具栏或 Flume & Canal 菜单中获取的 Flume Properties & Canal Data 表格输入堰槽和行近渠道的基本尺寸、横断面形状及其他参数。

（2）通过工具栏或 Reports/Graphs 菜单打开 Rating Tables & Graphs 表。选择流量表格式、表中水头和流量的范围及表中其他可选参数。单击 Rating Table 标签查看流量表（单击此标签本质是执行流量率定计算，在计算机上将瞬间完成这一计算过程）。仔细检查最右列的错误和警告信息，这些信息包含数据输入错误或长喉槽设计不足。详细内容参见 8.9.4 小节率定表部分。

（3）生成拟合方程、水尺图，或者与 h_1-Q 测量数据的比较（参见 8.9 节）。

8.6.2　设计新的长喉槽

设计新的长喉槽的方法与率定已建设施类似，按照结构设计要求输入渠道和长喉槽的尺寸及参数。设计过程中可以改变长喉槽的尺寸，而原始尺寸输入作为设计的初值。

确定长喉槽和渠道的几何尺寸、设计要求和其他特性之后（自定义操作或遵循向导操作），便可以用 WinFlume 的设计评估报告和工具检查、设计细化功能来满足设计标准和目标。可以手动进行设计细化过程：用户可以改变长喉槽的尺寸和其他参数直至设计报告给出一个满足要求的方案；或者利用设计评估模块（参见 8.8.3 小节）。设计评估模块将从初始数据中分析出一定范围的长喉槽方案，并生成设计报告，给出可接受的长喉槽方案，此后即可在这些方案中优选，或者做进一步的优化。

一旦确定可行的设计方案，即可通过程序中各类的输出模块得到设计的相关文件、流量表、流量方程和水尺数据或相关曲线。

8.6.3　数据输入要求

对已有设施进行率定时，WinFlume 需要长喉槽和渠道的相关几何与水力特性数据。相关数据输入有以下几种办法：底部轮廓界面、可编辑的横断面界面和 Flume & Canal 菜单下的 Flume Properties & Canal Data 选项。而设计新的设施或检验已有设施的合理性需要追加数据，尤其是水位测量方法和超高限制。这些都可以在 Design 菜单下的 Flume Properties，Canal Data，& Design Requirements 选项中输入。

尽管用户可能仅关心已建长喉槽的率定情况，但是 WinFlume 还需要与设计有关的现场数据。虽然有些设计准则不会影响流量表的计算，如精度和超高要求，但在复核一个已有设计时可能会用到这些设计准则。

WinFlume 不适用于尾水水位为零的情况，且尾水极低的情况下也可能出错（因为这意味着下游流速水头较大）。若尾水水深未知，可采用上游水深的一半，或加入较大的下游底部降落并输入近似等于上游水深的下游尾水深度。WinFlume 生成的流量表会列出每个流量值所允许的最高尾水水位。

WinFlume 可以采用几个用户可选择的单位系统（参见 8.7.3 小节）。数据单位通常在文本框或列表框的右边，或者在底部轮廓界面的右上角。对其他内容，WinFlume 提供了可供项和相关参数列表。而针对水头测量方法和长喉槽建造材料糙率，软件也提供了下拉列表，可以从列表中选择给定值或直接输入数值。直接输入数据时，最好输入说明文本以证明未选择列表中的建议值。对于渠道糙率，软件提供了一个选择范围丰富的列表项。当给定列表不满足要求时，可单击 + 号扩充此列表项，并单击相应的值进行选择，重复以上操作可进行多项输入。

8.6.4 修订追踪

WinFlume 为长喉槽的每个设计版本设定了一个修订编号。这个编号会显示在所有的程序输出上，以便用户确认不同时间段的程序输出都是对应某个特定版本的长喉槽的。新建一个长喉槽方案时此编号设定为 1，每次修订且保存后编号对应增加 1。该编号仅在长喉槽或渠道的主要参数特性改变时增加。例如，打开了编号为 1 的长喉槽文件，改变了控制段高度，保存长喉槽文件时编号就会增加到 2。然而若仅改变水尺格式等细节，保存文件后编号不变。

用户在输入长喉槽数据报告及设计图纸时，应确认其流量表、流量公式及水尺设置与其为同一版本号。若版本号不一致，流量关系可能对应不同的长喉槽。一般流量及其他输出应该来自具有最新编号的设计版本。在输出打印前，WinFlume 偶尔会强制性保存为一个新的修订编号（在原来的修订编号上加 1），以确保不会出现两次调用同一版本做不同调整后，输出相同版本号的流量关系却对应不同设计方案的情况。

8.6.5 使用撤销功能

当用户修改设计方案时，WinFlume 会不断追踪长喉槽设计参数的修改，并保存近 10 次对建筑物的有效修改。使用 Flume & Canal 和 Design 菜单下的 Undo 命令，用户可以取消这些修改并回到前一状态。菜单中还会显示所撤销的操作类型，如用户在改变一处或多处底部轮廓尺寸后，可以使用 Undo Changes to Bottom Profile 按钮有针对性地撤销操作。

8.6.6 程序输出

WinFlume 有几种输出格式可供选择，首先是用于打印输出的长喉槽设计图，其可显示渠道和测流设施的底部轮廓线，以及引渠段、控制段、尾水渠的横断面形状和尺寸。其次是文字报告，包括长喉槽的设计数据汇总、备选方案清单及与设计要求相关的长喉槽设计方案检查。流量关系有三种形式：流量方程、水尺数据和 Q-h_1 的理论值与实际值的比较表，最终可输出全尺寸的水尺设计图。此外，流量表、流量方程和流量比较表可采用图形显示。所有的输出报告和图表（水尺设计图除外）也可以单独保存为文件的形式或者复制到剪贴板以供粘贴进电子文档、表格或其他的应用。

8.6.7 文件处理

WinFlume 以*.flm 的形式保存文件，其中*代表长喉槽文件名，flm 是文件扩展名。这一文件含有长喉槽所有的几何和水力特性、上下游渠道断面及与设计标准和输出选项相关的用户参数选择。这些参数包括单位制设定、流量表范围、水尺外观选择等。*.flm 文件是二进制格式，无法用文字编辑器查看，只能用 WinFlume 软件查看和编辑。若要与其他用户或计算机分享同一个*.flm 文件，只需进行简单的拷贝。

.flm 文件内部有三个部分。文件的前两个字节是二进制的整数，用于识别文件格式的修订编号。.flm 文件格式随着 WinFlume 的发展经历了多个版本。WinFlume 既可读取当前版本又可读取早期版本。文件通常会保存为最新的格式，所以用户将文件升级为新格式较为方便。而旧版本的 WinFlume 不能打开较新的*.flm 文件，此时则需要升级 WinFlume 软件的版本。

.flm 文件随后的 1012B 是长喉槽数据结构。这一数据结构在 WinFlume 软件下创建，包含了长喉槽的几何和水力特性及上述用户设置。.flm 文件的第三部分是 h_1-Q 实测数据数组，用于比较理论和实测流量数据。若用户没有输入供比较的 h_1-Q 数据，第三部分将仅仅包含一组数据，与 $h_1 = 0$、$Q = 0$ 相匹配。每对 h_1-Q 数据将使*.flm 文件的长度增加 8B。因此，*.flm 文件的长度最小为 1022B，在其基础上叠加实测 h_1-Q 值的对应的字节长度即得最终文件长度。

8.6.8 打开 FLUME 3.0 创建的设计方案

DOS 环境下的 FLUME 3.0 程序生成的长喉槽设计数据和流量表以数据库的形式存储，扩展名为 DBF。该数据库有一个长喉槽目录，所有长喉槽的尺寸和特性都保存在一个名为 FLM.DBF 的文件下。FLUME 3.0 也有备份功能，其会将单个或多个设计方案拷贝至备份文件中以备调用或拷贝分享。备份文件命名为 FLMBAK.DBF。FLUME 3.0 也创建其他*.DBF 文件，而这些文件名基于长喉槽的名称。这些文件中仅有 FLUME 3.0 计算所得的流量表，长喉槽设计数据通常在 FLM.DBF 文件或其备份文件 FLMBAK.DBF 中。

WinFlume 可以导入由 FLUME 3.0 生成的 FLM.DBF 文件或 FLMBAK.DBF 文件。导入 WinFlume 后，这些设计就可以以*.flm 的形式修改和保存。但 WinFlume 不使用 FLUME 3.0 所创建的*.DBF 文件下的流量表。

执行菜单下的 Load Flume from FLUME 3.0 Database 命令或按 Shift + F3 键，指定包含 FLUME 3.0 长喉槽数据库的*.DBF 文件后，即可导入 FLUME 3.0 长喉槽设计文件。在选择具体的输入文件前，可上下翻动清单查看长喉槽主要尺寸和特性的简介以确保找到所需的设计方案。因为 FLUME 3.0 不会为每个长喉槽保存单位制属性，所以用户需在列表中修改单位制设置。图 8.2 所示为用于导入 FLUME 3.0 文件的界面。

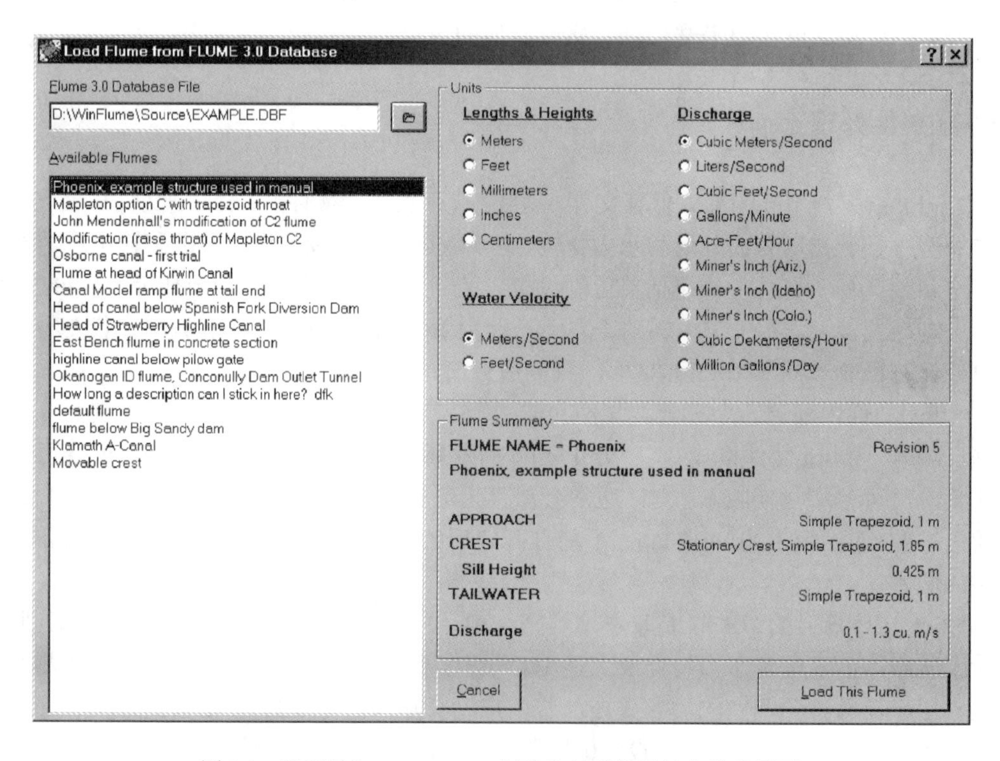

图 8.2 用于导入 FLUME 3.0 创建的长喉槽设计文件的界面

8.7 数据输入向导

用户可依照长喉槽设计向导的提示逐步完成必要的尺寸和参数输入及用户自定义设计要求。向导对创建新的长喉槽十分有用，也可以做对当前输入数据的检查。向导会引导用户用 WinFlume 软件对新长喉槽进行初始设计。完成向导指定动作后，可继续进行设计方案的评价、修订或备选方案的分析。图 8.3 所示为长喉槽设计向导对话窗。使用向导时，该对话框在屏幕上可见，这时仍可在其他表格及对话框中输入数据。

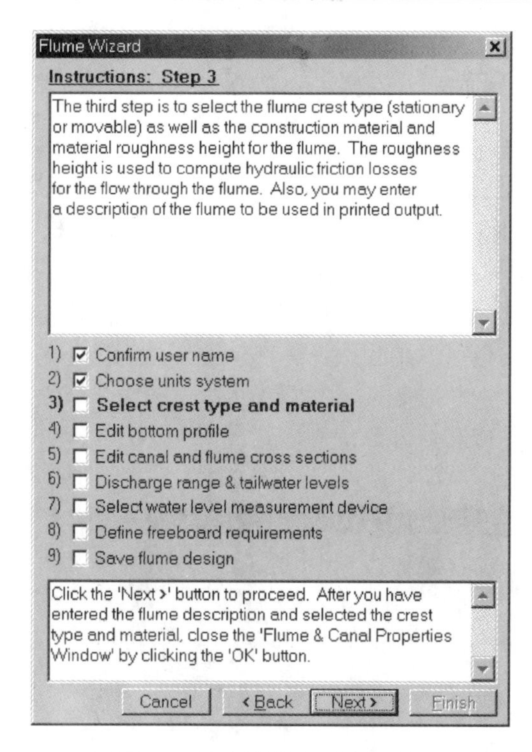

图 8.3　长喉槽设计向导对话框

图 8.3 中，对话框上部所示为正在进行的步骤，而下部文本框给出操作指令提示。中部的复选框给出了设计的进度。

8.7.1　开启和使用向导

长喉槽设计向导可以在工具栏、File 菜单或 Design 菜单下找到。如果用户希望使用向导创建新的长喉槽，则选择 File 菜单下的 New Flume 选项，并确认使用 Creat New Flume 对话框下的 Use the Step-by-Step Flume Wizard；如果用户想使用向导检查已存在的长喉槽设计的尺寸、特性及设计准则，则选择 Design 菜单下的 Flume Wizard 选项或单击工具栏下的按钮。

使用向导时，应阅读对话框上方文本框中描述每一步目的的文字，而后遵循对话框底部的操作说明进行操作即可。某一步完成后，该项前面的复选框就处于选择状态。最后一步为保存长喉槽设计文件。

8.7.2　确认用户名

设计向导的第一步提示用户输入用户名。这一名称将会显示在程序生成的所有长喉槽设计报告中。当选择 Options 菜单下的 Save Settings on Exit 选项时，用户名也将自动保存、载入。该用户名可以随时通过 Options 菜单下的 User Name 选项进行修改。

8.7.3　选择单位制

WinFlume 软件内部使用国际单位制，但用户可以选择其他单位制用作长喉槽和渠道长度尺寸、流速及流量的输出和输入，可参见图 8.4 中的对话框。为了协调长度和速度单位，长度单位选择的类型会影响速度单位选择的种类。例如，若长度单位选择 m 或 mm，速度单位会自动设成 m/s，而如果长度单位选择 ft 或 in，速度单位则是 ft/s。然而若需使用不相对应的单位组合，也可以单独选择速度单位，因为其不影响长度单位选择。因此，当长度单位使用 ft 而速度单位使用 m/s 时，可以先选择长度单位再选择速度单位。流量单位选择通常相对独立于长度和速度单位选择。

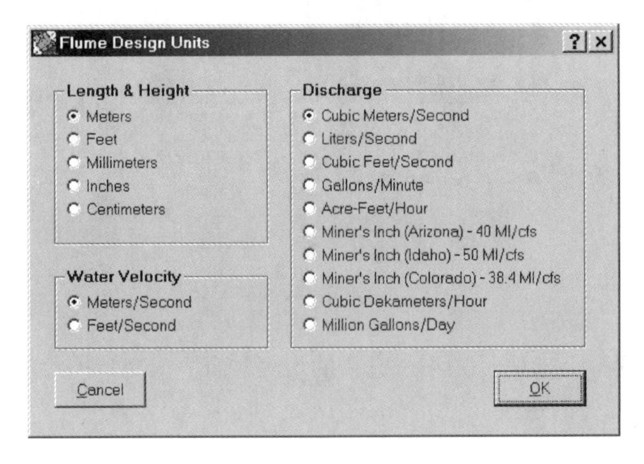

图 8.4　输入和输出单位选项

需要指出的是，目前有三套不同的矿用英寸水量单位，其是美国西部传统的流量单位，目前仍在某些地区使用。矿用英寸水量最初代表承压地下水在单位平方英寸内的出水量。如今，依照法规通过转换因子将其转换成其他流量单位，在美国的各地区有所区别，详情如下：

（1）爱达荷州、堪萨斯州、内布拉斯加州、新墨西哥州、北达科他州、南达科他州、犹他州及华盛顿州——9gal/min，或者约 1/50ft^3/s（约 0.5663L/s）。

（2）亚利桑那州、加利福尼亚州、蒙大拿州、内华达州及俄勒冈州——1.5ft^3/min 或者 1/40ft^3/s（约 0.708L/s）。

（3）科罗拉多州——1.5625ft^3/min 或者 1/38.4ft^3/s（约 0.737L/s）。

8.7.4　堰槽形式和材料选择

图 8.5 所示为输入堰槽形式和设施材料的对话框。所设计的设施可能是一个仅用于测流的固定堰槽，也可能是一个用于测流和控制的移动堰槽。这一选择将决定输入设施尺寸之后底部轮廓的形状。同时，可以在此对话框输入文本描述，其将会出现在程序生成的报告、流量表和图表等上。

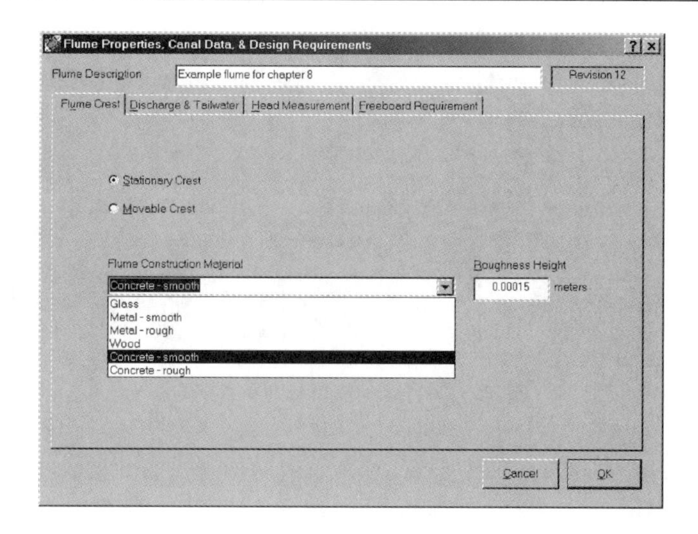

图 8.5　堰槽形式和设施材料、表面粗糙度设定

用户应该指定该建筑物的建材及与之相应的材料绝对粗糙度 k。绝对粗糙度用于上游水位测站与尾水渠之间沿程水头损失的计算。该水头损失最终会影响 h_1 与 Q 的关系及通过量水设施的总水头损失。用户可以从列表中选择一种材料和绝对粗糙度，或自定义输入。应指出此处设定的材料是用于修建堰槽的材料，而不是渠道衬砌的材料。

表 6.6 给出了一些常用于长喉槽修建的典型材料的绝对粗糙度。对于绝对粗糙度影响的分析表明，k 值数量级上的变化引起的特定上游水头下的流量变化小于 0.5%（通常小于 0.1%）。因此，材料从光滑玻璃变为粗糙混凝土对长喉槽的流量仅有小幅度的影响。但影响较小并不是粗劣施工的借口，若控制段的表面存在较大的起伏甚至形状不规则，则会影响发生临界流的横断面面积，实际流量将与理论流量存在较大差异。材料绝对粗糙度的变化和建筑物公差也要考虑成潜在误差的来源（参见 2.8 节）。

8.7.5　底部轮廓编辑

在确定堰槽类型后，即可开始编辑其底部轮廓。设计向导窗口会移至屏幕底部以便底部轮廓可见。编辑底部轮廓尺寸时，窗口中的图形会自动更新、缩放以确保完整视图可见。对于固定式长喉槽，定义底部轮廓所需的参数包括（图 8.6）：

（1）从渠道底部到衬砌顶部或渠岸的上游渠道深度；

（2）从测点到收缩断面的引渠长度；

（3）渐变段长度；

（4）堰顶高度，即引渠底部到控制段底部的高差；

（5）控制段长度；

（6）可变扩散比或长度；

（7）引渠段到尾水渠的渠底降落（下游渠底抬高时可输入负值）。

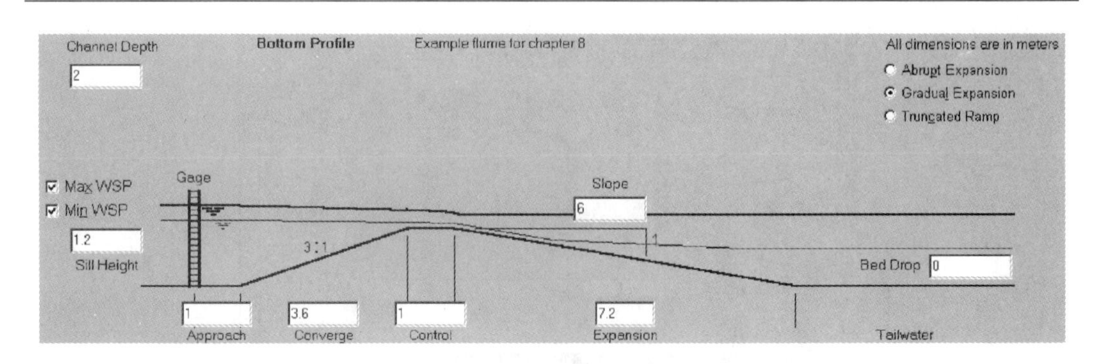

图 8.6　固定式长喉槽底部轮廓编辑

对于底部收缩的长喉槽，可采用坡比或渐变段长度来设定渐变段，WinFlume 会计算相应的渐变段长度或坡比；对于仅有侧收缩的设施，只需输入坡度（扩散比），WinFlume 将根据控制段到尾水渠边墙所需的侧向扩散来计算渐变段的长度。

此外，对于扩散段，用户可以从下面三种扩散选项中选择一种：

（1）突变——没有扩散段的突然扩散；

（2）渐变——完整长度扩散段，从下游开始直至与尾水渠相接；

（3）半截断——一半长度的扩散段，另一半被截去（图 6.24）。

若希望通过建筑物的总水头损失最小，则需要采用扩散段。从设施的水力学原理出发，完整长度和半截断的扩散段表现相同。如果设施维护时需要将设备拖至建筑物上游端，采用完整长度的扩散段更合适。缩短的下游扩散段使设施长度变短，从而可节约工程造价。缩短的扩散段下游无须改直角为圆角，其已在 2.2 节和 6.6.2 小节讨论过（图 6.24）。

对于移动式堰槽，底部轮廓界面应包含以下内容（图 8.7）：

（1）上游渠道深度；

（2）上游渠道应保持的运行深度；

（3）从水位测点到移动式堰槽始端的引水渠长度；

（4）移动式堰槽的前缘半径，以保证从引水渠到控制段有平顺的水流过渡状态；

（5）移动式堰槽的水平段长度，其为设施的控制段；

（6）引水渠到尾水渠的渠底降落（下游渠底抬高时为负值）。

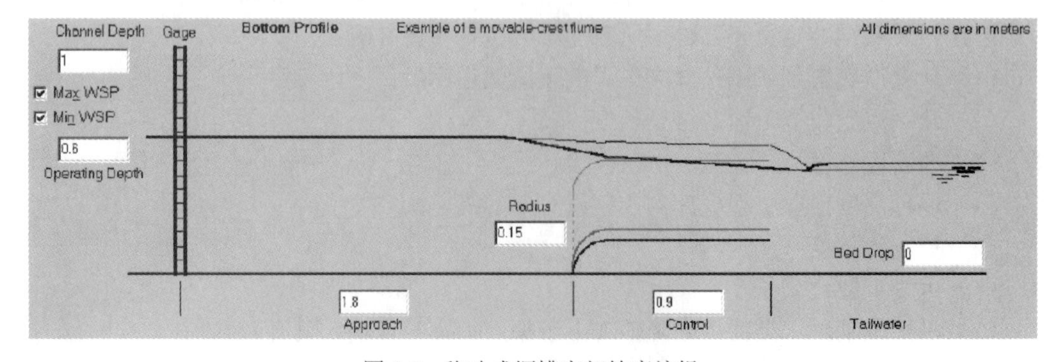

图 8.7　移动式堰槽底部轮廓编辑

该窗口可以显示通过量水设施最大及最小流量时对应的近似水面线，实现方法是勾选底部轮廓窗口左侧的 Min WSP 和 Max WSP 复选框。初始数据输入时，由于用户尚未输入流量范围、尾水深度及其他相关参数，该水面线不可用，且复选框是灰色的。水面线在输入完整数据后任何时候都可以显示。

应注意的是，用户不仅可以使用向导编辑量水设施的底部轮廓，而且可以用其编辑渠道横断面（参见 8.7.6 小节）。在设计用于衬砌渠道的堰槽时，建议先编辑横断面再输入底部轮廓尺寸，以减少后期对于控制段宽度反复调整的工作量。最简单的办法是先暂时将控制段高度设为零，然后定义相同形状和尺寸的引渠段与控制段。当用户返回底部轮廓界面时，抬高控制段顶部高度，此时只要用户未手动限定控制段底宽，WinFlume 软件将对其进行自动调整。

8.7.6　渠道和长喉槽横断面编辑

WinFlume 主界面左下角有分项列表，可分别显示引渠段、控制段和尾水渠的横断面形状与尺寸。横断面的形状和尺寸可在如图 8.8 所示的对话框中编辑。对话框左上角的下拉列表框用于选择横断面形状。对话框的中部显示了横断面的示意图，图中文本框可输入尺寸。对话框的右下方是可供选择的基本横断面形状及其尺寸的缩略图。对于更复杂的形状，用户可以自定义输入形状参数，甚至可以跳过给定的形状参数。例如，当复式梯形断面底部梯形内宽大于上部梯形内宽时，无须指定断面内坡。此时未使用的尺寸参数将移到对话框右边，但其仍可进行编辑。

图 8.9 左侧所示 7 种形状可用于引渠段和尾水渠，右侧所示 7 种形状可用于除了移动式堰槽的控制段，移动式堰槽控制段仅限于使用矩形或 V 形。单击对话框右上角的命令按钮可以选择显示设施的三种横断面的任一个。横断面编辑完成后，通过 WinFlume 软件主界面右下角的选项卡可以查看设施的上、下游视图。通过这些视图可以方便地确认输入的横断面形状和尺寸是否形状上合理（如控制段不应宽于引渠段等）。

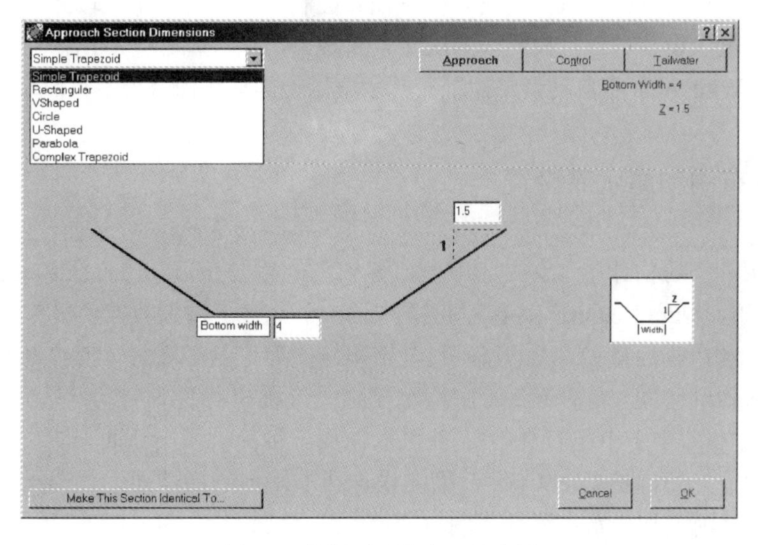

图 8.8　横断面形状和尺寸编辑

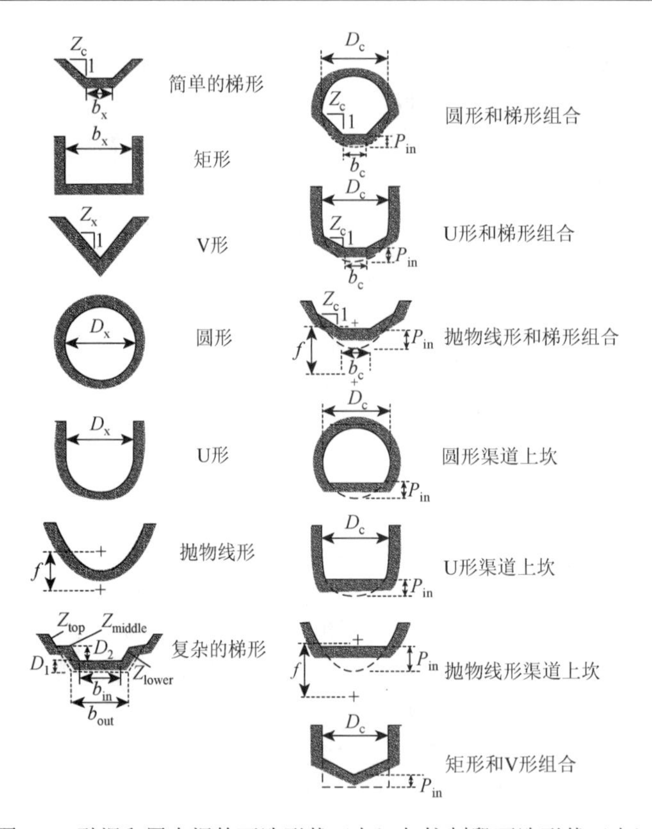

图 8.9　引渠和尾水渠的可选形状（左）与控制段可选形状（右）

f为焦距；Z_c-梯形段坡比；b_x-矩形断面宽；Z_x-三角形段面坡比；D_x-圆形部分直径；Z_{top}-复式断面顶部坡比；Z_{middle}-复式断面中部坡比；Z_{lower}-复式断面底部坡比；D_1-底部厚度；D_2-底部深度；b_{in}-底部净宽；b_{out}-底部外轮廓宽；D_c-类圆形直径；P_{in}-组合断面坎高；b_c-组合断面底宽

编辑控制段底宽时，WinFlume 有时会显示一个标有 Match Approach Channel Width 的按钮。单击这个按钮将在当前控制段高度下设置控制段底宽等于引渠段底宽，此时为控制段无侧收缩的量水设施。一旦控制段的底宽设置成与引渠段匹配，若用户后期提高和降低控制段高度，WinFlume 将自动调整控制段的宽度以使其继续保持与引渠段底宽一致。

8.7.7　测流范围和尾水深设置

测流范围和下游估计尾水深是影响测流建筑物的重要参数。用户在 Flume Properties，Canal Data，和 Design Requirements 对话框的第二个标签下输入数据，如图 8.10 所示。用户应输入最大和最小流量 Q_{max}、Q_{min}，其对精确测流而言是必需的。稍后将会在这两个流量下评估堰槽设计方案。目标流量范围将对控制段形状和高度产生重要影响。灌溉渠道通常工作在 Q_{max}/Q_{min} 小于 10 的范围内，并可以使用一种简单的横断面形状。如果流量范围很大（$Q_{max}/Q_{min}>35$，参见 2.4 节），需要设计成非矩形的横断面，故选择合理的流量范围很重要。天然河道和排水沟流量范围较大，因此需要设计为复式控制断面。确定测流范围时应尽量收集已有的水文资料，分析可能发生的流量波动范围。

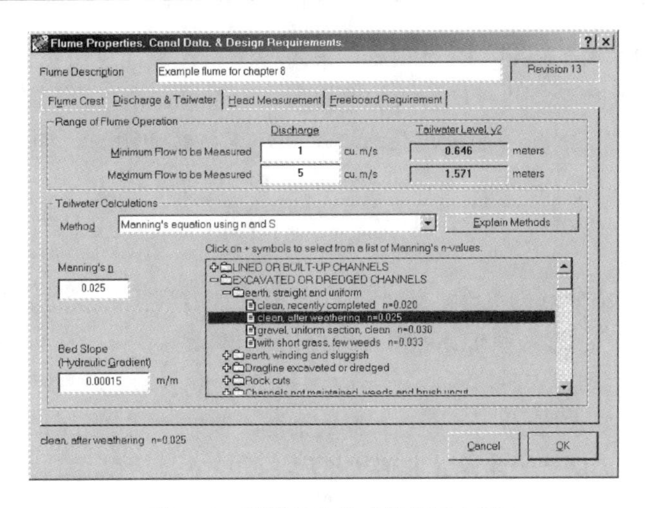

图 8.10　利用曼宁公式设定尾水深

Q_{max} 和 Q_{min} 条件下的尾水资料用来确保长喉槽不被淹没，即全流量状态下都能在非淹没状态下运行（如控制段的临界水深）。WinFlume 的设计评价报告仅评价了在最大和最小流量下的设计效果，但是生成的流量表会在整个测流范围内复核非淹没流状态，并附上用户指定的尾水模块内插得到的尾水值。软件提供了五种指定尾水值的方法：

（1）利用 n 和 S 的曼宁公式；

（2）利用一组 Q-y_2 实测数据的曼宁公式；

（3）利用两组 Q-y_2 实测数据的经验曲线；

（4）利用三组 Q-y_2 实测数据的修正经验曲线；

（5）利用数据查询表得到的线性插值或外推法。

前两种方法依据的假设是设施下游水流为正常水深，这样就可以用曼宁公式建模。若设施下游有一段较长的均匀渠道，底坡及糙率相同，则可满足这一要求，否则需要采用诸如 HEC-RAS 之类的水力学计算软件分析回水，以验证正常水深的假设是否成立。若不是正常水深（如由于渠道边坡改变、横断面形状及尺寸改变或受下游壅水影响），则需考虑其他三种方法。在这些情况下，设计者必须确定与测流范围相符的尾水水位，可以实地调查或对下游渠道的回水曲线进行详细的水力学分析。WinFlume 可以利用这些数据推断渠道运行所涉及的全流量范围内的尾水状况。不能确定时应尽可能获取现场实测数据。

应用以上任一尾水模型时，还需考虑尾水水位的季节性变化：植被生长期渠道内植被增加导致水位上涨。为了保证测量设施全年工作良好，应给 WinFlume 设置预期的最大水位。

在设定尾水位时，用户从五种给定的尾水计算方法中选择一种并输入合理的参数。在需要采用实测数据估算 Q 和 y_2 时，实测流量接近 Q_{max} 和 Q_{min} 时的尾水数据会有更好的拟合效果，但其并非必要条件。WinFlume 将利用程序输入数据计算流量为 Q_{max} 和 Q_{min} 时对应的尾水位，并在对话框上部文本框内输出结果（图 8.10）。若给定数据无法计算尾水位，其输出值将显示为红色的 0.000，此时用户应修改输入数据直到能正确地计算尾水位为止。

当尾水渠中的水流为恒定均匀流时，可采用曼宁公式来计算尾水位。若下游渠道具有均匀的断面、底坡及糙率，并有足够长的顺直段，则有可能形成恒定均匀流。此时，下游渠道始端水深就仅为过水断面面积、渠道坡度和糙率系数的函数，如下式：

$$Q=\frac{C_u}{n}AR^{2/3}S_f^{1/2} \tag{8.1}$$

式中：Q、A、R 和 S_f 分别为流量、过水断面面积、水力半径和水力梯度（若流态为恒定均匀流，则其为底坡）；C_u 为单位系数，当单位为 m 和 m^3/s 时 C_u 为 1，而单位为 ft 和 ft^3/s 时 C_u 为 1.486。采用此方法时，用户需要输入 n 值、水力梯度 S_f。WinFlume 会分别求解对应 Q_{max} 和 Q_{min} 的尾水位 y_2。对于绝大多数渠道，曼宁公式必须用数学方法求解。为方便起见，WinFlume 提供一个建议的 n 值数据库，这些 n 值足以涵盖大部分的天然河道及人工渠道。n 值列表包括 Chow（1959）推荐的 n 的最大值。用户可以从列表中选择或直接输入 n 值。可通过单击列表中每个文件夹符号左边的 + 号来展开列表（图 8.10）。

使用利用一组 Q-y_2 实测数据的曼宁公式。除了不需要输入糙率 n 和水力梯度之外，其与上一方法类似。此时式（8.1）变为

$$\frac{C_u S_f^{1/2}}{n}=\frac{Q}{AR^{2/3}} \tag{8.2}$$

针对某一流量，用户提供已知的流量和相应的下游水位值。这些数据用来计算 $\frac{C_u S_f^{1/2}}{n}$——对于所有流量而言，其为常数（对于给定位置，C_u、S_f 和 n 都为常数）。当 $\frac{C_u S_f^{1/2}}{n}$ 确定后，即可用曼宁公式计算任意流量下的尾水水位。

使用利用两组 Q-y_2 实测数据的经验曲线。这是一个与流量 Q、水深 y_2 有关的经验公式：

$$Q=K_1 y_2^u \tag{8.3}$$

式中：K_1 和 u 为经验系数。K_1 的值受渠道尺寸影响，而 u 的值取决于渠道断面形状，通常宽浅型的为 1.6，窄深型的为 2.4。利用两组流量和尾水深的值，可以反算 K_1 与 u，此后该式可用于推算其他流量下的尾水位。应指出的是，该关系隐含了一个假定条件，即零流量下尾水位也为零。

Q 与 y_2 的值可以从现场观测或详细的水力分析中得到。若使用现场观测数据，用户应确保数据采集于渠道正常运行状态下，同时需考虑季节性的糙率变化导致的最高尾水位。为提高经验曲线的精度，最好在尽量接近 Q_{max} 和 Q_{min} 时获取数据。图 8.11 显示了用此方法确定尾水位时，数据输入应使用的格式。

使用利用三组 Q-y_2 实测数据的修正经验曲线。上述使用的利用两组 Q-y_2 实测数据的经验曲线方法假设流量为零时尾水位也为零。在有些情况下，这一假设可能不成立。例如，当测站下游不远处有堰或其他类似设施存在时，流量为零时尾水位可能不为零。修正经验曲线通过使用经验公式模拟下游尾水关系来解决这一问题：

$$Q=K_1(y_2-K_2)^u \tag{8.4}$$

式中：K_2 为修正常数或零流量下的尾水位。使用该方法时，用户必须提供三套对应的流量与下游水深数据。为了确定 K_2 值，三套数据中必须包含零流量状态。为了提高拟合精度，另两组最好为流量接近 Q_{max} 和 Q_{min} 时的值。WinFlume 利用这些数据求解 K_1、u 和 K_2，随后即可计算出其他流量下的尾水位。

与上一种方法一样，Q 和 y_2 的值可以用现场观测或详细水力分析得到。若使用现场观测，用户应确保数据采集于渠道正常运行状态下，同时需考虑季节性的糙率变化导致的最高尾水位。

使用 Q-y_2 线性插值查表法。线性插值方法可以用来确定非常规的尾水曲线——不能很好地用经验曲线来拟合的尾水曲线，如尾水曲线为常数或随流量增加而增加的非常规情况。用户提供了一个 Q-y_2 数据点的表格，程序对它们进行内插以确定特定流量下的尾水位。Q 和 y_2 的值可以用现场观测或详细水力分析得到。若采用现场观测，用户应确保数据采集于渠道正常运行状态下，同时需考虑季节性的糙率变化导致的最高尾水位。为了提高拟合精度，最好在尽量接近 Q_{max} 和 Q_{min} 时获取数据。WinFlume 最多允许输入 20 对 Q-y_2 数据。

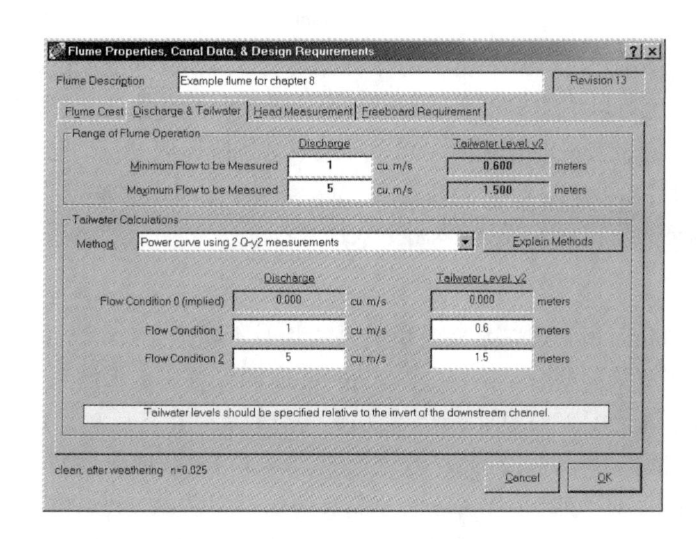

图 8.11　指定测流范围和尾水位

8.7.8　水位测量装置和允许测流精度选择

WinFlume 在设计确定后会评估长喉槽设计以确保综合误差在用户允许的范围内，综合误差是由设施率定时的不确定性及相对堰顶的上游水头测量的不确定性引起的。Flume Properties，Canal Data，&Design Requirements 下的水头测量标签（图 8.12）用来确定允许测流误差、水头测量方法及其期望误差，图中对应 Q_{min} 和 Q_{max} 的允许测流误差的默认值分别是±8%和±4%，用户可以根据测流目的对其进行修改。允许测流误差通常大于 2%，因为流量率定表的不确定性大约在 2%（参见 6.5.3 小节和 2.8 节）。

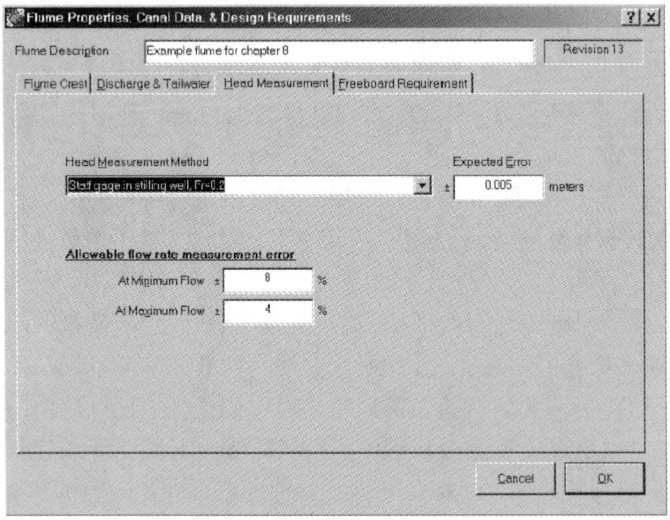

图 8.12　水头测量标签

WinFlume 提供了常用水头测量方法的选择列表，对于每一种方法都提供了经验性的水头误差的默认值。用户可以从列表中选择一种测量方法，或者键入自定义的水头测量方法的描述。必要时也可以手动输入水位测量精度。这一水位测量精度应涵盖任意一次水位测量的误差，其来源主要可能有水面波澜、水尺或水位线读取困难、电子噪声、设备分辨率等。以上因素的叠加可认为处于 95%置信区间。表 4.1 为常用测量方法提供了建议精度。

单次流量测量的随机误差 X_Q 可采用下式计算：

$$X_Q=\sqrt{X_c^2+(uX_{h_1})^2} \tag{8.5}$$

式中：X_c 为 WinFlume 所生成的水头流量关系的相对不确定度；u 为经验系数；X_{h_1} 为相对堰顶的上游水头测量的相对不确定度。WinFlume 的设置假定水位测量精度与水位值无关。因此，相对不确定度 X_{h_1} 在小流量、低水头时会较大。用户应意识到绝大多数导致 X_c 和 X_{h_1} 的误差都是随机分布的。因此，若进行多次（如 15 次或更多）测量来估算通过设施的水量，这些随机误差就趋于零并在总水量计算时可以忽略，其结果是水量测量误差仅仅源于系统误差。这些误差中，基准点偏差最为常见（参见 4.9 节），长喉槽的竣工尺寸偏差和率定关系偏差也会导致测流的系统误差。

8.7.9　超高设置

一般渠道衬砌顶部需设置超高以免风浪、糙率和流量的变化导致水深变化，从而产生漫顶。在已建渠道上加设量水堰槽时，量水建筑物引入的额外水头损失通常会导致其上游水深增加，从而可能减小渠道的有效超高。灌溉渠道的超高设置通常采用正常水深的百分比，而在长喉槽或堰的上游，因为设施上游水位变化较小（参见 2.3 节），有效超高减小为相对堰顶水头的百分比。WinFlume 会评估长喉槽设计方案以确保量水设施不会使上游超高减小到小于用户的设定值。一般超高值可以表示为相对堰顶的上游水头的百分比（默认值是 20%），也可以采用绝对的数量值（图 8.13）。

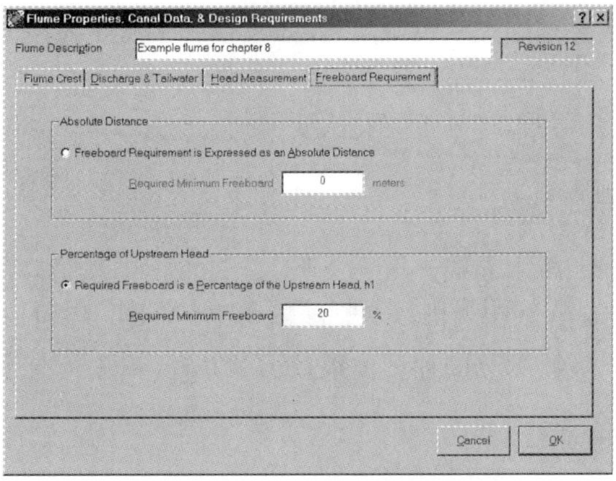

图 8.13　上游渠道超高设定

8.7.10　长喉槽设计保存

长喉槽设计向导的最后一步是将长喉槽设计方案保存在一个*.flm 文件中。软件将提示用户指定一个文件名。向导在完成保存后结束，用户可以继续回顾或修改设计（8.8 节），或者率定设施，导出输出内容（8.9 节）。

8.8　长喉槽设计

用户可以采用两种方式进行长喉槽的设计：

（1）采用程序自动分析初步设定的设计方案，借助设计评估报告及率定表格进行给定设计方案的微调、优化；

（2）根据设计评价报告反复手动修改设计参数直至满足要求。

在讨论 WinFlume 设计工具之前，首先介绍设计准则和两种方法的共性问题。

8.8.1　设计准则

WinFlume 使用六个设计准则来评估已建水流测量建筑物的合理性。在自动设计模式下，其中四个为基本准则，设计方案必须满足这四项：

（1）最大流量下的弗劳德数≤0.50；

（2）最大流量下的超高≥规定超高；

（3）最小流量下的淹没度（实际尾水位≤允许尾水位）；

（4）最大流量下的淹没度（实际尾水位≤允许尾水位）。

此外，还有两个次要准则与设施的测流精度有关：

（1）最小流量的测流精度满足设计要求；

（2）最大流量的测流精度满足设计要求。

后两条准则作为次要准则的主要原因是，如果设施未满足精度要求可通过其他方式弥补，如选择精度更高的水位测量设备，而其并不影响设施本身的设计。设计评估报告会对所有六项准则进行评估，并不区分主要及次要准则。

1. 最大流量下的弗劳德数

其主要目的是确保上游水面线光滑、合理，此时水位更易精确测量。在建筑物上游引渠段至少 30 倍上游水头 h_1 的距离内，弗劳德数 Fr_1 不应超过 0.50。在条件允许的情况下，建议最好将引渠段到长喉槽部分的弗劳德数减小到 0.20。

2. 最大流量下的超高

除非测流建筑物可布置于已有渠底降落或跌水处，否则在已建渠道上加设测流建筑物将抬高其上游水位，主要原因是其保持自流出流条件需要额外的水头损失。这一水位抬高将减少上游渠道的有效超高。出于 2.3 节所述原因，长喉槽或堰的上游超高限制可适当放宽，但仍应保留一定超高。用户在 Flume Properties，Canal Data，& Design Requirements 对话框内设置所需超高，而后 WinFlume 评估设计方案时确保超高在最大流量下满足要求。

3. 淹没度（实际允许尾水位）

为了使测量建筑物保持自流出流（或者说控制段为临界水深），必然会存在水头损失，这些水头损失是由长喉槽下游断面变化和水流沿程与边壁摩擦产生能量损失导致的。WinFlume 计算所需水头损失并利用其计算尾水渠内的最大允许水位。软件设计评估报告会比较最大和最小流量下用户指定的实际尾水位（参见 8.7.7 小节）与允许尾水位。设计评估报告认为若尾水位在最大、最小流量下满足要求，则其间任一流量条件下皆满足要求。这一假定几乎对所有情况都成立，且在输出流量图表时程序会进行复核——软件将计算流量表中所有点的允许尾水位。

4. 测流精度要求

WinFlume 评估长喉槽设计方案时会关注其是否满足用户关于测流精度的要求（参见 8.7.8 小节）。任一流量测量的精度是 WinFlume 生成的 Q-h_1 流量表和相对堰顶的上游水位 h_1 测量精度的组合的函数。若 H_1/L 为 0.07～0.7，流量关系的误差可以认为是±1.9%；若 H_1/L 为 0.05～1，流量关系的误差增加到±4%。对于 H_1/L 小于 0.07 或大于 0.7 的情况，流量关系的误差由下式计算：

$$
\begin{cases}
X_{\mathrm{c}}=\pm\left(1.9\pm 742\left(0.07-\dfrac{H_1}{L}\right)^{1.5}\right), & H_1/L<0.07 \\
X_{\mathrm{c}}=\pm\left(1.9\pm 12.78\left(\dfrac{H_1}{L}-0.7\right)^{1.5}\right), & H_1/L>0.70
\end{cases}
\tag{8.6}
$$

测流误差会随着 H_1/L 超出 0.05～1.0 而迅速增加，从而使范围外的测流不可信。这与 6.4.1 小节所述的实测结果相符。

对于一个给定的长喉槽和一个特定上游水头，通过 $Q\text{-}h_1$ 关系获得的实际流量和预测流量的差是系统误差。而这一系统误差受水头、长喉槽设计方案、施工精度等因素影响，且每次测量的误差相对独立并不可预测。鉴于上述原因，在评估综合误差时，系统误差被认为是随机误差。

相对堰顶的上游水头测量的相对不确定度 X_{h_1} 是指定流量下所选测流方法的预期误差与 h_1 预测值的比值。WinFlume 利用式（4.1）和式（4.2）计算满足用户对最大、最小流量（Q_{max}、Q_{min}）下的精度要求的可接受的 X_{h_1} 和需要的 h_1。若精度要求不满足，WinFlume 将建议缩窄控制段宽度，此时 h_1 将提高，导致 X_{h_1} 减小，从而提高测流精度。

8.8.2　水头损失目标及权衡

在进行新建量水堰槽设计时，符合 8.8.1 小节所述六项准则的设计方案可能有许多，这一系列可行方案基本由六项准则中的两项限制性条件决定：一个限定了设施控制段收缩比的下限，另一个限定了允许收缩比的上限。最大收缩比通常由超高限制，而最小收缩比通常由其他三个基本设计准则所限制，即

（1）最大流量 Q_{max} 下弗劳德数必须≤0.50；

（2）最小流量 Q_{min} 下不允许淹没；

（3）最大流量 Q_{max} 下不允许淹没。

有些情况下，测流精度准则可能会控制设计时所需的收缩比，但在更多情况下这些准则仅仅决定了形状和控制段所需的最小宽度，并不限制整个渐变段的尺寸。

通常情况下，长喉槽设计方案的尺寸约束主要由最大流量下的超高及允许的尾水位决定。若选取在两种临界条件之间的设计，则最小收缩比的方案对应的水头损失最小。这对在已建渠道上加设量水堰槽，并希望水头损失最小，较为适用。然而，若下游水位高于设计时所采用的水位，该方案也极易产生淹没流态。事实上，若下游扩散段的扩散比由淹没准则的其中之一确定，其设计尾水位等于最大或最小流量下对应的尾水位，实际运行中任意尾水位的抬升将会导致长喉槽的淹没。相比之下，选择最大收缩比的方案将会导致最大的水头损失，且将在最大流量工况下使对应的上游超高的富余量最小（参见 8.7.9 小节）。当下游水位高于设定水位时，这种方案最不易产生淹没，因为更大的收缩比导致了更低的尾水位。最大水头损失设计方案的一个缺点是其导致设施上游渠段水深较深，其回水影响范围最广。允许尾水位和实际尾水位的差异在 WinFlume 的设计评估表（参见 8.8.3 小节）中以淹没度保护项列出。可以认为两者的差异属于缓冲保护，用于保护长喉槽，使之不受下游异常高水位（高于预期水位）的淹没影响。

除了最大和最小水头损失设计方案之外，设计者还可以选择两个特别的水头损失目标进行设计方案拟定。其一为中间水头损失方案，它平衡了最大流量下的淹没保护和上游超高富余，使两者均等。大多数情况下此类设计方案为首选方案，因为其不仅避免了不必要的设施上游回水，还确保了设施在尾水位有一定的不确定度的情况下不被淹没。其二为特

殊水头损失方案，取设施的水头损失值等于该处原有的渠底降落，此方案将不会导致上游水位抬升，且对高含沙水流而言是一个避免淤积的好选择。若此类方案可行（渠底降落必须至少与建筑物的最小水头损失相等），WinFlume 会确定最大流量下的水头损失，与渠底降落相匹配。若设计者也想要最大流量下的渠底降落和水头损失相等，就必须对控制段形状进行反复修正来完成设计。

8.8.3 分析备选方案

当用户输入初始尺寸、长喉槽与渠道的特性及设计要求后，就可以采用设计评估模块评估基于初始设计的备选方案。这些备选方案的控制段形状与初始设计类似，但可能有更大或更小的收缩比。分析结果将生成一个报告，包含了满足设计准则的可能设计方案范围。而设计模块只需要在满足设计准则的前提下选择一组控制段形状和尺寸。设计评估模块则在其基础上单独调整各类尺寸（如行近渠道、控制段及渐变段长度）。

Flume Design 对话框（图 8.14）可以通过选择 Design 菜单下的 Evaluate Alternative Designs 选项打开，或者单击工具栏下的按钮打开。在对话框的第一个标签内，用户需要指定一种收缩比变化和长度调整的方式与步幅。第二个标签则显示了分析结果。当设计评估变化步幅设定值增加时，合理范围内的设计方案会相应减少。因此，本书建议采用与目标设施几何尺寸相符的步幅，WinFlume 软件不可设定超过 $0.05y_1$ 的步幅。

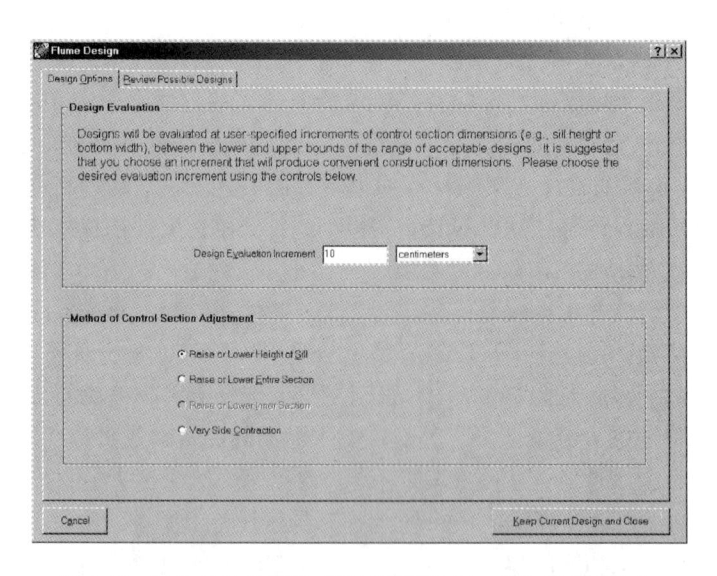

图 8.14　设计备选方案表（显示了表格第一列的所需输入）

1. 控制段调整方法

长喉槽的临界流主要通过减小过流断面底宽或抬高渠底以减小过流断面来产生（参见 5.4.1 小节）。从初始设计方案开始，WinFlume 设计模块将通过改变坎高或控制段底宽来增加或者减小横断面的收缩。可供选用的改变坎高的方式有三种，故共组成了四种改变固定式堰槽收缩比的方法。对于移动式堰槽，收缩比变化只能通过改变控制段底宽（等效为侧收缩比）来实现。四种收缩比调整方法中并不包含对控制段边坡的调整。在某些特殊情况下，需要修改控制段的边坡以寻求可行方案，此时则需手动操作。同样，设计模块也不会增加或更改下游扩散段，在当前设计不理想的情况下可以手动调整扩散段然后再使用设计模块。

收缩比变化方法的选择将决定设施最终的外形和尺寸。对于大部分情况而言，渐变段都有一个外形与尺寸的范围，在这个范围内可以得到合理的设计，所以设计者应当考虑设施的形式及现场施工的难度来选择收缩比变化方法。有些情况下，设计者可能需要选择多种收缩比变化方法或修改初始设计方案，直至得到一个可接受的合理方案。例如，初始方案中并未设置收缩，仅在其基础上抬高控制段或增加侧收缩可能无法得到满足要求的设计，此时应手动修改初始方案，设置一定的控制段抬高（垂向收缩）可能会得到一个合理的设计方案。

收缩比变化方法可能的应用如下（图 8.15）。

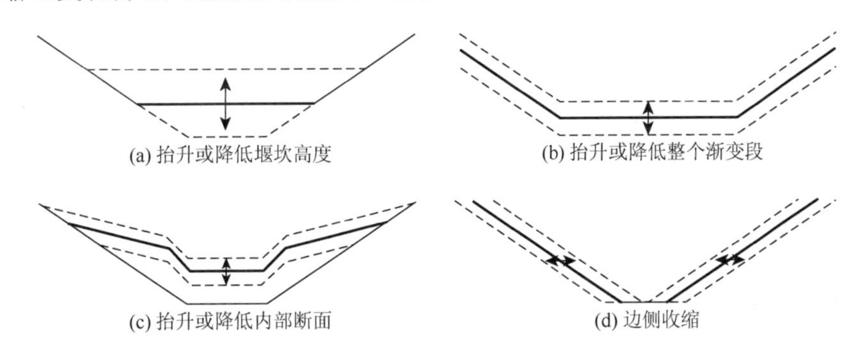

图 8.15　设计模块支持的收缩比变化方法

1）抬升或降低堰坎高度

这个选项会垂直移动控制段底部，而其他部分（如边坡）仍保持相对引水渠的位置不变。若控制段边坡非垂直，则控制段底宽会随坎高的调整而变化。一般在渠道中设计仅有底部抬高的宽顶堰建议采用该选项。在有些情况下，采用该选项时结构形状会产生变化。例如，U 形的底坎能变成矩形（如底部抬高到高于 U 形的圆弧段），或者分别变成有圆弧的不规则四边形和抛物线形的底坎。

2）抬升或降低整个渐变段

这个选项将相对引渠底部上下移动整个控制段。该选项下，控制段的形状和尺寸将不会改变。因此，收缩的量仅仅随着坎高 p_1（p_1 不可小于 0）的升高或降低而变化。该选项尤其适用于在渠道中设置标准化的长喉槽。此类长喉槽在现场流量勘察工作中较为常见。该选项也可以用来检验标准尺寸长喉槽应用在灌区不同位置的可行性。

3）抬升或降低内部断面

此项仅用于四种形状：复式梯形、弧底梯形、U 形和抛物线形。在此类控制段调整方式下，内部四边形（上下移动的部分）保持完整且无尺寸变化。在这一移动过程中，外部轮廓保持不变。该方式对在已建渠道上设计复杂长喉槽较为有效，可将现有渠道作为外部轮廓，或在现有圆弧状、U 形、抛物线形渠道上设计梯形控制段。这一选项允许用户设计一个有效的、不会干扰现有渠道断面的长喉槽。WinFlume 不会将内部坎高减小到零。

4）边侧收缩

此方式下控制段底部与引渠段相对位置不变，调整底部宽度 b_c 以产生合适的收缩量。对于没有指定底部宽度的形状，WinFlume 将改变直径（U 形和圆形断面）或焦点（抛物线形断面）位置。对于复杂梯形断面和其他内部呈梯形的断面，将进行内底宽调整；对于圆弧状、U 形、抛物线形的控制段，将进行直径或焦点调整。对于内嵌三角形的矩形，将进行矩形宽度的调整。此选项不适用于三角形断面，但其却为唯一的适用于活动堰收缩调整的方法。当设置的控制段宽度大于引渠段时，软件将无法进行设计。

2. 收缩变化步幅的选择

在用户指定的固定收缩变化步幅下，WinFlume 会评估不同的方案。收缩变化步幅可以通过几个不同的长度单位来指定，并且无须与设施中选择的数据输入或输出单位相匹配（参见 5.4.1 小节和 8.7.3 小节）。例如，设施选择 ft 为长度单位，但收缩变化步幅可取 1in。这允许用户自由地设置建筑物尺寸的收缩变化步幅。收缩变化步幅应足够大，以避免软件单次评估过多的设计方案而耗时较长；一般能评估 10～30 组方案较为合适。若收缩变化步幅选择过大，WinFlume 可能找不到合适的设计方案，因为可行方案的范围可能比较窄，在大步幅下错过了合适方案。此时，WinFlume 会自动减小收缩变化步幅，力图寻找到一个合适的设计范围（参见 8.8.10 小节）。

3. 设计分析结果——设计评估报告

当选择 Flume Design 对话框的 Review Possible Designs 标签时，软件将生成和评估从初始设计衍生出的设计备选方案——其由用户选定的方法和控制段收缩变化步幅决定（算法具体细节参见 8.10 节）。图 8.16 中设计评估表的第二项显示了设计评价结果。对话框的上部包含了一个电子表格，里面列出了所有评估方案，以及这些评估方案是否满足四项基本准则（参见 8.8.1 小节）的具体情况。对话框的下部会对用户选择的方案生成简短的设

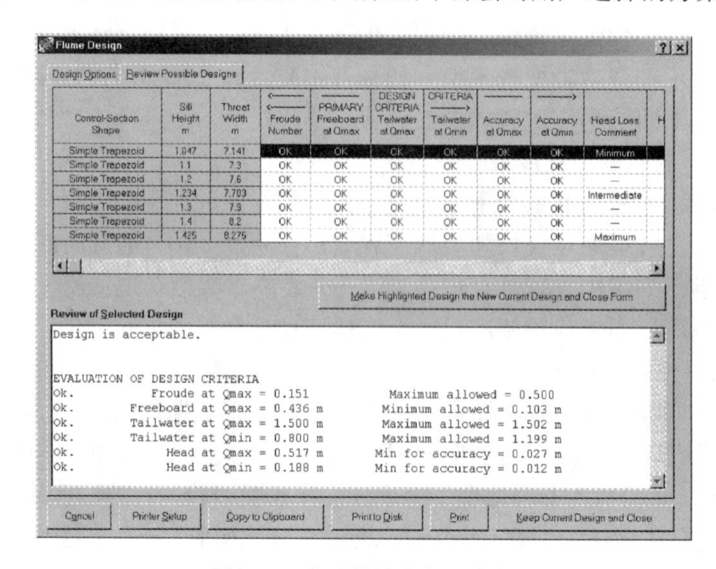

图 8.16　备选设计方案评估表

计评估报告。对话框上的按钮允许用户选择任一个备选方案作为新的当前设计，或关闭备选设计方案框回到最初设计。表格最左侧几列给出了控制段形状和每个设计方案的收缩量的主要长度尺寸。右边的几列显示了设计是否满足各项要求（OK 或 Not OK）。水头损失注释栏会突出显示最小、最大和中间的水头损失设计，可能还有最大流量 Q_{max} 下的水头损失满足渠底降落的设计方案（若该方案存在的话）。如果方案不满足两个次要的测流精度设计准则，将不会提供这些注释栏。

电子表格右侧的附加栏里提供了有关每个设计的更多细节信息。图 8.17 给出了完整的打印输出的设计评估报告。需要注意，表格右侧的关键栏是最大流量 Q_{max} 下的额外超高和淹没度富余。最小水头损失设计只有零淹没度保护（参见 8.8.2 小节），然而最大水头损失设计没有额外超高（相对用户输入的允许值）。

User: Clemmens/Wahl/Bos/Replogle　　WinFlume32 - Version 1.05
D:\WinFlume Example.Flm - Revision 3
Example flume for Chapter 8
Design Alternatives Report, Printed: 2/12/2001 1:06:27 PM

Control-Section Shape	Sill Height ft	Throat Width ft	DESIGN CRITERIA: Primary Criteria: Froude Number	Freeboard at Qmax	Tailwater at Qmax	Tailwater at Qmin	Secondary: Error @ Qmax	Error @ Qmin	Head Loss Comment	Actual Head Loss ft	Actual Froude Number @ Qmax	Extra Freeboard at Qmax ft	Submergence Protection ft	Estimated Random Error @ Qmax/Qmin
Simple Trapezoid	4.047	26.141	Ok	Ok	Ok	Ok	Ok	Ok	Minimum	0.22	0.13	1.03	0.00	±1.91-2.01%
Simple Trapezoid	4.1	26.3	Ok	Ok	Ok	Ok	Ok	Ok	---	0.27	0.13	0.98	0.05	±1.91-2.01%
Simple Trapezoid	4.2	26.6	Ok	Ok	Ok	Ok	Ok	Ok	---	0.36	0.12	0.89	0.14	±1.91-2.01%
Simple Trapezoid	4.3	26.9	Ok	Ok	Ok	Ok	Ok	Ok	---	0.45	0.12	0.80	0.23	±1.91-2.01%
Simple Trapezoid	4.4	27.2	Ok	Ok	Ok	Ok	Ok	Ok	---	0.54	0.12	0.72	0.32	±1.91-2.02%
Simple Trapezoid	4.5	27.5	Ok	Ok	Ok	Ok	Ok	Ok	---	0.63	0.11	0.63	0.40	±1.91-2.02%
Simple Trapezoid	4.6	27.8	Ok	Ok	Ok	Ok	Ok	Ok	---	0.72	0.11	0.54	0.49	±1.91-2.02%
Simple Trapezoid	4.628	27.884	Ok	Ok	Ok	Ok	Ok	Ok	Intermediate	0.74	0.11	0.52	0.52	±1.91-2.02%
Simple Trapezoid	4.7	28.1	Ok	Ok	Ok	Ok	Ok	Ok	---	0.81	0.11	0.45	0.58	±1.91-2.02%
Simple Trapezoid	4.8	28.4	Ok	Ok	Ok	Ok	Ok	Ok	---	0.90	0.11	0.36	0.67	±1.91-2.02%
Simple Trapezoid	4.9	28.7	Ok	Ok	Ok	Ok	Ok	Ok	---	0.99	0.10	0.27	0.76	±1.91-2.02%
Simple Trapezoid	5.	29.	Ok	Ok	Ok	Ok	Ok	Ok	---	1.08	0.10	0.19	0.85	±1.91-2.03%
Simple Trapezoid	5.1	29.3	Ok	Ok	Ok	Ok	Ok	Ok	---	1.17	0.10	0.10	0.94	±1.91-2.03%
Simple Trapezoid	5.2	29.6	Ok	Ok	Ok	Ok	Ok	Ok	---	1.26	0.10	0.01	1.03	±1.91-2.03%
Simple Trapezoid	5.206	29.619	Ok	Ok	Ok	Ok	Ok	Ok	Maximum	1.27	0.09	0.00	1.04	±1.91-2.03%

Method of Contraction Change - Raise or Lower Sill Height
Evaluation Increment - 0.1 feet

图 8.17　WinFlume 打印的设计评估报告

8.8.4　使用设计模块改善设计方案

设计备选方案仅仅改变了控制段的收缩（如坎高、宽度、直径或焦点）。从备选方案表中选择新的设计方案后，有必要调整引渠段、渐变段和控制段的长度。WinFlume 主界面右下角第三个标签显示了流量评定报告表和简短的设计评估报告，其可以用来确定长喉槽各部分可选长度的参考值。

8.8.5　设计评估报告使用

尽管设计模块有助于快速确定长喉槽设计方案，但是有时也需要设计者按照特定的需求进一步改善设计方案。一般设计流程是先调整设计或设计要求，然后利用主体设计评估报告（Design 菜单下的 Review Current Design 选项）或 WinFlume 主界面右下角第三个标签给出的简短的设计评价检验修改方案。可以参考错误或警告信息及设计建议，不断修改设计方案，直至设计评估报告表明该方案完全符合要求。图 8.18 给出了一个设计评估报告打印输出的范例。用户需要根据六个设计准则及与 Q_{max}、Q_{min} 有关的建议警告和错误信息来评估设计方案，设计要求的总结也列于报告底部。如果在最大和最小流量下出现致命错误以致水力计算无法完成(如引渠段发生漫顶或尾水位淹没控制段以致不能形成有效的 h_1-Q 关系)，警告和错误信息将有助于用户进行设计方案的修正。

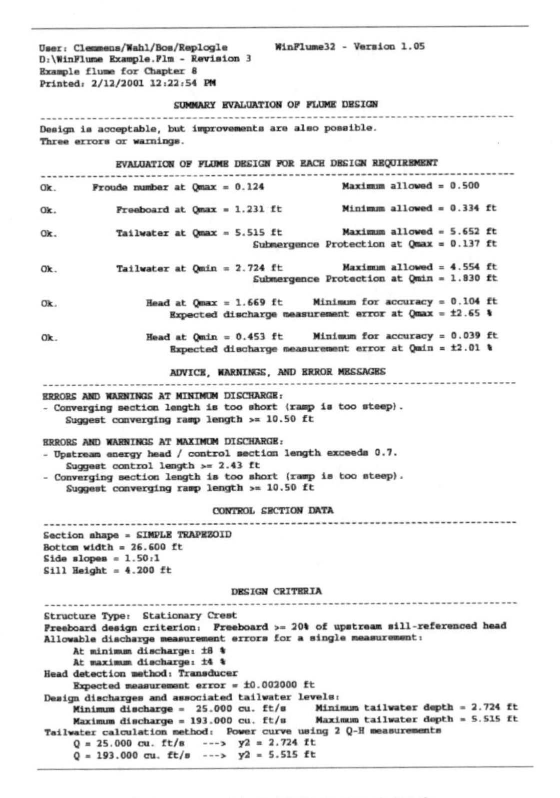

```
User: Clemmens/Wahl/Bos/Replogle        WinFlume32 - Version 1.05
D:\WinFlume Example.Flm - Revision 3
Example flume for Chapter 8
Printed: 2/12/2001 12:22:54 PM

                    SUMMARY EVALUATION OF FLUME DESIGN
------------------------------------------------------------------------
Design is acceptable, but improvements are also possible.
Three errors or warnings.

            EVALUATION OF FLUME DESIGN FOR EACH DESIGN REQUIREMENT
------------------------------------------------------------------------
Ok.     Froude number at Qmax = 0.124          Maximum allowed = 0.500

Ok.         Freeboard at Qmax = 1.231 ft       Minimum allowed = 0.334 ft

Ok.         Tailwater at Qmax = 5.515 ft       Maximum allowed = 5.652 ft
                               Submergence Protection at Qmax = 0.137 ft

Ok.         Tailwater at Qmin = 2.724 ft       Maximum allowed = 4.554 ft
                               Submergence Protection at Qmin = 1.830 ft

Ok.              Head at Qmax = 1.669 ft    Minimum for accuracy = 0.104 ft
                    Expected discharge measurement error at Qmax = ±2.65 %

Ok.              Head at Qmin = 0.453 ft    Minimum for accuracy = 0.039 ft
                    Expected discharge measurement error at Qmin = ±2.01 %

                    ADVICE, WARNINGS, AND ERROR MESSAGES
------------------------------------------------------------------------
ERRORS AND WARNINGS AT MINIMUM DISCHARGE:
- Converging section length is too short (ramp is too steep).
    Suggest converging ramp length >= 10.50 ft

ERRORS AND WARNINGS AT MAXIMUM DISCHARGE:
- Upstream energy head / control section length exceeds 0.7.
    Suggest control length >= 2.43 ft
- Converging section length is too short (ramp is too steep).
    Suggest converging ramp length >= 10.50 ft

                          CONTROL SECTION DATA
------------------------------------------------------------------------
Section shape = SIMPLE TRAPEZOID
Bottom width = 26.600 ft
Side slopes = 1.50:1
Sill Height = 4.200 ft

                            DESIGN CRITERIA
------------------------------------------------------------------------
Structure Type:  Stationary Crest
Freeboard design criterion:  Freeboard >= 20% of upstream sill-referenced head
Allowable discharge measurement errors for a single measurement:
     At minimum discharge: ±8 %
     At maximum discharge: ±4 %
Head detection method: Transducer
     Expected measurement error = ±0.002000 ft
Design discharges and associated tailwater levels:
     Minimum discharge =  25.000 cu. ft/s     Minimum tailwater depth = 2.724 ft
     Maximum discharge = 193.000 cu. ft/s     Maximum tailwater depth = 5.515 ft
Tailwater calculation method:  Power curve using 2 Q-H measurements
     Q = 25.000 cu. ft/s   ---> y2 = 2.724 ft
     Q = 193.000 cu. ft/s  ---> y2 = 5.515 ft
```

图 8.18　长喉槽设计评估报告

8.8.6　修改长喉槽设计以满足设计准则

当六个设计准则中的任何一个不满足时，可以尝试几种不同的修改方案以满足设计准则。为向读者阐明方法，下面将分别讨论每一个准则及其相应的修改方法。

1. 最大流量下的弗劳德数

为了避免引水渠中不可预测的水流条件（如驻波），引水渠内的弗劳德数应小于 0.50。对于大多数渠道和长喉槽，弗劳德数随着流量的增加而增加。因此，只需要复核最大流量下的弗劳德数。如果可能的最大上游水深情况下，引渠断面的弗劳德数较大，引渠段太小，难以允许用堰或槽精确测流，WinFlume 就无法找到一组可行的设计方案。这种情况下得到可行方案的唯一办法是扩大引渠段断面。如果设定的允许超高非零，可以通过减小超高值来找到合适的方案。

如果引渠段的弗劳德数过大但该段有额外超高可用，可以通过增加控制段收缩量、增加坎高或减小宽度来减小弗劳德数。如果设计目标是使通过建筑物的总水头损失最小，需要注意一些设计情况——这些设计受上游弗劳德数限制而不能得到最小的水头损失(如零淹没度保护或实际尾水位等于允许尾水位)，因为要满足弗劳德数准则，除了需要满足淹没度准则的收缩之外还需要一些额外收缩。若设计目标是最小化水头损失，且设计受引水渠弗劳德数限制，则应该加大引水渠（如扩大或降低控制段)。

2. 最大流量下的超高

如果不能满足这一准则，大多时候是因为上游水位太高、控制段横断面太小，限制了 Q_{max} 下的水流。可以通过减小坎高或拓宽控制段来扩大控制段的过水断面面积。因为只在 Q_{max} 时评估这一准则，还可以通过仅放缓边坡而拓宽控制段顶部来满足这一准则。这样，还可以保持 Q_{min} 下的测流精度。若控制段断面面积不能扩大到满足超高要求，就有必要通过减小超高或增大渠道深度来提高最大允许水位。

3. 最大流量下的尾水位（长喉槽淹没度）

对于作为测流设施、工作状态良好的长喉槽而言，控制段必须发生临界流(自流出流)。利用 WinFlume 计算此状态下建筑物的水头损失和相应的最大允许尾水深。如果最大流量下实际尾水深度大于允许尾水深度，长喉槽就没有足够的水头使其在临界流条件下正常运行，长喉槽将被淹没。此时建筑物上游堰上水头受尾水影响，将不适宜测流。为了解决这一问题，设计者必须增大控制段收缩，从而增加上游渠道水位，增大可用水头，或者必须减小建筑物水头损失。因此，三种可能的解决办法是增加坎高、缩减 Q_{max} 下的控制段、增加一个下游斜坡扩散段以减小总水头损失。

4. 最小流量下的尾水位（长喉槽淹没度）

这一设计准则与上一设计准则类似，只是长喉槽淹没发生在最小流量条件下。可能的改进措施有增加坎高、缩窄控制段（如减小控制段基础宽度)、增加下游斜坡段。

5. 最大流量下的测流精度（要求水头）

测流建筑物的精度主要受 h_1（上游堰上水头）测量设施精度的影响。用户指定水头测量方法及其精度以及测流设施的整体精度。设施整体精度是流量关系不确定性（大约为±2%）和水头测量相对不确定度的组合函数。WinFlume 计算最小上游堰上水头 h_1，是为了取得最大流量下单次测量的期望精度。若水流在控制段没有得到足够收缩，将不会得到这一最小水头，测量精度也将达不到期望值。为了满足最大流量下的期望测流精度，可采取的改进措施是缩窄最大流量下的控制段（如减小顶部宽度)、采用更精确的水头测量方法、增加最大流量 Q_{max} 下的允许测流误差。当建筑物的 H_1/L 大于 0.7 时，增加控制段长度也可能达到提高测流精度的目的。

6. 最小流量下的测流精度

这一设计准则与上一设计准则类似，区别是其在 Q_{min} 下评估测流精度。若不满足测流标准，可用的改进措施是缩窄最小流量下的控制段（如减小控制段宽度或降低堰顶)、采用精度更高的水头测量方法、增加 Q_{min} 下的允许测流误差。若建筑物的 H_1/L 小于 0.07，减小控制段长度也可能达到提高测流精度的目的。

8.8.7　利用流量表报告改善设计

在设计模块和设计评估报告中，WinFlume 仅在 Q_{min} 和 Q_{max} 下评估六个设计准则，其在大部分情况下可行，因为在所有中间流量下也满足这些准则。为了确保上述条件，可生成一个流量表，复核此表的最右边一列以确保中间流量下没有错误或警告信息。这些信息往往会向使用者揭示设计需要改善的方向，如引水渠、渐变段或扩散段及控制段的推荐长度等，尽管其与六个设计准则无关。这些长喉槽段的长度需要在推荐长度范围内，以保证控制段能拥有平行流线，从而满足一维流动的假设。仅在这一假设满足时才可以保证 WinFlume 生成的流量关系具有±2%的理论精度。

8.8.8　复式控制段建筑物设计问题

控制段为复式断面的建筑物的设计往往较为困难。这些设施的控制段是一个复杂断面或一个四边形套在另一个断面形状中的复式断面。一般复式断面的主要目的是在最小流量 Q_{min} 下测流，因此其在小流量下的测流精度一般符合要求。Q_{max} 下水流充满了控制段断面的外部，外部尺寸设置成较大断面以最小化由最大流量引起的上游深度的增加。在水流刚开始进入长喉槽过渡段时，这类设施的精度较低。此时设计应尤为小心，避免流量频繁在该段变化或关心的重要流量出现在该段。

复式断面的长喉槽的渐变段和扩散段的施工也有一些困难。从获取 h_1-Q 关系的水力要求出发，过渡段的唯一要求是光滑平缓、控制段上下游末端没有偏移。可通过很多不同过渡设计满足这些要求。若使用混凝土建造长喉槽，建造时过渡段表面可以是自由面。

8.8.9　寻求合理渐变段长度的难点

5.6.3 小节已提及对于渐变段的底板和边墙可采用 2.5∶1～4.5∶1 的收缩比，长喉槽底部轮廓界面输入的过渡段长度影响着渐变段的坡比。当生成流量表和设计评估报告时，WinFlume 会评估渐变段的长度。程序会在最大和最小流量下评估渐变段的长度，并对每个流量推荐基于下面三种方法的最大渐变段长度：

（1）从引渠底板到控制段底板的垂直收缩；

（2）控制段底面高程上引渠段边墙到控制段边墙的水平收缩；

（3）引渠段水位（y_1）高程上引渠段边墙到控制段边墙的水平收缩。

当上述方法中的一个或两个收缩比与其他方法的收缩比有显著差异，或最大和最小流量下收缩的变化量有显著差异时，需要考虑一些特殊问题。

为了大范围测流（如 $Q_{max}/Q_{min}>200$），通常使用 V 形断面的控制段或其他一些底宽较窄的断面形式（参见 2.4 节）。设计这种长喉槽时常碰到的问题是出现错误信息 22（参见 8.12 节），提示为渐变段长度过短（侧收缩过于剧烈）。对于用户而言，程序为消除这一错误信息而推荐的渐变段长度看起来不合理，因为它通常会在渐变段生成一个相对平缓的底坡，见图 8.19。控制段反转处的水平收缩量为决定性数值，其相较于其他收缩明显较大。为了消除错误信息 22 和 23（参见 8.12 节），渐变段长度必须是这一长度的 2.5～4.5 倍。这种情况下，建议将渐变段长度设为错误信息 22 给出的建议量（2.5 倍的最大水平收缩）。此时设计方案可能为相对平缓的底坡，但可确保长喉槽断面入口处水流不分离。

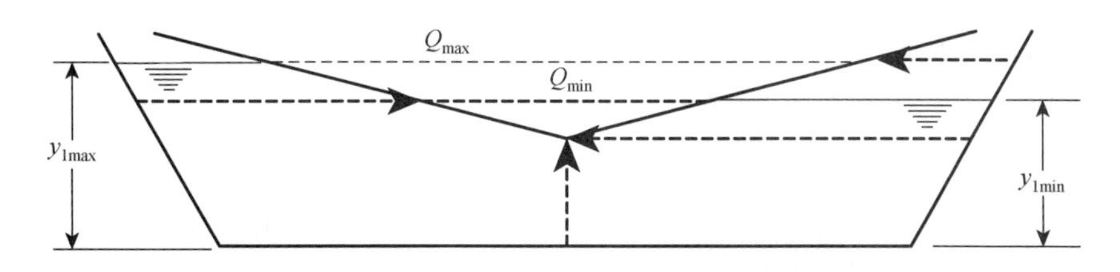

图 8.19　由最小和最大流量下的最大收缩比决定的渐变段长度

在设计方案中采用的控制段断面与引渠段差异较大时也会出现一些问题，如在缓坡矩形断面渠道上设计矩形断面量水槽，如图 8.20 所示。最大流量下控制性渐变段长度为 y_{1max} 水位上的水平收缩，但是最小流量下控制性渐变段长度却是 y_{1min} 水位下的垂直收缩或水平收缩。在这种情况下，最大流量下可能出现错误信息 22（侧收缩过为剧烈）。接下来在增加渐变段长度后，则会出现错误信息 11 或 23（坡度过缓或侧收缩太缓），但此时其对应最小流量。对于某个收缩长度，甚至可能同时出现以上两个错误信息。

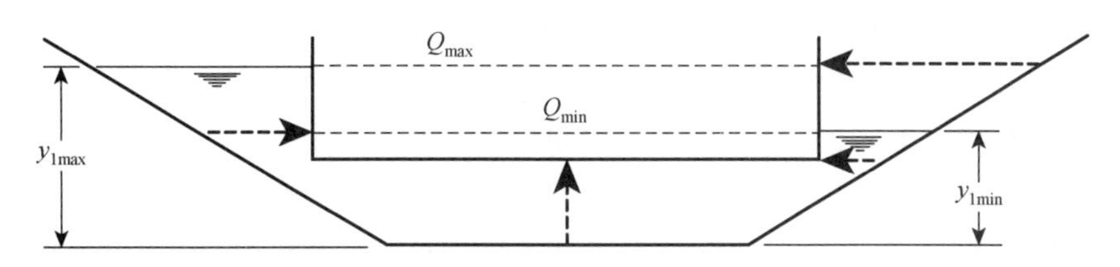

图 8.20　断面差别较大的引渠段和控制段

为了解决这个问题，应当从推荐的适用条件 2.5∶1～4.5∶1 寻找原因。若坡比小于 2.5∶1，水流可能在长喉槽进口段产生分离，其将显著影响建筑物水位流量关系的精度。另外，若坡比大于 4.5∶1，将使测流设置长度更长、造价更高，但是对 h-Q 测量精度的影响很小，因此过渡段宜长不宜短。因此，最大流量下出现错误信息 22 时应增加过渡段长度，此时可以允许最小流量下出现错误信息 11 或 23。当最大流量下对于测流精度要求不高时不建议采用此方法，因为此时允许考虑缩短控制段长度。

此外还有两个选择：一是改变控制段或渐变段的形状使其外形更相似，但是该方法通常不实用。二是应意识到，在过渡段是渐变、没有偏移或在进入控制段过程中没有大的间断（参见 3.1 节）的前提下，渐变段的详细尺寸对长喉槽测流性能并无决定性影响。因此，即使 WinFlume 仅允许用户设定一个渐变段长度，其也决定了水平收缩和底坡（垂直收缩）的角度，长喉槽施工中也可以对边墙和底坡使用不同的渐变段长度，其实例参见图 3.25 和图 3.59。当使用 WinFlume 对以这种方式建造的长喉槽建模时，最重要的是水位测点位置的选择。软件中测站到控制段前沿的距离（即长喉槽底部轮廓中引渠长度和渐变段长度）应与实际施工尺寸相同。

8.8.10 寻求及评估备用方案的思路

WinFlume 所用的寻求及评估设计方案的思路本质上是一个循环试算的过程。这与 FLUME 3.0 程序不同，FLUME 3.0 试图优化长喉槽设计方案以满足所有六个设计准则，同时满足一个水头损失目标。WinFlume 仅仅给出满足准则的设计方案集合，然后允许用户从里面挑选一个满足水头损失目标或设计者对建筑物的其他要求的方案。这一思路的优势是当处理复杂或圆弧状控制段时它的数值稳定性更好。FLUME 3.0 使用的算法有时无法收敛于设计优化的方向。而 WinFlume 需要分析所有的可能方案。尽管这一思路需要大量试算，但在当前个人计算机计算能力下这已不成问题。

当用户选择某种方法并设置收缩变化步幅后，程序就通过尽量减小初始控制段收缩开始进行设计（若收缩变化方法是增加或减小坎高，则可将坎高减为 0）。该方案将作为设施的基准方案，所有需要评估的备选设计方案都是在其基础上演化而来的。然后，程序确定最大和最小上游水位，以期在最大设计流量 Q_{max} 下得到可行方案。考虑超高要求之前，最大允许上游水位在上游渠道顶部。Q_{max} 下要求的最小上游水位是引渠段 $Fr_1 = 0.5$ 时的水位和尾水位的较大者。低于其水位或违反最大弗劳德数准则，将导致水头损失超限，显然不可行。对这些最大和最小引渠水位，程序可以确定 Q_{max} 下产生临界流所需的控制段收缩比。6.3.3 小节给出的一段子程序可用于确定每个情况下的必要收缩量。这三个最大和最小收缩量的设计方案将成为设计分析的上下界限。

在确定了分析范围后，程序便在上下限间创建和评估不同的可能设计方案。每个设计的主要控制段尺寸将以用户设置的步长的偶数倍增减。长喉槽设计依据四个基本设计准则进行评估（参见 8.8.1 小节），以确定可行方案。最终采用分半搜索法（等分收缩变化步幅至收敛）进一步优化最大和最小收缩量，从而得到合理设计。除了弗劳德数是最小收缩设计的限制因素的设计外，最大收缩设计即最大水头损失设计（无附加超高），最小收缩设计即最小水头损失设计（零淹没度保护）。中间水头损失的设计（额外超高等于淹没度保护）及水头损失等于渠底降落的位置（若其可能存在）也可用分半搜索法得到。

分析结果展现的形式参见 8.8.3 小节。用户可以选择可行方案中的一种作为新的设计方案，也可以不采用其结果。只有满足四个基本设计准则（超高、弗劳德数、最大和最小流量下不淹没）的设计方案才会予以输出，除非程序并未找到合理设计方案，此时将罗列所有设计方案。满足四个基本原则但是不满足精度要求之一的方案可以通过选择更好的水位测量方法来改进以符合要求。

如果用户指定的收缩变化步幅太大或设计准则要求太高，设计算法首次试算可能找不到合理的方案。这种情况下，程序将寻找两个相近的临界方案，其中对于某个方案不满足的条件将在其相邻方案中得到满足。这说明减小收缩变化步幅或许可以在两个设计方案间找到合理设计方案。若出现这种情况，程序将减小收缩变化步幅为原值的 10%并重新计算整个过程。这一流程将持续运行直至出现合理的设计方案，或者程序认为并无可行的设计方案。

8.9　输　　出

WinFlume 软件提供几种输出方式，包括长喉槽图形、数据报告、流量表、水位流量方程和流量表中得出的水尺图形。程序中所有输出都可由 Windows 兼容的打印机进行打印输出。可用菜单栏下的 Printer Setup 命令设置打印报告和图表的字体选项。除了水尺之外的所有输出都可复制粘贴到 Windows 兼容的 Word 或 Excel 文件中。

当用户试图将结果输出到打印机或剪贴板时，WinFlume 有时首先要求用户保存现有设计方案，这一设置确保了程序输出可以追溯到任意特定的长喉槽设计修订编号（参见 8.6.4 小节）。汇总几个输出项目时，用户需要确保每个输出的修订编号相同。

8.9.1　长喉槽图形输出

图 8.21 是 WinFlume 所产生的输出图形示例，其包含了长喉槽底部轮廓和横断面形状与尺寸，以及上下游视图、近似水面线（若用户选择显示该水面线）。横断面尺寸一般显示

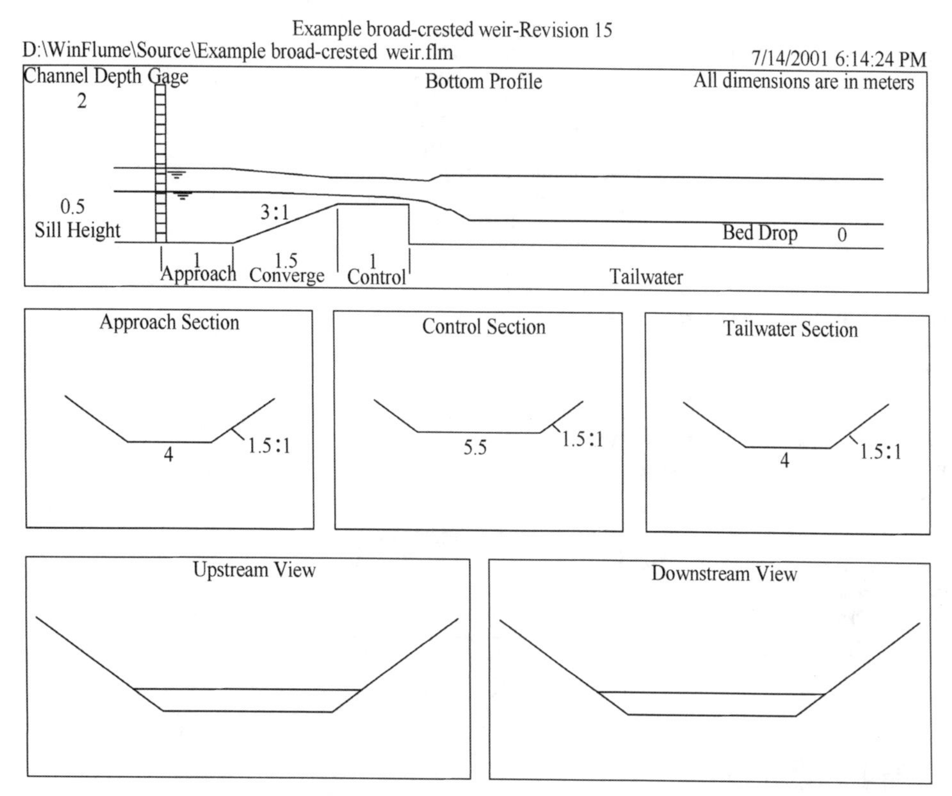

图 8.21　WinFlume 输出的长喉槽图形示例

于合适的位置，但对某些复杂形状，尺寸可能统一标在角落以获得更清晰的效果。某些极端情况下，文本标识可能部分省略。对于省略的内容，用户可以在下一部分描述的长喉槽数据报告中找到相关尺寸。有些打印机不能合理显示控制段，其在长喉槽图形输出界面以蓝色突出显示，选择 Printer Setup 对话框下的选项，使图形以黑白打印输出可以解决该问题。

8.9.2　长喉槽数据报告

长喉槽数据报告是长喉槽图形的数据总结部分，把设施的尺寸和其他特性总结于文本中。图 8.22 为该报告的范例。测流范围、尾水情况、设计要求将在设计评估报告中给出而不包含在本报告中，如图 8.22 所示。

```
User: Clemmens/Wahl/Bos/Replogle          WinFlume32 - Version 1.05
D:\WinFlume Example.Flm - Revision 3
Example flume for Chapter 8
Printed: 2/12/2001 4:13:29 PM
                              FLUME DATA REPORT
--------------------------------------------------------------------------
                            GENERAL DATA ON FLUME
Type of structure: Stationary Crest
Type of lining: Concrete - smooth
Roughness height of flume: 0.000492 ft

                             BOTTOM PROFILE DATA
Length per section:  Approach section, La = 2.000 ft
                Converging transition, Lb = 12.300 ft
                      Control section, L  = 3.000 ft
                 Diverging transition, Ld = 24.600 ft

Vertical dimensions: Upstream channel depth = 7.100 ft
                        Height of sill, p1 = 4.100 ft
                                  Bed drop = 0.000 ft
                 Diverging transition slope = 6.000:1

                          -- APPROACH SECTION DATA --
Section shape = SIMPLE TRAPEZOID
Bottom width = 14.000 ft
Side slopes = 1.50:1

                          -- CONTROL SECTION DATA --
Section shape = SIMPLE TRAPEZOID
Bottom width = 26.300 ft
Side slopes = 1.50:1

                          -- TAILWATER SECTION DATA --
Section shape = SIMPLE TRAPEZOID
Bottom width = 14.000 ft
Side slopes = 1.50:1
```

图 8.22　长喉槽数据报告

8.9.3　当前设计评估

设计评估报告的使用在 8.8.5 小节已详细讨论过。与其他输出内容一样，该评估报告也可复制到剪贴板或打印输出。选择想要复制的部分然后复制到剪贴板，或者按 Shift + 方向键选定内容后通过 Ctrl + C 进行复制。

8.9.4　流量表及曲线

该程序输出的流量关系有几种，如图 8.23 中标签所示。标准的水位流量表和流量水位表中每一行代表一个流量。水位流量表给出对应固定上游堰上水头的流量，而流量水位表则给出固定流量间隔下对应的水头，此外可从右侧选项卡选择附加参数。

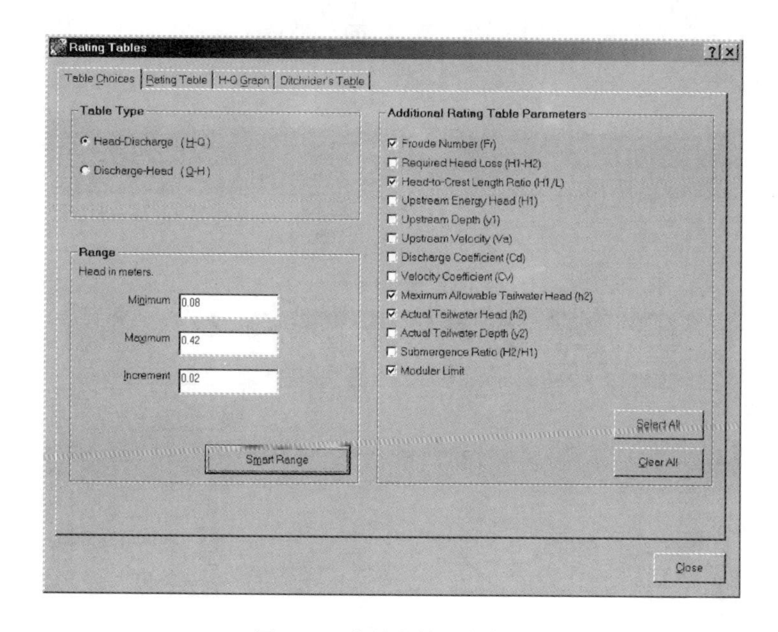

图 8.23　流量表第一个标签

对于每种类型的流量表，用户可以手动输入表的范围及表中水头或流量的间隔；或者单击 Smart Range 按钮，程序将自动选择一个合理的范围。Smart Range 一般只能为观察设施合理运行范围内的表现提供一个初始设置，欲获取更为满意的效果一般需对其进行微调。

在选定流量表类型和范围后，即可在表格第二个标签中预览流量关系表，如图 8.24 所示。用户可以上下浏览整个表。表格最右栏列出了当前行的错误或警告类型信息，具体错误描述在表格下方文本框中给出，并对应于相应的错误代码。若当前选择行并无错误，文本框中就会列出浏览表的所有错误信息。这些错误信息在改进长喉槽设计时很有用，流量表还会显示发生错误的流量范围。

Rating Tables 的第三个标签显示了流量关系图的形式（图 8.25）。曲线图右侧坐标轴上可以设置 1～3 个参数，并且如果需要可以将左右坐标轴设置得一样。流量表中有错误或警告的流量部分曲线图将以虚线标识。

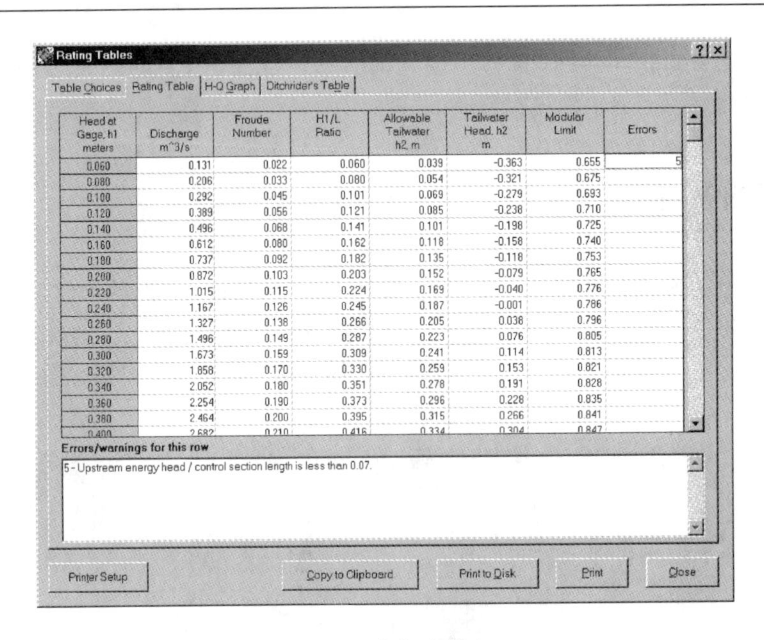

Head at Gage, h1 meters	Discharge m^3/s	Froude Number	H1/L Ratio	Allowable Tailwater h2, m	Tailwater Head, h2 m	Modular Limit	Errors
0.060	0.131	0.022	0.060	0.039	-0.363	0.655	5
0.080	0.206	0.033	0.080	0.054	-0.321	0.675	
0.100	0.292	0.045	0.101	0.069	-0.279	0.693	
0.120	0.389	0.056	0.121	0.085	-0.238	0.710	
0.140	0.496	0.068	0.141	0.101	-0.198	0.725	
0.160	0.612	0.080	0.162	0.118	-0.158	0.740	
0.180	0.737	0.092	0.182	0.135	-0.118	0.753	
0.200	0.872	0.103	0.203	0.152	-0.079	0.765	
0.220	1.015	0.115	0.224	0.169	-0.040	0.776	
0.240	1.167	0.126	0.245	0.187	-0.001	0.786	
0.260	1.327	0.138	0.266	0.205	0.038	0.796	
0.280	1.496	0.149	0.287	0.223	0.076	0.805	
0.300	1.673	0.159	0.309	0.241	0.114	0.813	
0.320	1.858	0.170	0.330	0.259	0.153	0.821	
0.340	2.052	0.180	0.351	0.278	0.191	0.828	
0.360	2.254	0.190	0.373	0.296	0.228	0.835	
0.380	2.464	0.200	0.395	0.315	0.266	0.841	
0.400	2.682	0.210	0.416	0.334	0.304	0.847	

图 8.24　水位流量表

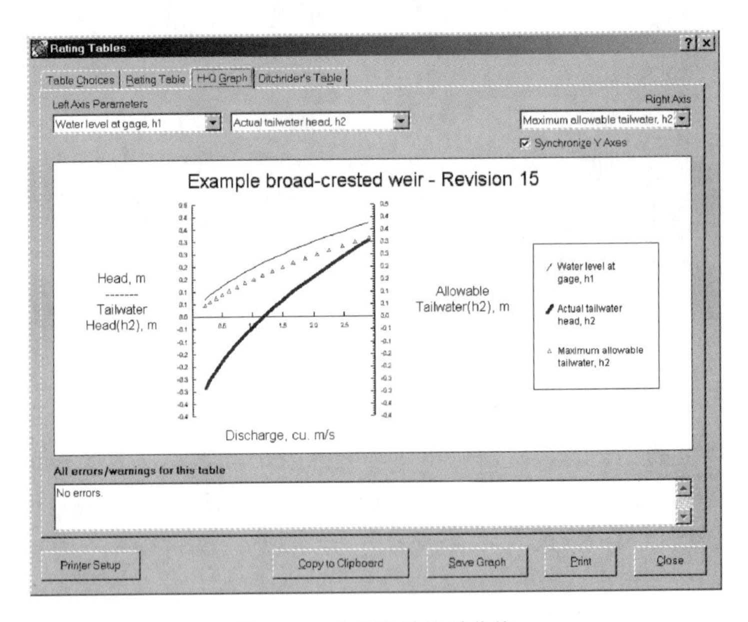

图 8.25　水位流量关系曲线

灌溉管理流量表（图 8.26）是一个在较大流量范围下采用较小水位增幅，可打印在 1～2 页纸上的精简表格。堰上水头的值在表的左侧和上部给出，而流量值则在表的主体显示。灌溉管理流量表并未输出其他参数。在查询给定水头下的流量时，首先查左侧水头对应的行，然后查询水头更精确一位对应的列，则可在两者交叉点查得相应流量。灌溉管理流量表可以稍作修改，使其显示堰上斜坡长度而不是堰上水头，此时该流量表可在安装了标准水尺的斜坡段使用。有错误或警告信息的流量数值尾部会采用星号标识。

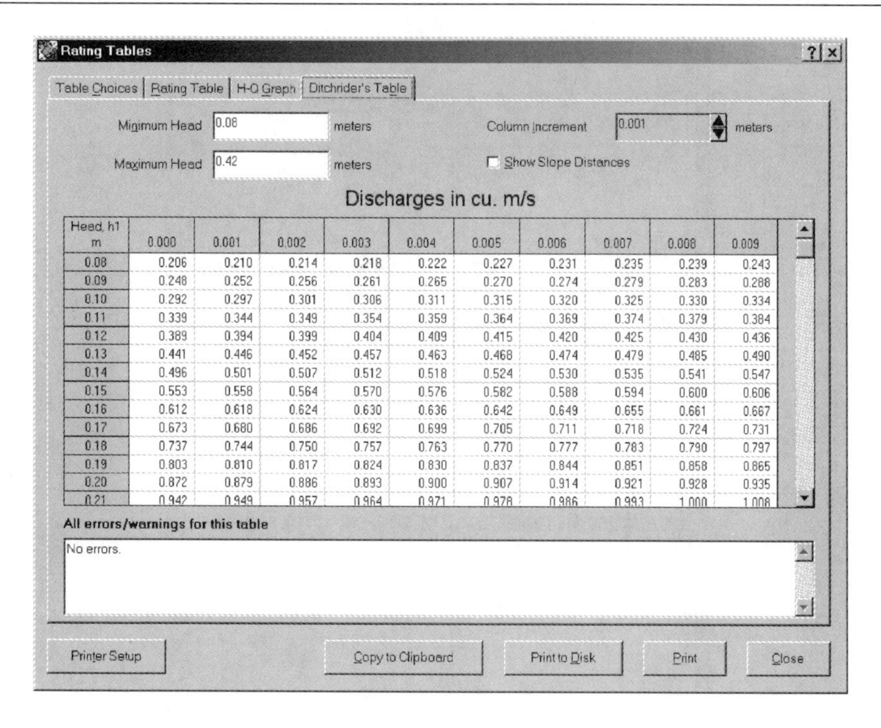

Head, h1 m	0.000	0.001	0.002	0.003	0.004	0.005	0.006	0.007	0.008	0.009
0.08	0.206	0.210	0.214	0.218	0.222	0.227	0.231	0.235	0.239	0.243
0.09	0.248	0.252	0.256	0.261	0.265	0.270	0.274	0.279	0.283	0.288
0.10	0.292	0.297	0.301	0.306	0.311	0.315	0.320	0.325	0.330	0.334
0.11	0.339	0.344	0.349	0.354	0.359	0.364	0.369	0.374	0.379	0.384
0.12	0.389	0.394	0.399	0.404	0.409	0.415	0.420	0.425	0.430	0.436
0.13	0.441	0.446	0.452	0.457	0.463	0.468	0.474	0.479	0.485	0.490
0.14	0.496	0.501	0.507	0.512	0.518	0.524	0.530	0.535	0.541	0.547
0.15	0.553	0.558	0.564	0.570	0.576	0.582	0.588	0.594	0.600	0.606
0.16	0.612	0.618	0.624	0.630	0.636	0.642	0.649	0.655	0.661	0.667
0.17	0.673	0.680	0.686	0.692	0.699	0.705	0.711	0.718	0.724	0.731
0.18	0.737	0.744	0.750	0.757	0.763	0.770	0.777	0.783	0.790	0.797
0.19	0.803	0.810	0.817	0.824	0.830	0.837	0.844	0.851	0.858	0.865
0.20	0.872	0.879	0.886	0.893	0.900	0.907	0.914	0.921	0.928	0.935
0.21	0.942	0.949	0.957	0.964	0.971	0.978	0.986	0.993	1.000	1.008

图 8.26　灌溉管理流量表

流量表可以单选或多选后复制到 Windows 剪贴板，在粘贴为电子表格时最好采用制表符。当想要粘贴表格到电子表格时，最好在数据之间插入制表符。可用以下方法进行复制粘贴：

（1）单击复制到剪贴板按钮并从弹出的菜单中选择格式；

（2）右击流量表电子制表，并从弹出的菜单中选择格式；

（3）右击拷贝到剪贴板按钮，复制为空格符分隔格式；或者按 Shift 健 + 右击拷贝到剪贴板按钮，复制为制表符分隔格式。

8.9.5　长喉槽理论值与实测值比较

有些情况下需要根据实测数据来验证长喉槽的测流精度，可以使用流速仪现场测流，也可以采用量筒或文丘里流量计进行测量。WinFlume 提供了测流数据对照图表，从而可以比较测流设施的理论值和实测值。选择 Reports/Graphs 菜单下的 Measured Data Comparison 选项或单击按钮可以打开数据输入框，可以输入几对实测水位流量数据（图 8.27）。用户可以输入无限多组水位流量数据。完成数据输入后，用户就可以看到给定水头下的实测值和理论值，并计算出测流误差百分比。在图 8.28 中，数据点是测量值而曲线是理论值。若误差呈一致的单方向，则其最可能的来源是水位测量装置的零点设定（参见 4.9 节）。

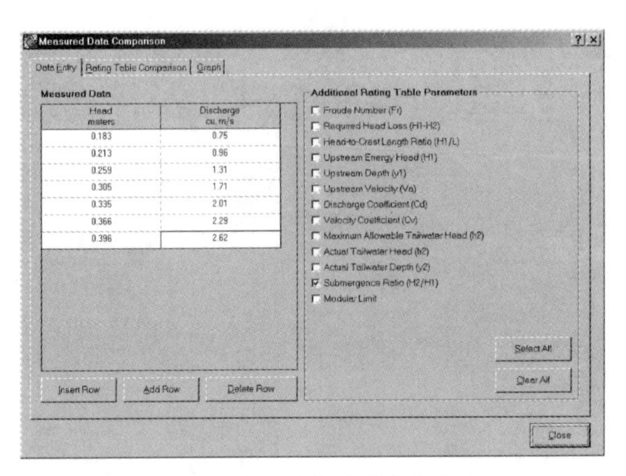

图 8.27　实测水位流量数据输入

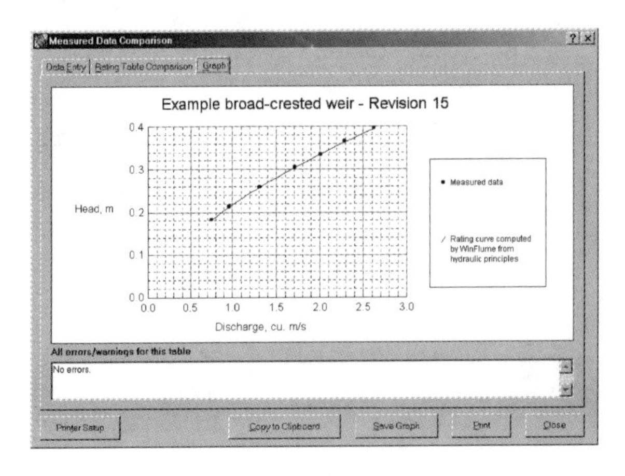

图 8.28　实测值与理论值比较图表

8.9.6　从数据记录仪得到水位流量方程

量水堰槽通常安装成自动化的测量方式，通常使用连续或周期性记录装置、数据记录器、遥测技术装备可以将数据传输到中央单元，进行实时监控和长期存储。对于大多数此类应用软件，首先要考虑的记录对象都是流量，通常可能并不需要监视或储存堰上水头。由于一般野外数据记录器容量有限，故需要简单直接的办法将堰上水头以最小计算成本转化为相应流量。WinFlume 提供了一个曲线拟合方法，将长喉槽水头流量关系（h_1-Q）近似地以指数函数方程表示，如下：

$$Q = K_1(h_1 + K_2)^u \tag{8.7}$$

式中：K_1、K_2和 u 为常数。

为了确定水位流量公式，用户可以单击按钮或选择 Reports/Graphs 菜单下的 Equation 选项。在图 8.29 的第一个标签中，用户可以选择进行曲线拟合的流量表范围，建议至少采用六个点进行曲线拟合。用户也可以输入需要在流量公式报告上显示的注释内容。用户还可以通过选择附加选项将 K_2 设置为 0，此时流量公式将变为简化的指数曲线方程$Q = K_1 h_1^u$，因为有些数据记录器不能处理式（8.7）形式的方程式。选择第二个标签时，将生成流量表并执行拟合曲线程序以确定 K_1、K_2 和 u。图 8.30 所示为某输出流量公式报告的形式，其结果也可以以图表形式输出（图 8.31）。

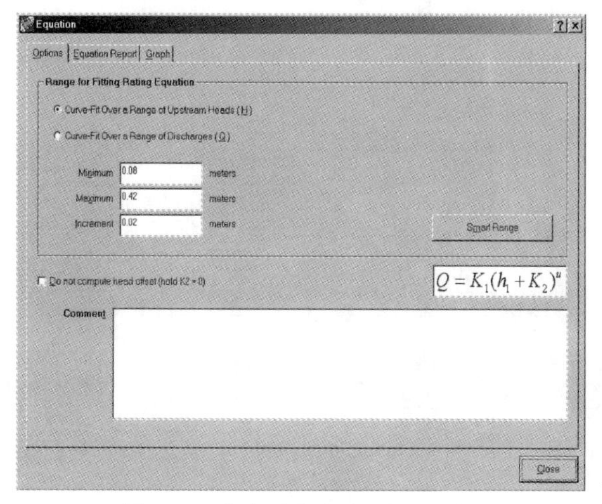

图 8.29　为流量曲线选择标定范围

User: Clemmens/Wahl/Bos/Replogle　　WinFlume32-Version 1.05
D: /WinFlume Example.Flm-Revision 3
Example flume for Chapter 8
Rating Equation Report,Printed: 2/12/2001 1: 33: 20 PM

Head at Gage,hl feet	Discharge cu.ft/s	Equation Discharge cu.ft/s	Equation Error cu.ft/s	Equation Error %	Hydraulc Errors
0.300	12.9	12.9	+0.020	+0.15	
0.500	28.5	28.4	−0.100	−0.35	
0.700	48.1	48.1	−0.044	−0.09	
0.900	71.3	71.4	+0.101	+0.14	
1.100	97.8	98.1	+0.234	+0.24	
1.300	127.5	127.8	+0.231	+0.18	
1.500	160.3	160.3	+0.013	+0.01	
1.700	196.2	195.6	−0.552	−0.28	

Equation: Q=K1*(h1+K2)^u

Parameters: K1=82.41

K2=0.01445

u=1.604

Coefficient of determination: 0.99999429

Optional comment

Error Summary

No errors.

图 8.30　长喉槽测流方程报告

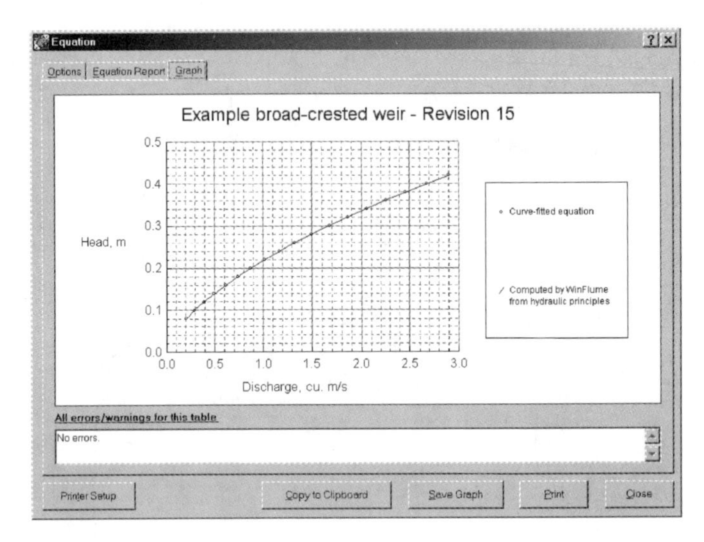

图 8.31　流量曲线方程拟合结果

8.9.7　生成水尺

在引渠段或侧墙上安装水尺可以方便、快捷地确定通过堰槽的流量。即使设施能够进行自动测量，水尺依然是必需的，因为其无须任何辅助设备即可人工读取流量，从而快速校核自动测流精度。水尺可以标出上游堰上水头及对应的流量，也可以直接标注流量。后者避免了对于特殊量水设施误用其他流量关系的可能。水尺直接读数的方式既可用于固定式堰槽又可用于移动式堰槽。水尺可以铅直设置，也可以依附在渠道侧墙上。至于斜坡的水尺，必须进行调整使斜坡长度与垂直距离相符（图 4.2）。

WinFlume 可以输出实际应用的 1∶1 的水尺图片或生成制造水尺所需的数据表。水尺可以标出流量或堰上水头，有必要的话也可以相应地进行调整以适应渠道斜坡段。用户可使用 WinFlume 输出的水尺图加工耐用的喷涂或烤漆水尺，并在野外使用。水尺图像应进行复核、纠正以避免打印或输出设备可能产生的系统性偏差。WinFlume 从一个流量表中得出水尺，单击按钮或执行 Reports/Graphs 菜单下的 Wall Gages 命令打开水尺输出表格。图 8.32 所示对话框的第一个标签可以进行流量表的范围和增量设置。增量应该是水尺上可以利用的最小刻度值。水尺的设计可以参考建筑物坎或引渠底部（在水尺长度的基础上加上坎的高度）。Wall Gages 对话框的第二个标签给出了流量表及与建设水尺相关的斜坡长度。报告可以打印、保存或复制到剪贴板，如图 8.33 所示。

水尺对话框的第三个标签（图 8.34）给出了墙上水尺图像预览，并允许用户调整水尺的各个特性，包括刻度线相对大小、间隔和精度。对于有固定水头间隔的长喉槽，标签可以是水头也可以是流量，但若选择流量标签，每个刻度线都必须标出对应的数值，因为每个间隔区间的流量增量并不是常数。对于有固定流量间隔的水尺来说，流量标签是唯一选项。

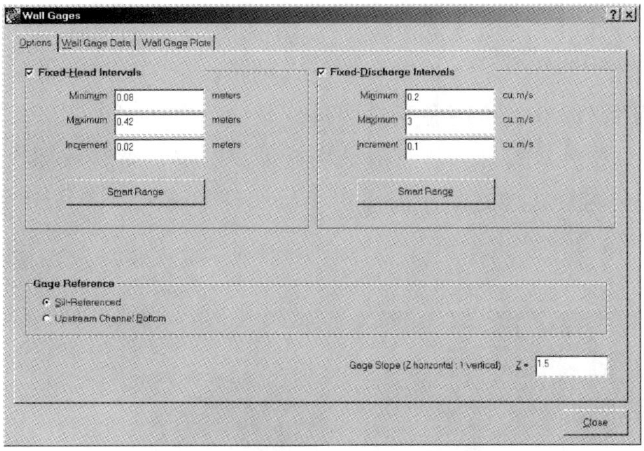

图 8.32　选择水尺刻度增量和范围

User: Clemmens/Wahl/Bos/Replogle　　WinFlume32-Version 1.05
D:/WinFlume Example.Flm-Revision 3
Example flume for Chapter 8
Wall Gage Data, Printed: 2/12/2001 2:51:21 PM

Gage slope = 1.5:1 (horizontal:vertical distance)

Wall gage data, fixed head intervals.

Sill referenced head (vertical) feet	Slope distance (1.5:1 slope) feet	Discharge cu.ft/s
0.250	0.451	9.69
0.300	0.541	12.87
(portion of table omitted)		
1.450	2.614	151.84
1.500	2.704	160.33

Wall gage data, fixed discharge intervals.

Discharge cu.ft/s	Sill referenced head (vertical) feet	Slope distance (1.5:1 slope) feet
10.00	0.255	0.460
20.00	0.398	0.718
(portion of table omitted)		
190.00	1.667	3.005
200.00	1.720	3.102

Error Summary (*'s in tables indicate lines with errors or warnings)

No errors.

图 8.33　水尺数据报告

水尺图像可以通过任何一个打印机进行打印输出。水尺的宽度和打印刻度线的厚度将由水尺的尺寸与纸张大小所决定。如果有卷筒式绘图仪，可以在单张纸上打印出完整长度的水尺图，但若使用普通办公室用激光打印机或其他分页式打印机，水尺可能远长于单张纸的长度。此时水尺将分页打印，每部分分别标识，以便正确对各部分进行组合。相邻页面打印有配合标号，这样切边之后也能看出水尺的各个部分。图 8.35 所示为分成三部分输出的水尺。

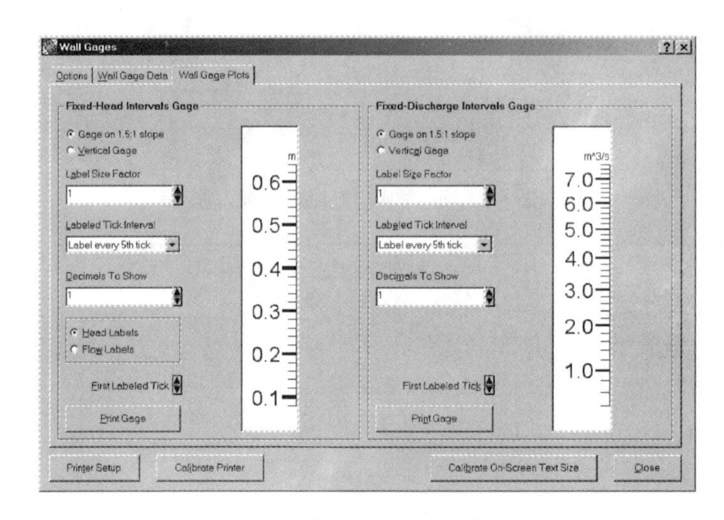

图 8.34　打印输出前水尺图像预览

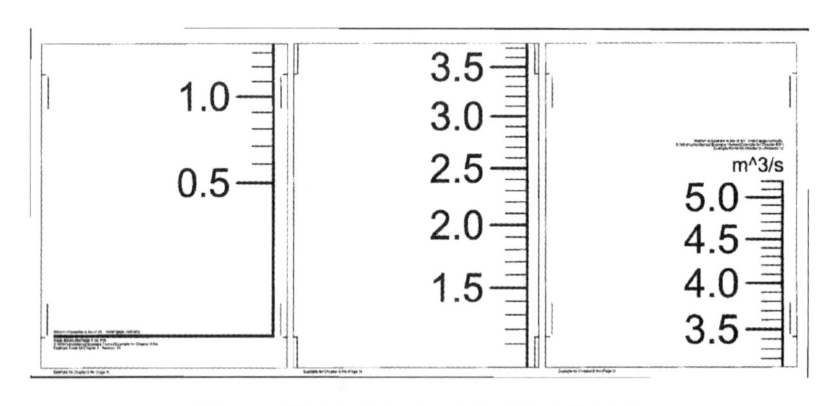

图 8.35　激光打印机水尺分部分打印的例子

下面介绍水尺输出的校准。

在水尺对话框第三个标签的底部有两个按钮，注明 Calibrate Printer 和 Calibrate On-Screen Text Size。这些校准程序可以确保水尺打印精确，并能在屏幕上准确预览。

WinFlume 在开发过程中的测试表明打印机并不能总是精确输出水尺的长度及准确的刻度线，尤其是对于普通办公室使用的激光或喷墨打印机。虽然图线的长度和位置不准确，但其重现的概率较高，故可以使用校准系数调整水尺图像而获得精确输出。WinFlume 使用校准程序确定水尺应该弯曲的程度，这样发送到打印机时可以获得一个合适比例的水尺。每一个打印机输出打印水尺时都应该使用这一校准程序。打印机校准系数根据纸张大小、方向（横排或竖排）及类型（重版纸或轻版纸）的不同而变化，所以应根据这些特点对应校正。不同打印机的校准系数和打印机配置可在 WinFlume 中命名并保存，供以后使用。

可以从水尺预览表格或 Options 菜单启动校准程序，指令就出现在屏幕上。程序会打印一个测试页，然后要求用户测量打印线的长度，其结果将用于计算打印机的校准系数。

除了校准系数之外，计算机屏幕也可以进行校准，因为 WinFlume 可以在多种计算机上运行，这样就会有不同的屏幕分辨率和字体大小设置。屏幕校准对话框如图 8.36 所示。按照屏幕上的说明调整数字 8 的大小直至其充满整个框体。校准系数确定后，可在 WinFlume 中保存并在后续设计中应用。在改变计算机的分辨率或字体设置后，应重复屏幕校准流程。

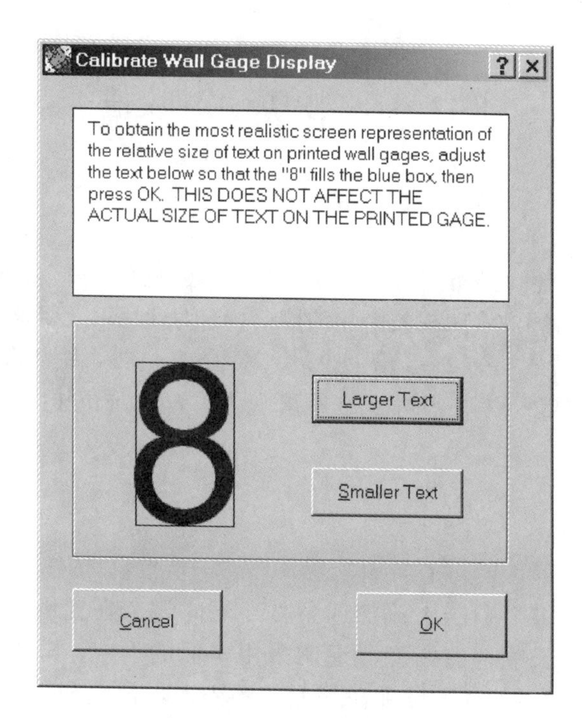

图 8.36　屏幕校准对话框

8.10　程 序 选 项

以下几个程序选项可以在 Options 菜单中设置：

（1）单位——打开单位选择对话框，如 8.7.3 小节所述。

（2）用户名——提示用户设置其用户名，用户名将打印到所有报告、表格和其他程序输出上。

（3）水尺屏幕预览校正——打开用于校准的对话框，适当显示打印水尺预览图。对不同分辨率设置进行校准，分辨率会影响水尺上的文字标签的相对大小（8.9.7 小节）。

（4）水尺输出打印机校准——打开用户打印机校准对话框，得到最精确的水尺打印输出。

（5）水面线显示——允许用户在堰槽轮廓预览窗口中显示最低水面线和最高水面线，或者从 Options 菜单选择 Show Maximum/Minimum Water Surface Profiles 选项显示最大和最小流量下的近似水面线。如果由于水力学错误不能计算出水面线，复选框将是灰色的，直至其可计算为止。水面线仅仅是基于设施上游水深、尾水位和临界水深的一个近似的示意性内容。

（6）文件打开对话框选项——提供两个选项打开文件复选框，从而写入新的长喉槽文件（*.flm）。Explorer File-Open Dialog 是一个标准的 Windows 对话框，支持长文件名（仅对 32 位版本）。File-Open Dialog With Flume Summary 可能不能正常显示长文件名，但用户浏览文件列表时会有对每个长喉槽特点的实用总结。

（7）保存当前设置为默认值——保存用户当前程序选项到系统注册表，以便下次使用。

（8）退出时保存设置——用户退出 WinFlume 时保存当前程序选项。这样下次可以继续使用相同的设置。

8.11　长喉槽尺寸建议值

8.11.1　引渠段长度

水尺或水位测点应设置在设施上游足够远处，以避免水面降落，但其还不应与测量设施距离太远，以免两者间的水头损失影响测流精度。为满足以上要求，水位测点应该布置在控制段前缘或渐变段始端的 2～3 倍上游最大水头 H_{1max} 处，距离取两者较大值。此外，若采用固定壁式水尺或静压井，引水渠在距离观测站 H_{1max} 长度内必须是直线形式，不应存在偏移或突变。

8.11.2　渐变段长度

渐变段是为了提供平顺的水流加速条件，同时避免在控制段首端引起水流的不连续或分离。固定式长喉槽的渐变段通常采用平面的形式。渐变段水位收缩比应缓于 2.5∶1（水平∶竖直）。对于设施在平面上的外形，最大和最小流量下水面线与渐变段侧墙的交角也应缓于 2.5∶1（纵向∶横向）。移动式长喉槽渐变段通常是半径为 $0.2H_{1max}$ 的圆弧。

8.11.3　控制段长度

为了精确测流必须正确选择控制段长度 L，使 H_1/L 为 0.07～0.70。因为在此范围内 WinFlume 计算出的流量表的不确定度在±2%以内。超出这一范围，当 $H_1/L = 0.05$ 或 1.0 时，不确定度将逐步增加至约 4%。若设施应用于较大流量变化范围，即 Q_{max}/Q_{min} 的值大，则应考虑整个范围内的 H_1/L。

8.11.4 下游扩散比

如果下游水位 y_2 足够低，控制段和下游渠道间就不需要渐变段，可以选择突变扩散的形式以减少工程量。若建筑物的水头损失受限，下游水头 h_2 比控制段的临界水深高，可增加一个 1∶6 的渐变段以恢复势能。可恢复的势能值主要取决于渐变段的扩散程度。例如，扩散比为 1∶1 或 1∶2 的突扩在恢复势能方面不太有效，因为通过控制段的高速水流不能立刻改变方向沿着边壁前进。因此，本书不推荐扩散比 1∶1、1∶2 或 3∶1。缓于 1∶6 的水位扩散段也不合理，因为建筑物的扩散和渐变段的附加水头恢复被渐变段长度上附加的沿程水头损失所抵消。

8.12 警告及错误信息

当出现不利于长喉槽测流精度或不能计算长喉槽流量表的情况时，流量表和设计评估报告中将显示警告与错误信息，各种错误信息详述如下。

（1）水尺处弗劳德数大于 0.5。这是一个基础设计准则，旨在确保测得的上游水位有合理精度。为消除此类错误，应增加引水渠的尺寸，减小控制段宽度或增加坎高（相对于引水渠底部）。

（2）致命错误：相对于控制段来说，引渠段断面过小。若引渠段断面面积太小，水流的实际控制段将产生于控制段上游。为了消除此错误，可减小控制段尺寸或增加引渠段尺寸。错误 2 与 7 相似，错误 2 发生在给定水头推算流量的情况，而错误 7 则发生在给定流量推算水头的情况。

（3）致命错误：最大允许尾水深度为 0 或更小。最大允许尾水深度的计算表面的尾水深度为 0 或更小，此时设计不合理。

（4）致命错误：相对于控制段，尾水断面过小。最大允许尾水深度下的尾水渠横断面面积必须至少比控制段面积大 5%。若无法满足此条件，临界流和控制段就有可能发生在尾水渠而非控制段。为了消除此错误，应增加尾水渠尺寸或减小控制段尺寸。

（5）上游能量水头与控制段长度的比值＜0.07。为了获得最大的测流精度，H_1/L 应该在 0.07～0.70。这一错误通常与设施测流范围对应的小流量有关。为了消除这一错误，应减小控制段长度或缩窄控制段底宽（从而增加最小流量下的 H_1）。

（6）上游能量水头与控制段长度的比值＞0.70。为了获得最大的测流精度，H_1/L 应该在 0.07～0.70。这一错误消息通常与设施测流范围对应的大流量有关。为了消除这一错误，可增加控制段长度或拓宽控制段底宽（尤其是顶部宽度），从而减小最大流量下的 H_1。

（7）致命错误：相对于控制段来说，引渠段断面太小。这一错误表明引水渠到控制段的收缩不足以使控制段发生临界流。为了消除此错误，可增加引渠段断面尺寸或减小控制段尺寸。若控制段形状非常复杂，指数 u 难以确定（难以得到数值解），也会发生此类错误。错误 2 和 7 类似，区别如第（2）条所述。

（8）致命错误：水头为零，不允许发生此情况。若上游水头为零，则无法得到长喉槽流量表。若发生此错误，应选择一个非零流量作为流量表中显示的最小值。

（9）致命错误：流量为零，不允许发生此情况。流量为零下不能确定长喉槽流量关系。如果发生此错误，选择一个非零流量作为流量表中显示的最小值。

（10）收缩段长度过短（斜坡过陡）。对于主要是底部抬升的长喉槽，收缩段的斜坡坡度在 2.5∶1～4.5∶1（水平∶竖直）才能获得最好的测流精度。若斜坡太陡，过渡太突然，在控制段上游就会出现显著的水流分离。为了消除这一错误，应增加收缩段长度，以使斜坡坡度变成 2.5∶1 或更缓。有些非常条件下，存在无法同时消除与收缩段长度有关的所有错误信息（错误 10、11、22、23）的情况。此时应首先修改为较缓的收缩比（错误 11、23），而非采用突然的收缩（错误 10、22）（参见 8.8.9 小节）。

（11）收缩段过长（坡度过缓）。对于主要是垂直收缩的长喉槽，收缩段的坡比应该在 2.5∶1～4.5∶1（水平∶竖直）。若斜坡太缓，在水位测点和控制段之间的沿程水头损失将较大，且设施造价也更高。为消除这一错误信息，应减小收缩段长度使得斜坡陡于 4.5∶1。不能全部消除与控制段有关的所有错误时，应首先选择较缓的（错误 11、23）收缩段而非陡的（错误 10、22）（参见 8.8.9 小节）。

（12）水尺距离收缩段或长喉槽过近。水尺或水头测量站点应该离设施上游足够远，避免其间的水面线发生弯曲，而又必须不能太远，确保其间的水头损失可以忽略。为了满足这一要求，水位测点应该离控制段上游端或收缩过渡段始端（取较大值）2～3 倍 $H_{1\max}$。通过增加引渠段长度可消除这一错误。

（13）尾水坡过缓。尾水扩散段采用缓坡有利于下游能量恢复，将控制段临界流的动能转换成尾水渠内的势能。一般建议该坡比取为 1∶6（水平∶竖直）。若坡比缓于 10∶1，则扩散段长度将较长，此时沿程水头损失将较为明显地影响势能恢复。为了消除此错误，应增加尾水坡比或减小扩散段长度以使坡比陡于 10∶1。

（14）上游能量水头超过渠道深度。这一错误信息表明引水渠能量水头（水位加流速水头）超过了上游衬砌顶部。若流速水头占总水头的大部分，水位虽在渠道内，但仍是不可取的水流状态，此时由于引渠段超高太小，容易造成漫顶（引渠段内衬砌破坏或移位）。为了消除此错误，应减小控制段的收缩或者增加引渠段尺寸或顶部高程。应注意即使总水头超过上游衬砌顶部，水位低于衬砌顶部时，软件仍会得出水头流量关系。这在 WinFlume 设计评估程序中将是一个致命错误。

（15）致命错误：过度降低了移动式长喉槽控制段，试着减小控制段半径。移动式堰槽高度不能减小到小于控制段半径。为了消除此错误，应减小控制段半径或增加控制段宽度（这减小了所需水头并允许移动式堰槽在更高控制段高度下运行）。

（16）致命错误：移动式堰槽的正常运行深度必须是引渠过渡段半径的 1.5 倍。为了消除这个错误，应减小控制段半径或增加运行水深。

（17）致命错误：引渠水位超过 0.9 倍直径。当引渠段为圆弧形时，引渠段水深不能超过圆弧直径的 90%，此时流态易受圆弧段由水深剧变导致的湿周显著变化的影响。为消除此错误，可增加引渠段直径或扩大控制段（或可减小坎高）。

（18）致命错误：控制段水位超过 0.9 倍直径。当控制段为圆弧形时，其内水深不应超过圆弧直径的 90%，此时流态易受圆弧段由水深剧变导致的湿周显著变化的影响。为消除此错误，可减小控制段收缩比或增加控制段直径。

（19）尾水渠水深大于 0.9 倍直径。当尾水渠为圆弧形时，尾水渠水深不应大于尾水渠圆弧直径的 90%。此时流态易受圆弧段由水深剧变导致的湿周显著变化的影响。为消除此错误，应增加尾水渠直径。

（20）致命错误：引水渠水位超过控制段圆弧顶部。引渠段水位不应超过控制段顶盖圆弧顶部，否则将使控制段发生压力流而非临界流。为了消除此错误，增加控制段直径或扩大控制段（从而减小上游水位）。

（21）致命错误：淹没度超过标准值。此时水流将不是临界流。当超过标准值时，控制段的流态将不是临界流，且此时水头流量关系将不仅与上游水位有关，而且受下游水位影响。为消除这一错误，应增加控制段收缩比。

（22）收缩段长度过短（侧收缩过为剧烈）。从平面图上看，主要是侧收缩的长喉槽收缩比应在 2.5∶1～4.5∶1（纵向∶横向）。WinFlume 在两个高程控制段的倒拱和引渠段水面线水位上复核是否满足这一要求。如果过渡段太陡，控制段上游入口处会有显著的水流分离现象。当增加收缩段长度或减小引渠段和控制段底宽的差别，不能全部消除与控制段有关的所有错误时，选择较缓的（错误 11、23）收缩段比陡的（错误 10、22）要好（参见 8.8.9 小节）。

（23）收缩段长度太长（侧收缩太缓）。平面图上看，主要是侧收缩的长喉槽应该有一个收缩角（从引渠段到控制段），收缩比在 2.5∶1～4.5∶1（纵向∶横向）。WinFlume 在两个高程上核查是否满足这一要求：控制段顶部高程及上游引渠段最高水位对应的高程。若过渡段过长，控制段和水位测点间会存在过渡沿程损失，并且造价更高。为了消除此错误，应减小收缩段长度。当不能全部消除与控制段有关的所有错误时，选择较缓的收缩段（错误 11、23）比较陡的（错误 10、22）更好（参见 8.8.9 小节）。

（24）对于底宽收缩的长喉槽，控制段推荐 $L/W \geqslant 2$。初步试验测试已表明仅有侧向收缩的长喉槽有可能控制段全部为临界水深。这种情况下，侧向收缩推荐采用 1∶2 或更大的长宽比。在计算长宽比时，采用控制段高程与最大水位高程的均值高程。对于该准则的改进有待进一步研究和探索。

参考文献

ACKERS P，HARRISON A J M，1963. Critical depth flumes for flow measurements in open channels[M]// Hydraulic Research Paper 5，Department of Industrial and Scientific Research. Wallingford：Hydraulic Research Station.

ACKERS P，WHITE W R，PERKINS J A，1978. Weirs and flumes for flow measurement[M]. New York：John Wiley and Sons.

Agricultural University，1966. Voortgezetonderzoek van registrerendewaterstands meters[M]. Wageningen：Hydraulica Laboratorium.

ARMCO Steel Corporation，1977. ARMCO water control gates[M]. Middleton：ARMCO Steel Corporation.

BALLOFFET A，1951. Critical flow meters（venturi flumes）[C]//Proceedings of the American Society of Civil Engineers，American Society of Civil Engineers，81：743.

BAZIN H E，1896. Experiences nouvelles sur l'ecoulement en deversoir[J]. Annales des Pont et Chaussees，7：249-357.

BÉLANGER J B，1849. Notes sur le cours d'hydrauliques（Notes on the course in hydraulics）[M]//Memoire. Paris：Ecole Nationale des Ponts et Chaussees.

BENDEGOM L V，1969. Principles governing the design and construction of economic revetments for protecting the banks of rivers and canals for ocean and inland navigation[M]. Paris：20th International Navigation Congress.

BERRY N K，1948. The start of bed load movement[D]. Boulder：the University of Colorado.

BERTRAM G E，1940. An experimental investigation of protective filters[M]. Cambridge：Harvard University.

BOS M G，1974. Small hydraulic structures：the romijin broad-crested weir[J]. Irrigation and Drainage Paper ，2：203-217.

BOS M G，1977a. The use of long-throated flumes to measure flows in irrigation and drainage canals[J]. Agricultural Water Management，1（2）：111-126.

BOS M G，1977b. Discussion of "venturi flumes for circular channels" by M. H. Diskin[J]. Journal of the Irrigation and Drainage Division，103（IR3）：381-385.

BOS M G，1979. Standards for irrigation efficiencies of ICID[J]. Journal of the Irrigation and Drainage Division，105（IRI）：37-43.

BOS M G，1985. Broad-crested weirs and long-throated flumes[M]. Dordrecht：Martinus Nijhoff Publishers.

BOS M G，1989. Discharge measurement structures[M]. Third ed. Wageningen：International Institute for Land Reclamation and Improvement.

BOS M G，REININK Y，1981. Head loss over long-throated flumes[J]. Journal of the Irrigation and Drainage Division，107（IR1）：87-102.

BOS M G，REPLOGLE J A，CLEMMENS A J，1984. Flow measuring flumes for open channel systems[M]. New York：John Wiley and Sons.

BOS M G，CLEMMENS A J，REPLOGLE J A，1986. Design of long-throated structures for flow measurement[J]. Irrigation and Drainage Systems，1（1）：75-91.

BOS M G，WIJBENGA J H A，1997. Passage of sediment through flumes and over weirs[J]. Irrigation and

Drainage Systems，11（1）：29-39.

BRADLEY J N，PETERKA A J，1957. The hydraulic design of stilling basins[J]. Journal of the Hydraulics Division，83（HY5）：1401-1405.

BRAKENSIEK D L，OSBORN H B，RAWLS W J，1979. Field manual for research in agricultural hydrology[M]// Department of Agriculture. Agricultural Handbook No. 224. Washington：U.S. Government Printing Office.

British Standards Institution，1969. Measurement of liquid flow in open channels：British Standard 2680[S]. London：British Standards Institution：39.

BUTCHER A D，1921. Clear overfall weirs[M]. Cairo：Ministry of Public Works.

BUTCHER A D，1922. Submerged weirs and standing wave weirs[M]. Cairo：Ministry of Public Works.

CHOW V T，1959. Open-channel hydraulics[M]. New York：McGraw-Hill.

CIPOLETTI C，1886. Modulo per la dispensadelleacqueatramazzolibero di forma trapezia e coefficiente di contrazioneconstante[M]. Milano：Esperimenti e formole per grandi stramazzi a soglia inclimata e orizontale.

CLEMMENS A J，REPLOGLE J A，1980. Constructing simple measuring flumes for irrigation canals[M]// Farmers Bulletin No. 2268. Washington：U.S. Department of Agriculture，U.S. Government Printing Office.

CLEMMENS A J，BOS M G，REPLOGLE J A，1984a. RBC broad-crested weirs for circular sewers and pipes[J]. Journal of Hydrology，68：349-368.

CLEMMENS A J，BOS M G，REPLOGLE J A，1984b. Portable RBC-flumes for furrows and earthen channels[J]. Transactions of the American Society of Agricultural Engineers，27（4）：1016-1021，1026.

CLEMMENS A J，REPLOGLE J A，BOS M G，1987a. Rectangular flumes for lined and earthen canals[J]. Journal of Irrigation and Drainage Engineering，110（2）：121-137.

CLEMMENS A J，REPLOGLE J A，BOS M G，1987b. Flume：a computer model for estimating flow rates through long-throated measuring flumes[M]. U.S. Department of Agriculture.Agricultural Research Service.ARS-57. Washington：U.S. Government Printing Office.

CLEMMENS A J，BOS M G，1992. Critical depth relations for flow measurement design[J]. Journal of Irrigation and Drainage Engineering，118（4）：640-644.

CLEMMENS A J，BOS M G，REPLOGLE J A，1993. Flume：design and calibration of long throated measuring flumes[M]. Version 3.0. Pub #54. Wageningen：International Institute for Land Reclamation and Improvement/ILRI.

CLEMMENS A J，WAHL T L，BOS M G，et al.，2001. Water measurement with flumes and weirs[M]. Washington：Water Resources Publications.

CONE V M，1917. The venturi flume[J]. Journal of Agricultural Research，9（4）：115-129.

DISKIN M H，1963a. Temporary flow measurements in sewers and drains[J]. Journal of the Hydraulics Division，89（HY4）：141-159.

DISKIN M H，1963b. Rating curves for venturi flumes with exponential throats[J]. Water Power，15：333-337.

DISKIN M H，1976. Venturi flumes for circular channels[J]. Journal of the Irrigation and Drainage Division，102（IR3）：383-387.

DONNELLY C A，BLAISDELL F W，1954. Straight drop spillway stilling basin[M]//Saint Anthony Falls Hydraulic Laboratory. Technical Paper No. 15：Series B. Minneapolis：University of Minnesota.

DORT J A V，BOS M G，1974. Main drainage systems[M]//Drainage Principles and Applications：Publication 16，Vol. IV. Wageningen：International Institute for Land Reclamation and Improvement/ILRI.

ENGEL F V A E，1934. The venturi flume[J]. The Engineer，158（August 3）：104-107；158（August 10）：131-133.

ENGLUND F，HANSEN E，1967. A monograph on sediment transport in alluvial streams[M]. Copenhagen：TekniskForlag.

FANE A B，1927. Report on flume experiments on sirhing canal[M]//Punjab Irrigation Branch：Paper 110. India：Punjab Engineering Congress.

FORSTER J W，SKRINDE R A，1950. Control of the hydraulic jump by sills[J]. Transactions of the American Society of Civil Engineers，115：973-987.

FULLERFORM，1977. Fullerform manufacturing and welding irrigation supplies[M]. Arizona：Phoenix.

GRANVILLE P S，1958. The frictional resistance and turbulent boundary layer of rough surfaces：Report 1024[R]. Washington：David Taylor Model Basin：47.

HALL G W，1962. Analytic determination of the discharge characteristics of broad-crested weirs using boundary layer theory[J]. Proceedings of the Institution of Civil Engineers，22（2）：177-190.

HARRISON A J M，1967a. The streamlined broad-crested weir[J]. Proceedings of the Institution of Civil Engineers，38（4）：657-678.

HARRISON A J M，1967b. Boundary-layer displacement thickness on flat plates[J]. Journal of the Hydraulics Division，93（HY4）：79-91.

HENDERSON F M，1966. Open channel flow[M]. New York：Macmillan.

HOLTON H N，MINSHALL N E，HARROLD L L，1962. Field manual for research in agricultural hydrology[M]//U.S. Department of Agriculture. Agricultural Handbook No. 224，Agricultural Research Service. Washington：U.S. Government Printing Office.

ICID，1979. Recommendation for design critieria and specifications for machine-made lined irrigation canals[J]. International Commission on Irrigation and Drainage Bulletin, 28(2): 43-55.

INGLIS C C，1928. Notes on standing wave flumes and flume meter falls[M]//Technical Paper 15. Bombay：Public Works Department.

JAMESON A H，1930. The development of the venturi flume[J]. Water and Water Engineering，March 20：105-107.

KING H W，BRATER E F，1963. Handbook of hydraulics[M]. Sixth ed. New York：McGraw-Hill.

KINGHORN F C，1975. Draft proposal for an ISO standard on the calculation of the uncertainty of a measurement of flowrate：Doc. No. ISO/TC 30/WG 14：24 E[S]. Geneva，Switzerland：International Organization for Standardization.

KNAPP F H，1960. Ausfluss，uberfall und durchfluss im wasserbau[M]. Karlsruhe：BRAUN V G.

KRAIJENHOFF VAN DE LEUR D A，1972. Hydraulica 1. class lecture notes[D]. Wageningen：Agricultural University.

MAVIS F T，LAUSHEY L M，1948. A reappraisal of the beginnings of bed movement-competent velocity[C]//Proceedings of the International Association for Hydraulic Research.Stockholm，Sweden：the International Association for Hydraulic Research：213-218.

MEYER-PETER E，MüLLER R，1948. Formulas for bed-load transport[C]//Proceedings of the Second Meeting of the International Association for Hydraulic Research：Vol. 2，No. 2.Stockholm，Sweden：the International Association for Hydraulic Research：39-64.

MOORE W L，1943. Energy loss at the base of a free overfall[J]. Transactions of the American Society of Civil Engineers，108：1343-1392.

NAGLER F A，1929. Discussion of "precise weir measurements" by E. E. Schoder and K. B. Turner[J].

Transactions of the American Society of Civil Engineers，93：1114.
NEYRPIC，1955. Irrigation canal equipment[M]. Grenoble：Neyrpic .
NOEGY B N，1960. Tests on broad-crested weir of trapezoidal cross section[D]. Madison：The University of Wisconsin.
PALMER H K，BOWLUS F D，1936. Adaptations of venturi flumes to flow measurements in conduits[J]. Transactions of the American Society of Civil Engineers，101：1195-1216.
PETERKA A J，1964. Hydraulic design of stilling basins and energy dissipators[M]//Bureau of Reclamation，U.S. Department of the Interior. Water Resources Technical Publication Engineering Monograph：No. 25. Washington：Government Printing Office .
REPLOGLE J A，1970. Flow meters for water resource management[J]. Water Resources Bulletin，6（3）：345-374.
REPLOGLE J A，1971. Critical-depth flumes for determining flow in canals and natural channels[J]. Transactions of the American Society of Agricultural Engineers，14（3）：428-433.
REPLOGLE J A，1974. Tailoring critical-depth measuring flumes[M]//Dowdell R B. Flow：Its Measurement and Control in Science and Industry：Vol 1. Pittsburg：Instrument Society of America .
REPLOGLE J A，1975. Critical flow flumes with complex cross-section[C]//Irrigation and Drainage in an Age of Competition for Resources.Logan：American Society of Civil Engineers：366-388.
REPLOGLE J A，1977a. Discussion of "venturi flumes for circular channels，" by M. H. Diskin[J]. Journal of the Irrigation and Drainage Division，103（IR3）：385-387.
REPLOGLE J A，1977b. Compensating for construction errors in critical flow flumes and broadcrested weirs[M]//ERWIN E L K. National Bureau of Standards Special Publication. Flow Measurement in Open Channels and Closed Conduits：No. 434，Vol. 1. Washington ： Government Printing Office.
REPLOGLE J A，1978. Flumes and broad-crested weirs：mathematical modelling and laboratory ratings[M]//DIJSTELBERGER H H，SPENDER E E A. Flow Measurement of Fluids. Amsterdam：North Holland Publishing Company .
REPLOGLE J A，REIKERK H，SWINDEL B F，1978. How metering flumes monitor water in coastal forest watershed[J]. Water and Sewage Works Journal，125（7）：64-67.
REPLOGLE J A，CLEMMENS A J，1979. Broad-crested weirs for portable flow metering[J]. Transactions of the American Society of Agricultural Engineers，22（6）：1324-1328.
REPLOGLE J A，CLEMMENS A J，1980. Modified broad-crested weirs for lined canals[C]//Irrigation and Drainage-Today's Challenges，Specialty Conference Proceedings.Boise：American Society of Civil Engineers：463-479.
REPLOGLE J A，BOS M G，1982. Flow measurement flumes：application to irrigation water management[M]//Hillel D E. Advances in Irrigation：Vol. 1. New York：Academic Press .
REPLOGLE J A，CLEMMENS A J，TANIS S W，et al.，1983. Performance of large measuring flumes in main canals[C]//Irrigation and Drainage Surviving External Pressures，Speciality Conference Proceedings. Jackson，Wyoming，USA：American Society of Civil Engineers：530-537.
ROBERTSON A I G S，1966. The magnitude of probable errors in water level determination at a gauging station[M]. Reading：Water Resources Board.
ROBINSON A R，1966. Water measurement in small irrigation channels using trapezoidal flumes[J]. Transactions of the American Society of Agricultural Engineers，9（3）：382-385，388.
ROBINSON A R，1968. Trapezoidal flumes for measuring flow in irrigation channels[M]. Agricultural Research Service，U.S. Department of Agriculture.ARS 41-141. Washington：U.S. Government Printing

Office.

ROBINSON A R，CHAMBERLAIN A R，1960. Trapezoidal flumes for open-channel flow measurements[J]. Transactions of the American Society of Agricultural Engineers，3（2）：120-124，128.

ROMIJN D G，1932. Eenregelbaremeetoverlast als tertiaireaftapsluis[M]. Bandung：De Waterstaatsingenieur.

ROMIJN D G，1938. Meetsluizen ten behoeve van irrigatiewerken[M]//Handleiding door “De Vereniging van WaterstaatsIngenieurs in NederiandschIndië” . Dutch East Indies：Society of Hydraulic Engineers .

SCHLICHTING H，1960. Boundary layer theory[M]. New York：McGraw-Hill.

SCS，1977. Design of open channels[M]//Soil Conservation Service，U.S. Department of Agriculture. Technical Release No. 25. Washington：U.S. government Printing Office.

SMITH C D，LIANG W S，1971. Triangular broad-crested weir[J]. Journal of the Irrigation and Drainage Division，American Society of Civil Engineers，1969，95（IR4）：493-502；closure，97（IR4）：637-340.

STEVENS J C，1919. The accuracy of water-level recorders and indicators of the float type[J]. Transactions of the American Society of Civil Engineers，83：894-903.

STEVENS J C，1936. Discussion of “adaptations of venturi flumes to flow measurements in conduits” by H. K. Palmer and F. D. Bowlus[J]. Transactions of the American Society of Civil Engineers，101：1229-1231.

THOMAS C W，1957. Common errors in measurement of irrigation water[J]. Journal of the Irrigation and Drainage Division，American Society of Civil Engineers，83（IR2）：1-24.

U.S. Army Corps of Engineers，1955. Drainage and erosion control-subsurface drainage facilities for airfields[M]//Military Construction. Engineering Manual：Part XIII，Chapter 2. Washington：U.S. government Printing Office.

USBR，1967. Canals and related structures：Design Standards Number 3[S]. Denver，Colorado：U.S. Government Printing Office：247.

USBR，1973. Design of small dams[M]. Bureau of Reclamation，U.S. Department of Interior. 2nd ed. Washington：U.S. Government Printing Office.

WAHL T L，CLEMMENS A J，1998. Improved software for design of long-throated flumes[C]//Contemporary Challenges for Irrigation and Drainage，Proceedings of the 14th Technical Conference on Irrigation，Drainage and Flood Control.Phoenix，Arizona，USA：U.S. Committee on Irrigation and Drainage：289-301.

WAHL T L，CLEMMENS A J，REPLOGLE J A，et al.，2000. WinFlume：windows-based software for the design of long-throated measuring flumes[C]//Fourth Decennial National Irrigation Symposium.Phoenix，Arizona，USA：American Society of Agricultural Engineers：606-611.

WAHL T L，REPLOGLE J A，WAHLIN B T，et al.，2000. New developments in design and application of long-throated flumes[C]//2000 Joint Conference on Water Resources Engineering and Water Resources Planning & Management.Minneapolis，Minnesota，USA：American Society of Civil Engineers.

WAHLIN B T，REPLOGLE J A，CLEMMENS A J，1997. Measurement accuracy for major surface water flows entering and leaving the imperial valley：WCL Report #23[R]. Phoenix，Arizona，USA：U.S. Water Conservation Laboratory.

WATTS F J，SIMONS D B，RICHARDSON E V，1967. Variation of α and β values in a lined open channel[J]. Journal of the Hydraulics Division，American Society of Civil Engineers，97（HY6）：217-234.

WELLS E A，GOTAAS H B，1958. Design of venturi flumes in circular conduits[J]. Transactions of the American Society of Civil Engineers，123：749-771.

WENZEL H G，1968. A critical review of methods of measuring discharge within a sewer pipe[M]//Urban Water Resources Research Program. Technical Memorandum No. 4. New York：American Society of Civil Engineers.

WENZEL H G，1975. Meter for sewer flow measurements[J]. Journal of the Hydraulics Division，American Society of Civil Engineers，101（HY1）：115-133.

WOODBURN J G，1930. Tests of broad-crested weirs[J]. Proceedings of the American Society of Civil Engineers，56（7）：1583-1612.

WOODBURN J G，1932. Tests of broad-crested weirs[J]. Transactions of the American Society of Civil Engineers，96（7）：387-408.

WORLD BANK，1999. World Bank Atlas，from the world development indicators[M]. Washington：World Bank.

附录 1　单位转换因素

附表 1.1　米制与英制单位转换表［改编自 King 和 Brater（1963）（A 乘 F 变成 B，B 乘 G 变成 A）］

单位 A	因数 F	因数 G	单位 B
长度			
英里	63 360[a]	0.000 015 783	英寸
英里	5 280[a]	0.000 189 39	英尺
英里	1 609.34	0.000 621 37	米
英里	1.609 34	0.621 37	千米
千米	3 280.84	0.000 304 8[a]	英尺
米	3.280 8	0.304 8[a]	英尺
码	36[a]	0.027 778	英寸
英尺	12[a]	0.083 333	英寸
米	39.370	0.025 4[a]	英寸
英寸	2.54[a]	0.393 70	厘米
表面面积			
平方英里	27 878 400[a]	0.000 000 035 870	平方英尺
平方英里	640[a]	0.001 562 5	英亩
平方英里	259.000	0.003 861 0	公顷
英亩	43 560[a]	0.000 022 957	平方英尺
英亩	4 046.9	0.000 247 10	平方米
公顷	2.471 05	0.404 69	英亩
公顷	10 000[a]	0.000 1[a]	平方米
平方英尺	144[a]	0.006 944 4	平方英寸
平方英寸	6.451 6[a]	0.155 00	平方厘米
平方米	10.764	0.092 903	平方英尺
体积			
立方英尺	1 728[a]	0.000 578 70	立方英寸
立方英寸	16.387	0.061 024	立方厘米
立方米	35.314 7	0.028 317	立方英尺
立方米	1.307 95	0.764 55	立方码
立方英尺	7.480 5	0.133 68	美制加仑
立方英尺	6.228 8	0.160 54	英制加仑
立方英尺	28.317	0.035 315	升

续表

单位 A	因数 F	因数 G	单位 B
体积			
美制加仑	231	0.004 329 0	立方英寸
英制加仑	277.420	0.003 604 6	立方英寸
升	61.023 8	0.016 387	立方英寸
美制加仑	3.785 4	0.264 17	升
英制加仑	1.201 0	0.832 67	美制加仑
美制盎司	1.804 5	0.554 18	立方英寸
亩英尺	43 560	0.000 022 957	立方英尺
亩英尺	1 613.3	0.000 619 83	立方码
亩英尺	1 233.5	0.000 810 71	立方米
亩英寸	3 630[a]	0.000 275 48	立方英尺
百万美制加仑	3.068 9	0.325 85	亩英尺
速度			
英里/时	1.466 7	0.681 82	英尺/秒
米/秒	3.280 8	0.304 8[a]	英尺/秒
米/秒	2.236 9	0.447 04	英里/时
千米/时	0.621 4	1.609 3	英里/时
千米/时	0.911 3	1.097 3	英里/秒
流量			
立方米/时	35.314 7	0.028 317	立方英尺/秒
立方米/秒	1 000[a]	0.001[a]	升/秒
立方米/秒	86 400[a]	0.000 011 574	立方米/24 时
立方米/秒	15 850.20	0.000 063 09	美制加仑/分
立方英尺/秒	28.317	0.035 31	升/秒
立方英尺/秒	60[a]	0.016 667	立方英尺/分
立方英尺/秒	86 400[a]	0.000 001 574	立方英尺/24 时
立方英尺/秒	448.83	0.002 228 0	美制加仑/分
立方英尺/秒	646 317	0.000 001 547 2	美制加仑/24 时
立方英尺/秒	1.983 5	0.504 17	亩英尺/24 时
立方英尺/秒	723.97	0.001 381 3	亩英尺/365 天

注：a 真实值。

附表 1.2　英寸和毫米的转换

英寸	毫米	英寸	毫米	英寸	毫米	英寸	毫米
1/32	0.79	1 5/16	33.34	0.01	0.25	0.51	12.95
1/16	1.59	1 3/8	34.93	0.02	0.51	0.52	13.21

续表

英寸	毫米	英寸	毫米	英寸	毫米	英寸	毫米
3/32	2.38	1 7/16	36.51	0.03	0.76	0.53	13.46
1/8	3.18	1 1/2	38.10	0.04	1.02	0.54	13.72
5/32	3.97	1 9/16	39.69	0.05	1.27	0.55	13.97
3/16	4.76	1 5/8	41.28	0.06	1.52	0.56	14.22
7/32	5.56	1 11/16	42.86	0.07	1.78	0.57	14.48
1/4	6.35	1 3/4	44.45	0.08	2.03	0.58	14.73
9/32	7.14	1 13/16	46.04	0.09	2.29	0.59	14.99
5/16	7.94	1 7/8	47.63	0.10	2.54	0.60	15.24
11/32	8.73	1 15/16	49.21	0.11	2.79	0.61	15.49
3/8	9.53	2	50.80	0.12	3.05	0.62	15.75
13/32	10.32	2 1/8	53.98	0.13	3.30	0.63	16.00
7/16	11.11	2 1/4	57.15	0.14	3.56	0.64	16.26
15/32	11.91	2 3/8	60.33	0.15	3.81	0.65	16.51
1/2	12.70	2 1/2	63.50	0.16	4.06	0.66	16.76
17/32	13.49	2 5/8	66.68	0.17	4.32	0.67	17.02
9/16	14.29	2 3/4	69.85	0.18	4.57	0.68	17.27
19/32	15.08	2 7/8	73.03	0.19	4.83	0.69	17.53
5/8	15.88	3	76.20	0.20	5.08	0.70	17.78
21/32	16.67	3 1/8	79.38	0.21	5.33	0.71	18.03
11/16	17.46	3 1/4	82.55	0.22	5.59	0.72	18.29
23/32	18.26	3 3/8	85.73	0.23	5.84	0.73	18.54
3/4	19.05	3 1/2	88.90	0.24	6.10	0.74	18.80
25/32	19.84	3 5/8	92.08	0.25	6.35	0.75	19.05
13/16	20.64	3 3/4	95.25	0.26	6.60	0.76	19.30
27/32	21.43	3 7/8	98.43	0.27	6.86	0.77	19.56
7/8	22.23	4	101.60	0.28	7.11	0.78	19.81
29/32	23.02	4 1/4	107.95	0.29	7.37	0.79	20.07
15/16	23.81	4 1/2	114.30	0.30	7.62	0.80	20.32
31/32	24.61	4 3/4	120.65	0.31	7.87	0.81	20.57
1	25.40	5	127.00	0.32	8.13	0.82	20.83
1 1/16	26.99	5 1/4	133.35	0.33	8.38	0.83	21.08
1 1/8	28.58	5 1/2	139.70	0.34	8.64	0.84	21.34
1 3/16	30.16	5 3/4	146.05	0.35	8.89	0.85	21.59
1 1/4	31.75	6	152.40	0.36	9.14	0.86	21.84
				0.37	9.40	0.87	22.10
				0.38	9.65	0.88	22.35
				0.39	9.91	0.89	22.61
				0.40	10.16	0.90	22.86

续表

英寸	毫米	英寸	毫米	英寸	毫米	英寸	毫米
				0.41	10.41	0.91	23.11
				0.42	10.67	0.92	23.37
				0.43	10.92	0.93	23.62
				0.44	11.18	0.94	23.88
				0.45	11.43	0.95	24.13
				0.46	11.68	0.96	24.38
				0.47	11.94	0.97	24.64
				0.48	12.19	0.98	24.89
				0.49	12.45	0.99	25.15
				0.50	12.70	1.00	25.40

附录2 术　　语

引水渠

引水渠是水位测点与渐变段始端的一段渠段。引水渠要求水流对称、平顺。引水渠可以是衬砌渠道也可以是传统的土渠。

控制段

控制段是产生临界流的位置。控制段一般位于长喉槽的喉段部分，通常是在距下游1/3的喉段处。

渐变段

渐变段连接着引水渠和控制段。渐变段中，缓流平稳加速进入控制段，且不应存在不连续或水流分离现象——渐变段可以为平面或圆形断面。

堰

堰是水槽或宽顶堰的突出部分，沿水流方向水平。上游参考水头一般为相对堰顶的高差。

临界深度

明渠出现临界水深时水流弗劳德数等于1.0。弗劳德数是流速 v 和重力波速的比值：

$$Fr = \frac{v}{\sqrt{gD}}$$

式中：g 为重力加速度；D 为等效水深，其定义为渠道过流断面面积除以自由水面宽度。

当弗劳德数小于1时，水流为缓流，重力波可以传到上游（微幅扰动波波速大于水流速度）。当弗劳德数大于1时，水流为急流，重力波不可能传到上游，因为波速小于水流速度。长喉槽和其他临界流测流设施创造了一个从缓流到急流的过渡段，此时尾水渠内的水流条件不会影响引水渠内的水流状况，因为水流内的重力波不能穿过临界流断面传播到上游。只要临界流能够保持在控制段，上游堰上水头和流量就存在一一对应的关系，尾水渠内的水位不影响这一关系。

扩散段

扩散段中的水流是从控制段出来的急流，其间能量耗散或部分恢复。若不需要能量恢复可以使用突变扩散段形式。

能量水头梯度线

能量水头梯度线是沿着渠道轮廓线的总水头线，对应了任一点的总水头。此线的高程是渠底高程、水深和流速水头（$v^2/2g$）的叠加。若将水流速度变为零，理论上水深应上升到总水头线（忽略损失）。

超高

超高是上游水位与上游渠道顶部的距离，详见水槽剖面图。应该注意的是，WinFlume

不允许上游能量水头超过渠顶高程的长喉槽设计方案，且不计算上游水位超过渠顶的水头流量关系。因此，尽管可以设定允许超高为零，WinFlume 仍然要求上游存在不小于流速水头的超高。

弗劳德数

惯性力和重力的平方根。参见临界深度。

测站

测站位于引渠段，用于测量引渠段水位和长喉槽堰顶的高程差。长喉槽内的流量可采用以这个堰上水头为自变量的方程计算。上游堰上水头可用水尺或任一种自动传感设备测取。可以直接在渠池内测量，或者在测站使用静压井后在井中进行测量。

长喉槽

长喉槽是一系列测量明渠临界流的设施，水力学原理上与宽顶堰类似。这一名称意味着它具有足够长的控制段，以便在临界流段产生一维流动，从而可以用一维流动理论率定水槽流量曲线。因此，在采用 WinFlume 软件时，长喉槽可不进行率定。其常见的梯形渠道中上游含渐变段和控制段的形式也称为 Replogle 槽或斜坡量水槽。

淹没度

淹没度是水槽控制段在临界流下工作的最大淹没比（H_2/H_1）。如果实际淹没度小于或等于标准值，上游堰上水头和流量间会有一个固定的关系。

坎

参见堰。

淹没超高

淹没超高是水槽允许的下游水位和实际下游水位间的高差，可以理解为设计者为防范尾水状况估计误差而预留的保险。选择一个较大的淹没超高（对应更大的水头损失）时，允许下游水位预估出现误差而不引起淹没。若在现有渠道系统中加设量水槽且分配的设计水头较小，设计者除了选择较小的淹没保护别无他法。

尾水渠

尾水渠在设施下游侧。尾水渠内水位是渠道流量及下游渠道和设施的水力特性的函数。尾水渠内的水位对设施设计非常重要，因为其决定了控制段的高程和尺寸。

喉段

长喉槽喉段是流过临界流的区域。通常采用喉段这一术语来描述水槽的组成，但是在特殊的量水设施中，有时也采用堰、坎代替。控制段必须沿流线方向水平，但是垂直水流方向可以为任意形状。

堰上水头

测站相对于长喉槽堰顶、控制段顶部的水位高差。

附录3 流 量 表

附表 3.1 梯形混凝土衬砌渠道量水堰水头流量关系米制单位表（$X_c = 3\%$）[a]

堰 A_m		堰 B_m		堰 C_m		堰 D_{m1}		堰 D_{m2}		堰 E_{m1}	
$b_c = 0.50$m		$b_c = 0.60$m		$b_c = 0.70$m		$b_c = 0.80$m		$b_c = 0.80$m		$b_c = 0.90$m	
0.23m≤L≤0.34m		0.30m≤L≤0.42m		0.35m≤L≤0.51m		0.40m≤L≤0.58m		0.30m≤L≤0.45m		0.38m≤L≤0.56m	
Q/(m³/s)	h_1/m	Q/(m³/s)	h_1/m	Q/(m³/s)	h_1/m	Q/(m³/s)	h_1/m	Q/(m³/s)	h_1/m	Q/(m³/s)	h_1/m
0.005	0.032	0.005	0.029	0.01	0.041	0.01	0.038	0.01	0.038	0.01	0.035
0.010	0.049	0.010	0.045	0.02	0.063	0.02	0.059	0.02	0.058	0.02	0.055
0.015	0.063	0.015	0.058	0.03	0.081	0.03	0.075	0.03	0.075	0.03	0.071
0.020	0.075	0.020	0.069	0.04	0.096	0.04	0.090	0.04	0.089	0.04	0.084
0.025	0.086	0.025	0.078	0.05	0.110	0.05	0.103	0.05	0.102	0.05	0.097
0.030	0.095	0.030	0.088	0.06	0.123	0.06	0.115	0.06	0.113	0.06	0.108
0.035	0.104	0.035	0.096	0.07	0.135	0.07	0.127	0.07	0.124	0.07	0.119
0.040	0.112	0.040	0.104	0.08	0.146	0.08	0.137	0.08	0.134	0.08	0.129
0.045	0.120	0.045	0.111	0.09	0.156	0.09	0.147	0.09	0.144	0.09	0.139
0.050	0.127	0.050	0.118	0.10	0.166	0.10	0.156	0.10	0.153	0.10	0.148
0.055	0.135	0.055	0.125	0.11	0.175	0.11	0.165	0.11	0.162	0.11	0.156
0.060	0.141	0.060	0.132	0.12	0.184	0.12	0.174	0.12	0.170	0.12	0.164
0.065	0.148	0.065	0.138	0.13	0.192	0.13	0.182	0.13	0.178	0.13	0.172
0.070	0.154	0.070	0.144	0.14	0.200	0.14	0.190	0.14	0.186	0.14	0.180
0.075	0.160	0.075	0.149	0.15	0.208	0.15	0.198	0.15	0.193	0.15	0.187
0.080	0.166	0.080	0.155	0.16	0.216	0.16	0.205	0.16	0.200	0.16	0.194
0.085	0.171	0.085	0.160	0.17	0.223	0.17	0.212	0.17	0.207	0.17	0.201
0.090	0.177	0.090	0.166	0.18	0.230	0.18	0.219	0.18	0.214	0.18	0.208
0.095	0.182	0.095	0.171	0.19	0.237	0.19	0.226	0.19	0.220	0.19	0.215
0.100	0.187	0.100	0.176	0.20	0.244	0.20	0.232	0.20	0.227	0.20	0.221
0.105	0.192	0.105	0.181	0.21	0.251	0.21	0.239	0.21	0.233	0.21	0.227
0.110	0.197	0.110	0.185	0.22	0.257	0.22	0.245	0.22	0.239	0.22	0.233
0.115	0.201	0.115	0.190	0.23	0.263	0.23	0.251	0.23	0.245	0.23	0.239
0.120	0.206	0.120	0.194	0.24	0.269	0.24	0.257	0.24	0.251	0.24	0.245
0.125	0.211	0.125	0.199	0.25	0.275	0.25	0.263	0.25	0.257	0.25	0.251
0.130	0.215	0.130	0.203	0.26	0.281	0.26	0.269	0.26	0.262	0.26	0.256
0.135	0.219	0.135	0.207	0.27	0.287	0.27	0.274	0.27	0.268	0.27	0.262
0.140	0.224	0.140	0.212	0.28	0.293	0.28	0.280	0.28	0.273	0.28	0.267

续表

堰 A_m		堰 B_m		堰 C_m		堰 D_{m1}		堰 D_{m2}		堰 E_{m1}	
$b_c = 0.50m$		$b_c = 0.60m$		$b_c = 0.70m$		$b_c = 0.80m$		$b_c = 0.80m$		$b_c = 0.90m$	
$0.23m \leqslant L \leqslant 0.34m$		$0.30m \leqslant L \leqslant 0.42m$		$0.35m \leqslant L \leqslant 0.51m$		$0.40m \leqslant L \leqslant 0.58m$		$0.30m \leqslant L \leqslant 0.45m$		$0.38m \leqslant L \leqslant 0.56m$	
$Q/(m^3/s)$	h_1/m	$Q/(m^3/s)$	h_1/m	$Q/(m^3/s)$	h_1/m	$Q/(m^3/s)$	h_1/m	$Q/(m^3/s)$	h_1/m	$Q/(m^3/s)$	h_1/m
		0.145	0.216	0.29	0.298	0.29	0.285	0.29	0.278	0.29	0.272
		0.150	0.220	0.30	0.304	0.30	0.291	0.30	0.283	0.30	0.278
		0.160[b]	0.228	0.31	0.309	0.32[b]	0.301	0.32[b]	0.293	0.32[b]	0.288
		0.170	0.235	0.32	0.314	0.34	0.311	0.34	0.311	0.34	0.298
		0.180	0.242	0.33	0.319	0.36	0.321	0.36	0.321	0.36	0.307
		0.190	0.250	0.34	0.324	0.38	0.330	0.38	0.330	0.38	0.316
		0.200	0.256	0.35	0.329	0.40	0.339	0.40	0.339	0.40	0.325
		0.210	0.263	0.36	0.334	0.42	0.348	0.42	0.348	0.42	0.334
		0.220	0.270	0.37	0.339	0.44	0.357	0.44	0.357	0.44	0.342
		0.230	0.276	0.38	0.344	0.46	0.365	0.46	0.365	0.46	0.351
		0.240	0.282			0.48	0.374	0.48	0.373	0.48	0.359
						0.50	0.382	0.50	0.382	0.50	0.367
						0.52	0.390	0.52	0.389	0.52	0.375
$K_1 = 2.226$[c]		$K_1 = 2.389$		$K_1 = 2.675$		$K_1 = 2.849$		$K_1 = 2.879$		$K_1 = 2.956$	
$K_2 = 0.0083$		$K_2 = 0.0083$		$K_2 = 0.0122$		$K_2 = 0.0120$		$K_2 = 0.0089$		$K_2 = 0.0100$	
$u = 1.898$		$u = 1.872$		$u = 1.900$		$u = 1.879$		$u = 1.843$		$u = 1.832$	

注：a. 由表5.3查找槽尺寸和水头损失的值。

b. 流量增量的变化。

c. 应用每一组合列里底部 K_1、K_2、u 的值近似计算 Q 的公式：$Q = K_1(h_1 + K_2)^u$。

附表3.1 变量示意图。

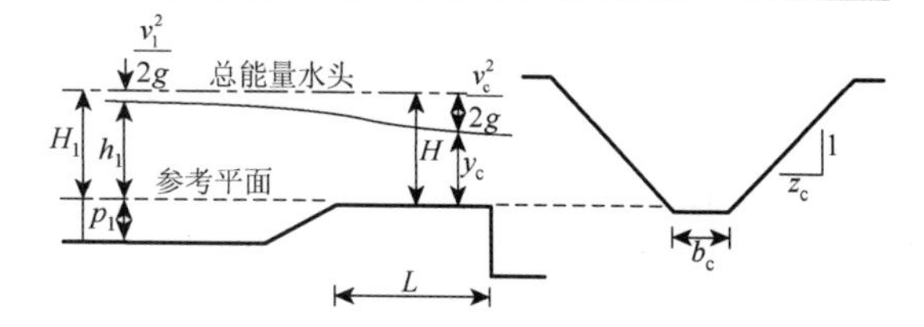

续表

堰 E_{m2}		堰 F_{m1}		堰 F_{m2}		堰 G_{m1}		堰 G_{m2}		堰 H_m	
$b_c = 0.90m$		$b_c = 1.0m$		$b_c = 1.0m$		$b_c = 1.2m$		$b_c = 1.2m$		$b_c = 1.4m$	
$0.38m \leqslant L \leqslant 0.56m$		$0.42m \leqslant L \leqslant 0.61m$		$0.42m \leqslant L \leqslant 0.61m$		$0.50m \leqslant L \leqslant 0.75m$		$0.45m \leqslant L \leqslant 0.68m$		$0.56m \leqslant L \leqslant 0.84m$	
$Q/(m^3/s)$	h_1/m	$Q/(m^3/s)$	h_1/m	$Q/(m^3/s)$	h_1/m	$Q/(m^3/s)$	h_1/m	$Q/(m^3/s)$	h_1/m	$Q/(m^3/s)$	h_1/m
0.01	0.035	0.01	0.033	0.01	0.033	0.02	0.046	0.02	0.046	0.02	0.042
0.02	0.055	0.02	0.051	0.02	0.051	0.04	0.072	0.04	0.072	0.04	0.066
0.03	0.070	0.03	0.066	0.03	0.066	0.06	0.093	0.06	0.092	0.06	0.085
0.04	0.084	0.04	0.079	0.04	0.079	0.08	0.111	0.08	0.110	0.08	0.102
0.05	0.096	0.05	0.091	0.05	0.091	0.10	0.127	0.10	0.126	0.10	0.117
0.06	0.108	0.06	0.102	0.06	0.102	0.12	0.142	0.12	0.141	0.12	0.131
0.07	0.118	0.07	0.112	0.07	0.112	0.14	0.156	0.14	0.155	0.14	0.144

续表

堰 E_{m2}		堰 F_{m1}		堰 F_{m2}		堰 G_{m1}		堰 G_{m2}		堰 H_m	
b_c = 0.90m		b_c = 1.0m		b_c = 1.0m		b_c = 1.2m		b_c = 1.2m		b_c = 1.4m	
0.38m≤L≤0.56m		0.42m≤L≤0.61m		0.42m≤L≤0.61m		0.50m≤L≤0.75m		0.45m≤L≤0.68m		0.56m≤L≤0.84m	
Q/(m^3/s)	h_1/m	Q/(m^3/s)	h_1/m	Q/(m^3/s)	h_1/m	Q/(m^3/s)	h_1/m	Q/(m^3/s)	h_1/m	Q/(m^3/s)	h_1/m
0.08	0.128	0.08	0.122	0.08	0.121	0.16	0.169	0.16	0.167	0.16	0.156
0.09	0.137	0.09	0.131	0.09	0.130	0.18	0.181	0.18	0.179	0.18	0.167
0.10	0.146	0.10	0.140	0.10	0.139	0.20	0.193	0.20	0.191	0.20	0.178
0.11	0.155	0.11	0.148	0.11	0.147	0.22	0.204	0.22	0.202	0.22	0.189
0.12	0.163	0.12	0.156	0.12	0.155	0.24	0.215	0.24	0.213	0.24	0.199
0.13	0.170	0.13	0.163	0.13	0.162	0.26	0.225	0.26	0.223	0.26	0.209
0.14	0.178	0.14	0.171	0.14	0.170	0.28	0.235	0.28	0.232	0.28	0.218
0.15	0.185	0.15	0.178	0.15	0.177	0.30	0.244	0.30	0.242	0.30	0.227
0.16	0.192	0.16	0.185	0.16	0.183	0.32	0.254	0.32	0.251	0.32	0.236
0.17	0.199	0.17	0.192	0.17	0.190	0.34	0.263	0.34	0.260	0.34	0.244
0.18	0.206	0.18	0.198	0.18	0.196	0.36	0.271	0.36	0.268	0.36	0.253
0.19	0.212	0.19	0.204	0.19	0.203	0.38	0.280	0.38	0.277	0.38	0.261
0.20	0.218	0.20	0.211	0.20	0.209	0.40	0.288	0.40	0.285	0.40	0.269
0.21	0.224	0.22[b]	0.223	0.22[b]	0.221	0.42	0.296	0.42	0.293	0.42	0.276
0.22	0.230	0.24	0.234	0.24	0.232	0.44	0.304	0.44	0.301	0.44	0.284
0.23	0.236	0.26	0.245	0.26	0.243	0.46	0.312	0.46	0.308	0.46	0.291
0.24	0.242	0.28	0.256	0.28	0.253	0.48	0.319	0.48	0.316	0.48	0.298
0.25	0.247	0.30	0.266	0.30	0.263	0.50	0.327	0.50	0.323	0.50	0.305
0.26	0.253	0.32	0.276	0.32	0.273	0.55[b]	0.344	0.55[b]	0.340	0.55[b]	0.322
0.27	0.258	0.34	0.285	0.34	0.282	0.60	0.362	0.60	0.357	0.60	0.339
0.28	0.264	0.36	0.295	0.36	0.292	0.65	0.378	0.65	0.373	0.65	0.355
0.29	0.269	0.38	0.304	0.38	0.300	0.70	0.394	0.70	0.389	0.70	0.370
0.30	0.274	0.40	0.312	0.40	0.309	0.75	0.409	0.75	0.404	0.75	0.384
0.32[b]	0.284	0.42	0.321	0.42	0.318	0.80	0.423	0.80	0.418	0.80	0.398
0.34	0.293	0.44	0.329	0.44	0.326	0.85	0.437	0.85	0.432	0.85	0.412
0.36	0.303	0.46	0.337	0.46	0.334	0.90	0.451	0.90	0.446	0.90	0.425
0.38	0.312	0.48	0.345	0.48	0.342	0.95	0.464			0.95	0.438
0.40	0.320	0.50	0.353	0.50	0.349	10.00	0.477			1.00	0.451
0.42	0.329	0.52	0.361	0.52	0.357	10.05	0.490			1.05	0.463
0.44	0.337	0.54	0.368	0.54	0.364	10.10	0.502			1.10	0.475
0.46	0.346	0.56	0.376	0.56	0.371					1.15	0.486
0.48	0.353	0.58	0.383	0.58	0.379					1.20	0.498
0.50	0.361	0.60	0.390	0.60	0.386					1.25	0.509
0.52	0.369	0.62	0.397	0.62	0.392					1.30	0.520

续表

堰 E_{m2}		堰 F_{m1}		堰 F_{m2}		堰 G_{m1}		堰 G_{m2}		堰 H_m	
$b_c = 0.90m$		$b_c = 1.0m$		$b_c = 1.0m$		$b_c = 1.2m$		$b_c = 1.2m$		$b_c = 1.4m$	
$0.38m \leqslant L \leqslant 0.56m$		$0.42m \leqslant L \leqslant 0.61m$		$0.42m \leqslant L \leqslant 0.61m$		$0.50m \leqslant L \leqslant 0.75m$		$0.45m \leqslant L \leqslant 0.68m$		$0.56m \leqslant L \leqslant 0.84m$	
$Q/(m^3/s)$	h_1/m	$Q/(m^3/s)$	h_1/m	$Q/(m^3/s)$	h_1/m	$Q/(m^3/s)$	h_1/m	$Q/(m^3/s)$	h_1/m	$Q/(m^3/s)$	h_1/m
		0.64	0.404	0.64	0.399					1.35	0.530
		0.66	0.410	0.66	0.406					1.40	0.541
		0.68	0.417	0.68	0.412					1.45	0.551
$K_1 = 3.081$[c]		$K_1 = 3.140$		$K_1 = 2.226$		$K_1 = 3.640$		$K_1 = 3.751$		$K_1 = 4.070$	
$K_2 = 0.0102$		$K_2 = 0.0097$		$K_2 = 0.0083$		$K_2 = 0.0101$		$K_2 = 0.0126$		$K_2 = 0.0129$	
$u = 1.847$		$u = 1.814$		$u = 1.898$		$u = 1.815$		$u = 1.841$		$u = 1.824$	

注：a. 由表5.3查找槽尺寸和水头损失的值。

b. 流量增量的变化。

c. 应用每一组合列里底部 K_1、K_2、u 的值近似计算 Q 的公式：$Q = K_1(h_1 + K_2)^u$。

续表

堰 I_m		堰 J_m		堰 K_m		堰 L_m		堰 M_m		堰 N_m	
$b_c = 1.6m$		$b_c = 1.8m$		$b_c = 1.5m$		$b_c = 1.75m$		$b_c = 2.00m$		$b_c = 2.25m$	
$0.48m \leqslant L \leqslant 0.71m$		$0.40m \leqslant L \leqslant 0.60m$		$0.48m \leqslant L \leqslant 0.72m$		$0.58m \leqslant L \leqslant 0.87m$		$0.65m \leqslant L \leqslant 0.97m$		$0.75m \leqslant L \leqslant 1.10m$	
$Q/(m^3/s)$	h_1/m	$Q/(m^3/s)$	h_1/m	$Q/(m^3/s)$	h_1/m	$Q/(m^3/s)$	h_1/m	$Q/(m^3/s)$	h_1/m	$Q/(m^3/s)$	h_1/m
0.02	0.039	0.02	0.036			0.05	0.065	0.05	0.061	0.10	0.088
0.04	0.061	0.04	0.056	0.04	0.062	0.10	0.101	0.10	0.094	0.20	0.136
0.06	0.079	0.06	0.072	0.06	0.080	0.15	0.129	0.15	0.121	0.30	0.174
0.08	0.094	0.08	0.087	0.08	0.096	0.20	0.154	0.20	0.144	0.40	0.207
0.10	0.108	0.10	0.100	0.10	0.110	0.25	0.176	0.25	0.165	0.50	0.236
0.12	0.121	0.12	0.113	0.12	0.122	0.30	0.197	0.30	0.184	0.60	0.263
0.14	0.134	0.14	0.124	0.14	0.134	0.35	0.215	0.35	0.202	0.70	0.288
0.16	0.145	0.16	0.135	0.16	0.146	0.40	0.233	0.40	0.219	0.80	0.311
0.18	0.156	0.18	0.146	0.18	0.156	0.45	0.249	0.45	0.234	0.90	0.333
0.20	0.166	0.20	0.155	0.20	0.166	0.50	0.265	0.50	0.249	1.00	0.354
0.22	0.176	0.22	0.165	0.22	0.176	0.55	0.280	0.55	0.264	1.10	0.374
0.24	0.186	0.24	0.174	0.24	0.185	0.60	0.294	0.60	0.277	1.20	0.393
0.26	0.195	0.26	0.183	0.26	0.194	0.65	0.307	0.65	0.290	1.30	0.411
0.28	0.204	0.28	0.192	0.28	0.203	0.70	0.321	0.70	0.303	1.40	0.428
0.30	0.213	0.30	0.200	0.30	0.211	0.75	0.333	0.75	0.315	1.50	0.445
0.32	0.221	0.32	0.208	0.32	0.219	0.80	0.345	0.80	0.327	1.60	0.461
0.34	0.230	0.34	0.216	0.34	0.227	0.85	0.357	0.85	0.338	1.70	0.477

续表

堰 I_m		堰 J_m		堰 K_m		堰 L_m		堰 M_m		堰 N_m	
b_c = 1.6m		b_c = 1.8m		b_c = 1.5m		b_c = 1.75m		b_c = 2.00m		b_c = 2.25m	
0.48m≤L≤0.71m		0.40m≤L≤0.60m		0.48m≤L≤0.72m		0.58m≤L≤0.87m		0.65m≤L≤0.97m		0.75m≤L≤1.10m	
Q/(m^3/s)	h_1/m	Q/(m^3/s)	h_1/m	Q/(m^3/s)	h_1/m	Q/(m^3/s)	h_1/m	Q/(m^3/s)	h_1/m	Q/(m^3/s)	h_1/m
0.36	0.238	0.36	0.223	0.36	0.234	0.90	0.369	0.90	0.350	1.80	0.492
0.38	0.245	0.38	0.231	0.38	0.241	0.95	0.380	0.95	0.360	1.90	0.507
0.40	0.253	0.40	0.238	0.40	0.249	1.00	0.391	1.00	0.371	2.00	0.521
0.42	0.260	0.42	0.245	0.42	0.256	1.05	0.401	1.10[b]	0.391	2.10	0.535
0.44	0.268	0.44	0.252	0.44	0.262	1.10	0.412	1.20	0.411	2.20	0.549
0.46	0.275	0.46	0.259	0.46	0.269	1.15	0.422	1.30	0.429	2.30	0.562
0.48	0.282	0.48	0.266	0.48	0.275	1.20	0.432	1.40	0.447	2.40	0.575
0.50	0.289	0.50	0.272	0.50	0.282	1.25	0.441	1.50	0.464	2.50	0.588
0.55[b]	0.305	0.55[b]	0.288	0.55b	0.297	1.30	0.451	1.60	0.481	2.60	0.601
0.60	0.321	0.60	0.304	0.60	0.312	1.35	0.460	1.70	0.497	2.70	0.613
0.65	0.336	0.65	0.318	0.65	0.326	1.40	0.469	1.80	0.512	2.80	0.625
0.70	0.351	0.70	0.333	0.70	0.340	1.45	0.478	1.90	0.527	2.90	0.637
0.75	0.365	0.75	0.346	0.75	0.352	1.50	0.487	2.00	0.542	3.00	0.648
0.80	0.379	0.80	0.360	0.80	0.365	1.55	0.495	2.10	0.556	3.10	0.660
0.85	0.392	0.85	0.372	0.85	0.377	1.60	0.504	2.20	0.570	3.20	0.671
0.90	0.405	0.90	0.385	0.90	0.389	1.65	0.512	2.30	0.584	3.30	0.682
0.95	0.417			0.95	0.400	1.70	0.520	2.40	0.597	3.40	0.693
1.00	0.430			1.00	0.412	1.75	0.528	2.50	0.610	3.50	0.703
1.05	0.442			1.05	0.422	1.80	0.536	2.60	0.623	3.60	0.714
1.10	0.453			1.10	0.433	1.85	0.544	2.70	0.635	3.70	0.724
1.15	0.465			1.15	0.443	1.90	0.551	2.80	0.647	3.80	0.734
1.20	0.476			1.20	0.453	1.95	0.559			3.90	0.744
				1.25	0.463	2.00	0.566				
				1.30	0.473	2.05	0.574				
						2.10	0.581				
K_1 = 4.217[c]		K_1 = 4.351		K_1 = 4.351		K_1 = 5.472		K_1 = 5.924		K_1 = 6.342	
K_2 = 0.0088		K_2 = 0.0054		K_2 = 0.0054		K_2 = 0.0209		K_2 = 0.0194		K_2 = 0.0264	
u = 1.751		u = 1.685		u = 1.685		u = 1.907		u = 1.881		u = 1.907	

注：a. 由表 5.3 查找槽尺寸和水头损失的值。

b. 流量增量的变化。

c. 应用每一组合列里底部 K_1、K_2、u 的值近似计算 Q 的公式：$Q = K_1(h_1 + K_2)^u$。

续表

堰 P_m		堰 Q_m		堰 R_m		堰 S_m		堰 T_m		堰 U_m	
b_c = 2.5m		b_c = 2.75m		b_c = 3.00m		b_c = 3.50m		b_c = 4.00m		b_c = 4.50m	
0.80m≤L≤1.20m		0.85m≤L≤1.28m		0.95m≤L≤1.40m		0.95m≤L≤1.40m		0.85m≤L≤1.20m		0.68m≤L≤1.00m	
Q/(m³/s)	h_1/m	Q/(m³/s)	h_1/m	Q/(m³/s)	h_1/m	Q/(m³/s)	h_1/m	Q/(m³/s)	h_1/m	Q/(m³/s)	h_1/m
0.10	0.082	0.10	0.078	0.10	0.075	0.10	0.068	0.10	0.062	0.10	0.057
0.20	0.127	0.20	0.121	0.20	0.115	0.20	0.105	0.20	0.097	0.20	0.089
0.30	0.164	0.30	0.156	0.30	0.148	0.30	0.136	0.30	0.125	0.30	0.115
0.40	0.195	0.40	0.186	0.40	0.177	0.40	0.162	0.40	0.150	0.40	0.139
0.50	0.223	0.50	0.213	0.50	0.203	0.50	0.187	0.50	0.173	0.50	0.160
0.60	0.249	0.60	0.237	0.60	0.227	0.60	0.209	0.60	0.193	0.60	0.179
0.70	0.273	0.70	0.260	0.70	0.249	0.70	0.230	0.70	0.213	0.70	0.198
0.80	0.295	0.80	0.282	0.80	0.270	0.80	0.249	0.80	0.231	0.80	0.215
0.90	0.316	0.90	0.302	0.90	0.290	0.90	0.268	0.90	0.249	0.90	0.232
1.00	0.336	1.00	0.322	1.00	0.309	1.00	0.286	1.00	0.266	1.00	0.248
1.10	0.355	1.10	0.340	1.10	0.327	1.10	0.302	1.10	0.282	1.10	0.263
1.20	0.374	1.20	0.358	1.20	0.344	1.20	0.319	1.20	0.297	1.20	0.277
1.30	0.391	1.30	0.375	1.30	0.361	1.30	0.334	1.30	0.312	1.30	0.292
1.40	0.408	1.40	0.391	1.40	0.377	1.40	0.350	1.40	0.326	1.40	0.305
1.50	0.424	1.50	0.407	1.50	0.392	1.50	0.364	1.50	0.340	1.50	0.319
1.60	0.440	1.60	0.422	1.60	0.407	1.60	0.378	1.60	0.354	1.60	0.332
1.70	0.455	1.70	0.437	1.70	0.421	1.70	0.392	1.70	0.367	1.70	0.344
1.80	0.470	1.80	0.451	1.80	0.436	1.80	0.406	1.80	0.380	1.80	0.356
1.90	0.485	1.90	0.466	1.90	0.449	1.90	0.419	1.90	0.392	1.90	0.368
2.00	0.499	2.00	0.479	2.00	0.463	2.00	0.431	2.00	0.405	2.00	0.380
2.10	0.512	2.10	0.493	2.10	0.476	2.20[b]	0.456	2.10	0.417	2.10	0.391
2.20	0.526	2.20	0.506	2.20	0.489	2.40	0.480	2.20	0.428	2.20	0.403
2.30	0.539	2.30	0.518	2.30	0.501	2.60	0.502	2.30	0.440	2.30	0.414
2.40	0.552	2.40	0.531	2.40	0.513	2.80	0.524	2.40	0.451	2.40	0.424
2.50	0.564	2.50	0.543	2.50	0.525	3.00	0.545	2.50	0.462	2.50	0.435
2.60	0.576	2.60	0.555	2.60	0.537	3.20	0.566	2.60	0.473	2.60	0.445
2.70	0.588	2.70	0.566	2.70	0.548	3.40	0.586	2.70	0.483	2.70	0.456
2.80	0.600	2.80	0.578	2.80	0.560	3.60	0.605	2.80	0.494	2.80	0.466
2.90	0.611	2.90	0.589	2.90	0.571	3.80	0.624	2.90	0.504	2.90	0.476
3.00	0.623	3.00	0.600	3.00	0.582	4.00	0.642	3.00	0.514	3.00	0.485
3.10	0.634	3.20[b]	0.622	3.20[b]	0.603	4.20	0.660	3.20[b]	0.534	3.20[b]	0.504
3.20	0.645	3.40	0.643	3.40	0.623	4.40	0.677	3.40	0.553	3.40	0.523
3.30	0.656	3.60	0.663	3.60	0.643	4.60	0.694	3.60	0.572	3.60	0.541
3.40	0.666	3.80	0.683	3.80	0.663	4.80	0.710	3.80	0.590	3.80	0.558
3.50	0.677	4.00	0.702	4.00	0.682	5.00	0.727	4.00	0.608	4.00	0.575
3.60	0.687	4.20	0.720	4.20	0.700	5.50[b]	0.765	4.20	0.625	4.20	0.592

续表

堰 P_m		堰 Q_m		堰 R_m		堰 S_m		堰 T_m		堰 U_m	
$b_c=2.5$m		$b_c=2.75$m		$b_c=3.00$m		$b_c=3.50$m		$b_c=4.00$m		$b_c=4.50$m	
0.80m≤L≤1.20m		0.85m≤L≤1.28m		0.95m≤L≤1.40m		0.95m≤L≤1.40m		0.85m≤L≤1.20m		0.68m≤L≤1.00m	
Q/(m^3/s)	h_1/m	Q/(m^3/s)	h_1/m	Q/(m^3/s)	h_1/m	Q/(m^3/s)	h_1/m	Q/(m^3/s)	h_1/m	Q/(m^3/s)	h_1/m
3.70	0.697	4.40	0.739	4.40	0.718	6.00	0.803	4.40	0.642	4.40	0.608
3.80	0.707	4.60	0.756	4.60	0.735	6.50	0.839	4.60	0.658	4.60	0.624
3.90	0.717	4.80	0.774	4.80	0.753	7.00	0.873	4.80	0.674	4.80	0.640
4.00	0.726	5.00	0.791	5.00	0.769	7.50	0.906	5.00	0.690	5.00	0.655
4.20[b]	0.745	5.20	0.807	5.50[b]	0.810	8.00	0.938	5.50[b]	0.728		
4.40	0.764	5.40	0.823	6.00	0.848			6.00	0.764		
4.60	0.782	5.60	0.839	6.50	0.884			6.50	0.799		
				7.00	0.920						
$K_1=6.814$[c]		$K_1=7.288$		$K_1=7.692$		$K_1=8.529$		$K_1=9.213$		$K_1=9.853$	
$K_2=0.0255$		$K_2=0.0240$		$K_2=0.0239$		$K_2=0.0197$		$K_2=0.0131$		$K_2=0.0089$	
$u=1.886$		$u=1.870$		$u=1.857$		$u=1.812$		$u=1.740$		$u=1.681$	

注：a. 由表 5.3 查找槽尺寸和水头损失的值。

b. 流量增量的变化。

c. 应用每一组合列里底部K_1、K_2、u的值近似计算

Q 的公式：$Q=K_1(h_1+K_2)^u$。

附表 3.2　梯形混凝土衬砌渠道量水堰水头流量关系英制单位表（$X_c=3\%$）[a]

堰 A_m		堰 B_m		堰 C_m		堰 D_{m1}		堰 D_{m2}		堰 E_{m1}	
$b_c=2$ft		$b_c=2.5$ft		$b_c=3.0$ft		$b_c=3.5$ft		$b_c=4.0$ft		$b_c=4.5$ft	
0.90ft≤L≤1.30ft		1.2ft≤L≤1.8ft		1.3ft≤L≤1.9ft		1.6ft≤L≤2.1ft		1.7ft≤L≤2.1ft		1.5ft≤L≤2.2ft	
Q/(ft^3/s)	h_1/ft	Q/(ft^3/s)	h_1/ft	Q/(ft^3/s)	h_1/ft	Q/(ft^3/s)	h_1/ft	Q/(ft^3/s)	h_1/ft	Q/(ft^3/s)	h_1/ft
						0.5	0.130				
0.2	0.102	0.4	0.139	0.4	0.125	1.0	0.202	1.0	0.188	1.0	0.174
0.3	0.131	0.6	0.179	0.6	0.161	1.5	0.260	1.5	0.242	1.5	0.225
0.4	0.157	0.8	0.214	0.8	0.193	2.0	0.311	2.0	0.290	2.0	0.270
0.5	0.180	1.0	0.245	1.0	0.221	2.5	0.357	2.5	0.333	2.5	0.311
0.6	0.201	1.2	0.274	1.2	0.248	3.0	0.399	3.0	0.373	3.0	0.349
0.7	0.221	1.4	0.301	1.4	0.273	3.5	0.438	3.5	0.410	3.5	0.384
0.8	0.240	1.6	0.327	1.6	0.297	4.0	0.475	4.0	0.445	4.0	0.417
0.9	0.257	1.8	0.351	1.8	0.319	4.5	0.509	4.5	0.478	4.5	0.449
1.0	0.274	2.0	0.374	2.0	0.340	5.0	0.542	5.0	0.510	5.0	0.479
1.1	0.290	2.2	0.396	2.2	0.361	5.5	0.574	5.5	0.540	5.5	0.508

续表

堰 A_m		堰 B_m		堰 C_m		堰 D_{m1}		堰 D_{m2}		堰 E_{m1}	
b_c = 2ft		b_c = 2.5ft		b_c = 3.0ft		b_c = 3.5ft		b_c = 4.0ft		b_c = 4.5ft	
0.90ft≤L≤1.30ft		1.2ft≤L≤1.8ft		1.3ft≤L≤1.9ft		1.6ft≤L≤2.1ft		1.7ft≤L≤2.1ft		1.5ft≤L≤2.2ft	
$Q/(ft^3/s)$	h_1/ft	$Q/(ft^3/s)$	h_1/ft	$Q/(ft^3/s)$	h_1/ft	$Q/(ft^3/s)$	h_1/ft	$Q/(ft^3/s)$	h_1/ft	$Q/(ft^3/s)$	h_1/ft
1.2	0.306	2.4	0.417	2.4	0.380	6.0	0.604	6.0	0.569	6.0	0.535
1.3	0.321	2.6	0.437	2.6	0.399	6.5	0.633	6.5	0.597	6.5	0.562
1.4	0.335	2.8	0.456	2.8	0.418	7.0	0.660	7.0	0.624	7.0	0.588
1.5	0.349	3.0	0.475	3.0	0.435	7.5	0.687	7.5	0.650	7.5	0.613
1.6	0.362	3.2	0.494	3.2	0.453	8.0	0.714	8.0	0.675	8.0	0.637
1.7	0.375	3.4	0.511	3.4	0.469	8.5	0.739	8.5	0.699	8.5	0.661
1.8	0.388	3.6	0.528	3.6	0.486	9.0	0.763	9.0	0.723	9.0	0.684
1.9	0.400	3.8	0.545	3.8	0.502	9.5	0.787	9.5	0.746	9.5	0.706
2.0	0.412	4.0	0.562	4.0	0.517	10.0	0.811	10.0	0.769	10.0	0.728
2.2[b]	0.436	4.2	0.578	4.2	0.532	10.5	0.834	11.0[b]	0.813	11.0[b]	0.770
2.4	0.458	4.4	0.593	4.4	0.547	11.0	0.856	12.0	0.855	12.0	0.811
2.6	0.479	4.6	0.608	4.6	0.562	11.5	0.878	13.0	0.895	13.0	0.850
2.8	0.500	4.8	0.623	4.8	0.576	12.0	0.899	14.0	0.934	14.0	0.887
3.0	0.520	5.0	0.638	5.0	0.590	12.5	0.920	15.0	0.971	15.0	0.924
3.2	0.539	5.5[b]	0.673	5.5[b]	0.623	13.0	0.940	16.0	1.007	16.0	0.959
3.4	0.558	6.0	0.707	6.0	0.656	13.5	0.960	17.0	1.042	17.0	0.993
3.6	0.576	6.5	0.739	6.5	0.687	14.0	0.980	18.0	1.076	18.0	1.026
3.8	0.593	7.0	0.770	7.0	0.716	14.5	0.999	19.0	1.109	19.0	1.058
4.0	0.610	7.5	0.800	7.5	0.745	15.0	1.018	20.0	1.141	20.0	1.090
4.2	0.627	8.0	0.829	8.0	0.773	16.0[b]	1.055	21.0	1.173	21.0	1.120
4.4	0.643	8.5	0.858	8.5	0.800	17.0	1.091	22.0	1.204	22.0	1.150
4.6	0.659	9.0	0.884	9.0	0.826	18.0	1.126	23.0	1.233	23.0	1.180
4.8	0.675	9.5	0.911	9.5	0.852	19.0	1.160	24.0	1.263	24.0	1.208
5.0	0.690	10.0	0.936	10.0	0.876	20.0	1.193	25.0	1.291	25.0	1.236
5.5[b]	0.727	11.0[b]	0.986	11.0[b]	0.924	21.0	1.225	26.0	1.319	26.0	1.264
6.0	0.762	12.0	1.033	12.0	0.970	22.0	1.256	27.0	1.347	27.0	1.291
6.5	0.795	13.0	1.077	13.0	1.013	23.0	1.286	28.0	1.374	28.0	1.317
7.0	0.827	14.0	1.121	14.0	1.055	24.0	1.316	29.0	1.400	29.0	1.343
7.5	0.858	15.0	1.162	15.0	1.096	25.0	1.345	30.0	1.426	30.0	1.369
8.0	0.888	16.0	1.202	16.0	1.135	26.0	1.374	32.0[b]	1.477	31.0	1.394
				17.0	1.172	27.0	1.402	34.0	1.526	32.0	1.418
				18.0	1.209			36.0	1.574	33.0	1.443
				19.0	1.245			38.0	1.620		

续表

堰 A_m		堰 B_m		堰 C_m		堰 D_{m1}		堰 D_{m2}		堰 E_{m1}	
$b_c = 2$ft		$b_c = 2.5$ft		$b_c = 3.0$ft		$b_c = 3.5$ft		$b_c = 4.0$ft		$b_c = 4.5$ft	
0.90ft≤L≤1.30ft		1.2ft≤L≤1.8ft		1.3ft≤L≤1.9ft		1.6ft≤L≤2.1ft		1.7ft≤L≤2.1ft		1.5ft≤L≤2.2ft	
Q/(ft^3/s)	h_1/ft	Q/(ft^3/s)	h_1/ft	Q/(ft^3/s)	h_1/ft	Q/(ft^3/s)	h_1/ft	Q/(ft^3/s)	h_1/ft	Q/(ft^3/s)	h_1/ft
								40.0	1.665		
$K_1 = 9.309$[c]		$K_1 = 10.40$		$K_1 = 11.88$		$K_1 = 13.62$		$K_1 = 14.32$		$K_1 = 16.04$	
$K_2 = 0.029$		$K_2 = 0.045$		$K_2 = 0.038$		$K_2 = 0.039$		$K_2 = 0.057$		$K_1 = 0.043$	
$u = 1.879$		$u = 1.905$		$u = 1.844$		$u = 1.843$		$u = 1.872$		$u = 1.801$	

注：a. 由表 5.4 查找槽尺寸和水头损失的值。

b. 流量增量的变化。

c. 应用每一组合列里底部 K_1、K_2、u 的值近似计算 Q 的公式：$Q = K_1(h_1 + K_2)^u$。

续表

堰 G_m		堰 H_m		堰 I_m		堰 J_m		堰 K_m		堰 L_m	
$b_c = 5.0$ft		$b_c = 5.5$ft		$b_c = 3.0$ft		$b_c = 4.0$ft		$b_c = 5.0$ft		$b_c = 6.0$ft	
1.5ft≤L≤2.2ft		1.1ft≤L≤1.6ft		1.2ft≤L≤1.8ft		1.8ft≤L≤2.2ft		2.0ft≤L≤2.9ft		2.0ft≤L≤3.0ft	
Q/(ft^3/s)	h_1/ft	Q/(ft^3/s)	h_1/ft	Q/(ft^3/s)	h_1/ft	Q/(ft^3/s)	h_1/ft	Q/(ft^3/s)	h_1/ft	Q/(ft^3/s)	h_1/ft
1.0	0.163	1.0	0.154	0.4	0.124	1.0	0.185	2.0	0.254	2.0	0.228
1.5	0.211	1.5	0.199	0.6	0.160	1.5	0.239	3.0	0.327	3.0	0.295
2.0	0.253	2.0	0.239	0.8	0.191	2.0	0.286	4.0	0.391	4.0	0.353
2.5	0.291	2.5	0.275	1.0	0.219	2.5	0.328	5.0	0.448	5.0	0.405
3.0	0.327	3.0	0.309	1.2	0.245	3.0	0.367	6.0	0.500	6.0	0.454
3.5	0.361	3.5	0.341	1.4	0.269	3.5	0.403	7.0	0.549	7.0	0.499
4.0	0.393	4.0	0.371	1.6	0.292	4.0	0.437	8.0	0.595	8.0	0.542
4.5	0.423	4.5	0.400	1.8	0.314	4.5	0.469	9.0	0.638	9.0	0.582
5.0	0.451	5.0	0.427	2.0	0.334	5.0	0.500	10.0	0.679	10.0	0.620
5.5	0.479	5.5	0.454	2.2	0.354	5.5	0.529	11.0	0.718	11.0	0.657
6.0	0.505	6.0	0.479	2.4	0.373	6.0	0.557	12.0	0.756	12.0	0.693
6.5	0.531	6.5	0.504	2.6	0.391	6.5	0.584	13.0	0.792	13.0	0.727
7.0	0.556	7.0	0.527	2.8	0.409	7.0	0.610	14.0	0.827	14.0	0.760
7.5	0.580	7.5	0.551	3.0	0.426	7.5	0.635	15.0	0.860	15.0	0.791
8.0	0.603	8.0	0.573	3.2	0.442	8.0	0.660	16.0	0.893	16.0	0.822
8.5	0.626	8.5	0.595	3.4	0.458	8.5	0.683	17.0	0.925	17.0	0.852
9.0	0.648	9.0	0.616	3.6	0.474	9.0	0.706	18.0	0.955	18.0	0.881
9.5	0.670	9.5	0.637	3.8	0.489	9.5	0.728	19.0	0.985	19.0	0.910
10.0	0.691	10.0	0.657	4.0	0.504	10.0	0.750	20.0	1.014	20.0	0.937
10.5	0.711	10.5	0.677	4.2	0.518	11.0[b]	0.792	22.0[b]	1.070	22.0[b]	0.991

续表

堰 G_m		堰 H_m		堰 I_m		堰 J_m		堰 K_m		堰 L_m	
b_c = 5.0ft		b_c = 5.5ft		b_c = 3.0ft		b_c = 4.0ft		b_c = 5.0ft		b_c = 6.0ft	
1.5ft≤L≤2.2ft		1.1ft≤L≤1.6ft		1.2ft≤L≤1.8ft		1.8ft≤L≤2.2ft		2.0ft≤L≤2.9ft		2.0ft≤L≤3.0ft	
Q/(ft^3/s)	h_1/ft	Q/(ft^3/s)	h_1/ft	Q/(ft^3/s)	h_1/ft	Q/(ft^3/s)	h_1/ft	Q/(ft^3/s)	h_1/ft	Q/(ft^3/s)	h_1/ft
11.0	0.732	11.0	0.697	4.4	0.533	12.0	0.832	24.0	1.124	24.0	1.042
11.5	0.751	11.5	0.716	4.6	0.546	13.0	0.871	26.0	1.175	26.0	1.091
12.0	0.771	12.0	0.735	4.8	0.560	14.0	0.908	28.0	1.224	28.0	1.139
12.5	0.790	12.5	0.753	5.0	0.573	15.0	0.943	30.0	1.272	30.0	1.184
13.0	0.808	13.0	0.771	5.5[b]	0.605	16.0	0.978	32.0	1.318	32.0	1.229
13.5	0.827	13.5	0.789	6.0	0.636	17.0	1.011	34.0	1.362	34.0	1.271
14.0	0.845	14.0	0.806	6.5	0.665	18.0	1.044	36.0	1.406	36.0	1.313
14.5	0.863	14.5	0.823	7.0	0.693	19.0	1.075	38.0	1.448	38.0	1.354
15.0	0.880	15.0	0.840	7.5	0.721	20.0	1.106	40.0	1.488	40.0	1.393
16.0[b]	0.914	15.5	0.857	8.0	0.747	21.0	1.136	42.0	1.528	42.0	1.431
17.0	0.947	16.0	0.873	8.5	0.772	22.0	1.165	44.0	1.567	44.0	1.469
18.0	0.980	16.5	0.890	9.0	0.797	23.0	1.193	46.0	1.604	46.0	1.505
19.0	1.011	17.0	0.906	9.5	0.821	24.0	1.221	48.0	1.641	48.0	1.541
20.0	1.042	17.5	0.921	10.0	0.844	25.0	1.248	50.0	1.677	50.0	1.576
21.0	1.071	18.0	0.937	11.0[b]	0.889	26.0	1.275	52.0	1.713	55.0[b]	1.660
22.0	1.101	18.5	0.952	12.0	0.932	27.0	1.301	54.0	1.747	60.0	1.741
23.0	1.129	19.0	0.967	13.0	0.973	28.0	1.326	56.0	1.781	65.0	1.818
24.0	1.157	19.5	0.982	14.0	1.012	29.0	1.351	58.0	1.815	70.0	1.893
25.0	1.184	20.0	0.997	15.0	1.050	30.0	1.376	60.0	1.847	75.0	1.964
26.0	1.211	20.5	1.012	16.0	1.087	31.0	1.400	62.0	1.879		
27.0	1.238	21.0	1.026	17.0	1.122	32.0	1.424	64.0	1.911		
		21.5	1.040	18.0	1.156	33.0	1.447				
		22.0	1.055	19.0	1.189	34.0	1.470				
						35.0	1.493				
K_1 = 17.74[c]		K_1 = 19.38		K_1 = 12.68		K_1 = 14.91		K_1 = 16.96		K_1 = 19.89	
K_2 = 0.0330		K_2 = 0.019		K_2 = 0.041		K_2 = 0.063		K_2 = 0.078		K_2 = 0.067	
u = 1.737		u = 1.683		u = 1.898		u = 1.912		u = 1.919		u = 1.861	

注：a. 由表 5.4 查找槽尺寸和水头损失的值。

b. 流量增量的变化。

c. 应用每一组合列里底部 K_1、K_2、u 的值近似计算 Q 的公式：$Q = K_1(h_1 + K_2)^u$。

续表

堰 M_m		堰 N_m		堰 P_m		堰 Q_m		堰 R_m		堰 S_m	
$b_c=7.0$ft		$b_c=8.0$ft		$b_c=5.0$ft		$b_c=6.0$ft		$b_c=7.0$ft		$b_c=8.0$ft	
1.7ft≤L≤2.5ft		1.4ft≤L≤2.0ft		1.6ft≤L≤2.4ft		2.2ft≤L≤3.3ft		2.6ft≤L≤3.9ft		2.6ft≤L≤3.9ft	
Q/(ft^3/s)	h_1/ft	Q/(ft^3/s)	h_1/ft	Q/(ft^3/s)	h_1/ft	Q/(ft^3/s)	h_1/ft	Q/(ft^3/s)	h_1/ft	Q/(ft^3/s)	h_1/ft
				1.0	0.162			2.0	0.208		
2.0	0.207	2.0	0.190	2.0	0.251	2.0	0.226	4.0	0.321	4.0	0.296
3.0	0.268	3.0	0.247	3.0	0.322	3.0	0.292	6.0	0.413	6.0	0.382
4.0	0.321	4.0	0.296	4.0	0.384	4.0	0.349	8.0	0.492	8.0	0.457
5.0	0.370	5.0	0.342	5.0	0.440	5.0	0.401	10.0	0.564	10.0	0.524
6.0	0.415	6.0	0.383	6.0	0.491	6.0	0.448	12.0	0.629	12.0	0.587
7.0	0.457	7.0	0.423	7.0	0.538	7.0	0.492	14.0	0.690	14.0	0.644
8.0	0.497	8.0	0.460	8.0	0.583	8.0	0.534	16.0	0.747	16.0	0.699
9.0	0.534	9.0	0.495	9.0	0.624	9.0	0.573	18.0	0.801	18.0	0.750
10.0	0.570	10.0	0.529	10.0	0.664	10.0	0.610	20.0	0.852	20.0	0.799
11.0	0.605	11.0	0.562	11.0	0.702	11.0	0.646	22.0	0.901	22.0	0.846
12.0	0.638	12.0	0.593	12.0	0.738	12.0	0.680	24.0	0.948	24.0	0.891
13.0	0.670	13.0	0.623	13.0	0.773	13.0	0.713	26.0	0.992	26.0	0.934
14.0	0.701	14.0	0.652	14.0	0.806	14.0	0.745	28.0	1.036	28.0	0.975
15.0	0.731	15.0	0.681	15.0	0.838	15.0	0.776	30.0	1.077	30.0	1.016
16.0	0.760	16.0	0.708	16.0	0.869	16.0	0.805	32.0	1.118	32.0	1.055
17.0	0.789	17.0	0.735	17.0	0.899	17.0	0.834	34.0	1.157	34.0	1.092
18.0	0.817	18.0	0.761	18.0	0.929	18.0	0.862	36.0	1.195	36.0	1.129
19.0	0.843	19.0	0.787	19.0	0.957	19.0	0.890	38.0	1.232	38.0	1.165
20.0	0.870	20.0	0.812	20.0	0.985	20.0	0.916	40.0	1.268	40.0	1.200
22.0[b]	0.921	21.0	0.837	21.0	1.012	22.0[b]	0.968	42.0	1.303	42.0	1.234
24.0	0.970	22.0	0.860	22.0	1.039	24.0	1.017	44.0	1.338	44.0	1.267
26.0	1.017	23.0	0.884	23.0	1.064	26.0	1.064	46.0	1.371	46.0	1.300
28.0	1.062	24.0	0.907	24.0	1.090	28.0	1.109	48.0	1.404	48.0	1.332
30.0	1.106	25.0	0.930	25.0	1.114	30.0	1.153	50.0	1.436	50.0	1.363
32.0	1.148	26.0	0.952	26.0	1.138	32.0	1.195	55.0[b]	1.513	55.0[b]	1.438
34.0	1.189	27.0	0.974	27.0	1.162	34.0	1.236	60.0	1.587	60.0	1.510
36.0	1.229	28.0	0.995	28.0	1.185	36.0	1.276	65.0	1.658	65.0	1.580
38.0	1.268	29.0	1.016	29.0	1.208	38.0	1.314	70.0	1.726	70.0	1.646
40.0	1.306	30.0	1.037	30.0	1.231	40.0	1.352	75.0	1.791	75.0	1.710
42.0	1.343	32.0[b]	1.078	32.0[b]	1.274	42.0	1.388	80.0	1.854	80.0	1.771
44.0	1.380	34.0	1.117	34.0	1.316	44.0	1.424	85.0	1.915	85.0	1.831
46.0	1.415	36.0	1.156	36.0	1.357	46.0	1.459	90.0	1.975	90.0	1.889
48.0	1.450	38.0	1.193	38.0	1.397	48.0	1.493	95.0	2.030	95.0	1.945

续表

堰 M_m		堰 N_m		堰 P_m		堰 Q_m		堰 R_m		堰 S_m	
$b_c = 7.0$ft		$b_c = 8.0$ft		$b_c = 5.0$ft		$b_c = 6.0$ft		$b_c = 7.0$ft		$b_c = 8.0$ft	
1.7ft≤L≤2.5ft		1.4ft≤L≤2.0ft		1.6ft≤L≤2.4ft		2.2ft≤L≤3.3ft		2.6ft≤L≤3.9ft		2.6ft≤L≤3.9ft	
Q/(ft^3/s)	h_1/ft	Q/(ft^3/s)	h_1/ft	Q/(ft^3/s)	h_1/ft	Q/(ft^3/s)	h_1/ft	Q/(ft^3/s)	h_1/ft	Q/(ft^3/s)	h_1/ft
50.0	1.484	40.0	1.230	40.0	1.436	50.0	1.526	100.0	2.090	100.0	2.000
52.0	1.517	42.0	1.265	42.0	1.473	55.0[b]	1.606	105.0	2.140	110.0[b]	2.110
54.0	1.549	44.0	1.300	44.0	1.510	60.0	1.683			120.0	2.210
56.0	1.581	46.0	1.334	46.0	1.546	65.0	1.755			130.0	2.300
58.0	1.613			48.0	1.581	70.0	1.826			140.0	2.390
60.0	1.644					75.0	1.893			150.0	2.480
62.0	1.674					80.0	1.958			160.0	2.570
$K_1 = 23.53$[c]		$K_1 = 26.79$		$K_1 = 18.78$		$K_1 = 20.38$		$K_1 = 23.59$		$K_1 = 24.44$	
$K_2 = 0.045$		$K_2 = 0.034$		$K_2 = 0.053$		$K_2 = 0.076$		$K_2 = 0.064$		$K_2 = 0.097$	
$u = 1.772$		$u = 1.724$		$u = 1.891$		$u = 1.914$		$u = 1.873$		$u = 1.907$	

注：a. 由表5.4查找槽尺寸和水头损失的值。

b. 流量增量的变化。

c. 应用每一组合列里底部K_1、K_2、u的值近似计算Q的公式：$Q = K_1(h_1 + K_2)^u$。

续表

堰 T_m		堰 U_m		堰 V_m		堰 W_m		堰 X_m	
$b_c = 9.0$ft		$b_c = 10.0$ft		$b_c = 12.0$ft		$b_c = 14.0$ft		$b_c = 16.0$ ft	
2.8ft≤L≤4.2ft		3.0ft≤L≤4.4ft		3.1ft≤L≤4.6ft		2.6ft≤L≤3.8ft		2.0ft≤L≤2.9ft	
Q/(ft^3/s)	h_1/ft	Q/(ft^3/s)	h_1/ft	Q/(ft^3/s)	h_1/ft	Q/(ft^3/s)	h_1/ft	Q/(ft^3/s)	h_1/ft
5.0	0.317	5.0	0.301	5.0	0.270	5.0	0.243	5.0	0.224
10.0	0.493	10.0	0.465	10.0	0.418	10.0	0.378	10.0	0.349
15.0	0.632	15.0	0.597	15.0	0.539	15.0	0.489	15.0	0.452
20.0	0.754	20.0	0.713	20.0	0.645	20.0	0.587	20.0	0.542
25.0	0.862	25.0	0.817	25.0	0.741	25.0	0.676	25.0	0.625
30.0	0.962	30.0	0.912	30.0	0.829	30.0	0.757	30.0	0.701
35.0	1.054	35.0	1.000	35.0	0.911	35.0	0.834	35.0	0.773
40.0	1.140	40.0	1.083	40.0	0.988	40.0	0.906	40.0	0.841
45.0	1.221	45.0	1.161	45.0	1.061	45.0	0.974	45.0	0.905
50.0	1.298	50.0	1.235	50.0	1.131	50.0	1.039	50.0	0.966
55.0	1.372	55.0	1.306	55.0	1.198	55.0	1.102	55.0	1.025
60.0	1.442	60.0	1.373	60.0	1.262	60.0	1.162	60.0	1.082

续表

堰 T_m		堰 U_m		堰 V_m		堰 W_m		堰 X_m	
b_c = 9.0ft		b_c = 10.0ft		b_c = 12.0ft		b_c = 14.0ft		b_c = 16.0 ft	
2.8ft≤L≤4.2ft		3.0ft≤L≤4.4ft		3.1ft≤L≤4.6ft		2.6ft≤L≤3.8ft		2.0ft≤L≤2.9ft	
Q/(ft^3/s)	h_1/ft	Q/(ft^3/s)	h_1/ft	Q/(ft^3/s)	h_1/ft	Q/(ft^3/s)	h_1/ft	Q/(ft^3/s)	h_1/ft
65.0	1.509	65.0	1.438	65.0	1.323	65.0	1.220	65.0	1.137
70.0	1.574	70.0	1.501	70.0	1.382	70.0	1.276	70.0	1.190
75.0	1.636	75.0	1.561	75.0	1.440	75.0	1.330	75.0	1.241
80.0	1.697	80.0	1.620	80.0	1.496	80.0	1.383	80.0	1.291
85.0	1.755	85.0	1.677	85.0	1.550	85.0	1.434	85.0	1.340
90.0	1.812	90.0	1.732	90.0	1.602	90.0	1.484	90.0	1.388
95.0	1.867	95.0	1.785	95.0	1.653	95.0	1.532	95.0	1.434
100.0	1.921	100.0	1.838	100.0	1.703	100.0	1.580	100.0	1.479
105.0	1.973	105.0	1.889	110.0[b]	1.800	105.0	1.626	105.0	1.523
110.0	2.020	110.0	1.938	120.0	1.892	110.0	1.671	110.0	1.567
115.0	2.070	115.0	1.987	130.0	1.980	115.0	1.716	115.0	1.609
120.0	2.120	120.0	2.030	140.0	2.070	120.0	1.759	120.0	1.651
125.0	2.170	125.0	2.080	150.0	2.150	125.0	1.802	125.0	1.691
130.0	2.220	130.0	2.130	160.0	2.230	130.0	1.844	130.0	1.731
135.0	2.260	135.0	2.170	170.0	2.300	135.0	1.885	135.0	1.771
140.0	2.310	140.0	2.220	180.0	2.380	140.0	1.925	140.0	1.810
145.0	2.350	145.0	2.260	190.0	2.450	145.0	1.965	145.0	1.848
150.0	2.400	150.0	2.300	200.0	2.520	150.0	2.000	150.0	1.885
155.0	2.440	160.0[b]	2.380	210.0	2.590	160.0[b]	2.080	155.0	1.922
160.0	2.480	170.0	2.460	220.0	2.660	170.0	2.150	160.0	1.958
165.0	2.520	180.0	2.540	230.0	2.720	180.0	2.230		
170.0	2.560	190.0	2.610	240.0	2.790	190.0	2.300		
175.0	2.600	200.0	2.690	250.0	2.850	200.0	2.360		
180.0	2.640	210.0	2.760	260.0	2.910	210.0	2.430		
185.0	2.680	220.0	2.830	270.0	2.970	220.0	2.490		
190.0	2.720	230.0	2.900	280.0	3.030				
195.0	2.750								
200.0	2.790								
K_1 = 27.06[c]		K_1 = 29.86		K_1 = 35.85		K_1 = 43.56		K_1 = 50.96	
K_2 = 0.091		K_2 = 0.086		K_2 = 0.071		K_2 = 0.045		K_2 = 0.024	
u = 1.879		u = 1.86		u = 1.805		u = 1.726		u = 1.66	

注：a. 由表 5.4 查找槽尺寸和水头损失的值。

b. 流量增量的变化。

c. 应用每一组合列里底部 K_1、K_2、u 的值近似计算

Q 的公式：$Q = K_1(h_1 + K_2)^u$。

附表 3.3　矩形量水堰水头流量关系米制单位表（$X_c = 3\%$）[a]

$0.10\text{m} \leqslant b_c \leqslant 0.20\text{m}$ $L = 0.5\text{m}$				$0.20\text{ m} \leqslant b_c \leqslant 0.30\text{m}$ $L = 0.75\text{m}$			
h_1/m	$q/(\text{m}^2/\text{s})$（单宽流量）			h_1/m	$q/(\text{m}^2/\text{s})$（单宽流量）		
	$p_1 = 0.05\text{m}$	$p_1 = 0.1\text{m}$	$p_1 = \infty$		$p_1 = 0.05\text{m}$	$p_1 = 0.1\text{m}$	$p_1 = \infty$
0.014	0.0026	0.0026	0.0026				
0.016	0.0032	0.0032	0.0032				
0.018	0.0039	0.0039	0.0039				
0.020	0.0046	0.0045	0.0045	0.025	0.0064	0.0063	0.0063
0.022	0.0054	0.0053	0.0053	0.030	0.0085	0.0084	0.0084
0.024	0.0062	0.0061	0.0060	0.035	0.0108	0.0107	0.0107
0.026	0.0070	0.0069	0.0068	0.040	0.0133	0.0131	0.0131
0.028	0.0079	0.0077	0.0077	0.045	0.0160	0.0158	0.0157
0.030	0.0088	0.0086	0.0085	0.050	0.0189	0.0186	0.0184
0.032	0.0097	0.0095	0.0094	0.055	0.0220	0.0215	0.0213
0.034	0.0107	0.0104	0.0103	0.060	0.0252	0.0246	0.0244
0.036	0.0117	0.0114	0.0112	0.065	0.0285	0.0278	0.0275
0.038	0.0128	0.0124	0.0122	0.070	0.0321	0.0312	0.0308
0.040	0.0138	0.0134	0.0132	0.075	0.0357	0.0347	0.0342
0.042	0.0150	0.0145	0.0142	0.080	0.0396	0.0384	0.0377
0.044	0.0161	0.0156	0.0153	0.085	0.0435	0.0421	0.0414
0.046	0.0173	0.0167	0.0164	0.090	0.0476	0.0460	0.0451
0.048	0.0185	0.0178	0.0174	0.095	0.0519	0.0500	0.0489
0.050	0.0197	0.0190	0.0186	0.100	0.0563	0.0542	0.0529
0.055[b]	0.0230	0.0222	0.0215	0.110[b]	0.0654	0.0628	0.0611
0.060	0.0264	0.0253	0.0245	0.120	0.0751	0.0719	0.0697
0.065	0.0300	0.0286	0.0277	0.130	0.0854	0.0815	0.0786
0.070	0.0337	0.0322	0.0309	0.140	0.0961	0.0915	0.0880
0.075	0.0377	0.0359	0.0343	0.150	0.1073	0.1019	0.0976
0.080	0.0418	0.0397	0.0379	0.160	0.1190	0.1127	0.1076
0.085	0.0461	0.0436	0.0415	0.170	0.1311	0.1240	0.1179
0.090	0.0506	0.0477	0.0452	0.180	0.1438	0.1356	0.1285
0.095	0.0552	0.0520	0.0491	0.190	0.1566	0.1477	0.1393
0.100	0.0599	0.0564	0.0531	0.200	0.1700	0.1599	0.1504
0.105	0.0649	0.0609	0.0571	0.210	0.1838	0.1726	0.1618
0.110	0.0699	0.0656	0.0613	0.220	0.1981	0.1858	0.1735
0.115	0.0751	0.0704	0.0655	0.230	0.2130	0.1993	0.1855
0.120	0.0805	0.0753	0.0698				
0.125	0.0860	0.0803	0.0743				
0.130	0.0917	0.0855	0.0788				
ΔH[c]	0.011m 或 $0.1H_1$	0.019m 或 $0.1H_1$	$0.4H_1$	ΔH[c]	0.024m 或 $0.1H_1$	0.037m 或 $0.1H_1$	$0.4H_1$

注：a. $L_a \geqslant H_{1\max}$，$L_b = 3p_1$，$L_a + L_b \geqslant 3H_{1\max}$。

b. 流量增量的变化。

c. ΔH 表示突然扩展到矩形渠道上同样宽度的堰的突变高度，使用 $0.1H_1$ 和已给值的较大值，对于排入污水池的流量，水头损失为 $0.4H_1$。

附表 3.3 变量示意图。

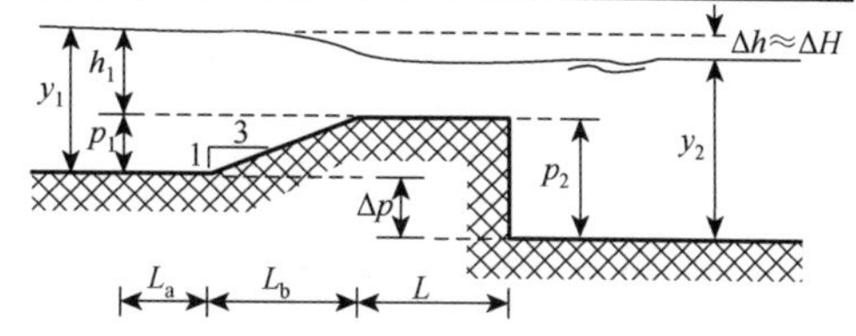

续表

0.30m≤b_c≤0.50m L = 0.5m				0.5m≤b_c≤1.0m L = 0.75m				
h_1/m	q/(m^2/s) （单宽流量）			h_1/m	q/(m^2/s) （单宽流量）			
	p_1 = 0.05m	p_1 = 0.1m	p_1 = ∞		p_1 = 0.1m	p_1 = 0.2m	p_1 = 0.3m	p_1 = ∞
				0.050	0.0186	0.0183	0.0182	0.0181
				0.055	0.0216	0.0212	0.0210	0.0209
0.035	0.0107	0.0106	0.0106	0.060	0.0248	0.0242	0.0240	0.0239
0.040	0.0133	0.0131	0.0130	0.065	0.0281	0.0274	0.0272	0.0270
0.045	0.0160	0.0157	0.0156	0.070	0.0315	0.0308	0.0305	0.0302
0.050	0.0188	0.0185	0.0183	0.075	0.0352	0.0342	0.0339	0.0336
0.055	0.0219	0.0214	0.0212	0.080	0.0389	0.0378	0.0374	0.0371
0.060	0.0251	0.0245	0.0242	0.085	0.0429	0.0416	0.0411	0.0407
0.065	0.0285	0.0278	0.0274	0.090	0.0469	0.0454	0.0449	0.0444
0.070	0.0320	0.0311	0.0307	0.095	0.0511	0.0494	0.0488	0.0482
0.075	0.0357	0.0347	0.0341	0.100	0.0554	0.0535	0.0528	0.0521
0.080	0.0395	0.0383	0.0376	0.110[b]	0.0645	0.0621	0.0612	0.0602
0.085	0.0434	0.0421	0.0412	0.120	0.0741	0.0711	0.0700	0.0687
0.090	0.0476	0.0460	0.0450	0.130	0.0842	0.0806	0.0792	0.0776
0.095	0.0518	0.0500	0.0488	0.140	0.0948	0.0905	0.0889	0.0869
0.100	0.0560	0.0541	0.0527	0.150	0.1059	0.1008	0.0989	0.0964
0.110[b]	0.0651	0.0626	0.0608	0.160	0.1175	0.1116	0.1094	0.1064
0.120	0.0748	0.0716	0.0693	0.170	0.1295	0.1227	0.1202	0.1166
0.130	0.0849	0.0811	0.0782	0.180	0.1420	0.1343	0.1313	0.1271
0.140	0.0955	0.0910	0.0875	0.190	0.1549	0.1463	0.1429	0.1380
0.150	0.1066	0.1014	0.0970	0.200	0.1683	0.1586	0.1548	0.1491
0.160	0.1182	0.1121	0.1069	0.220[b]	0.1963	0.1845	0.1797	0.1722
0.170	0.1302	0.1233	0.1172	0.240	0.2260	0.2120	0.2060	0.1964
0.180	0.1427	0.1349	0.1277	0.260	0.2570	0.2410	0.2340	0.2220
0.190	0.1556	0.1468	0.1385	0.280	0.2900	0.2710	0.2620	0.2480
0.200	0.1690	0.1592	0.1496	0.300	0.3250	0.3020	0.2930	0.2750
0.220[b]	0.1971	0.1850	0.1728	0.320	0.3610	0.3350	0.3240	0.3030
0.240	0.2270	0.2120	0.1970	0.340	0.3980	0.3690	0.3570	0.3320
0.260	0.2580	0.2410	0.2220	0.360	0.4370	0.4050	0.3900	0.3620
0.280	0.2910	0.2710	0.2480	0.380		0.4420	0.4260	0.3930
0.300	0.3260	0.3030	0.2760	0.400		0.4800	0.4620	0.4250
0.320	0.3610	0.3360	0.3040	0.420		0.5190	0.4990	0.4570
				0.440		0.5600	0.5380	0.4900
				0.460		0.6010	0.5770	0.5240

续表

$0.30\text{m}\leqslant b_c\leqslant 0.50\text{m}$ $L=0.5\text{m}$				$0.5\text{m}\leqslant b_c\leqslant 1.0\text{m}$ $L=0.75\text{m}$				
h_1/m	$q/(\text{m}^2/\text{s})$（单宽流量）			h_1/m	$q/(\text{m}^2/\text{s})$（单宽流量）			
	$p_1=0.05\text{m}$	$p_1=0.1\text{m}$	$p_1=\infty$		$p_1=0.1\text{m}$	$p_1=0.2\text{m}$	$p_1=0.3\text{m}$	$p_1=\infty$
				0.480		0.6440	0.6180	0.5590
				0.500		0.6880	0.6600	0.5940
ΔH[c]	0.011m 或 $0.1H_1$	0.019m 或 $0.1H_1$	$0.4H_1$	ΔH[c]	0.024m 或 $0.1H_1$	0.037m 或 $0.1H_1$	0.063m 或 $0.1H_1$	$0.4H_1$

注：a. $L_a\geqslant H_{1\max}$，$L_b=3p_1$，$L_a+L_b\geqslant 3H_{1\max}$。

b. 流量增量的变化。

c. ΔH 表示突然扩展到矩形渠道上同样宽度的堰的突变高度，使用 $0.1H_1$ 和已给值的较大值，对于排入污水池的流量，水头损失为 $0.4H_1$。

续表

$1.0\text{m}\leqslant b_c\leqslant 2.0\text{m}$ $L=1.0\text{m}$					$b_c\geqslant 2.0\text{m}$ $L=1.0\text{m}$				
h_1/m	$q/(\text{m}^2/\text{s})$（单宽流量）				h_1/m	$q/(\text{m}^2/\text{s})$（单宽流量）			
	$p_1=0.2\text{m}$	$p_1=0.3\text{m}$	$p_1=0.4\text{m}$	$p_1=\infty$		$p_1=0.2\text{m}$	$p_1=0.4\text{m}$	$p_1=0.6\text{m}$	$p_1=\infty$
					0.10	0.0532	0.0522	0.0518	0.0516
					0.12	0.0708	0.0692	0.0687	0.0683
0.07	0.0303	0.0301	0.0300	0.0298	0.14	0.0902	0.0879	0.0871	0.0864
0.08	0.0374	0.0370	0.0368	0.0366	0.16	0.1114	0.1081	0.1070	0.1060
0.09	0.0450	0.0445	0.0442	0.0439	0.18	0.1342	0.1298	0.1283	0.1268
0.10	0.0530	0.0524	0.0521	0.0516	0.20	0.1586	0.1529	0.1510	0.1489
0.11	0.0616	0.0608	0.0603	0.0597	0.22	0.1846	0.1774	0.1749	0.1721
0.12	0.0706	0.0696	0.0691	0.0683	0.24	0.2120	0.2030	0.2000	0.1964
0.13	0.0801	0.0788	0.0782	0.0771	0.26	0.2410	0.2300	0.2260	0.2220
0.14	0.0900	0.0885	0.0877	0.0864	0.28	0.2710	0.2590	0.2540	0.2480
0.15	0.1004	0.0985	0.0976	0.0960	0.30	0.3030	0.2880	0.2830	0.2750
0.16	0.1111	0.1089	0.1078	0.1059	0.32	0.3360	0.3190	0.3120	0.3040
0.17	0.1223	0.1198	0.1185	0.1161	0.34	0.3710	0.3510	0.3430	0.3330
0.18	0.1339	0.1310	0.1295	0.1267	0.36	0.4060	0.3840	0.3750	0.3630
0.19	0.1459	0.1425	0.1408	0.1375	0.38	0.4430	0.4180	0.4080	0.3940
0.20	0.1582	0.1545	0.1525	0.1487	0.40	0.4820	0.4530	0.4420	0.4260
0.22[b]	0.1841	0.1794	0.1769	0.1718	0.42	0.5210	0.4900	0.4770	0.4580
0.24	0.2120	0.2060	0.2030	0.1961	0.44	0.5620	0.5270	0.5130	0.4910

续表

$1.0\text{m} \leqslant b_c \leqslant 2.0\text{m}$ $L=1.0\text{m}$					$b_c \geqslant 2.0\text{m}$ $L=1.0\text{m}$				
h_1/m	$q/(\text{m}^2/\text{s})$（单宽流量）				h_1/m	$q/(\text{m}^2/\text{s})$（单宽流量）			
	$p_1=0.2\text{m}$	$p_1=0.3\text{m}$	$p_1=0.4\text{m}$	$p_1=\infty$		$p_1=0.2\text{m}$	$p_1=0.4\text{m}$	$p_1=0.6\text{m}$	$p_1=\infty$
0.26	0.2400	0.2330	0.2300	0.2210	0.46	0.6040	0.5660	0.5500	0.5260
0.28	0.2710	0.2620	0.2580	0.2480	0.48	0.6470	0.6050	0.5880	0.5600
0.30	0.3020	0.2930	0.2870	0.2750	0.50	0.6910	0.6460	0.6270	0.5960
0.32	0.3350	0.3240	0.3180	0.3030	0.55[b]	0.8070	0.7520	0.7290	0.6880
0.34	0.3700	0.3570	0.3500	0.3320	0.60	0.9300	0.8640	0.8360	0.7850
0.36	0.4050	0.3910	0.3830	0.3620	0.65	1.0600	0.9820	0.9480	0.8860
0.38	0.4420	0.4260	0.4170	0.3930	0.70	1.1950	1.1060	1.0660	0.9900
0.40	0.4800	0.4620	0.4520	0.4250	0.75		1.2360	1.1900	1.0980
0.42	0.5200	0.5000	0.4880	0.4570	0.80		1.3710	1.3180	1.2100
0.44	0.5600	0.5380	0.5260	0.4900	0.85		1.5120	1.4530	1.3260
0.46	0.6020	0.5780	0.5640	0.5240	0.90		1.6580	1.5910	1.4450
0.48	0.6450	0.6190	0.6030	0.5590	0.95		1.8100	1.7350	1.5680
0.50	0.6890	0.6610	0.6440	0.5950	1.00		1.9660	1.8830	1.6930
0.55[b]	0.8050	0.7700	0.7500	0.6870					
0.60	0.9270	0.8860	0.8610	0.7830					
0.65	1.0560	1.0080	0.9790	0.8840					
ΔH[c]	0.052m 或 $0.1H_1$	0.068m 或 $0.1H_1$	0.083m 或 $0.1H_1$	$0.4H_1$	ΔH[c]	0.024m 或 $0.1H_1$	0.037m 或 $0.1H_1$	0.121m 或 $0.1H_1$	$0.4H_1$

注：a. $L_a \geqslant H_{1\max}$，$L_b=3p_1$，$L_a+L_b \geqslant 3H_{1\max}$。

b. 流量增量的变化。

c. ΔH 表示突然扩展到矩形渠道上同样宽度的堰的突变高度，使用 $0.1H_1$ 和已给值的较大值，对于排入污水池的流量，水头损失为 $0.4H_1$。

附表 3.4　矩形量水堰水头流量关系英制单位表（$X_c=3\%$）[a]

$0.35\text{ft} \leqslant b_c \leqslant 0.65\text{ft}$ $L=0.75\text{ft}$				$0.65\text{ft} \leqslant b_c \leqslant 1.0\text{ft}$ $L=1.0\text{ft}$			
h_1/ft	$q/(\text{ft}^2/\text{s})$（单宽流量）			h_1/ft	$q/(\text{ft}^2/\text{s})$（单宽流量）		
	$p_1=0.125\text{ft}$	$p_1=0.25\text{ft}$	$p_1=\infty$		$p_1=0.25\text{ft}$	$p_1=0.5\text{ft}$	$p_1=\infty$
0.07	0.0554	0.0542	0.0537	0.12	0.1263	0.1240	0.1231
0.08	0.0685	0.0669	0.0661	0.13	0.1433	0.1405	0.1392
0.09	0.0827	0.0806	0.0794	0.14	0.1610	0.1576	0.1560
0.10	0.0979	0.0951	0.0934	0.15	0.1795	0.1754	0.1733
0.11	0.1140	0.1104	0.1081	0.16	0.1987	0.1939	0.1913

续表

0.35ft≤b_c≤0.65ft L = 0.75ft				0.65ft≤b_c≤1.0ft L = 1.0ft			
h_1/ft	q/(ft²/s)（单宽流量）			h_1/ft	q/(ft²/s)（单宽流量）		
	p_1 = 0.125ft	p_1 = 0.25ft	$p_1 = \infty$		p_1 = 0.25ft	p_1 = 0.5ft	$p_1 = \infty$
0.12	0.1310	0.1265	0.1236	0.17	0.2190	0.2130	0.2100
0.13	0.1489	0.1434	0.1397	0.18	0.2390	0.2330	0.2290
0.14	0.1677	0.1611	0.1565	0.19	0.2610	0.2530	0.2490
0.15	0.1873	0.1795	0.1739	0.20	0.2830	0.2740	0.2690
0.16	0.2080	0.1987	0.1918	0.22[b]	0.3280	0.3180	0.3110
0.17	0.2290	0.2190	0.2100	0.24	0.3770	0.3640	0.3550
0.18	0.2510	0.2390	0.2300	0.26	0.4280	0.4120	0.4010
0.19	0.2740	0.2600	0.2490	0.28	0.4810	0.4620	0.4480
0.20	0.2970	0.2820	0.2690	0.30	0.5370	0.5140	0.4980
0.21	0.3220	0.3050	0.2900	0.32	0.5960	0.5690	0.5490
0.22	0.3470	0.3280	0.3110	0.34	0.6560	0.6250	0.6010
0.23	0.3730	0.3520	0.3330	0.36	0.7190	0.6840	0.6560
0.24	0.3990	0.3760	0.3550	0.38	0.7840	0.7440	0.7120
0.25	0.4260	0.4020	0.3780	0.40	0.8510	0.8070	0.7690
0.26	0.4540	0.4270	0.4010	0.42	0.9200	0.8710	0.8280
0.27	0.4830	0.4540	0.4240	0.44	0.9920	0.9370	0.8880
0.28	0.5120	0.4810	0.4480	0.46	1.0650	1.0050	0.9500
0.29	0.5430	0.5080	0.4730	0.48	1.1410	1.0750	1.0130
0.30	0.5730	0.5370	0.4980	0.50	1.2190	1.1460	1.0770
0.32[b]	0.6370	0.5950	0.5490	0.52	1.2990	1.2200	1.1430
0.34	0.7030	0.6550	0.6020	0.54	1.3800	1.2950	1.2100
0.36	0.7710	0.7180	0.6560	0.56	1.4640	1.3710	1.2780
0.38	0.8420	0.7830	0.7120	0.58	1.5490	1.4500	1.3470
0.40	0.9150	0.8500	0.7690	0.60	1.6370	1.5300	1.4180
0.42	0.9910	0.9190	0.8280	0.62	1.7260	1.6120	1.4900
0.44	1.0690	0.9900	0.8880	0.64	1.8170	1.6950	1.5620
0.46	1.1490	1.0640	0.9490	0.66	1.9100	1.7800	1.6370
0.48	1.2320	1.1390	1.0120	0.68	2.0100	1.8670	1.7120
0.50	1.3170	1.2170	1.0760				
ΔH[c]	0.04ft 或 $0.1H_1$	0.06ft 或 $0.1H_1$	$0.4H_1$	ΔH[c]	0.06ft 或 $0.1H_1$	0.10ft 或 $0.1H_1$	$0.4H_1$

注：a. $L_a \geqslant H_{1\max}$，$L_b = 3p_1$，$L_a + L_b \geqslant 3H_{1\max}$。

b. 流量增量的变化。

c. ΔH 表示突然扩展到矩形渠道上同样宽度的堰的突变高度，使用 $0.1H_1$ 和已给值的较大值，对于排入污水池的流量，水头损失为 $0.4H_1$。

附表 3.4 变量示意图。

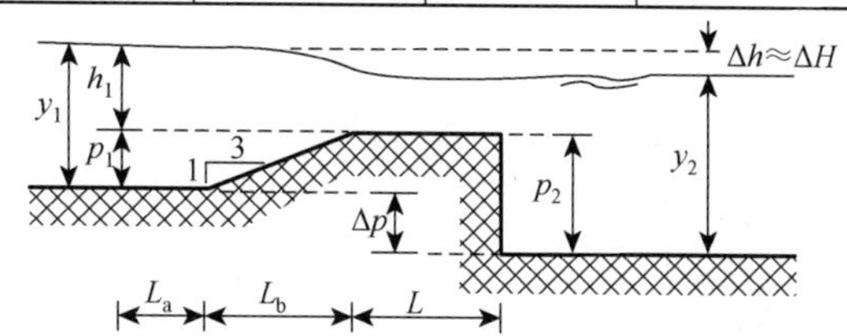

续表

$1.0\text{ft}\leqslant b_c\leqslant 1.5\text{ft}$ $L=1.5\text{ft}$				$1.5\text{ft}\leqslant b_c\leqslant 3.0\text{ft}$ $L=2.25\text{ft}$				
h_1/ft	$q/(\text{ft}^2/\text{s})$ （单宽流量）			h_1/ft	$q/(\text{ft}^2/\text{s})$ （单宽流量）			
	$p_1=0.25\text{ft}$	$p_1=0.50\text{ft}$	$p_1=\infty$		$p_1=0.25\text{ft}$	$p_1=0.5\text{ft}$	$p_1=1.0\text{ft}$	$p_1=\infty$
0.14	0.1600	0.1567	0.1550	0.24	0.372	0.359	0.352	0.350
0.16	0.1976	0.1929	0.1904	0.26	0.422	0.407	0.399	0.395
0.18	0.2380	0.2320	0.2880	0.28	0.475	0.456	0.447	0.442
0.20	0.2810	0.2730	0.2680	0.30	0.530	0.508	0.497	0.491
0.22	0.3270	0.3170	0.3100	0.32	0.587	0.562	0.549	0.542
0.24	0.3760	0.3630	0.3540	0.34	0.647	0.618	0.602	0.594
0.26	0.4270	0.4110	0.4000	0.36	0.709	0.676	0.658	0.648
0.28	0.4800	0.4610	0.4470	0.38	0.744	0.736	0.715	0.703
0.30	0.5360	0.5130	0.4970	0.40	0.840	0.798	0.774	0.760
0.32	0.5960	0.5680	0.5480	0.42	0.909	0.861	0.834	0.818
0.34	0.6550	0.6240	0.6010	0.44	0.979	0.927	0.897	0.878
0.36	0.7180	0.6830	0.6550	0.46	1.052	0.994	0.961	0.939
0.38	0.7810	0.7430	0.7110	0.48	1.127	1.063	1.026	1.002
0.40	0.8480	0.8040	0.7670	0.50	1.204	1.134	1.093	1.065
0.42	0.9160	0.8680	0.8250	0.55[b]	1.405	1.319	1.268	1.231
0.44	0.9870	0.9330	0.8850	0.60	1.617	1.515	1.451	1.404
0.46	1.0600	1.0010	0.9460	0.65	1.841	1.721	1.644	1.585
0.48	1.1350	1.0700	1.0090	0.70	2.080	1.936	1.845	1.772
0.50	1.2120	1.1410	1.0720	0.75	2.320	2.170	2.600	1.969
0.55[b]	1.4130	1.3260	1.2380	0.80	2.580	2.400	2.270	2.170
0.60	1.6260	1.5210	1.4110	0.85	2.850	2.640	2.510	2.380
0.65	1.8510	1.7280	1.5920	0.90	3.130	2.900	2.740	2.590
0.70	2.0900	1.9440	1.7800	0.95	3.420	3.160	2.980	2.820
0.75	2.3300	2.1700	1.9780	1.00	3.710	3.430	3.230	3.040
0.80	2.5900	2.4100	2.1800	1.05		2.710	3.490	3.270
0.85	2.8700	2.6500	2.3900	1.10		4.000	3.760	3.510
0.90	3.1400	2.9100	2.6000	1.15		4.300	4.030	3.750
0.95		3.1700	2.8200	1.20		4.610	4.310	4.000
1.00		3.4400	3.0500	1.25		4.920	4.600	4.250
				1.30		5.250	4.900	4.510
				1.35		5.580	5.200	4.770
				1.40		5.920	5.510	2.040
				1.45		6.260	5.830	5.320
				1.50		6.620	6.150	5.590
ΔH[c]	0.07ft 或 $0.1H_1$	0.11ft 或 $0.1H_1$	$0.4H_1$	ΔH[c]	0.07ft 或 $0.1H_1$	0.13ft 或 $0.1H_1$	0.20ft 或 $0.1H_1$	$0.4H_1$

注：a. $L_a\geqslant H_{1\max}$，$L_b=3p_1$，$L_a+L_b\geqslant 3H_{1\max}$。

b. 流量增量的变化。

c. ΔH 表示突然扩展到矩形渠道上同样宽度的堰的突变高度，使用 $0.1H_1$ 和已给值的较大值，对于排入污水池的流量，水头损失为 $0.4H_1$。

续表

$3.0ft \leqslant b_c \leqslant 6.0ft$ $L = 3.0ft$					$b_c \geqslant 6.0ft$ $L = 4.5ft$				
h_1/ft	$q/(ft^2/s)$（单宽流量）				h_1/ft	$q/(ft^2/s)$（单宽流量）			
	$p_1 = 0.5ft$	$p_1 = 1.0ft$	$p_1 = 1.5ft$	$p_1 = \infty$		$p_1 = 1.0ft$	$p_1 = 1.5ft$	$p_1 = 2.0ft$	$p_1 = \infty$
					0.45	0.913	0.903	0.898	0.891
					0.50	1.077	1.064	1.057	1.048
0.30	0.504	0.493	0.489	0.486	0.55	1.251	1.234	1.225	1.213
0.35	0.642	0.626	0.620	0.615	0.60	1.434	1.413	1.402	1.386
0.40	0.793	0.770	0.762	0.755	0.65	1.627	1.600	1.587	1.566
0.45	0.955	0.924	0.914	0.903	0.70	1.828	1.796	1.780	1.754
0.50	1.129	1.089	1.075	1.060	0.75	2.040	2.000	1.982	1.949
0.55	1.314	1.263	1.246	1.226	0.80	2.260	2.210	2.190	2.150
0.60	1.510	1.447	1.425	1.399	0.85	2.490	2.430	2.410	2.360
0.65	1.716	1.640	1.613	1.580	0.90	2.720	2.660	2.630	2.570
0.70	1.932	1.842	1.809	1.768	0.95	2.960	2.900	2.860	2.790
0.75	2.160	2.050	2.010	1.963	1.00	3.220	3.140	3.100	3.020
0.80	2.400	2.270	2.230	2.160	1.10[b]	3.740	3.640	3.590	3.490
0.85	2.640	2.500	2.450	2.370	1.20	4.300	4.180	4.120	3.980
0.90	2.900	2.740	2.670	2.590	1.30	4.880	4.740	4.660	4.500
0.95	3.160	2.980	2.910	2.810	1.40	5.500	5.330	5.240	5.030
1.00	3.430	3.230	3.150	3.030	1.50	6.140	5.940	5.830	5.580
1.05	3.710	3.490	3.400	3.270	1.60	6.810	6.580	6.460	6.150
1.10	4.000	3.760	3.660	3.500	1.70	7.510	7.250	7.100	6.750
1.15	4.300	4.030	3.920	3.750	1.80	8.230	7.940	7.770	7.350
1.20	4.610	4.310	4.190	4.000	1.90	8.980	8.650	8.460	7.980
1.25	4.930	4.600	4.470	4.250	2.00	9.760	9.390	9.180	8.620
1.30	5.250	4.900	4.750	4.510	2.10	10.560	10.150	9.910	9.280
1.35	5.580	5.200	5.050	4.770	2.20	11.380	10.930	10.670	9.960
1.40	5.920	5.510	5.340	5.040	2.30	12.230	11.740	11.450	10.640
1.45	6.270	5.830	5.650	5.320	2.40	13.110	12.570	12.250	11.350
1.50	6.620	6.160	5.960	5.600	2.50	14.000	13.420	13.070	12.070
1.60[b]	7.360	6.830	6.600	6.170	2.60	14.920	14.290	13.910	12.810
1.70	8.120	7.520	7.260	6.760	2.70	15.870	15.180	14.780	13.560
1.80	8.910	8.250	7.950	7.370	2.80	16.830	16.100	15.660	14.320
1.90		9.000	8.660	7.990	2.90	17.820	17.040	16.560	15.100
2.00		9.770	9.400	8.630	3.00	18.830	17.990	17.490	15.890

续表

3.0ft≤b_c≤6.0ft L = 3.0ft					b_c≥6.0ft L = 4.5ft				
h_1/ft	q/(ft²/s)（单宽流量）				h_1/ft	q/(ft²/s)（单宽流量）			
	p_1 = 0.5ft	p_1 = 1.0ft	p_1 = 1.5ft	p_1 = ∞		p_1 = 1.0ft	p_1 = 1.5ft	p_1 = 2.0ft	p_1 = ∞
ΔH[c]	0.14ft 或 $0.1H_1$	0.22ft 或 $0.1H_1$	0.29ft 或 $0.1H_1$	$0.4H_1$	ΔH[c]	0.25ft0 或 $0.1H_1$	0.33ft 或 $0.1H_1$	0.40ft 或 $0.1H_1$	$0.4H_1$

注：a. $L_a \geqslant H_{1\max}$，$L_b = 3p_1$，$L_a + L_b \geqslant 3H_{1\max}$。

b. 流量增量的变化。

c. ΔH 表示突然扩展到矩形渠道上同样宽度的堰的突变高度，使用 $0.1H_1$ 和已给值的较大值，对于排入污水池的流量，水头损失为 $0.4H_1$。

附表 3.5　三角形喉道结构水头流量关系表（$X_c = 2\%$）[a]

米制单位				英制单位			
h_1/m	Q/(m³/s)			h_1/ft	Q/(ft³/s)		
	$z_c = 1$	$z_c = 2$	$z_c = 3$		$z_c = 1$	$z_c = 2$	$z_c = 3$
				0.25	0.063	0.130	0.196
				0.30	0.101	0.207	0.313
				0.35	0.149	0.308	0.465
				0.40	0.211	0.434	0.655
0.08	0.0020	0.0042	0.0063	0.45	0.286	0.587	0.885
0.10	0.0036	0.0074	0.0111	0.50	0.376	0.769	1.159
0.12	0.0057	0.0118	0.0178	0.55	0.480	0.981	1.480
0.14	0.0085	0.0175	0.0264	0.60	0.600	1.225	1.849
0.16	0.0121	0.0247	0.0372	0.65	0.737	1.504	2.270
0.18	0.0163	0.0333	0.0503	0.70	0.891	1.817	2.740
0.20	0.0214	0.0436	0.0658	0.75	1.063	2.170	3.270
0.22	0.0273	0.0556	0.0840	0.80	1.254	2.560	3.860
0.24	0.0341	0.0695	0.1049	0.85	1.465	2.980	4.510
0.26	0.0419	0.0853	0.1288	0.90	1.695	3.450	5.220
0.28	0.0506	0.1031	0.1557	0.95	1.947	3.970	5.990
0.30	0.0604	0.1230	0.1858	1.00	2.220	4.520	6.830
0.32	0.0712	0.1451	0.2190	1.05	2.510	5.120	7.750
0.34	0.0831	0.1694	0.2560	1.10	2.830	5.770	8.730
0.36	0.0962	0.1961	0.2970	1.15	3.170	6.470	9.780
0.38	0.1104	0.2250	0.3410	1.20	3.540	7.210	10.910
0.40	0.1259	0.2570	0.3890	1.25	3.930	8.010	12.120

续表

米制单位				英制单位			
h_1/m	Q/(m^3/s)			h_1/ft	Q/(ft^3/s)		
	$z_c=1$	$z_c=2$	$z_c=3$		$z_c=1$	$z_c=2$	$z_c=3$
0.42	0.1426	0.2910	0.4410	1.30	4.340	8.860	13.410
0.44	0.1607	0.3280	0.4970	1.35	4.780	9.760	14.770
0.46	0.1800	0.3680	0.5580	1.40	5.250	10.710	16.230
0.48	0.2010	0.4100	0.6220	1.45	5.740	11.720	17.760
0.50	0.2230	0.4560	0.6920	1.50	6.260	12.790	19.380
0.55[b]	0.2850	0.5830	0.8860	1.60[b]	7.380	15.100	22.900
0.60	0.3560	0.7290	1.1080	1.70	8.620	17.650	26.800
0.65	0.4370	0.8980	1.3650	1.80	9.980	20.400	31.000
0.70	0.5280	1.0870	1.6530	1.90	11.470	23.500	35.700
0.75	0.6310	1.3000	1.9800	2.00	13.080	26.800	40.800
0.80	0.7450	1.5360	2.3400	2.10	14.820	30.400	46.300
				2.20	16.710	34.300	52.200
				2.30	18.730	38.500	58.600
				2.40	20.900	43.000	65.500
				2.50	23.200	47.800	72.800
				2.60	25.700	52.900	80.600
ΔH[c]	0.09m	0.07m 或 $0.1H_1$	0.06m 或 $0.1H_1$	ΔH[c]	0.30ft	0.22ft 或 $0.1H_1$	0.19ft 或 $0.1H_1$

注：a. $b_1=b_2=0.60$m，$b_c=0$，$p_1=p_2=0.15$m，$L_a=0.90$m，$L_b=1.0$m，$L=1.2$m，$z_1=z_c=z_2$。

b. 流量增量的变化。

c. 突然扩散到一个静水池中，$\Delta H=0.24H_1$。

附表 3.5 变量示意图。

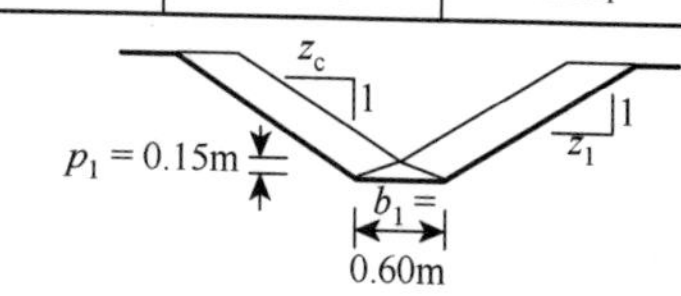

附表 3.6 直径 1m 的圆形管道水头流量关系米制单位表（$X_c=2\%$）[a]

h_1/m	Q/(m^3/s)						
	$p_1=0.20$m	$p_1=0.25$m	$p_1=0.30$m	$p_1=0.35$m	$p_1=0.40$m	$p_1=0.45$m	$p_1=0.50$m
0.06				0.0232	0.0238	0.0242	0.0243
0.08	0.0323	0.0335	0.0351	0.0363	0.0372	0.0377	0.0377
0.10	0.0463	0.0480	0.0500	0.0515	0.0525	0.0530	0.0530
0.12	0.0624	0.0644	0.0668	0.0686	0.0697	0.0702	0.0700
0.14	0.0804	0.0828	0.0855	0.0875	0.0886	0.0890	0.0885
0.16	0.1004	0.1029	0.1060	0.1080	0.1091	0.1093	0.1084
0.18	0.1222	0.1249	0.1281	0.1302	0.1312	0.1311	0.1297
0.20	0.1459	0.1486	0.1519	0.1539	0.1547	0.1542	0.1523
0.22	0.1714	0.1740	0.1773	0.1791	0.1796	0.1786	0.1760

续表

h_1/m	Q/(m^3/s)						
	$p_1=0.20$m	$p_1=0.25$m	$p_1=0.30$m	$p_1=0.35$m	$p_1=0.40$m	$p_1=0.45$m	$p_1=0.50$m
0.24	0.1986	0.2010	0.2040	0.2060	0.2060	0.2040	0.2010
0.26	0.2280	0.2300	0.2330	0.2340	0.2330	0.2310	0.2270
0.28	0.2580	0.2600	0.2620	0.2630	0.2620	0.2590	0.2530
0.30	0.2910	0.2920	0.2940	0.2940	0.2920	0.2880	0.2810
0.32	0.3250	0.3250	0.3260	0.3260	0.3230	0.3180	0.3100
0.34	0.3600	0.3600	0.3600	0.3590	0.3550	0.3490	0.3390
0.36	0.3970	0.3960	0.3960	0.3930	0.3880	0.3800	0.3690
0.38	0.4360	0.4330	0.4320	0.4290	0.4220	0.4130	
0.40	0.4760	0.4720	0.4700	0.4650	0.4570	0.4460	
0.42	0.5180	0.5120	0.5090	0.5030	0.4930		
0.44	0.5610	0.5530	0.5490	0.5410	0.5300		
0.46		0.5960	0.5900	0.5810	0.5680		
0.48		0.6400	0.6320	0.6210			
0.50		0.6850	0.6750	0.6620			
0.52		0.7310	0.7200				
0.54		0.7790	0.7650				
0.56		0.8270	0.8110				
0.58		0.8770					
0.60		0.9280					

注：a. 由表 5.6 查找槽尺寸和水头损失的值。

附表 3.7　直径 1ft 的圆形管道水头流量关系英制单位表（$X_c=2\%$）[a]

h_1/ft	Q/(ft^3/s)						
	$p_1=0.20$ft	$p_1=0.25$ft	$p_1=0.30$ft	$p_1=0.35$ft	$p_1=0.40$ft	$p_1=0.45$ft	$p_1=0.50$ft
0.06			0.040	0.041	0.042	0.043	0.043
0.08	0.058	0.060	0.063	0.065	0.066	0.067	0.067
0.10	0.083	0.087	0.090	0.093	0.094	0.095	0.095
0.12	0.112	0.117	0.121	0.124	0.126	0.126	0.126
0.14	0.145	0.150	0.155	0.158	0.160	0.160	0.159
0.16	0.181	0.187	0.192	0.196	0.197	0.197	0.196
0.18	0.221	0.227	0.232	0.236	0.237	0.237	0.234
0.20	0.264	0.270	0.276	0.279	0.280	0.279	0.275
0.22	0.311	0.317	0.322	0.325	0.325	0.323	0.318
0.24	0.360	0.366	0.371	0.374	0.373	0.370	0.363
0.26	0.413	0.418	0.423	0.425	0.423	0.418	0.410
0.28	0.469	0.473	0.477	0.478	0.475	0.469	0.459

续表

h_1/ft	Q/(ft^3/s)						
	p_1 = 0.20ft	p_1 = 0.25ft	p_1 = 0.30ft	p_1 = 0.35ft	p_1 = 0.40ft	p_1 = 0.45ft	p_1 = 0.50ft
0.30	0.527	0.531	0.534	0.534	0.530	0.522	0.509
0.32	0.589	0.592	0.594	0.592	0.586	0.576	0.561
0.34	0.654	0.655	0.656	0.652	0.645	0.632	0.614
0.36	0.722	0.721	0.720	0.715	0.705	0.690	0.669
0.38	0.792	0.789	0.786	0.779	0.767	0.749	
0.40	0.865	0.860	0.855	0.845	0.831	0.810	
0.42	0.941	0.933	0.926	0.914	0.896		
0.44	1.019	1.008	0.999	0.984	0.963		
0.46		1.086	1.074	1.056	1.031		
0.48		1.166	1.151	1.129			
0.50		1.249	1.230	1.205			
0.52		1.333	1.311				
0.54		1.420	1.393				
0.56		1.509	1.478				
0.58		1.600					
0.60		1.693					

注：a. 由表5.6查找槽尺寸和水头损失的值。

附表3.8 移动式量水堰水头流量关系米制单位表（X_c = 3%）[a]

L = 0.50m 0.3m≤b_c≤2.0m			L = 0.75m 0.5m≤b_c≤3.0m			L = 1.00m 1.0m≤b_c≤4.0m		
h_1/m	q/(m^2/s)（单宽流量）		h_1/m	q/(m^2/s)（单宽流量）		h_1/m	q/(m^2/s)（单宽流量）	
	底部降落	底闸流量		底部降落	底闸流量		底部降落	底闸流量
0.05	0.0185	0.0185				0.10	0.0520	0.0519
0.06	0.0245	0.0245				0.12	0.0687	0.0686
0.07	0.0310	0.0310	0.07	0.0305	0.0305	0.14	0.0869	0.0868
0.08	0.0380	0.0379	0.08	0.0374	0.0374	0.16	0.1066	0.1064
0.09	0.0455	0.0454	0.09	0.0448	0.0448	0.18	0.1275	0.1272
0.10	0.0534	0.0533	0.10	0.0526	0.0525	0.20	0.1498	0.1493
0.11	0.0617	0.0615	0.11	0.0608	0.0607	0.22	0.1733	0.1726
0.12	0.0704	0.0701	0.12	0.0694	0.0693	0.24	0.1979	0.1970
0.13	0.0796	0.0792	0.13	0.0784	0.0783	0.26	0.2240	0.2230
0.14	0.0891	0.0886	0.14	0.0878	0.0876	0.28	0.2510	0.2490
0.15	0.0990	0.0983	0.15	0.0976	0.0973	0.30	0.2780	0.2770
0.16	0.1093	0.1085	0.16	0.1076	0.1073	0.32	0.3080	0.3050

续表

$L=0.50m$ $0.3m \leqslant b_c \leqslant 2.0m$			$L=0.75m$ $0.5m \leqslant b_c \leqslant 3.0m$			$L=1.00m$ $1.0m \leqslant b_c \leqslant 4.0m$		
h_1/m	$q/(m^2/s)$（单宽流量）		h_1/m	$q/(m^2/s)$（单宽流量）		h_1/m	$q/(m^2/s)$（单宽流量）	
	底部降落	底闸流量		底部降落	底闸流量		底部降落	底闸流量
0.17	0.1200	0.1189	0.17	0.1181	0.1176	0.34	0.3380	0.3350
0.18	0.1310	0.1297	0.18	0.1288	0.1283	0.36	0.3690	0.3650
0.19	0.1424	0.1408	0.19	0.1399	0.1393	0.38	0.4010	0.3960
0.20	0.1542	0.1523	0.20	0.1513	0.1505	0.40	0.4340	0.4290
0.22[b]	0.1789	0.1761	0.22[b]	0.1751	0.1740	0.42	0.4680	0.4620
0.24	0.2050	0.2010	0.24	0.2000	0.1986	0.44	0.5030	0.4960
0.26	0.2330	0.2270	0.26	0.2260	0.2240	0.46	0.5400	0.5310
0.28	0.2620	0.2550	0.28	0.2540	0.2510	0.48	0.5770	0.5670
0.30	0.2920	0.2830	0.30	0.2820	0.2790	0.50	0.6150	0.6030
0.32	0.3250	0.3130	0.32	0.3120	0.3080	0.55[b]	0.7160	0.6990
0.34	0.3590	0.3440	0.34	0.3430	0.3380	0.60	0.8230	0.7990
0.36	0.3940	0.3760	0.36	0.3750	0.3690	0.65	0.9380	0.9050
0.38	0.4320	0.4090	0.38	0.4090	0.4010	0.70	1.0600	1.0160
0.40	0.4720	0.4440	0.40	0.4430	0.4330	0.75	1.1900	1.1320
0.42	0.5140	0.4800	0.42	0.4790	0.4670	0.80	1.3290	1.2530
0.44	0.5580	0.5160	0.44	0.5160	0.5020	0.85	1.4780	1.3800
0.46	0.6060	0.5540	0.46	0.5550	0.5380	0.90	1.6390	1.5120
0.48		0.5940	0.48	0.5950	0.5740	0.95		1.6500
			0.50	0.6360	0.6120			
			0.55[b]	0.7460	0.7110			
			0.60	0.8650	0.8150			
			0.65	0.9960	0.9260			
$\Delta H=$	0.13m	0.11m	$\Delta H=$	0.20m	0.17m	$\Delta H=$	0.26m	0.22m

注：a. 堰尺寸：$L_b=0.1H_{1max}=0.1L$，$L_a=2H_{1max}=2L$。

底部降落：$y_1=1.33H_{1max}$，$p_{1min}=0.33H_{1max}$。

底部通道：$y_1=2H_{1max}+0.05m$，$p_{1min}=H_{1max}+0.05m$。

b. 水头增量的改变。

附表 3.9　移动式量水堰水头流量关系英制单位表（$X_c=3\%$）[a]

$L=1.0ft$ $1.0ft \leqslant b_c \leqslant 4.0ft$			$L=2.0ft$ $1.5ft \leqslant b_c \leqslant 8ft$			$L=3.0ft$ $3.0ft \leqslant b_c \leqslant 12ft$		
h_1/ft	$q/(ft^2/s)$（单宽流量）		h_1/ft	$q/(ft^2/s)$（单宽流量）		h_1/ft	$q/(ft^2/s)$（单宽流量）	
	底部降落	底闸流量		底部降落	底闸流量		底部降落	底闸流量
0.10	0.094	0.094						
0.12	0.125	0.125				0.30	0.483	0.487
0.14	0.158	0.158				0.35	0.617	0.617

续表

$L=1.0$ft 1.0ft≤b_c≤4.0ft			$L=2.0$ft 1.5ft≤b_c≤8ft			$L=3.0$ft 3.0ft≤b_c≤12ft		
h_1/ft	$q/(\mathrm{ft}^2/\mathrm{s})$（单宽流量）		h_1/ft	$q/(\mathrm{ft}^2/\mathrm{s})$（单宽流量）		h_1/ft	$q/(\mathrm{ft}^2/\mathrm{s})$（单宽流量）	
	底部降落	底闸流量		底部降落	底闸流量		底部降落	底闸流量
0.16	0.194	0.194				0.40	0.750	0.755
0.18	0.232	0.232	0.20	0.270	0.270	0.45	0.900	0.905
0.20	0.272	0.273	0.25	0.378	0.375	0.50	1.067	1.062
0.22	0.314	0.316	0.30	0.498	0.495	0.60[b]	1.400	1.402
0.24	0.359	0.360	0.35	0.628	0.625	0.70	1.783	1.773
0.26	0.405	0.407	0.40	0.770	0.768	0.80	2.180	2.170
0.28	0.454	0.456	0.45	0.920	0.918	0.90	2.620	2.600
0.30	0.504	0.507	0.50	1.080	1.075	1.00	3.080	3.050
0.32	0.556	0.560	0.55	1.250	1.243	1.10	3.570	3.530
0.34	0.609	0.615	0.60	1.428	1.418	1.20	4.080	4.030
0.36	0.665	0.672	0.65	1.615	1.603	1.30	4.620	4.560
0.38	0.722	0.731	0.70	1.810	1.793	1.40	5.200	5.110
0.40	0.781	0.791	0.75	2.020	1.993	1.50	5.780	5.680
0.42	0.841	0.853	0.80	2.230	2.200	1.60	6.420	6.270
0.44	0.903	0.918	0.85	2.450	2.410	1.70	7.070	6.890
0.46	0.966	0.984	0.90	2.680	2.630	1.80	7.750	7.520
0.48	1.031	1.052	0.95	2.910	2.860	1.90	8.470	8.180
0.50	1.098	1.122	1.00	3.160	3.090	2.00	9.200	8.860
0.55[b]	1.271	1.305	1.10[b]	3.670	3.580	2.10	9.970	9.560
0.60	1.453	1.501	1.20	4.220	4.100	2.20	10.780	10.290
0.65	1.645	1.710	1.30	4.810	4.640	2.30	11.630	11.030
0.70	1.845	1.932	1.40	5.440	5.210	2.40	12.520	11.800
0.75	2.060	2.170	1.50	6.110	5.800	2.50	13.430	12.590
0.80	2.270	2.420	1.60	6.820	6.420	2.60	14.420	13.400
0.84	2.510	2.700	1.70	7.590	7.070	2.70	15.430	14.240
0.90	2.740	2.990	1.80	8.410	7.740	2.80		15.100
0.95	2.990	3.310	1.90		8.450	2.90		15.980
$\Delta H=$	0.26ft	0.22ft	$\Delta H=$	0.52ft	0.44ft	$\Delta H=$	0.78ft	0.66ft

注：a. 堰尺寸：$L_b=0.1H_{1\max}=0.1L$，$L_a=2H_{1\max}=2L$。

底部降落：$y_1=1.33H_{1\max}$，$p_{1\min}=0.33H_{1\max}$。

底部通道：$y_1=2H_{1\max}+0.05\mathrm{m}$，$p_{1\min}=H_{1\max}+0.05\mathrm{m}$。

b. 水头增量的改变。

附表 3.10　5 种便携式 RBC 量水槽在无衬砌渠道中的水头流量关系（米制单位）（$X_c=2\%$）[a]

$b_c=50$mm		$b_c=75$mm		$b_c=100$mm		$b_c=150$mm		$b_c=200$mm	
h_1/mm	Q/(L/s)	h_1/mm	Q/(L/s)	h_1/mm	Q/(L/s)	h_1/mm	Q/(L/s)	h_1/mm	Q/(L/s)
5	0.026			10	0.159			20	0.935
6	0.036			12	0.216			22	1.092
7	0.047	7	0.066	14	0.278	14	0.401	24	1.258

续表

$b_c = 50mm$		$b_c = 75mm$		$b_c = 100mm$		$b_c = 150mm$		$b_c = 200mm$	
h_1/mm	Q/(L/s)	h_1/mm	Q/(L/s)	h_1/mm	Q/(L/s)	h_1/mm	Q/(L/s)	h_1/mm	Q/(L/s)
8	0.059	8	0.084	16	0.347	16	0.500	26	1.433
9	0.072	9	0.102	18	0.422	18	0.606	28	1.617
10	0.086	10	0.122	20	0.503	20	0.720	30	1.809
11	0.101	11	0.143	22	0.590	22	0.842	32	2.010
12	0.118	12	0.166	24	0.682	24	0.971	34	2.220
13	0.135	13	0.190	26	0.780	26	1.108	36	2.440
14	0.153	14	0.215	28	0.884	28	1.251	38	2.660
15	0.172	15	0.241	30	0.994	30	1.402	40	2.900
16	0.192	16	0.269	32	1.109	32	1.560	42	3.140
17	0.214	17	0.298	34	1.230	34	1.725	44	3.390
18	0.236	18	0.328	36	1.357	36	1.897	46	3.650
19	0.259	19	0.359	38	1.490	38	2.080	48	3.920
20	0.283	20	0.392	40	1.628	40	2.260	50	4.190
21	0.309	21	0.426	42	1.773	42	2.460	55[b]	4.910
22	0.335	22	0.461	44	1.923	44	2.660	60	5.690
23	0.363	23	0.497	46	2.080	46	2.860	65	6.510
24	0.391	24	0.535	48	2.240	48	3.080	70	7.390
25	0.421	25	0.574	50	2.410	50	3.300	75	8.320
26	0.451	26	0.614	55[b]	2.860	55[b]	3.890	80	9.300
27	0.483	27	0.655	60	3.340	60	4.510	85	10.330
28	0.516	28	0.698	65	3.870	65	5.190	90	11.410
29	0.549	29	0.741	70	4.430	70	5.910	95	12.550
30	0.584	30	0.786	75	5.040	75	6.680	100	13.740
31	0.620	32[b]	0.880	80	5.680	80	7.490	105	14.980
32	0.657	34	0.980	85	6.370	85	8.350	110	16.280
33	0.696	36	1.087	90	7.100	90	9.250	115	17.630
34	0.735	38	1.197	95	7.870	95	10.210	120	19.030
35	0.775	40	1.312	100	8.680	100	11.210	125	20.500
36	0.817	42	1.432			105	12.260	130	22.000
37	0.860	44	1.557			110	13.360	135	23.600
38	0.904	46	1.688			115	14.510	140	25.200
39	0.949	48	1.824			120	15.710	145	26.900
40	0.995	50	1.966			125	16.960	150[b]	28.700
42[b]	1.091	55	2.340			130	18.260	160	32.300
44	1.191	60	2.750			135	19.620	170	36.200
46	1.297	65	3.200			140	21.000	180	40.300
48	1.407	70	3.690			145	22.500	190	44.700
50	1.522	75	4.210			150	24.000	200	49.400

注：a. 由表 3.1 查找槽尺寸和水头损失的值。

b. 水头增量的改变。

附表 3.11 5 种便携式 RBC 量水槽在无衬砌渠道中的水头流量关系（英制单位）（$X_c = 2\%$）[a]

$b_c = 50$mm		$b_c = 75$mm		$b_c = 100$mm		$b_c = 150$mm		$b_c = 200$mm	
h_1/ft	$Q/(\mathrm{ft^3/s})$	h_1/ft	$Q/(\mathrm{ft^3/s})$	h_1/ft	$Q/(\mathrm{ft^3/s})$	h_1/ft	$Q/(\mathrm{ft^3/s})$	h_1/ft	$Q/(\mathrm{ft^3/s})$
				0.035	0.0062			0.07	0.0368
		0.026	0.0029	0.040	0.0078			0.08	0.0457
0.018	0.0011	0.028	0.0033	0.045	0.0096			0.09	0.0553
0.020	0.0013	0.030	0.0037	0.050	0.0114	0.050	0.0163	0.10	0.0655
0.022	0.0015	0.032	0.0041	0.055	0.0131	0.055	0.0191	0.11	0.0766
0.024	0.0018	0.034	0.0046	0.060	0.0154	0.060	0.0220	0.12	0.0882
0.026	0.0020	0.036	0.0050	0.065	0.0174	0.065	0.0250	0.13	0.1007
0.028	0.0023	0.038	0.0055	0.070	0.0198	0.070	0.0283	0.14	0.1139
0.030	0.0026	0.040	0.0060	0.075	0.0223	0.075	0.0317	0.15	0.1275
0.032	0.0029	0.042	0.0065	0.080	0.0247	0.080	0.0352	0.16	0.1419
0.034	0.0032	0.044	0.0071	0.085	0.0274	0.085	0.0389	0.17	0.1571
0.036	0.0036	0.046	0.0076	0.090	0.0301	0.090	0.0427	0.18	0.1729
0.038	0.0039	0.048	0.0082	0.095	0.0330	0.095	0.0467	0.19	0.1892
0.040	0.0043	0.050	0.0087	0.100	0.0361	0.100	0.0508	0.20	0.2060
0.042	0.0046	0.055[b]	0.0103	0.105	0.0392	0.110[b]	0.0595	0.21	0.2240
0.044	0.0050	0.060	0.0119	0.110	0.0423	0.120	0.0688	0.22	0.2420
0.046	0.0054	0.065	0.0136	0.115	0.0457	0.130	0.0787	0.23	0.2620
0.048	0.0058	0.070	0.0154	0.120	0.0492	0.140	0.0891	0.24	0.2810
0.050	0.0062	0.075	0.0174	0.125	0.0528	0.150	0.1001	0.25	0.3020
0.055[b]	0.0074	0.080	0.0194	0.130	0.0566	0.160	0.1116	0.26	0.3230
0.060	0.0086	0.085	0.0215	0.135	0.0604	0.170	0.1239	0.27	0.3450
0.065	0.0099	0.090	0.0238	0.140	0.0644	0.180	0.1366	0.28	0.3670
0.070	0.0112	0.095	0.0261	0.145	0.0684	0.190	0.1500	0.29	0.3910
0.075	0.0127	0.100	0.0286	0.150	0.0726	0.200	0.1638	0.30	0.4140
0.080	0.0142	0.105	0.0311	0.160[b]	0.0813	0.210	0.1785	0.32[b]	0.4640
0.085	0.0159	0.110	0.0338	0.170	0.0907	0.220	0.1934	0.34	0.5170
0.090	0.0175	0.115	0.0365	0.180	0.1005	0.230	0.2090	0.36	0.5720
0.095	0.0194	0.120	0.0394	0.190	0.1107	0.240	0.2260	0.38	0.6310
0.100	0.0212	0.125	0.0423	0.200	0.1214	0.250	0.2420	0.40	0.6920
0.110[b]	0.0253	0.130	0.0454	0.210	0.1328	0.260	0.2600	0.42	0.7560
0.120	0.0297	0.135	0.0486	0.220	0.1446	0.270	0.2780	0.44	0.8230
0.130	0.0345	0.140	0.0519	0.230	0.1569	0.280	0.2970	0.46	0.8930
0.140	0.0397	0.145	0.0553	0.240	0.1698	0.290	0.3160	0.48	0.9660
0.150	0.0452	0.150	0.0588	0.250	0.1832	0.300	0.3360	0.50	10.0420
0.160	0.0512	0.160[b]	0.0662	0.260	0.1970	0.320[b]	0.3780	0.52	1.1210
		0.170	0.0740	0.270	0.2120	0.340	0.4230	0.54	1.2030

续表

$b_c = 50$mm		$b_c = 75$mm		$b_c = 100$mm		$b_c = 150$mm		$b_c = 200$mm	
h_1/ft	Q/(ft^3/s)	h_1/ft	Q/(ft^3/s)	h_1/ft	Q/(ft^3/s)	h_1/ft	Q/(ft^3/s)	h_1/ft	Q/(ft^3/s)
		0.180	0.0822	0.280	0.2270	0.360	0.4700	0.56	1.2890
		0.190	0.0909	0.290	0.2420	0.380	0.5190	0.58	1.3770
		0.200	0.1001	0.300	0.2580	0.400	0.5720	0.60	1.4690
		0.210	0.1098	0.310	0.2750	0.420	0.6270	0.62	1.5630
		0.220	0.1199	0.320	0.2920	0.440	0.6840	0.64	1.6610
		0.230	0.1305			0.460	0.7450	0.66	1.7630
		0.240	0.1416			0.480	0.8080		
		0.250	0.1532			0.500	0.8740		

注：a. 由表 3.1 查找槽尺寸和水头损失的值。
b. 水头增量的改变。

附表 3.12　经济型矩形玻璃纤维量水槽水头流量关系表（$X_c = 2\%$）[a]

米制单位		英制单位	
h_1/mm	Q/(L/s)	h_1/ft	Q/(ft^3/s)
20	1.73	0.08	0.084
25	2.46	0.10	0.119
30	3.28	0.12	0.158
35	4.19	0.14	0.202
40	5.16	0.16	0.249
45	6.21	0.18	0.300
50	7.34	0.20	0.354
55	8.53	0.22	0.412
60	9.78	0.24	0.473
65	11.10	0.26	0.537
70	12.48	0.28	0.604
75	13.93	0.30	0.674
80	15.43	0.32	0.747
85	16.99	0.34	0.823
90	18.61	0.36	0.902
95	20.30	0.38	0.983
100	22.00	0.40	1.068
105	23.80	0.42	1.155

续表

米制单位		英制单位	
h_1/mm	Q/(L/s)	h_1/ft	Q/(ft^3/s)
110	25.60	0.44	1.244
115	27.50	0.46	1.337
120	29.50	0.48	1.432
125	31.50	0.50	1.529
130	33.50	0.52	1.629
135	35.60	0.54	1.731
140	37.80	0.56	1.836
145	40.00	0.58	1.943
150	42.20	0.60	2.050
160	46.80	0.62	2.170
170	51.70	0.64	2.280
180	56.70	0.66	2.400
190	61.90	0.68	2.520
200	67.20		

注：a. 槽尺寸：$b_1 = b_c = 1.25$ft = 381mm，$L = 1.00$ft = 305mm，$L_a = 0.75$ft = 229mm，$L_b = 0.75$ft = 229mm，$p_1 = 0.25$ft = 76mm，扩散系数 $m = 0$(突然扩散)，$d = 1.0$ft = 305mm。

附表 3.13 A 型控制段可调量水槽水头流量公式（米制单位）（$X_c = 2\%$）

堰宽/mm	坎高/mm	行近渠道长度/mm	渐变段长度/mm	控制段长度/mm	水头范围/mm	流量范围/（L/s）	流量方程（h_1 单位为 m，Q 单位为 m^3/s）
154	25	102	192	685	13～115	0.4～13	$Q = 0.4190h_1^{1.624}$
154	51	102	187	685	13～126	0.4～13	$Q = 0.4462h_1^{1.594}$
154	76	102	178	685	13～126	0.4～13	$Q = 0.4673h_1^{1.576}$
154	102	102	165	685	13～126	0.4～13	$Q = 0.4836h_1^{1.564}$
305	51	229	387	320	21～198	2～55	$Q = 0.7449h_1^{1.610}$
305	76	229	383	320	21～204	2～55	$Q = 0.6895h_1^{1.592}$
305	102	229	377	320	21～207	2～55	$Q = 0.6549h_1^{1.579}$
305	127	229	369	320	21～207	2～54	$Q = 0.6311h_1^{1.569}$
305	152	229	360	320	21～210	2～54	$Q = 0.6144h_1^{1.562}$

续表

堰宽/mm	坎高/mm	行近渠道长度/mm	渐变段长度/mm	控制段长度/mm	水头范围/mm	流量范围/(L/s)	流量方程（h_1 单位为 m，Q 单位为 m^3/s）
305	178	229	348	320	21～201	2～50	$Q=0.6004h_1^{1.555}$
305	203	229	334	320	21～177	2～40	$Q=0.5883h_1^{1.549}$
610	51	229	387	320	21～198	3～111	$Q=1.500h_1^{1.610}$
610	76	229	383	320	21～204	3～111	$Q=1.387h_1^{1.593}$
610	102	229	377	320	21～207	3～111	$Q=1.317h_1^{1.579}$
610	127	229	369	320	21～207	3～111	$Q=1.268h_1^{1.569}$
610	152	229	360	320	21～210	3～109	$Q=1.234h_1^{1.562}$
610	178	229	348	320	21～201	3～100	$Q=1.206h_1^{1.555}$
610	203	229	334	320	21～177	3～81	$Q=1.181h_1^{1.549}$
914	51	229	387	320	21～198	5～176	$Q=2.256h_1^{1.611}$
914	76	229	383	320	21～204	5～167	$Q=2.085h_1^{1.593}$
914	102	229	377	320	21～207	5～166	$Q=1.978h_1^{1.580}$
914	127	229	369	320	21～207	5～162	$Q=1.905h_1^{1.569}$
914	152	229	360	320	21～210	5～163	$Q=1.853h_1^{1.562}$
914	178	229	348	320	21～201	5～150	$Q=1.811h_1^{1.555}$
914	203	229	334	320	21～177	5～122	$Q=1.774h_1^{1.549}$
762	76	385	758	685	49～357	14～340	$Q=1.786h_1^{1.614}$
762	102	388	755	685	50～417	14～425	$Q=1.716h_1^{1.607}$
762	127	392	751	685	50～424	14～425	$Q=1.658h_1^{1.589}$
762	152	396	747	685	50～430	14～425	$Q=1.690h_1^{1.590}$
762	178	402	741	685	50～435	14～425	$Q=1.575h_1^{1.585}$
762	203	409	734	685	50～438	14～425	$Q=1.545h_1^{1.577}$
762	229	416	727	685	50～442	14～425	$Q=1.520h_1^{1.572}$
762	254	425	718	685	50～445	14～425	$Q=1.499h_1^{1.567}$
762	279	434	709	685	50～447	14～425	$Q=1.482h_1^{1.563}$
762	305	445	698	685	50～449	14～425	$Q=1.466h_1^{1.559}$
762	330	456	687	685	50～451	14～425	$Q=1.453h_1^{1.556}$

续表

堰宽/mm	坎高/mm	行近渠道长度/mm	渐变段长度/mm	控制段长度/mm	水头范围/mm	流量范围/(L/s)	流量方程（h_1单位为m，Q单位为m^3/s）
965	102	439	755	1219	88～613	42～991	$Q=2.125h_1^{1.619}$
965	127	442	751	1219	88～622	42～991	$Q=2.136h_1^{1.622}$
965	152	447	747	1219	88～631	42～991	$Q=2.082h_1^{1.615}$
965	178	453	741	1219	88～640	42～991	$Q=2.037h_1^{1.609}$
965	203	459	734	1219	88～640	42～991	$Q=2.000h_1^{1.604}$
965	229	467	727	1219	91～640	42～991	$Q=1.969h_1^{1.598}$
965	254	475	718	1219	91～640	42～991	$Q=1.942h_1^{1.594}$
965	279	485	709	1219	91～640	42～991	$Q=1.918h_1^{1.589}$
965	305	495	698	1219	91～640	42～991	$Q=1.898h_1^{1.585}$
965	330	507	687	1219	91～640	42～991	$Q=1.880h_1^{1.582}$
965	356	520	674	1219	91～640	42～991	$Q=1.863h_1^{1.578}$
965	381	534	660	1219	91～640	42～991	$Q=1.842h_1^{1.573}$
965	406	549	645	1219	91～640	42～991	$Q=1.826h_1^{1.569}$

附表 3.14 A型控制段可调量水槽水头流量公式（英制单位）（$X_c=2\%$）

堰宽/in[a]	坎高/in	行近渠道长度/in	渐变段长度/in	控制段长度/in	水头范围/in	流量范围/(ft^3/s)	流量方程（h_1单位为ft，Q单位为ft^3/s）
6.08	1	4.0	7.6	7.5	0.04～0.38	0.013～0.45	$Q=2.153h_1^{1.624}$
6.08	2	4.0	7.4	7.5	0.04～0.40	0.013～0.45	$Q=1.927h_1^{1.594}$
6.08	3	4.0	7.0	7.5	0.04～0.41	0.013～0.45	$Q=1.821h_1^{1.576}$
6.08	4	4.0	6.5	7.5	0.04～0.42	0.013～0.45	$Q=1.760h_1^{1.564}$
12	2	9.0	15.2	12.6	0.07～0.65	0.055～1.95	$Q=3.886h_1^{1.610}$
12	3	9.0	15.1	12.6	0.07～0.67	0.054～1.96	$Q=3.673h_1^{1.592}$
12	4	9.0	14.8	12.6	0.07～0.68	0.054～0.68	$Q=3.543h_1^{1.579}$
12	5	9.0	14.5	12.6	0.07～0.68	0.053～0.68	$Q=3.455h_1^{1.569}$
12	6	9.0	14.2	12.6	0.07～0.69	0.053～0.69	$Q=3.393h_1^{1.562}$
12	7	9.0	13.7	12.6	0.07～0.66	0.053～0.66	$Q=3.342h_1^{1.555}$
12	8	9.0	13.1	12.6	0.07～0.58	0.053～0.58	$Q=3.298h_1^{1.549}$

续表

堰宽/in	坎高/in	行近渠道长度/in	渐变段长度/in	控制段长度/in	水头范围/in	流量范围/(ft³/s)	流量方程（h_1 单位为 ft，Q 单位为 ft³/s）
24	2	9.0	15.2	12.6	0.07～0.65	0.11～3.93	$Q=7.820h_1^{1.610}$
24	3	9.0	15.1	12.6	0.07～0.67	0.11～3.93	$Q=7.584h_1^{1.593}$
24	4	9.0	14.8	12.6	0.07～0.68	0.11～3.93	$Q=7.119h_1^{1.579}$
24	5	9.0	14.5	12.6	0.07～0.68	0.11～3.82	$Q=6.939h_1^{1.569}$
24	6	9.0	14.2	12.6	0.07～0.69	0.11～3.84	$Q=6.813h_1^{1.562}$
24	7	9.0	13.7	12.6	0.07～0.66	0.11～3.54	$Q=6.710h_1^{1.555}$
24	8	9.0	13.1	12.6	0.07～0.58	0.11～2.86	$Q=6.621h_1^{1.549}$
36	2	9.0	15.2	12.6	0.07～0.65	0.16～5.90	$Q=11.75h_1^{1.611}$
36	3	9.0	15.1	12.6	0.07～0.67	0.16～5.91	$Q=11.10h_1^{1.593}$
36	4	9.0	14.8	12.6	0.07～0.68	0.16～5.86	$Q=10.69h_1^{1.580}$
36	5	9.0	14.5	12.6	0.07～0.68	0.16～5.74	$Q=10.42h_1^{1.569}$
36	6	9.0	14.2	12.6	0.07～0.69	0.16～5.77	$Q=10.23h_1^{1.562}$
36	7	9.0	13.7	12.6	0.07～0.66	0.16～5.31	$Q=10.08h_1^{1.555}$
36	8	9.0	13.1	12.6	0.07～0.58	0.16～4.29	$Q=9.943h_1^{1.549}$
30	3	15.2	29.8	27.0	0.016～1.17	0.5～12	$Q=9.266h_1^{1.614}$
30	4	15.3	29.7	27.0	0.163～1.17	0.5～15	$Q=8.985h_1^{1.607}$
30	5	15.4	29.6	27.0	0.164～1.17	0.5～15	$Q=8.771h_1^{1.598}$
30	6	15.6	29.4	27.0	0.165～1.17	0.5～15	$Q=8.609h_1^{1.590}$
30	7	15.8	29.2	27.0	0.165～1.17	0.5～15	$Q=8.483h_1^{1.583}$
30	8	16.1	28.9	27.0	0.165～1.17	0.5～15	$Q=8.381h_1^{1.577}$
30	9	16.4	28.6	27.0	0.165～1.17	0.5～15	$Q=8.289h_1^{1.572}$
30	10	16.7	28.3	27.0	0.165～1.17	0.5～15	$Q=8.229h_1^{1.567}$
30	11	17.1	27.9	27.0	0.165～1.17	0.5～15	$Q=8.170h_1^{1.563}$
30	12	17.5	27.5	27.0	0.166～1.17	0.5～15	$Q=8.120h_1^{1.559}$
30	13	18.0	27.0	27.0	0.166～1.17	0.5～15	$Q=8.077h_1^{1.556}$
38	4	17.3	29.7	48.0	0.29～2.01	1.5～35	$Q=10.97h_1^{1.619}$
38	5	17.4	29.6	48.0	0.29～2.04	1.5～35	$Q=10.98h_1^{1.622}$
38	6	17.6	29.4	48.0	0.29～2.07	1.5～35	$Q=10.79h_1^{1.615}$
38	7	17.8	29.2	48.0	0.29～2.1	1.5～35	$Q=10.63h_1^{1.609}$
38	8	18.1	28.9	48.0	0.29～2.1	1.5～35	$Q=10.51h_1^{1.604}$

续表

堰宽/in	坎高/in	行近渠道长度/in	渐变段长度/in	控制段长度/in	水头范围/in	流量范围/(ft^3/s)	流量方程（h_1单位为ft，Q单位为ft^3/s）
38	9	18.4	28.6	48.0	0.3～2.1	1.5～35	$Q=10.41h_1^{1.598}$
38	10	18.7	28.3	48.0	0.3～2.1	1.5～35	$Q=10.32h_1^{1.594}$
38	11	19.1	27.9	48.0	0.3～2.1	1.5～35	$Q=10.25h_1^{1.589}$
38	12	19.5	27.5	48.0	0.3～2.1	1.5～35	$Q=10.19h_1^{1.585}$
38	13	20.0	27.0	48.0	0.3～2.1	1.5～35	$Q=10.14h_1^{1.582}$
38	14	20.5	26.5	48.0	0.3～2.1	1.5～35	$Q=10.09h_1^{1.578}$
38	15	21.0	26.0	48.0	0.3～2.1	1.5～35	$Q=10.04h_1^{1.593}$
38	16	21.6	25.4	48.0	0.3～2.1	1.5～35	$Q=10.00h_1^{1.569}$

注：a. 1in = 0.025 399 999 961 392m。